AF452748

RECHERCHES

EXPÉRIMENTALES,

PHYSIOLOGIQUES ET CHIMIQUES,

SUR

LA DIGESTION.

DE L'IMPRIMERIE DE FEUGUERAY,
Rue du Cloître St.-Benoit, n° 4.

RECHERCHES

EXPÉRIMENTALES,

PHYSIOLOGIQUES ET CHIMIQUES,

SUR

LA DIGESTION,

CONSIDÉRÉE DANS LES QUATRE CLASSES D'ANIMAUX
VERTÉBRÉS ;

PAR FRÉD. **TIEDEMANN** ET LÉOP. **GMELIN**,

PROFESSEURS A L'UNIVERSITÉ DE HEIDELBERG.

Traduites de l'Allemand

PAR A.-J.-L. JOURDAN,

CHEVALIER DE LA LÉGION-D'HONNEUR, MEMBRE DE L'ACADÉMIE ROYALE
DE MÉDECINE, etc.

PREMIÈRE PARTIE.

A PARIS,

CHEZ J.-B. BAILLIÈRE, LIBRAIRE - ÉDITEUR,

RUE DE L'ÉCOLE DE MÉDECINE, Nº 14;

A LONDRES,

MÊME MAISON,

3 BEDFORD STREET, BEDFORD - SQUARE.

1826.

PRÉFACE.

Cinq années déjà se sont écoulées depuis la publication de nos *Recherches sur l'absorption* (1), ouvrage à la fin duquel nous annonçâmes que nous nous occupions d'expériences sur la digestion. Depuis lors nous avons consacré à l'étude de cette importante fonction tous les momens dont les devoirs de nos places nous permettaient de disposer. Cependant nos travaux ne roulèrent d'abord que sur la digestion des mammifères.

En 1823, l'Académie des sciences de Paris mit la question suivante au concours :

« L'imperfection des procédés d'analyse chimique n'a pas permis jusqu'à présent d'acquérir des notions exactes sur les phénomènes qui se passent dans l'estomac et dans les intestins, durant le travail de la digestion. Les observations et les expériences, même celles qui ont été faites avec le plus de soin, n'ont pu conduire qu'à des connaissances superficielles sur un sujet qui nous intéresse d'une manière si directe.

---

(1) *Versuche über die Wege auf welchen Substanzen aus dem Magen und Darmkanal ins Blut gelangen.* Heidelberg, 1820, traduit en français par Heller, Paris, 1821.

» Aujourd'hui que les procédés d'analyse des substances animales ou végétales ont acquis plus de précision, on peut espérer qu'avec des soins convenables on arrivera à des notions importantes sur la digestion.

» En conséquence l'Académie propose, pour sujet du prix de physique de l'année 1825, de déterminer, par une série d'expériences chimiques et physiologiques, quels sont les phénomènes qui se succèdent dans les organes digestifs, durant l'acte de la digestion.

» Les concurrens rechercheront d'abord les modifications chimiques ou autres que les principes immédiats organiques éprouvent dans les organes digestifs, en s'attachant de préférence à ceux de ces principes qui entrent dans la composition des alimens, tels que la gélatine, l'albumine, le sucre, etc.

» Les recherches seront ensuite dirigées vers les substances alimentaires elles-mêmes, où se trouvent réunis plusieurs principes immédiats, en ayant soin de distinguer ce qui a rapport aux boissons d'avec ce qui regarde les alimens solides.

» Les expériences devront être suivies dans les quatre classes d'animaux vertébrés. »

Jaloux de contribuer autant qu'il était en nous à la solution de ce problème, dont l'Académie reconnaissait l'importance, nous étendîmes nos expériences aux classes des oiseaux, des reptiles et des poissons. Vers la fin de l'année dernière, terme fixé par l'Académie, nous envoyâmes notre travail, qui portait pour épigraphe :

« Le livre du physicien, du physiologiste, du médecin, c'est la nature : les qualités nécessaires pour le lire utilement sont la méthode, l'attention, la patience, la pénétration, l'exactitude, la modestie, et surtout l'amour sincère de la vérité. »

Nous ne négligeâmes pas de faire ressortir les difficultés qu'il fallait vaincre pour arriver à une solution complète du problême posé par l'Académie; nous allons signaler ici ces difficultés, afin que personne ne puisse s'imaginer que nous avons entrepris inconsidérément un travail sans connaître les obstacles dont nous aurions à triompher. Elles sont telles qu'on est porté à croire que si l'Académie elle-même y avait consacré plus d'attention, elle aurait renfermé sa question dans des termes moins étendus.

La première difficulté concerne la recherche de la composition et des propriétés des divers liquides qui concourent à la digestion, et qui se mêlent avec les alimens reçus dans le canal intestinal. Sans une connaissance exacte de ces liquides, il est impossible d'acquérir aucune notion positive relativement à l'action qu'ils exercent sur les alimens, et aux altérations que ces derniers subissent par leur mélange avec eux. On pouvait considérer les propriétés de quelques-uns des suc digestifs, l'intestinal et le pancréatique, comme n'ayant point encore été étudiées, et celles des autres, tels que le suc gastrique, la salive pure, au sortir de ses conduits excréteurs, et la bile, comme n'étant pas encore suffisamment connues. Il fallait donc, avant tout, faire une analyse exacte de tous les liquides qui concourent à la digestion. Or, il ne suffisait pas de les analyser sur un seul animal, parce qu'il était possible qu'ils présentassent des différences, non-seulement chez les animaux appartenant à des classes différentes, mais encore chez les carnivores et les herbivores d'une même classe, de manière qu'en ne les étudiant que dans une seule espèce, on aurait couru le risque de tirer des conclusions fausses. Quelques-uns de ces liquides, la salive et la bile, étaient faciles à obtenir purs et sans mélange. De grandes difficultés se présentaient, au contraire, par rapport aux sucs gastrique, intestinal et pancréatique, et il a fallu quelquefois créer de nouveaux procédés, afin de nous procurer ces liquides à l'état de pureté. Nous y sommes parvenus pour les sucs gastrique et pancréatique; mais il nous a été impossible de recueillir le suc intestinal pur. A la vérité, nous avons essayé, sur des chiens, de prévenir l'épanchement de la bile et du suc pancréatique dans le canal intestinal, en liant les conduits cholédoque et pancréatique; mais nous n'en avons pas été plus avancés, relativement au suc intestinal, parce que le canal s'enflammait à la suite de l'opération, que le suc sécrété par ses parois paraissait très-rouge, et que par conséquent la composition chimique de ce liquide avait changé. Nous avons donc été obligés de nous borner à l'examiner tel qu'on le trouve dans le tube intestinal des animaux à jeun.

Quant à ce qui concerne les altérations que les alimens subissent dans l'estomac et le canal intestinal, ce genre de recherches présentait aussi de grandes difficultés, les alimens simples, sur la digestion desquels furent faites nos premières expériences, ne possédant pas, pour la plupart, comme on sait, des propriétés assez saillantes pour qu'il soit facile de les reconnaître, à l'aide des réactifs chimiques, dans les diverses régions du canal alimentaire, lorsqu'ils y sont mêlés avec les sucs digestifs. Nous avions, pour constater la présence du sucre, la propriété qu'il a de fermenter avec la levure, pour distinguer l'amidon, la manière dont il se comporte avec l'iode, et pour caractériser l'albumine, sa coagulabilité par la chaleur. Les graisses étaient faciles aussi à reconnaître ; seulement on ne pouvait pas toujours déterminer si elles avaient été apportées du dehors, ou si elles provenaient soit de la bile, soit de quelque autre sécrétion. Mais à quels caractères et par quels réactifs chimiques aurions-nous pu reconnaître la gomme d'une manière précise, dans les diverses portions du canal intestinal ? La plupart des composés organiques azotés présentaient des difficultés encore plus grandes. Il est vrai qu'on reconnaît la gélatine à sa propriété de se prendre en gelée, à son insolubilité dans l'alcool, à sa solubilité dans l'eau, et à sa précipitabilité par le chlore et la teinture de noix de galle. Mais lorsque, dans le canal intestinal d'un animal nourri avec de la gélatine, nous ne trouvions aucune substance susceptible de se prendre en gelée, ce phénomène dépendait-il d'une décomposition de la gélatine, ou seulement de son mélange avec les sucs digestifs ? Les précipités produits par le chlore

et la teinture de noix de galle ne pouvaient pas,
en pareil cas, autoriser à admettre l'existence de la
gélatine comme un fait certain et positif, puisque
les liquides sécrétés par le canal alimentaire donnent lieu à des précipités semblables, en vertu de
l'albumine, de la matière salivaire et d'une autre
matière, analogue à la caséeuse, qu'ils contiennent.
Enfin le gluten, la fibrine, le fromage et l'albumine
coagulée ont déjà une si grande affinité chimique
les uns avec les autres, dans leur état ordinaire,
qu'il est fort difficile alors de les distinguer; mais
lorsqu'ils se trouvent dissous dans les acides du suc
gastrique et mêlés avec des liquides animaux de
diverses espèces, il paraît impossible, dans l'état ac-
tuel de l'analyse des substances organiques, de déterminer avec précision s'ils sont altérés ou non,
et, dans le premier cas, quel changement ils ont pu
subir. Toutes ces difficultés augmentent encore lorsqu'on étudie la digestion des alimens composés, du
pain, des pommes de terre, du riz, de l'avoine, de
l'orge, de la viande, des os, etc., et elles se multiplient d'autant plus que les substances alimentaires
elles - mêmes sont plus composées, qu'il peut par
conséquent y avoir une diversité plus grande dans
les réactions des diverses principes constituans des
alimens et des sucs digestifs.

Ces remarques nous excuseront, dans l'esprit du
lecteur équitable, lorsqu'il nous arrivera, en rap-
portant plusieurs expériences, de donner seulement des conjectures, en place de conclusions ri-
goureuses, et quelquefois même de ne hasarder aucune explication conjecturale. Nous avons cherché

à faire disparaître autant que possible le vague des conclusions, en répétant souvent les expériences analogues, en indiquant avec exactitude toutes les circonstances, même celles qui pouvaient paraître insignifiantes, et en multipliant les analyses des substances contenues dans les diverses portions du canal alimentaire.

A l'égard des sucs digestifs chez les animaux à jeun, et du contenu du canal alimentaire après qu'ils avaient été nourris de diverses substances, nous avons fait des analyses exactes toutes les fois qu'elles nous ont paru nécessaires. Mais, dans la plupart des cas, lorsque les matières contenues dans les diverses portions du tube digestif, après l'usage d'alimens composés, semblaient elles-mêmes trop composées, ou bien quand elles ne se rencontraient qu'en petite quantité, et qu'il y avait peu à espérer d'une analyse soignée, nous nous en sommes tenus à la distillation, à l'incinération, à l'action de l'alcool et des acides sur la portion des cendres insoluble dans l'eau, et à celle d'un grand nombre de réactifs sur la portion soluble, dans l'espoir que ces procédés suffiraient pour faire reconnaître la présence ou l'absence des principes les plus importans. Les substances recueillies dans le canal intestinal ont été filtrées, après toutefois les avoir étendues d'eau distillée, lorsqu'elles étaient trop consistantes, circonstance que nous n'avons jamais omis de relater. Le résidu sur le filtre a presque toujours été examiné par le moyen de l'alcool et d'autres réactifs. Quant à la liqueur filtrée, une portion en a été essayée par les réactifs, une autre distillée, soit seule, soit avec un acide, pour y découvrir les acides volatils et l'ammoniaque, une troisième évaporée à siccité et analysée par la voie humide, surtout au moyen de l'alcool, une dernière enfin incinérée.

En traitant du chyle, nous nous sommes attachés principalement à indiquer les proportions relatives du caillot et du sérum, tant dans l'état frais que dans l'état sec. A cet effet nous mettions le chyle coagulé dans un entonnoir dont le bec fût incomplètement fermé par un tube de verre, et nous favorisions l'écoulement du sérum en agitant souvent le caillot avec ce tube. Au bout de quelques heures nous déterminions le poids du caillot et du sérum. Souvent les deux poids réunis se trouvaient inférieurs à celui du chyle entier, parce qu'une portion de l'eau s'était évaporée pendant l'expérience. Le caillot et le sérum étaient ensuite desséchés au bain-marie et pesés de nouveau. Souvent aussi on les a soumis de plus à l'analyse, tant par la voie humide que par la voie sèche.

A l'égard des réactifs dont nous nous sommes servis dans nos analyses, l'iode, le chlore, la baryte, le sulfate de fer, le sulfate de cuivre, le per-chlorure de mercure et le proto-nitrate de mercure ont été employés en dissolution presque saturée ; l'acide hydrochlorique, l'acide nitrique, le chlorure d'étain, l'acétate de plomb neutre et le sous-acétate de plomb, dans un état de concentration médiocre ; enfin le perchlorure de fer, dans un grand état de dilution. Le chlorure d'étain et le sulfate de fer devaient être considérés, à cause du fréquent contact de l'air, comme des mélanges de sels à bases d'oxide et d'oxidule.

Les réactions devaient se manifester tantôt plus fortes et tantôt plus faibles, suivant que les liquides intestinaux avaient été ou non étendus d'une quantité variable d'eau avant la filtration, suivant la proportion respective du liquide et du réactif, un excès de l'un ou de l'autre empêchant souvent la réaction d'avoir lieu, etc. Cependant nous nous flattions de pouvoir distinguer, dans un nombre suffisant d'expériences, ce qui dépendait du hasard, de ce qui tenait essentiellement à la nature des liquides. Nous espérions aussi qu'outre les conclusions que nous avons tirées de ces réactions, on en pourrait déduire d'autres encore lorsque la connaissance des matières animales serait plus avancée. C'est dans cette vue, comme aussi pour faire passer fidèlement les expériences sous les yeux du chimiste et du physiologiste, afin qu'ils soient en état de juger nos conclusions, que nous avons joint un si grand nombre de tables à notre travail.

Nous avons procédé de la manière suivante à l'examen des cendres des divers liquides animaux. Après les avoir traitées par l'eau, nous avons cherché dans la dissolution, savoir : le carbonate alcalin par la teinture de tournesol, et par les acides, qui produisent une effervescence ; le sulfate alcalin, par le chlorure acide de barium ; le chlorure alcalin, par le nitrate acide d'argent ; le phosphate alcalin, en versant du chlorure de calcium dans la liqueur, dissolvant le précipité dans l'acide hydrochlorique, chassant tout l'acide carbonique par l'ébullition, et ajoutant ensuite de l'ammoniaque, qui précipitait le phosphate calcaire, quand il s'en était formé. Quant à la nature de l'alcali, nous l'avons déterminée d'une part au moyen du chlorure de platine, de l'autre, en faisant rougir une partie de la dissolution aqueuse des cendres avec de l'acide sulfurique, dissolvant le résidu dans l'eau, et le faisant cristalliser. La nature des cristaux dévoilait facilement la soude ou la potasse. A l'égard de la portion des cendres insoluble dans l'eau, nous la faisions dissoudre dans l'acide hydro-chlorique. Une partie de cette dissolution était essayée par le sulfocyanure de potassium, pour reconnaître si elle contenait du fer; une autre était précipitée par l'ammomiaque, puis, après l'avoir filtrée, on y versait de l'oxalate de potasse, et s'il se formait encore un précipité, on filtrait de nouveau, pour verser de la potasse caustique dans la liqueur. Le premier précipité était attribué à du phosphate de chaux contenu dans la cendre (mais avec lequel pouvaient cependant être mêlés du phosphate de magnésie et du fer), le second à du carbonate de chaux, et le troisième à de la magnésie.

Durant l'exécution de notre travail (à la fin de novembre 1824) nous reçûmes le cahier de juillet du Journal de M. Magendie, contenant les résultats que M. Chevreul a obtenus en examinant diverses sortes de bile. Si, d'une part, nous avons été charmés de ce qu'un chimiste aussi versé dans l'art d'analyser les substances organiques, était arrivé aux mêmes résultats que nous, de manière que l'autorité de son nom donnait un puissant appui à beaucoup de nos découvertes, d'un autre côté nous ne pûmes d'abord nous empêcher de craindre que l'Académie ne soupçonnât que nous avions été conduits par le travail de M. Chevreul à la connaissance de la choléstérine, de l'acide margarique et de l'acide oléique, ainsi qu'à celle des propriétés particulières du principe colorant de la bile, tant dans la bile elle-même que dans le sang des ictériques.

Cependant nous pouvons assurer que tous ces points avaient déjà été éclaircis par nous, lorsque le travail de M. Chevreul tomba entre nos mains. La présence de la choléstérine dans la bile de bœuf nous était connue dès l'été de l'an 1823, et nous pourrions non – seulement invoquer le témoignage d'un grand nombre d'amis à qui nous avons fait part de ce fait, mais encore prouver que nous l'avons communiqué en mai 1824 à la société d'Histoire naturelle et de Médecine de Heidelberg (1). Nous découvrîmes dans l'hiver de 1823 à 1824 l'action particulière de l'acide nitrique sur le principe colorant de la bile. Au printemps de l'année 1824 nous réussîmes à démontrer la présence de ce principe dans le sérum du chyle et du sang des chiens dont le canal cholédoque avait été lié; mais ce fut seulement le 2 septembre que nous eûmes occasion de trouver aussi ce principe colorant dans le sang d'un ictérique, par le moyen de l'acide nitrique.

---

(1) *Heidelb. Jahrb. der Literatur. Jahrgang* 17. *Intelligenzblatt*, n° x.

Quant aux acides margarique et oléique, nous ne les avons trouvés dans la bile de bœuf qu'aux mois de juillet et d'août 1824, par conséquent après M. Chevreul, mais peu de temps après lui, et avant que son travail fût venu à notre connaissance. La manière très-différente dont nous nous y sommes pris pour retirer l'acide margarique de la bile de bœuf, prouve assez, nous l'espérons, que nous n'avons pas été conduits à cette découverte par des données du dehors.

Nous espérons donc que la presque simultanéité des découvertes de M. Chevreul ne fera pas perdre à notre travail de son importance dans l'esprit des savans, car cette circonstance ne peut que lui être favorable, en attestant son exactitude et sa justesse.

Il en est de même pour ce qui regarde l'acide hydro-chlorique libre trouvé dans le suc gastrique des animaux. L'honneur de la première découverte appartient à M. Prout. Mais nous l'avons faite également, sans connaître ses recherches, au mois de février 1824, en distillant diverses liqueurs stomacales, et ce fut seulement un mois après que le mémoire de M. Prout sur cet objet nous parvint.

Enfin nous allons consigner ici quelques remarques sur la nature du sang, que nous avons eu occasion de faire dans le cours de nos recherches; nous nous réservons de les développer davantage dans un temps plus opportun.

1°. Tous les sangs que nous avons traités par l'éther lui abandonnaient un peu de graisse. Le sérum du sang d'un veau était si laiteux, que par

le repos il se couvrit d'une couche de crême blanche. Il suit de là que le sang ne contient pas de la
graisse dans certaines maladies seulement, mais encore dans l'état de santé.

2°. L'éther privé d'alcool coagule sur-le-champ
le blanc d'œuf de poule : il se forme une gelée
blanche et translucide, qui absorbe une grande
partie de l'éther. Le même réactif ne coagule ni le
sérum du sang, ni celui du chyle; les deux liquides
deviennent seulement plus diaphanes, parce qu'ils
abandonnent à l'éther la graisse qu'ils tenaient en
suspension. Il doit par conséquent y avoir de la
différence entre l'albumine de l'œuf de poule
d'une part, celle du sang et du chyle de l'autre (1).

3°. Si l'on fait bouillir avec un excès d'alcool du
sang battu, dépouillé de sa fibrine, et frais ou coagulé par l'ébullition, si ensuite on filtre la liqueur,
il finit par rester sur le filtre une masse presque décolorée, et l'on obtient une décoction d'un brun
rougeâtre foncé. Cette liqueur, en se refroidissant,
dépose beaucoup de flocons d'un rouge clair, qui
lui donnent souvent une apparence gélatineuse, et
qui se dessèchent sur le filtre en une masse terreuse
d'un brun-rougeâtre clair. Le reste de la liqueur a
conservé en grande partie sa couleur, et il donne,
quand on l'évapore, une masse d'un brun foncé,
qui, après avoir été incinérée, laisse beaucoup
d'oxide de fer.

---

(1) L'éther pur ne coagule pas non plus le lait de vache,
et il n'y a que celui qui contient de l'alcool qui produise
cet effet.

La substance qui se précipite pendant le refroidissement de l'alcool, qui ne se dissout ni dans l'éther ni dans l'alcool absolu, qui se dissout peu dans l'alcool aqueux à chaud, qui se dissout facilement dans l'acide acétique, en lui donnant une couleur brune, et qui communique à l'eau une couleur rouge-brune, nous paraît être une matière analogue à la gliadine, laquelle a entraîné avec elle un peu de graisse et de matière colorante du sang. Nous présumons que le reste de la dissolution alcoolique contient le principe colorant du sang plus pur et dégagé de l'albumine qui paraît jouer le principal rôle dans celui qu'on prépare d'après le procédé de M. Berzelius. Cependant notre principe colorant est plutôt marron que brun, ce qui indique un commencement de décomposition.

4°. Si l'on mêle du sang de bœuf battu et dépouillé de fibrine avec de l'acide hydrochlorique en excès, il se produit d'abord un précipité brun très-abondant; mais la plus grande partie de ce précipité (c'est-à-dire l'albumine) se redissout dans l'excès d'acide, et le principe colorant demeure précipité, engagé dans une combinaison quelconque. Le précipité se dissout aussi dans l'alcool bouillant, à l'exception d'un peu de matière incolore (un reste d'albumine), et la dissolution, lorsqu'elle se refroidit, se prend quelquefois en gelée, par la séparation de la gliadine ou d'une autre matière quelconque.

5°. Quand on fait bouillir du sang de bœuf battu avec de l'eau, on obtient un liquide brun rougeâtre.

6°. Si l'on fait passer un courant de gaz acide hydro-sulfurique à travers du sang de bœuf battu et débarrassé de sa fibrine, une grande quantité de ce gaz est absorbée, et le sang prend une couleur verte d'olive sale par réflexion, rouge sale et trouble par transmission. L'action décomposante de l'acide hydro-sulfurique aurait-elle assimilé le principe colorant du sang à celui de la bile ? car la dissolution de la bile dans l'alcool présente aussi ces deux sortes de couleur. La couleur du sang, altérée de cette manière par l'acide hydrosulfurique, ne peut-être ramenée à son état primitif ni par les acides ni par les alcalis.

Nous espérons que ces faits mèneront à une connaissance plus exacte du principe colorant du sang.

Ici se termine ce que nous avions à dire du plan de notre travail, des difficultés qu'il présentait, et des moyens que nous avons mis en usage pour écarter les obstacles. Parlons maintenant du sort qu'il a éprouvé auprès de l'Académie.

La classe des Sciences physiques avait désigné une Commission composée de MM. Magendie, Thenard, Gay-Lussac, Cuvier et Duméril, pour examiner les Mémoires envoyés au concours sur la question relative à la digestion. Le Moniteur du 20 juillet 1825 nous fit connaître le résultat de l'examen de la Commission, dans les termes suivans :

« L'Académie royale des Sciences avait proposé en 1823 pour sujet de prix qu'elle devait décerner dans cette séance,

» De déterminer, par une série d'expériences chimiques et physiologiques, quels sont les phénomènes qui se succèdent dans les organes digestifs durant l'acte de la digestion.

» Il résulte de l'examen des pièces du concours, qu'aucune d'elles n'a entièrement satisfait aux vues de l'Académie. Toutefois, deux Mémoires portant les numéros de réception 1 et 2, ont été jugés dignes d'être mentionnés honorablement. Les auteurs ont fait un grand nombre d'expériences, et ils ont obtenu des résultats remarquables. D'après ce motif, et en considération des recherches dispendieuses auxquelles les auteurs se sont livrés, l'Académie attribue, à titre d'encouragement, une somme de quinze cents francs pour le Mémoire n°. 1, et une pareille somme pour le Mémoire n°. 2. Les auteurs du premier Mémoire sont MM. François Leuret, élève interne de la Maison royale de Charenton, et Louis Lassaigne, préparateur du cours de physique et de chimie à l'Ecole royale d'Alfort. L'auteur du second Mémoire n'a pas fait connaître son nom, et il est invité de déclarer son intention au secrétariat de l'Institut. »

Comme nous ne nous sentions pas le besoin de recevoir des mains de l'Académie des Sciences de Paris un encouragement pour nos travaux littéraires, et que nous n'attachions pas une grande importance à ce que nos noms fussent proclamés, nous refusâmes l'une et l'autre offre dans la lettre suivante :

« Les juges de notre Mémoire sur la digestion, le résultat d'un travail pénible de plusieurs années, ne l'ayant pas trouvé digne du prix, nous ne pouvons accepter, ni la mention honorable, ni la récompense de quinze cents francs qu'ils veulent bien nous offrir. Nous prions donc l'Académie de faire parvenir aussitôt que possible à l'un de nous le rapport critique de la Commission, sur lequel est fondé le jugement, ainsi que de remettre le Mémoire avec l'épigraphe : Le livre du physicien, du physiologiste, du médecin, c'est la nature. C'est pour le moment tout ce que nous demandons de cette célèbre Société. Nous ne tarderons pas à soumettre notre travail au jugement impartial du monde savant. » (Heidelberg, le 25 juin 1825.)

L'Académie n'a point répondu à la prière, non déplacée sans doute, que nous lui adressions de nous communiquer les motifs sur lesquels le jugement de la Commission était appuyé, et dont nous comptions profiter pour notre instruction. Elle ne l'a pas fait pour des raisons faciles à deviner. En effet, la Commission n'a point répété les expériences indiquées dans les Mémoires soumis au concours, et c'était cependant ce qu'elle devait faire pour que son jugement eût un certain degré de solidité. Qu'on lise, pour s'en convaincre, le Mémoire de nos compétiteurs, qui est déjà publié (1). Les résultats des expériences de MM. Leuret et Lassaigne sont, pour la plupart, en contradiction directe avec ceux des nôtres. Si la Commission avait seulement répété quelques-unes des expériences les plus importantes, et pesé les conclusions qui en

---

(1) *Recherches physiologiques et chimiques pour servir à l'histoire de la digestion*, par Leuret et Lassaigne, Paris, 1825, in-8°.

découlent, elle n'aurait pas pu placer sur la même ligne deux Mémoires qui sont si contradictoires dans leurs résultats. En cet état de choses, il est facile de se mettre dans la position de la Commission appelée à prononcer. Elle paraît avoir jugé possible que les résultats de l'un ou de l'autre travail ne fussent pas exacts, c'est pourquoi elle ne voulut pas s'exposer au reproche éventuel d'avoir couronné des ouvrages qui étaient indignes du prix. Mais, d'un autre côté, elle paraît avoir pensé aussi que les résultats pouvaient être vrais, et qu'elle encourrait un juste blâme si elle traitait avec dédain des travaux destinés peut-être à agrandir le champ de nos connaissances au sujet d'une fonction aussi importante que la digestion. Qu'y avait-il donc autre chose à faire pour sortir d'embarras, si ce n'est de prendre un terme moyen, c'est-à-dire de partager la valeur du prix entre les concurrens, en y ajoutant une mention honorable, sans couronner aucun travail. Mais, en écoutant ainsi la voix de la prudence, la Commission a oublié que les expériences sur la digestion seraient assurément répétées, que les expérimentateurs décideraient quels étaient ceux des concurrens qui avaient observé bien ou mal, tiré des conclusions exactes ou fausses, et que par conséquent sa décision ne s'accorderait pas avec le jugement prononcé par l'équité.

Il nous serait facile de relever les erreurs contenues dans l'ouvrage de nos compétiteurs, si nous ne craignions pas de faire penser au lecteur que nous sommes inspirés par la partialité ou même par l'animosité. Mais comme, par des motifs qui ne nous

sont pas connus, une Académie célèbre, en ne répétant point les expériences, n'a pas rempli les
devoirs du tribunal élevé qu'elle représente dans
la science, nous invitons tous les physiologistes qui
aiment la vérité, à répéter les nôtres, ainsi que
celles de nos compétiteurs, et à examiner les résultats
qui en découlent. C'est pourquoi nous publions
notre travail tel qu'il a été présenté à l'Académie
des Sciences. Seulement nous l'avons revu encore
une fois, corrigé sous le rapport des expressions,
et raccourci en plusieurs endroits ; nous pouvons
assurer néanmoins que, s'il a subi ainsi quelque
changement sous le rapport de la forme, il n'en a
éprouvé aucun sous celui du fond. Nous avons ajouté
aussi quelques expériences qui ont été faites depuis, mais en ayant toujours soin d'indiquer qu'elles
étaient nouvelles.

Notre intention, en entreprenant ce travail, n'a
pas été de faire sensation, comme se le proposent
quelques physiologistes du jour, qui, sous prétexte
de reconstruire la physiologie, se sont efforcés de
renverser des vérités connues depuis long-temps,
pour mettre à leur place d'absurdes hypothèses
établies sur des expériences faites à la légère. Une
célébrité passagère, et qui ne repose que sur le sol
mouvant des hypothèses, n'a rien qui nous fasse
envie ; nos efforts ne tendent qu'à trouver et pro-
clamer la vérité. Nous laissons aux juges compé-
tens et expérimentés à décider jusqu'à quel point
nous nous sommes approchés de ce but dans le travail que nous offrons au public. Nous accueillerons
avec empressement et reconnaissance tout ce qui

nous signalera des rectifications nécessaires, ou nous indiquera des erreurs, soit dans les expériences, soit dans les conclusions ; mais nous repousserons avec mépris toute critique hautaine qui ne se présentera point avec des preuves suffisantes à la main.

Nous ne terminerons pas sans témoigner notre reconnaissance à M. le prosecteur Fohmann et à plusieurs de nos auditeurs, principalement à MM. André, G. et C. Arnold, Horn, Huttenschmidt, Kusel, Meggenhofen et Muller, qui nous ont aidés dans plusieurs expériences sur les animaux vivants et dans les analyses chimiques.

Heidelberg, le 14 novembre 1825.

RECHERCHES

EXPÉRIMENTALES, PHYSIOLOGIQUES ET CHIMIQUES,

SUR LA DIGESTION.

PREMIER MÉMOIRE.

DE LA DIGESTION DES MAMMIFÈRES.

LES recherches que nous avons faites pour découvrir ce qui se passe dans l'acte de la digestion ont eu lieu tant sur des animaux carnivores que sur des herbivores. Nous avons choisi, parmi les premiers, le chien et le chat; parmi les autres, non-seulement ceux dont l'estomac est simple, comme le cheval, mais encore ceux qui ont plusieurs estomacs, tels que la brebis, le veau et le bœuf. Quant à ce qui concerne le plan qu'il fallait adopter dans les expériences à faire sur une fonction si compliquée, après y avoir mûrement réfléchi, nous avons pensé que la marche suivante serait la plus simple et la plus convenable. D'abord nous avons dû faire tous nos efforts pour connaître les propriétés et la composition chimique des sécrétions glandulaires, telles que salive, suc pancréatique et bile, qui sont versées dans le canal alimentaire, pendant la digestion principalement, et qui, mêlées aux alimens reçus dans ce conduit, paraissent jouer un rôle important dans l'acte digestif. En conséquence, nous avons recueilli de la salive et du suc pancréatique chez des animaux vivans, en les recevant à leur sortie des conduits excréteurs. Des recherches nouvelles ont été faites aussi sur la bile accumulée dans son réservoir.

Nous avons été obligés ensuite de considérer les organes digestifs dans l'état de vacuité, les fluides qui se rencontrent dans les diverses portions du canal alimentaire, le suc gastrique, le suc intestinal, le mucus intestinal, et d'apprendre à connaître leurs propriétés physiques et chimiques, tant afin de pouvoir plus tard établir des comparaisons relativement à l'effet qui résulte de leur mélange avec les alimens pendant la digestion, que pour savoir quelles sont, parmi les matières qu'on trouve dans le canal intestinal des animaux qui ont mangé, celles qu'on doit rapporter à la nourriture ingérée, et celles qui proviennent des sucs intestinaux. Nous n'avons pas négligé non plus de faire des expériences sur des animaux vivans, afin de reconnaître si le suc gastrique n'éprouverait pas des modifications dans ses propriétés, à la suite d'irritations portées sur l'estomac.

Après avoir ainsi examiné non-seulement les humeurs qui concourent à la digestion, mais encore l'état du canal alimentaire dans l'état de vacuité, nous avons fait des expériences sur les changemens que les alimens subissent dans l'estomac et dans les diverses parties du canal intestinal. D'abord nous avons donné à des animaux des substances alimentaires simples, tirées du règne animal et du règne végétal, comme de l'albumine liquide et coagulée, de la gélatine, de la fibrine, de l'amidon, du gluten, du mucus végétal, du sucre et de la graisse. Ces substances ont été administrées isolément et sans mélange. Nous avons procédé ensuite à des expériences sur la digestion des alimens composés, qui résultent seulement de l'association diverse des alimens simples, tels que la viande, le lait, les os, le pain, les pommes de terre; etc.

Les animaux nourris, pendant un laps de temps plus ou moins long, avec une certaine sorte d'alimens, ont été tués à différens intervalles après le repas. Nous avons recueilli avec soin les substances contenues dans l'estomac, le duodénum, les divisions de l'intestin grêle, le cœcum et le reste du gros intestin, étudié leurs propriétés, et examiné la manière dont elles se comportaient avec divers réactifs chimiques. Dans ces recherches, nous avons presque toujours porté en même temps notre attention sur la composition du chyle que contenaient les vaisseaux lymphatiques du canal intestinal et le canal thoracique ; dans quelques cas même, nous n'avons pas négligé d'examiner aussi le sang et l'urine.

Aussitôt après avoir terminé les expériences sur la digestion de divers alimens simples et composés, notre attention s'est dirigée sur la part que la bile et le suc pancréatique prennent à l'acte digestif. Il était nécessaire, pour apprécier l'action de ces humeurs, de lier le canal biliaire et le canal pancréatique sur des animaux vivans, et d'empêcher ainsi les deux fluides de couler dans le tube intestinal. En suivant cette marche, nous devions espérer que les changemens qui auraient lieu dans la nature des substances que contenait le canal intestinal nous éclaireraient sur le rôle que ces humeurs jouent dans la formation du chyle.

Enfin, nous n'avons pas omis de faire aussi quelques expériences relatives à l'influence du système nerveux sur la digestion. A cet effet, nous avons coupé, sur des animaux vivans, tantôt un des nerfs pneumo-gastriques seulement, et tantôt tous les deux, soit au cou, soit dans la cavité abdominale, afin de reconnaître si la digestion se trouverait interrompue par là.

Telle est la marche que nous avons suivie dans les expériences que réclamaient les recherches difficiles sur la digestion des mammifères.

SECTION I.

ANALYSE CHIMIQUE DE LA SALIVE, DU SUC PANCRÉATIQUE ET DE LA BILE.

1. DE LA SALIVE.

Chez tous les mammifères, à l'exception peut-être des cétacés, il se trouve, autour de la cavité buccale, plusieurs glandes conglomérées, de diverses formes et grandeurs, qui sécrètent du sang une liqueur particulière, la salive, et qui la versent dans la bouche par des conduits excréteurs. Le volume des diverses glandes et la situation des orifices de leurs canaux excréteurs sont en rapport jusqu'à un certain point, chez les mammifères, avec la disposition des dents, et avec la partie de la bouche dans laquelle les alimens subissent principalement l'action de ces osselets, ainsi que l'a démontré G. Cuvier (1). La sécrétion salivaire se fait, en petite quantité, presque continuellement; elle est surtout abondante après que des alimens ont été introduits dans la cavité buccale, et à la suite de l'excitation que ces substances exercent sur les nerfs de la langue et de la membrane muqueuse de la bouche. L'excitation paraît se propager aux glandes salivaires par les nerfs de la seconde et de la troisième branche de la cinquième paire, et déterminer ces organes à fournir une sécrétion plus copieuse. La sécrétion salivaire se trouve également activée lorsque les émanations des alimens affectent la membrane olfactive : dans ce cas, l'excitation paraît être transmise aux nerfs des glandes salivaires par le nerf nasal postérieur, qui émane du ganglion sphéno-palatin.

Si nous voulons déterminer la part que la salive prend à la digestion, sujet à l'égard duquel les physiologistes diffèrent

---

(1) *Anatomie comparée*, t. III, p. 203.

d'opinion, il est nécessaire avant tout de reconnaître sa composition chimique. A la vérité, ce fluide a déjà été analysé souvent; mais les chimistes n'ont presque jamais opéré que sur la salive de l'homme, qui, étant prise dans la bouche, s'y trouvait mêlée avec du mucus. Haller a rassemblé les résultats des analyses faites autrefois par Sylvius, Nuck, Vieussens, Viridet, Pott, Barchusen, Boerhaave, etc. D'autres ont été exécutées depuis par Juch, Fourcroy, Bostock, Berzelius, Lassaigne et autres. Hapel de la Chenaie (1) est le seul, à notre connaissance, qui ait examiné de la salive pure; il l'avait obtenue en mettant à découvert et piquant le canal de Stenon d'un cheval; mais son analyse n'est point satisfaisante, à cause de l'état dans lequel se trouvait alors la chimie.

Ces motifs nous ont déterminés à recueillir la salive coulant du canal excréteur de la parotide d'un chien et d'un mouton vivans, à en faire l'analyse chimique, et à la comparer avec celle de l'homme. Nous allons donner d'abord l'analyse que nous avons faite de la salive humaine, afin qu'elle puisse servir de terme de comparaison.

§ I. Salive de l'homme. — La salive recueillie sur des hommes à jeun était un liquide filant, presque inodore, et d'une couleur blanche tirant légèrement sur le bleuâtre. On y voyait nager un très-grand nombre de flocons muqueux blancs, qui la faisaient paraître trouble. Ces flocons se déposaient peu à peu par le repos.

Ce liquide était plus pesant que l'eau distillée; sa pesanteur spécifique était à celle de cette dernière dans la proportion de 1,0043 à 10,000, à la température de 12 ° c. (2).

---

(1) *Observations et Expériences sur l'analyse de la salive du cheval*, dans les *Mém. de la Société royale de Médecine*, ann. 1780 et 1781, page 325.

(2) La pesanteur spécifique de la salive a été diversement évaluée : par Lamure, à 1,119; par Haller, à 1,098; par Siebold, à 1,080; par Hænger, à 1,015; par Thompson, à 1,0038. Cette dernière estimation se rapproche beaucoup de la nôtre. Pour arriver à notre résultat, nous avons examiné combien un globe massif de verre perdait de son poids dans l'eau et dans la salive. Si l'on pesait comparativement une masse égale d'eau et

Si l'on examine la salive au microscope, on y découvre de très-petits globules, que Leeuwenhoek (1) et Asch (2) ont aperçus. G.-R. Treviranus dit n'en avoir pas vu. Cependant nous nous sommes convaincus de leur existence. Ils ont une forme arrondie, et sont transparens.

Voici quelles sont les réactions de la salive :

Acide nitrique : le mucus s'éleva sous la forme d'une pellicule coagulée, cohérente et pellucide. — Chlorure d'étain, sous-acétate de plomb, acétate de plomb neutre, sulfate de cuivre, proto-nitrate de mercure, per-chlorure de mercure, teinture de noix de galle : masse épaisse, blanche, opaque, nageant sur le liquide. Le coagulum produit par le proto-nitrate de mercure prit une couleur de fleurs de pêcher à la lumière. — Vinaigre distillé : le mucus s'éleva sous la forme d'une masse transparente et molle, et la liqueur claire, obtenue par décantation, se troubla beaucoup quand on y versa de la teinture de noix de galle. — Per-chlorure de fer : forte coloration en jaune rougeâtre. — Teinture de tournesol : la salive de la plupart des personnes sur lesquelles nous fîmes cette expérience colorait faiblement en bleu la teinture rougie ; chez d'autres, elle était neutre. Jamais la salive d'un sujet sain ne se comporta comme un acide (1).—Le lait, chauffé

---

de salive, on trouverait une pesanteur spécifique trop considérable, à cause des flocons muqueux qui sont mêlés à cette dernière. C'est probablement là ce qui explique en partie les évaluations si considérables données par les auteurs qui viennent d'être cités.

(1) *Philos. Trans.*, 1674, num. 106, p. 121.

(2) *De Naturâ Spermatis*, p. 78, obs. 62.

(3) Les indications des physiologistes sur ce point s'éloignent beaucoup les unes des autres. Duverney (*Hist. de l'Ac. des Sc. de Paris*, depuis 1656 jusqu'en 1699, t. II, p. 23), qui a examiné la salive d'individus d'âges différens, trouva que celle des jeunes-gens ne rougissait pas la teinture de tournesol, tandis que celle des personnes âgées la colorait en rouge. La salive de sujets atteints du scorbut rougissait également cette teinture. Vieussens (*Traité des liqueurs*, p. 160) et Viridet (*De primâ Coctione*, p. 70) prétendent avoir observé que la salive, soit des jeunes-gens, soit des personnes âgées, rougit en tout temps la teinture de tournesol. Deidier assure, au contraire, qu'à jeun la salive réagit à la manière des alcalis. Suivant Haller, la salive n'altère pas la teinture de tournesol : la sienne, au moins, n'opéra aucun changement dans ce réactif. Astruc,

modérément avec une quantité de salive égale à la sienne, ne donna aucun indice de coagulation, même au bout de douze heures; ce laps de temps écoulé, la crême avait gagné la surface, et le liquide situé au-dessous était faiblement lactescent (1).

Analyse de la salive par la voie humide. — On évapora jusqu'à siccité 69,98 grammes de salive, recueillie sur un jeune homme pendant qu'il fumait du tabac. Il resta 0,80 grammes ($=$ 1,14 pour cent) d'une masse d'un blanc brunâtre tirant sur le jaune (2).

On fit bouillir ce résidu avec de l'alcool, et on le filtra.

I. La liqueur alcoolique filtrée laissa déposer sur les parois du vase, en se refroidissant, une matière d'un brun pâle, cristallisée confusément.

La solution alcoolique, séparée par la décantation, fut évaporée; elle donna 0,25 grammes d'un extrait brun pâle, transparent, un peu cristallin. Cet extrait, dissous dans l'eau, laissa de grands flocons d'un blanc brunâtre, qui s'attachèrent aux parois du vase.

A. La solution aqueuse filtrée fut partagée en trois portions, qui furent, l'une essayée par les réactifs, la seconde

---

Fourcroy et autres ont aussi trouvé la salive neutre. Montègre (*Expér. sur la digestion*, p. 28) a fait la même remarque sur la sienne propre ; mais il dit avoir connu des personnes dont la salive rougissait la teinture de tournesol. Nous avons essayé, avec cette teinture bleue et rouge, la salive recueillie sur environ quarante malades de notre hôpital, et, dans ce nombre, il ne s'en est trouvé que deux, atteints, l'un d'une fièvre intermittente quotidienne, l'autre d'un abcès, chez lesquels elle réagit à la manière des acides.

(1) Veratti (dans les *Commentar. Instit. Bononiens. Opus.*, t. vi, p. 272) prétendait avoir observé que la salive des personnes à jeun coagulait le lait lorsqu'on faisait chauffer le mélange jusqu'à 90 degrés du thermomètre de Fahrenheit. Au contraire, Spallanzani (Sennebier, *Considérations sur la digestion*, p. ciii.) n'a pas reconnu que le lait se coagulât par l'addition de la salive.

(2) La salive d'un homme à jeun, dont l'expuition n'avait pas été sollicitée par le tabac, donna 1,19 pour cent de résidu sec; par conséquent ce résultat est celui qu'on doit regarder comme exact. Berzelius a obtenu 0,71, et Brande 18 (?) pour cent de résidu sec.

incinérée , et la troisième distillée avec l'acide phospho-rique.

a. Voici quelles furent les réactions.

Chlore, acide hydro-chlorique , alun , per-chlorure de mercure et potasse : rien. — L'acide nitrique produisit une effervescence, même à froid , mais sans troubler la liqueur. — Chlorure d'étain et acétate de plomb neutre : une grande quantité de flocons blancs, médiocrement grands. — Sulfate de cuivre : une quantité modique de petits flocons blancs. — Proto-nitrate de mercure : magma considérable, d'un blanc grisâtre, ayant la consistance d'une bouillie. — Nitrate d'argent : trouble considérable, d'un blanc jaunâtre. — Teinture de noix de galle : une très-grande quantité de flocons très-grands, agglutinés comme une résine. — Teinture de tournesol : faible coloration en rouge (1). — Per-chlorure de fer : coloration en rouge de sang foncé, sans trouble.

b. En évaporant et brûlant la seconde portion , il se dé-veloppa d'abord une odeur aigrelette et semblable à celle de la sueur, puis une autre odeur analogue à celle du pain grillé. La masse noircit sans se boursouffler beaucoup ; le charbon brûla facilement, et laissa une cendre inco-lore, fondue, qui se dissolvait complètement dans l'eau, et qui était composée d'une grande quantité de chlorure, avec très-peu de carbonate alcalin, sans phosphate ni sul-fate.

c. La coloration remarquable du per-chlorure de fer en rouge nous détermina à rechercher plus particulièrement quelle était la cause de ce phénomène.

Treviranus est le premier, à notre connaissance, qui ait remarqué que la salive humaine colorait sensiblement le per-chlorure de fer en rouge. Il a conclu de là qu'elle doit con-

---

(1) Douze heures s'étaient écoulées avant que la salive fût évaporée. Nous nous sommes convaincus que, de cette manière, elle devenait un peu acide par l'évaporation, ce qui tient peut-être à ce qu'il se pro-duit de l'acétate d'ammoniaque, qui perd son ammoniaque par la cha-leur.

tenir un acide particulier, auquel il a donné le nom d'*acide sanguin* (1).

Cette opinion ne paraissant pas, au premier aperçu, vraisemblable et suffisamment fondée, nous ne crûmes pas d'abord devoir l'admettre, parce que nous trouvâmes que l'acétate de soude donnait lieu à une coloration semblable en rouge jaunâtre avec le per-chlorure de fer. Comme Berzelius avait démontré l'existence d'un acétate alcalin dans la salive, comme en outre ses recherches ultérieures et celles qui nous sont propres conduisaient à ce résultat, qu'ainsi que l'ont déjà fait voir Fourcroy et Vauquelin, l'acide lactique n'est autre chose que de l'acide acétique combiné avec une matière animale; nous attribuâmes d'abord l'action rubéfiante de la salive humaine à ce qu'elle contenait un acétate alcalin.

Cependant les essais que nous venons de rapporter, c'est-à-dire la coloration de la dissolution de fer, par la liqueur alcoolique, en rouge d'une teinte si foncée qu'on ne peut pas en obtenir une pareille même à l'aide d'une solution concentrée d'acétate de soude, quoique la cendre contienne très-peu de carbonate de potasse, en sorte qu'il ne pouvait avoir existé que peu d'acétate de potasse dans la liqueur; ces essais, disons-nous, rendraient l'opinion de Treviranus plus vraisemblable à nos yeux. En conséquence, nous réservâmes le peu qui nous restait de l'extrait alcoolique pour le distiller avec de l'acide phosphorique médiocrement concentré. L'opération fut faite au bain-marie, dans une très-petite cornue. Le produit limpide et incolore qu'elle donna exhalait une odeur qui n'était pas sensiblement acide, et au bout de quelques jours il sentait faiblement l'acide hydro-cyanique; il rougissait légèrement la teinture de tournesol; il donnait une couleur d'un rouge jaunâtre très-foncé par le per-chlorure de fer, même lorsqu'on ne le versait qu'en très-petite quantité dans ce der-

---

(1) G.-R. Treviranus, *Biologie*, t. IV, p. 330, 1814. Treviranus ne pouvait pas encore connaître l'acide sulfo-cyanique, qui n'a été découvert que dans ces derniers temps par Porrett, sans quoi il aurait probablement reconnu que l'acide de la salive doit y être rapporté.

nier. Ces phénomènes attestaient la présence de l'acide sulfo-cyanique ; car, pour que le per-chlorure de fer soit rougi par l'acide acétique libre, il faut employer celui-ci en grand excès ou concentré, et l'odeur d'un acide acétique aussi concentré aurait dû être remarquée dans le produit de la distillation, si c'eût été à lui que ce produit fût redevable de colorer le sel de fer, même lorsqu'on l'y versait en très-petite quantité. Nous reconnûmes en outre que la coloration rouge déterminée par le produit de la distillation ne disparaissait que par l'addition d'une grande quantité d'acide hydro-chlorique, tandis qu'il ne fallait que très-peu de cet acide pour détruire celle qui avait été produite par l'acide acétique.

Le produit de la distillation précipitait abondamment les nitrates d'argent et de mercure, ce qui peut être attribué tant à l'acide hydro-chlorique qu'à l'acide sulfo-cyanique. En dissolvant du chlorure de potasse dans de l'acide hydro-chlorique à chaud, et y ajoutant du chlorure de barium, on obtenait un mélange clair et limpide, qui se troublait en le faisant chauffer avec le produit de la distillation, parce que le soufre de l'acide sulfo-cyanique se convertissait en acide sulfurique. Enfin, en mêlant une portion de ce produit avec un peu de sulfate de fer et de cuivre, on obtenait un précipité blanc et pulvérulent, qui, débarrassé de la liqueur surnageante par la décantation, et lavé avec de l'eau, communiquait à la potasse la propriété de colorer en rouge le per-chlorure de fer (1).

----

(1) En raison de l'importance de cet objet, nous fîmes de nouveau évaporer jusqu'à siccité la salive d'un autre homme à jeun, dont l'expuition n'avait pas été sollicitée par le tabac ; nous distillâmes l'extrait alcoolique avec de l'acide phosphorique, et nous obtînmes encore un produit qui colorait très-fortement le per-chlorure de fer en rouge. Nous fîmes dissoudre quelques cristaux de sulfate de fer dans ce produit, et nous ajoutâmes à la dissolution, qui était parfaitement claire et d'un rouge pâle, du sulfate de cuivre dissous dans l'eau : sur-le-champ la couleur rouge disparut, et bientôt après il se déposa une quantité considérable d'une poudre fine et blanche ; cette poudre fut lavée sur un filtre, puis humectée avec de la potasse : elle devint alors d'un jaune orangé, et la liqueur alcaline qui traversa le filtre, ayant été saturée d'acide hydro-chlorique, colora très-vivement en rouge le per-chlorure de fer.

D'après tout cela, la présence du sulfo-cyanure de potassium dans la salive de l'homme nous paraît hors de doute (1). Nous ferons voir plus loin qu'il existe aussi du sulfo-cyanure de sodium dans celle du mouton.

B. Les flocons d'un blanc brunâtre qui étaient contenus dans l'extrait alcoolique, et que l'eau ne put dissoudre, prirent, après la dessiccation, l'aspect d'une graisse jaune, transparente, ayant la consistance du beurre. Cette substance, traitée par l'alcool à chaud, forma une dissolution limpide, qui ne rougissait pas la teinture de tournesol. Elle entrait en fusion par l'action de la chaleur, brûlait ensuite avec flamme, et en répandant une odeur sensible de graisse, légèrement aromatique, et laissait un charbon difficile à incinérer, qui, détoné avec du nitrate de potasse, donnait pour résidu un peu de phosphate de potasse. Par conséquent, c'était une graisse contenant du phosphore (2).

II. La matière cristalline, d'un brun pâle, que l'alcool

---

(1) Un fait aussi surprenant, d'où il résulte qu'une substance très-vénéneuse à une certaine dose existe en petite quantité dans le corps de l'homme bien portant, soulève plusieurs problêmes à résoudre. D'où vient cet acide sulfo-cyanique, et comment est-il évacué? etc. Jusqu'à présent nous n'avons examiné, sous ce dernier rapport, que l'urine, quoique toutes les autres parties du corps humain, et principalement la sueur, méritent également de l'être. A la vérité, nous avons obtenu, en distillant avec l'acide phosphorique ou avec l'acide sulfurique, soit l'urine elle-même, soit seulement son extrait alcoolique, dépouillé en grande partie de l'urée par la cristallisation, des liqueurs qui, mêlées avec le per-chlorure de fer, faisaient naître une couleur rouge très-faible. Mais comme, en distillant certains fluides animaux, entre autres les matières contenues dans l'estomac des bœufs, on obtient une liqueur qui rougit par le seul acide hydro-chlorique, nous n'osons pas décider si la coloration en rouge du per-chlorure de fer dépend de cette matière, ou de l'acide sulfo-cyanique, ou peut-être même de l'acide acétique, qui, suivant les expériences de Proust et de Thenard, se trouve contenu dans l'urine.

(2) Nous avons encore trouvé cette graisse contenant du phosphore dans la salive d'un autre homme qui n'avait pas fumé. Existe-t-elle constamment dans la salive, et est-ce à elle qu'on doit attribuer l'odeur de phosphore qu'exhale l'haleine de certaines personnes? On reconnaît facilement la présence du phosphore dans une graisse, à ce que cette dernière laisse, quand on la brûle, un charbon difficile à incinérer.

avait laissé déposer en se refroidissant, pesait 0,01 gr. Elle
se dissolvait complètement dans l'eau. La dissolution précipitait faiblement le nitrate d'argent; elle donnait un précipité
plus abondant par la teinture de noix de galle, et n'agissait pas sur le per-chlorure de fer. Une partie de cette matière
fut brûlée, opération durant laquelle il se développa une
forte odeur d'empyreume. Il resta beaucoup de cendre blanche
et fondue, qui contenait une grande quantité de sulfate de
potasse, peu de carbonate et de chlorure, et point de phosphate.

On fit bouillir avec de l'eau la salive épuisée par l'alcool.

1. La décoction aqueuse laissa 0,16 gr. d'un extrait jaune-
brunâtre pâle, qui, exposé à l'air, demeura sec. Lorsqu'on
le fit dissoudre dans l'eau, il resta beaucoup de pellicules insolubles (1). Comme il se trouva que cette dissolution était
fortement troublée par la teinture de la noix de galle, tandis que, suivant Berzelius, le contraire arrive pour la matière salivaire, nous conjecturâmes qu'il s'y trouvait de l'osmazôme ; c'est pourquoi nous versâmes, dans la dissolution
aqueuse concentrée, un grand excès d'alcool, qui occasiona
un trouble laiteux très-marqué, et la matière salivaire
s'attacha aux parois du vase, en grands flocons d'un blanc
brunâtre. On décanta l'alcool encore un peu trouble, dont le
trouble n'augmentait que peu par la teinture de noix de galle ;
on lava encore, à plusieurs reprises, le précipité avec de
nouvel alcool, puis on le fit dissoudre dans l'eau : la dissolution fut soumise en partie à l'action des réactifs, en partie
à l'évaporation.

Les réactions furent les suivantes :

Chlore, acide hydro-chlorique et acide nitrique : rien. —
Eau de chaux : une très-grande quantité de grands flocons

---

(1) Bostock avait déjà remarqué que la matière salivaire, lorsqu'on la
chauffe trop dans l'état sec, devient insoluble dans l'eau. L'expérience
qu'on vient de lire, et beaucoup d'autres qui seront relatée dans le cours
de ce Mémoire, démontrent qu'il suffit pour cela de la chaleur du bain-
marie. Il est invraisemblable que de la matière caséeuse soit entrée en jeu
dans ce cas, puisque la matière de la salive n'est point précipitée par les
acides.

peu cohérens et blancs (de phosphate de chaux). — Alun :
trouble léger, blanc. — Chlorure d'étain, nitrate de plomb,
acétate de plomb neutre : une très-grande quantité de très-
grands flocons blancs.—Sous-acétate de plomb : magma considérable, ayant la consistance d'une bouillie et blanc. — Sulfate de fer et per-chlorure de fer : une très-petite quantité de
très-petits flocons.—Sulfate de cuivre : une médiocre quantité
de petits flocons blancs. — Proto-nitrate de mercure : une très-
grande quantité de très-grands flocons blancs, qui, au bout
de cinq jours, étaient devenus jaunes et grenus. — Per-chlorure de mercure : léger trouble blanc. — Nitrate d'argent :
une quantité médiocre de très-petits flocons jaunes, devenant
d'un brun grisâtre à la lumière. — Teinture de noix de galle :
trouble considérable, laiteux, d'un blanc brunâtre, sans précipité proprement dit. — Teinture de tournesol : rien.

On fit évaporer jusqu'à siccité une partie de la solution
aqueuse de la matière salivaire, et on obtint un résidu
opaque, d'un blanc brunâtre. En dissolvant ce résidu dans
l'eau, il se sépara de nouveau un grand nombre de flocons :
c'est pourquoi on filtra la liqueur. L'évaporation, la dissolution et la filtration furent encore répétées deux fois ; chaque
fois il resta des flocons insolubles, mais toujours de moins en
moins. La dissolution obtenue en dernier lieu produisit les
mêmes réactions que la précédente, à cette seule différence
près qu'elle agit plus faiblement sur le sulfate de cuivre, et
qu'elle n'exerça plus aucune action sur le per-chlorure de
mercure.

Le reste de cette matière fut évaporé de nouveau et incinéré : il se boursouffla un peu, s'enflamma faiblement,
exhala l'odeur du pain grillé, et laissa une cendre fondue,
qui contenait beaucoup de phosphate, peu de carbonate et
de chlorure, et très-peu de sulfate de potasse.

2. Le résidu épuisé par l'eau et l'alcool s'élevait à 0,52 gr.,
après avoir été desséché ; il avait l'aspect d'une masse grise
et cassante. On fit digérer ce mucus dans du vinaigre distillé.
Le liquide obtenu ainsi fut troublé fortement par la teinture
de noix de galle, et faiblement par l'ammoniaque et l'oxalate
de potasse.

Incinération de la salive. — 81,68 grammes de salive, fournie par un jeune homme qui fumait du tabac, laissèrent, au bain-marie, 0,73 gr. (= 0,9 pour cent) de résidu sec. Ce résidu produisit 0,16 gr. de cendre (= 0,2 pour cent de la salive fraîche, ou 21,9 de la salive sèche).

La partie de la cendre soluble dans l'eau s'élevait à 0,13 gr., et la portion insoluble à 0,03 gr.

La première consistait en une grande quantité de carbonate, de phosphate et de chlorure, avec une faible proportion de sulfate. L'alcali était presque uniquement de la potasse, car la masse saline, calcinée avec de l'acide sulfurique, ne donna presque que des cristaux de sulfate de potasse, et elle précipitait très-abondamment la solution de platine.

La portion de la cendre non soluble dans l'eau produisit, avec l'acide hydro-chlorique, une dissolution incolore, qui fut précipitée médiocrement par l'ammoniaque, puis faiblement par l'oxalate de potasse, et qui donna encore ensuite quelques grands flocons par la potasse. On ne put pas découvrir de fer. C'était par conséquent du phosphate de chaux, avec une petite quantité de carbonate calcaire et de magnésie.

De ces expériences résultent les conclusions suivantes :

1°. 100 parties de salive humaine fraîche donnent, par l'évaporation, depuis 0,9 jusqu'à 1,14 et 1,19 parties de résidu sec.

2°. 100 parties de salive évaporée à siccité donnent 21,9 parties de cendres ; de ces dernières 17,8 parties sont solubles dans l'eau, et composées d'une grande quantité de carbonate, de phosphate et de chlorure, et d'une petite quantité de sulfate alcalin ; l'alcali est de la potasse, avec très-peu de soude. Les 4,1 parties de cendres non solubles dans l'eau sont du phosphate de chaux, avec un peu de carbonate calcaire et de magnésie.

3°. 100 parties de salive évaporée à siccité donnent, quand on les analyse par la voie humide :

Matière soluble dans l'alcool et non soluble dans l'eau (graisse contenant du phosphore) ; matière soluble dans l'al-

cool froid et dans l'eau (osmazôme, sulfo-cyanure, chlorure, et peut-être quelque peu d'acétate de potasse). 31,25

Matière qui se précipite par le refroidissement de
la dissolution alcoolique faite à chaud (matière animale, avec du sulfate et très-peu de chlorure alcalin.)   1,25

Matière soluble seulement dans l'eau (matière salivaire, avec beaucoup de phosphate et très-peu de
sulfate et de chlorure alcalin)................... 20,00

Matière insoluble dans l'eau et l'alcool (mucus,
peut-être aussi de l'albumine (1), avec du carbonate
et du phosphate de chaux)..................... 40,00
                                                 ———
                                                 92,50

§ II. SALIVE DU CHIEN. — Ayant mis le canal de Stenon à découvert sur un gros chien, gras et bien portant, nous le
coupâmes immédiatement avant son entrée dans la cavité
buccale, et l'extrémité en fut introduite dans une petite bouteille. Nous obtînmes de cette manière environ 10 grammes
de salive.

Cette humeur était un peu trouble, d'un blanc jaunâtre
pâle, très-épaisse et filante, à-peu-près comme du blanc
d'œuf; elle renfermait quelques flocons blancs.

1°. Une partie fut employée aux réactions suivantes :

Ébullition : rien. — Chlore : un très-grand nombre de petits flocons blancs et de filamens qui ne disparurent pas par
l'addition d'une plus grande quantité de chlore. — Acide hydro-chlorique : trouble très-considérable, blanc, diminuant

---

(1) Bostock admet, dans la salive, de l'albumine coagulée, qu'il serait
cependant très-difficile de distinguer du mucus, car la réaction sur le
per-chlorure de mercure, qu'il indique pour cela, n'est pas suffisante.
Brande (*Philos. Trans.*, 1809, p II, p. 380) admet aussi, dans la salive, de l'albumine liquide qui, suivant lui, ne peut pas être reconnue, il
est vrai, par les acides, mais dont on constate la présence par sa coagulation au pôle négatif d'une forte pile de Volta. Cependant, comme nous
ignorons si l'action de l'électricité et de la chaleur qui l'accompagne ne fait
point passer aussi l'osmazôme et la matière salivaire à l'état de coagulation, puisqu'il suffit d'évaporer la dissolution aqueuse de cette dernière
pour la rendre en partie insoluble, la présence de l'albumine dans la salive de l'homme est encore douteuse.

par l'addition d'une plus grande quantité d'acide. — Acide nitrique : trouble très-considérable, et une quantité médiocre de petits flocons d'un blanc jaunâtre, diminuant seulement un peu par un grand excès d'acide. — Chlorure d'étain, acétate de plomb neutre et proto-nitrate de mercure : une très-grande quantité de très-grands flocons épais et blancs. — Per-chlorure de fer : ni trouble ni coloration en rouge. — Sulfate de cuivre : magma considérable, ayant la consistance d'une bouillie, gélatineux et d'un blanc verdâtre. — Per-chlorure de mercure : magma moins considérable, n'épaississant pas tout-à-fait la liqueur, gélatineux et opaque. Il se forma une grande quantité de gros flocons muqueux, cohérens, pellucides et susceptibles d'être tirés en longs filamens, tandis que le reste de la liqueur devint plus fluide. On peut conclure de là que le mucus de la salive est précipité aussi dans l'estomac par l'acide du suc gastrique. — Alcool en petite quantité : rien — Quatre parties d'alcool et une de salive : un trouble considérable, blanc, et une modique quantité de flocons blancs, médiocrement grands. — Ether dégagé d'alcool : rien. — Teinture de noix de galle : magma grumelé, d'un blanc brunâtre. — Teinture de tournesol rouge : coloration légère en bleu.

2°. Une autre portion de cette salive fut évaporée à siccité. 7,170 grammes laissèrent 0,185 gr. de résidu sec ($= 2,58$ pour cent). Celui-ci avait la forme d'une pellicule transparente, en partie d'un jaune pâle, et en partie d'un jaune brunâtre tirant sur le rouge, qui devint humide à l'air.

Une partie de ce résidu sec fut analysée par la voie humide, et l'autre incinérée.

Analyse par la voie humide. — On fit digérer une partie du résidu sec avec de l'alcool. La substance, qui, auparavant, était devenue humide à l'air, s'aggloméra en une masse visqueuse, d'un gris jaunâtre, qui ressemblait à du gluten frais, sous le rapport de la couleur et de la consistance, et qui en différait seulement en ce qu'elle devint un peu plus solide au froid,

1. La liqueur alcoolique filtrée était sans couleur. Elle laissa un résidu qui ne consistait presque uniquement qu'en

de petits cubes incolores de chlorure de sodium, et sur les bords seulement duquel on apercevait un peu de matière extractive jaune. Le tout devint très-peu humide à l'air.

Une portion de l'extrait alcoolique, dissoute dans l'eau, donna les réactions suivantes :

Acide hydro-chlorique et per-chlorure de mercure : rien. —Chlorure d'étain et teinture de noix de galle : trouble très-léger.—Per-chlorure de fer : coloration manifeste, mais faible, en jaune-rougeâtre, qui disparut par l'addition d'une très-petite quantité d'acide hydro-chlorique. — Acétate de plomb neutre, sous-acétate de plomb et proto-nitrate de mercure : magma considérable, ayant la consistance d'une bouillie, et blanc.—Teinture de tournesol rouge : très-légère coloration en bleu.

Une autre portion fut incinérée, opération durant laquelle on aperçut à peine quelques légères traces de carbonisation. Les cendres contenaient beaucoup de chlorure de sodium et médiocrement de carbonate.

Par conséquent, l'extrait alcoolique était composé en grande partie de chlorure de sodium, auquel étaient mêlés un peu d'acétate et très-peu de carbonate, avec un atome de matière animale (osmazôme).

II. La salive, épuisée par l'alcool, fut bouillie avec de l'eau, qui en dissolvit la plus grande partie.

1. La dissolution, d'un jaune très-pâle, donna, par l'évaporation, un mélange transparent, et d'un jaune très-pâle, de cristaux non cubiques et d'un extrait semblable à de la gomme. Une partie de ce mélange, traitée par l'eau, donna une solution trouble, qu'on filtra par conséquent. La liqueur filtrée réagit de la manière suivante :

Acide nitrique, per-chlorure de fer et per-chlorure de mercure : rien. —Chlorure d'étain et acétate de plomb neutre : trouble très-considérable, une quantité médiocre de flocons médiocrement grands. — Sous-acétate de plomb : magma n'épaississant pas tout-à-fait la liqueur, et blanc.—Proto-nitrate de mercure : trouble considérable. —Teinture de noix de galle : trouble très-léger. —Teinture de tournesol rouge : légère coloration en bleu.

Une autre portion, réduite en cendres, laissa du carbonate et du phosphate de soude (et de potasse).

Ainsi l'extrait aqueux contenait du carbonate et du phosphate alcalins, avec une matière animale (matière salivaire).

2. La portion de la salive non soluble dans l'eau et l'alcool représentait, après avoir été desséchée, une masse brune, peu transparente, dure et cassante, qui, mise en digestion avec du vinaigre distillé, fut peu attaquée par cet acide. Le vinaigre décanté ne se troubla point par la teinture de noix de galle, le cyanure de potassium et de fer, et l'ammoniaque.

Incinération. —Une partie de la salive évaporée fut brûlée. Elle se boursouffla considérablement, exhala une odeur d'empyreume animal, et laissa un charbon très-gonflé, difficile à incinérer, qu'on ne put brûler complètement qu'après avoir dissous dans l'eau les sels qui l'enveloppaient. La portion de la cendre soluble dans l'eau était composée d'une grande quantité de chlorure alcalin, de beaucoup de carbonate, de très-peu de sulfate, et d'une quantité encore moins grande de phosphate. L'alcali était en grande partie de la soude; car la dissolution de platine n'opéra un faible précipité qu'au bout de quelque temps. La portion de la cendre insoluble dans l'eau contenait du phosphate de chaux, avec une quantité un peu moins considérable de carbonate calcaire.

D'après tout cela, la salive du chien contient :

1°. Très-peu de matière animale soluble dans l'alcool (osmazôme);

2°. Une assez grande quantité de matière animale soluble dans l'eau et insoluble dans l'alcool (matière salivaire);

3°. Du mucus ;

4°. Beaucoup de chlorure alcalin, une quantité médiocre de carbonate, peu d'acétate et de sulfate, enfin très-peu de phosphate. L'alcali est de la soude, avec une petite quantité de potasse.

5°. Un peu de phosphate calcaire, avec une petite quantité de carbonate de chaux.

§ III. Salive de la brebis. — Afin de connaître les propriétés physiques et chimiques de la salive de brebis, telle qu'elle sort du canal de Stenon, nous choisîmes un mouton bien portant, qui avait pris toute sa croissance, et qu'on nourrissait depuis quelques jours avec de l'avoine. La peau fut incisée sur le muscle masseter du côté droit, et le canal mis à découvert, ce qui n'offrit aucune difficulté. Après avoir bien disséqué le conduit, on le coupa immédiatement avant son passage à travers le muscle buccinateur; on suspendit un petit poids à son extrémité libre, qui fut introduite dans une fiole de verre, et le tout fut fixé à la tête de l'animal par le moyen d'un bandage. La salive, qui coulait goutte à goutte, fut d'abord teinte en rouge par un peu de sang. Il s'en épancha 3,07 grammes durant le premier quart d'heure, et 3,25 pendant le second. Dans l'espace de quatre heures et demie nous obtînmes 40,11 grammes de salive, et les dix heures suivantes nous en procurèrent encore environ 70 grammes.

Cette salive était rendue trouble et rougeâtre par un peu de sang. En la laissant reposer, le cruor se précipita. Elle était assez fluide et point filante. Sa saveur était très-faible, à peine salée.

Une partie servit aux réactions, une autre à l'analyse par la voie humide, une troisième à l'incinération, et une quatrième à étudier la manière dont elle se comporterait avec des grains d'avoine.

Action des réactifs. — Pour débarrasser la salive, et de quelques flocons qui paraissaient ne s'y trouver que par accident, et de la plus grande partie du cruor, on la filtra, ce qui se fit assez rapidement, à cause de sa fluidité. La liqueur filtrée était presque parfaitement limpide, et n'offrait qu'une légère trace de coloration rouge. Elle se comporta de la manière suivante avec les réactifs :

Ebullition : quelques flocons légers se déposèrent au fond du vase. — Acide hydro-chlorique : effervescence légère, liqueur claire. — Acide nitrique : effervescence légère, trouble considérable, blanc. — Alun et chlorure d'étain : effervescence très-légère, une grande quantité de grands flocons blancs. — Acétate de plomb neutre : une très-grande quantité de très-grands flocons d'un blanc brunâtre.—Per-chlorure de fer : légère coloration en rouge.—Sulfate de cuivre :

une très-grande quantité de très-grands flocons d'un jaune verdâtre pâle. — Proto-nitrate de mercure : magma considérable, en consistance de bouillie et d'un blanc jaunâtre. — Per-chlorure de mercure : une médiocre quantité de flocons blancs, médiocrement grands. — Nitrate d'argent : une très-grande quantité de très-grands flocons blancs. —Teinture de tournesol rouge : très-légère coloration en bleu.

Analyse par la voie humide. — 65,52 grammes de salive filtrée furent évaporés à siccité. Pendant l'opération, la liqueur se couvrit d'une pellicule peu épaisse, due peut-être à de l'albumine coagulée. Il resta 1,10 gram. (=1,68 pour cent) d'une pellicule épaisse, blanche et opaque, qui, exposée à l'air, en attira très-peu l'humidité. On la fit bouillir avec de l'alcool, qui laissa, sans la dissoudre, une matière en partie membraneuse, en partie grenue, blanche et saline.

I. La liqueur alcoolique filtrée était d'un jaune très-pâle. Ayant été évaporée, elle donna 0,11 gr. d'un résidu composé d'une très-petite quantité de matière extractive et d'une grande quantité de cristaux qui paraissaient être des octaèdres. Cette masse, exposée à l'air, tombait à moitié en déliquescence. Sa dissolution aqueuse, qui était troublée par de petits flocons sans consistance et d'un blanc jaunâtre (de graisse?), offrit les réactions suivantes :

Chlore : très-léger trouble blanc.—Acide nitrique et chlorure d'étain pur : médiocre quantité de petits flocons blancs. —Acétate de plomb neutre et proto-nitrate de mercure : magma n'épaississant pas tout-à-fait la liqueur, caséeux, blanc.—Sulfate de cuivre : une grande quantité de grands flocons blancs.—Teinture de noix de galle : une très-grande quantité de très-grands flocons d'un blanc brunâtre.—Perchlorure de mercure : rien.—Per-chlorure de fer : coloration en rouge très-foncé, qui ne disparaissait que par un grand excès d'acide hydro-chlorique, et qui par conséquent devait son origine, non à de l'acide acétique, mais à de l'acide sulfo-cyanique.

II. La matière, épuisée par l'alcool, fut bouillie avec de l'eau : toutes les parties salines se dissolvirent.

1. Le produit aqueux de la filtration laissa 0,82 gr. d'une masse saline blanche. Une partie de cette dernière, traitée par l'eau, donna une dissolution trouble et d'un jaune rougeâtre très-pâle. Cette dissolution se troubla faiblement par le vinaigre distillé, mais redevint claire par l'addition d'un excès d'acide, phénomènes qui furent accompagnés d'effervescence. Le trouble devait vraisemblablement naissance à la matière salivaire, que l'évaporation avait rendue insoluble dans l'eau, mais qui se trouvait cependant dissoute dans la liqueur par le moyen du carbonate de soude. La liqueur, saturée de vinaigre, devint légèrement trouble par la teinture de noix de galle.

Une autre portion de l'extrait aqueux fut brûlée. Pendant l'opération, elle se colora en gris, mais seulement pour un instant, et répandit une odeur d'empyreume à peine sensible. La masse saline qui resta était composée d'une très-grande quantité de phosphate de soude, avec beaucoup de carbonate et de chlorure, sans mélange de sulfate.

2. La matière épuisée par l'alcool et l'eau pesait 0,05 gr., et se présentait sous la forme d'une pellicule dure et cassante, à laquelle le vinaigre, digéré avec elle, communiqua la propriété d'être précipitée par l'ammoniaque et par l'oxalate de potasse, mais non par la teinture de noix de galle.

En conséquence, la salive de la brebis, évaporée à siccité, contenait :

		dans 1,0 gram.;	dans 100 gr.
Parties solubles dans l'alcool.	Beaucoup de matière animale (osmazôme)········ Une matière qui déterminait le chlorure de sodium à cristalliser en octaèdres··· Beaucoup de chlorure de sodium.··············· Un peu de sulfo-cyanure de sodium·············	— 0,11 —	— 10,00
Parties solubles dans l'eau et non dans l'alcool.	Traces d'une matière animale (matière salivaire).·· Une très-grande quantité de phosphate de soude···· Beaucoup de carbonate de soude.············· Beaucoup de chlorure de sodium.···············	— 0,82 —	— 74,54
		— 0,93 —	— 84,54

		— 0,93 —	— 84,54
Parties insolubles dans l'eau et dans l'alcool.	Mucus ou albumine coagulée.	— 0,93 —	— 84,54
	Un peu de phosphate et de carbonate de chaux. . . .	— 0,05 —	— 4,55
		— 0,98 —	— 89,09

Incinération. — 40,11 grammes de salive filtrée donnèrent, au bain-marie, 0,75 grammes (= 1,9 pour cent) de résidu sec, qui était coloré en brun jaunâtre. Ce résidu laissa 0,42 gram. de cendre (= 1,04 pour cent de salive, et 56 pour cent de résidu sec). La cendre était blanche, complètement fondue et cristalline. La portion insoluble dans l'eau ne montait qu'à 0,015 grammes. La dissolution aqueuse contenait une très-grande quantité de carbonate, de chlorure et de phosphate, avec un peu de sulfate d'alcali. Ce dernier était de la soude, avec une trace de potasse.

Expériences relatives à l'action de la salive sur l'avoine. — Les grains d'avoine avaient été fendus, trempés dans l'eau, puis écrasés un peu avec le pilon. On en introduisit une portion avec de la salive de brebis dans un verre *A*, et une autre, du même poids, avec une quantité d'eau à-peu-près égale à celle de la salive, dans un second verre *B*. Les deux vases furent couverts de plaques de verre, placés sur un bain-marie faiblement échauffé, et exposés ainsi, pendant vingt-deux heures, à une chaleur modérée. Ce laps de temps écoulé, le fluide contenu dans le verre *A* exhalait une odeur putride; il était trouble et d'un blanc brunâtre. Celui contenu dans le verre *B* répandait une forte odeur acide; il était trouble et blanchâtre. On étendit les deux liqueurs de beaucoup d'eau, et on les filtra. Les deux fluides qui passèrent étaient incolores et limpides. Ils se comportèrent de la manière suivante avec les réactifs :

Ebullition : pour *A* et *B*, rien. — Iode : dans *A* et *B*, coloration en jaunâtre. — Acide nitrique : dans *A*, trouble médiocre, blanc; dans *B*, rien. — Acétate de plomb neutre: dans *A*, une grande quantité de flocons blancs; dans *B*, rien. — Proto-nitrate de mercure : dans *A*, une grande quantité de flocons blancs; dans *B*, trouble très-léger. — Per-chlorure de mercure : dans *A*, trouble médiocre;

dans *B*, rien. — Teinture de noix de galle : dans *A*, trouble médiocre, légers flocons; dans *B*, trouble léger. — Teinture de tournesol : dans *A*, aucun effet ; dans *B*, légère coloration en rouge.

Le résidu des grains d'avoine et les liqueurs troubles non filtrées étaient colorés en bleu par l'iode.

§ IV. Conclusions. Des analyses chimiques de la salive de l'homme, du chien et de la brebis, se déduisent les résultats suivans :

1°. La salive ne contient que 1,0 à 2,5 pour 100 de parties solides. C'est celle du chien qui contient le plus de ces parties solides, proportion gardée;

2°. Les parties solides sont :

a. La matière salivaire ;

b. L'osmazôme ;

c. Le mucus, qui paraît être dissous en partie dans le liquide à la faveur du carbonate alcalin, et qui lui donne sa consistance filante.

d. Il est possible qu'il existe aussi un peu d'albumine.

e. Nous avons également trouvé, dans la salive de l'homme, un peu de graisse contenant du phosphore.

f. Les sels solubles dans l'eau sont :

α. De l'acétate alcalin, dont la présence n'est cependant démontrée que par l'incinération, et non par l'extraction de l'acide acétique.

β. Du carbonate alcalin, qui donne à la salive la propriété de colorer en bleu la teinture de tournesol, et, chez la brebis, celle de faire effervescence avec les acides. Il se trouve vraisemblablement à l'état de bi-carbonate. La salive de la brebis est celle qui en contient le plus ; il y en a moins dans celle du chien, et moins encore dans celle de l'homme.

γ. Du phosphate alcalin, en plus grande quantité chez l'homme et la brebis que chez le chien.

δ. Du sulfate alcalin, dont les trois salives ne contiennent que très-peu.

ε. Du chlorure alcalin, en très-grande abondance dans toutes trois.

ζ. Du sulfo-cyanure alcalin : la salive de l'homme est celle qui en contient le plus ; il y en a moins dans celle de la brebis , et il n'y en a peut-être pas du tout dans celle du chien.

L'alcali, dans la salive de l'homme, est presqu'uniquement de la potasse. Dans celles du chien et de la brebis, c'est de la soude, avec très-peu de potasse.

g. Les sels de la salive insolubles dans l'eau sont :

α. Beaucoup de phosphate de chaux.

β. Moins de carbonate de chaux.

γ. La magnésie a été trouvée en très-petite quantité dans la salive de l'homme. Peut-être existe-t-elle aussi dans les autres : on ne l'y a pas cherchée.

II. DU SUC PANCRÉATIQUE.

Il n'est pas de fluide animal dont la nature soit demeurée si long-temps inconnue que celle du suc pancréatique. Le défaut de réservoir dans lequel il puisse se rassembler , et surtout la situation profonde de la glande qui le fournit , opposaient de grands obstacles aux expérimentateurs qui auraient voulu se le procurer sur des animaux vivans. François de le Boe (1) fut le premier qui soutint que ce fluide est acide , et il fonda là-dessus une théorie de ses usages qui donna lieu à de longues discussions durant la seconde moitié du 17ᵉ siècle. R. de Degraaf (2), disciple et partisan de le Boe , fit , en 1664 , sur un chien vivant , la première expérience couronnée de succès , pour recueillir du suc pancréatique. Il ouvrit le duodénum, introduisit un tuyau de plume dans le canal pancréatique , le fit passer dans une petite bouteille placée au-dessous , et recueillit ainsi une quantité considérable du fluide. Il le trouva presqu'entièrement limpide et un peu visqueux. Sous le rapport de la saveur, Degraaf fait observer qu'il était tantôt d'une acidité agréable , tantôt salé , le plus souvent acidulo-salé. On ne peut s'empêcher de reconnaître que des opinions ar-

---

(1) *De Chyli à fæcibus alvinis secretione atque in lacteas venas propulsione in intestinis perfecta.* Leyde, 1659 , in-4°.

(2) *Oper*, cap. III , p. 292 , tab. 2, 3.

rêtées d'avance et conformes à la doctrine de le Boe , exercèrent une influence puissante sur ses observations et enchaî-
nèrent son impartialité.

Florent Schuyl (1), également disciple de le Boe , répéta
les expériences de Degraaf, et prétendit avoir trouvé une saveur acide au suc pancréatique qu'il avait recueilli ; il soutint même que ce liquide avait fait coaguler du lait.

Les recherches de Wepfer (2), Pechlin (3), Brunner (4) et
J. Bohn (5) , n'ont pas confirmé les assertions de Degraaf et
de Schuyl. Ces observateurs ont trouvé le suc pancréatique
trouble , blanchâtre, non acide, mais d'une saveur légèrement salée , comme la lymphe.

Les expérimentateurs qui sont venus ensuite se contre-
disent à l'égard des qualités de ce liquide. Viridet (6) dit l'a-
voir trouvé acide chez plusieurs animaux , et prétend qu'il
rougissait sensiblement la teinture de tournesol. Heuer-
mann (7), au contraire , nie que celui du chien rougisse cette
teinture. Fordyce (8) a trouvé celui du chien incolore, aqueux
et salé.

A.-C. Mayer (9) a examiné le suc pancréatique du chat,
qu'il avait recueilli dans le réservoir vésiculaire qu'on rencontre quelquefois chez cet animal. Il lui parut transparent ,
visqueux, et d'une saveur sensiblement alcaline ; il colorait
la teinture de mauve en vert, et le papier rouge de tournesol en bleu. Mayer dit, en outre, y avoir trouvé de l'albumine , du chlorure de sodium, de l'ammoniaque, et une matière particulière, qui donnait un précipité violet avec le
chlorure d'étain. Magendie , enfin (10), a trouvé le suc pan-

---

(1) *Tractactus pro veteri medicinâ:* Leyde, 1670 , in-12.

(2) *De Cicutâ aquaticâ,* p. 200.

(3) *Experimenta nova circa Pancreas.* Amsterdam , 1683 , in - 8° ,
pag. 20, 32.

(4) *De purgantium Medicamentorum Facultatibus.* Leyde, 1672, in-8°.

(5) *Circulus anatomico-physiologicus.* Léipsick, 1710, p. 140.

(6) *De primâ Coctione ,* p. 266.

(7) *Physiolcgie,* Th. III, p. 807.

(8) *Versuche ueber das Verdauungsgeschœft.* Léipsick, 1793, p. 53.

(9) *Journ. compl. du Dict. des Sc. méd.,* t. III, p. 283.

(10) *Précis élémentaire de Physiologie,* t. II, p. 267.

créatique d'un chien un peu jaunâtre, inodore et d'une saveur salée. Il ajoute que ce liquide est alcalin, qu'il se coagule par la chaleur, et que, chez les oiseaux, il est tout-à-fait albumineux, ou du moins qu'exposé à la chaleur il se coagule comme l'albumine.

Depuis les discussions qui s'élevèrent à l'occasion de la doctrine de le Boe, la plupart et les plus célèbres d'entre les physiologistes et les médecins, Hoffmann, Stahl, Boerhaave, Haller et leurs élèves, se sont accordés à penser que le suc pancréatique ressemble à la salive. Cette opinion est aussi adoptée par les physiologistes les plus distingués de l'époque actuelle.

Dans cet état de choses, nous ne devons pas être surpris de ce que les physiologistes ont imaginé, pour expliquer la part que le suc pancréatique prend à la digestion, diverses hypothèses, quelquefois très-bizarres, dont plusieurs se sont maintenues jusqu'à présent. Les uns pensaient que ce liquide a pour destination de séparer le chyle des excrémens; d'autres supposaient qu'il sert à tempérer l'âcreté de la bile; d'autres encore croyaient qu'il délaie le chyme, ou qu'il dissout les restes d'alimens qui n'ont point été digérés dans l'estomac, et qu'il contribue à leur assimilation, etc. Le grand Haller, après s'être épuisé en conjectures sur ses usages, dit : *plura possunt esse officia liquoris nondum satis noti.* Un physiologiste moderne a émis la même idée, cinquante ans plus tard, lorsqu'il a écrit qu'il est impossible de dire à quoi peut servir le liquide du pancréas (1).

Tous ces motifs réunis nous ont déterminés à recueillir ce fluide, depuis si long-temps énigmatique, tel qu'il coule du canal pancréatique même, sur des animaux vivans, et à en faire l'analyse chimique.

§ I. SUC PANCRÉATIQUE DU CHIEN. — Afin de reconnaître les qualités physiques et les propriétés chimiques de ce fluide, nous fîmes l'expérience suivante sur un grand et fort chien de boucher, bien nourri.

Après avoir attaché l'animal, renversé sur le dos, et main-

____

(1) MAGENDIE, *Précis élémentaire de Physiologie*, t. II, p. 368.

tenu dans la situation convenable par des aides, on pratiqua
une incision longitudinale sur la ligne blanche, entre l'extrémité inférieure du sternum et l'ombilic. Ensuite le duodénum et la tête du pancréas furent tirés au dehors, à l'aide
du doigt indicateur introduit dans le ventre et courbé en
crochet. On les plaça sur un linge. La plus grande partie du
pancréas fut laissée dans la cavité abdominale. Le canal pancréatique, qui est très-volumineux, ne s'anastomose pas toujours, chez le chien, comme l'a déjà remarqué et figuré
Conrad Brunner (1), avec le canal cholédoque ; mais il s'ouvre
ordinairement beaucoup plus bas que ce dernier dans le duodénum. Il était très-facile à reconnaître, car on l'apercevait
à travers l'intestin, avant son insertion. On le mit à découvert au moyen d'une petite incision faite à la membrane
séreuse, et on l'ouvrit longitudinalement, de manière à pouvoir y introduire un petit tube de verre, qui fut assujetti par
le moyen d'une ligature.

Quinze minutes à-peu-près s'étaient écoulées depuis l'ap-
plication du tube, lorsqu'à notre grande satisfaction il commença à se remplir de liquide : au bout de vingt-six minutes, la première goutte de ce dernier tomba dans la fiole
que l'on tenait en-dessous. Dès-lors l'écoulement continua de
telle manière qu'il sortait une goutte toutes les six ou sept secondes. Lorsque l'animal respirait profondément, et que les
viscères du bas-ventre étaient comprimés avec force par le
diaphragme, le liquide coulait plus abondamment, et il en
sortait plusieurs gouttes durant ce même laps de temps : c'était
là évidemment un effet de la pression exercée sur la portion
du pancréas qu'on avait laissée dans l'abdomen.

Le liquide qui coula d'abord était trouble et légèrement
rougeâtre, probablement à cause d'un peu de sang. Celui qui
vint après était tout-à-fait limpide ; il avait seulement une
teinte opaline, ou un reflet blanc-bleuâtre. Il filait comme
du blanc d'œuf étendu d'eau, et avait une saveur faiblement
salée, mais bien sensible.

---

(1) *Experimenta nova circa Pancreas.* Amsterdam, 1683, in-8°,
tab. 2.

Dans l'espace de quatre heures, nous nous en procurâmes ainsi environ dix grammes, quantité suffisante pour une analyse chimique.

Nous retirâmes le tube du canal excréteur, et nous appliquâmes une ligature sur ce dernier, pour empêcher le fluide de couler davantage. Ensuite le duodénum et la tête du pancréas furent reportés dans la cavité abdominale, et la plaie fermée par une couture. Le lendemain, l'animal but de l'eau, et mangea copieusement du pain trempé dans du lait : cependant il éprouva quelques vomissemens. Son appétit ne fut pas sensiblement diminué les jours suivans. Quatre jours après l'opération, il rendit quelques excrémens durs et secs. Les matières fécales qui sortirent ensuite conservèrent encore pendant quelque temps cet aspect. La plaie, que l'animal léchait souvent, guérit très-bien ; les ligatures tombèrent, il se forma des bourgeons charnus, et au bout de dix jours la plaie était fermée. Le chien reprit sa gaîté, et il ne maigrit pas d'une manière sensible. Nous le laissâmes vivre pendant onze semaines, au bout desquelles il fut sacrifié pour une autre expérience. Cette fois nous ne négligeâmes pas d'examiner l'état du canal pancréatique. Il existait deux conduits, l'un plus gros, celui que nous avions ouvert et lié ; l'autre plus petit, qui se joignait au canal cholédoque. A notre grande surprise, le premier se trouva perméable et seulement un peu rétréci dans l'endroit où la ligature avait été appliquée. Le rétablissement du canal pancréatique n'avait pu être opéré que par un épanchement de lymphe coagulable à sa face externe, et par la formation d'un nouveau conduit dans cette dernière, entre les deux extrémités séparées.

Analyse chimique. —I. La première portion, qui était un peu colorée et rougeâtre, et qui pesait plus de 0,5 grammes, servit aux réactions suivantes :

Ebullition : magma n'épaississant pas tout-à-fait la liqueur, caséeux, d'un blanc rougeâtre. — Chlore aqueux : une grande quantité de grands flocons d'un blanc rougeâtre, solubles, sans aucune coloration, dans un excès de chlore. — Acide hydro-chlorique : magma considérable, ayant la consistance d'une bouillie, et blanc. — Acide nitrique : magma semblable, d'un blanc jaunâtre. — Chlorure d'étain, acétate de plomb neutre et per-chlorure de mercure : coagulum caséeux, d'un blanc rougeâtre. — Per-chlorure de fer : coagulum d'un blanc rougeâtre, transparent : la liqueur ne se colora pas sensiblement. — Teinture de tournesol : très-légère coloration en rouge.

D'après ces expériences, le fluide contenait beaucoup d'albumine, peu d'acide libre, point de sulfo-cyanure alcalin, et au moins pas une grande quantité d'acétate.

II. La seconde portion, qui était parfaitement incolore, et qui pesait 8,63 grammes, fut en partie essayée par les réactifs, et en partie analysée. Elle donna les réactions suivantes :

Ebullition : magma blanc, n'épaississant pas tout-à-fait la liqueur. — Alcool : coagulum. — Vinaigre distillé et éther débarrassé d'alcool : rien. — Teinture de tournesol rouge : très-légère coloration en bleu.

Cette faible réaction alcaline de la seconde portion, tandis que la première réagissait légèrement comme acide, prouve que la nature de la sécrétion avait été changée par les souffrances continues de l'animal.

Afin d'obtenir une analyse exacte, on évapora 8,02 grammes de liquide à siccité, au bain-marie. Le résidu sec, qui pesait 0,70 grammes, était cassant, élastique, d'un jaune orangé, et demi-transparent. On le partagea en deux portions, qui furent soumises, l'une à l'analyse par la voie humide, l'autre à l'incinération.

Analyse par la voie humide. — Une partie du résidu sec, pesant 0,537 gr., fut brisée en parcelles, et traitée à plusieurs reprises par l'alcool bouillant.

A. La liqueur, colorée en jaune très-pâle, qu'on obtint par la filtration, laissa, après avoir été évaporée, 0,238 gr. d'un extrait jaune-brunâtre, attirant l'humidité de l'air, qui, traité par l'eau froide, se dissolvit en grande partie, laissant pour résidu de grands flocons blancs.

a. Le liquide aqueux, séparé de ces flocons blancs par la filtration, était jaune. Il se comporta de la manière suivante avec les réactifs :

Une petite quantité de chlore liquide colorait la liqueur en un rose vif, et précipitait, au bout de douze heures, de petits flocons violets. La liqueur se décolorait alors presque entièrement. Une grande quantité de chlore détruisait sur-le-champ, sans occasioner aucun trouble, la couleur rouge produite par une faible proportion de ce réactif. — Acide hydro-chlorique, acide nitrique, sulfate de cuivre et per-chlorure de mercure : une très-petite quantité de très-petits flocons blancs. — Chlorure d'étain : une grande quantité de flocons médiocres et blancs.—Acétate de plomb neutre : une très-grande quantité de grands flocons d'un blanc brunâtre.—Per-chlorure de fer : légère coloration en rouge.—Proto-nitrate de mercure : magma considérable, d'un blanc rouge-jaunâtre, donnant à la liqueur la consistance d'une bouillie. — Nitrate d'argent : trouble médiocre. — Teinture de noix de galle : une très-grande quantité de très-grands flocons résinoïdes, bruns.—Teinture de tournesol rouge : coloration légère en bleu.—Iode et potasse liquide : rien.

Ces expériences indiquaient la présence d'un carbonate et d'un acétate alcalins, d'une matière animale précipitable par la noix de galle et par beaucoup d'autres réactifs, et qu'on peut considérer comme étant de l'osmazôme ; enfin d'une autre matière, jusqu'ici inconnue, qui a la propriété d'être rougie par un peu de chlore, et d'être ensuite décolorée par une plus grande quantité de ce réactif.

Dans l'espoir de parvenir à isoler cette dernière matière, on évapora jusqu'à siccité ce qui restait encore de la dissolution aqueuse ; on eut pour résidu une masse extractive jaune, transparente, presque solide, qui contenait beaucoup de petits cristaux. Cette masse fut agitée avec de l'éther qui contenait un peu d'alcool ; elle se réduisit en une poudre jaune et humide.

a. L'éther filtré laissa, après avoir été évaporé, une faible quantité de très-petits cristaux incolores, dont la dissolution dans l'eau ne fut que très-légèrement rougie par le chlore, troubla faiblement la dissolution d'argent, et ne fonça pas sensiblement la couleur du per-chlorure de fer. Par conséquent ces cristaux, extraits par l'éther, étaient formés peut-être de chlorure de sodium, avec une petite quantité de la matière qui est susceptible de rougir par le chlore.

B. La portion non soluble dans l'éther se dissolvit de nouveau dans l'eau, avec une couleur jaune. Cette dissolution aqueuse rougit aussi par le chlore, et même un peu plus que la portion soluble dans l'éther. On l'évapora à siccité, et on brûla le résidu. La masse se boursouffla, répandit l'odeur de pain grillé et de cacao torréfié, et se convertit rapidement, après avoir brûlé avec flamme, en un charbon spongieux, qui ne se consuma pas entièrement, à cause de la fusibilité de sa cendre. L'eau, agitée avec ce charbon, se chargea d'une grande quantité de carbonate, d'une quantité médiocre de chlorure, et d'un atome de sulfate alcalin, mais ne prit point du tout de phosphate. Le charbon, débarrassé de ces sels et calciné de nouveau, laissa une cendre terreuse, d'un blanc brunâtre, dont la partie non soluble dans l'eau contenait du carbonate de chaux, sans phosphate.

b. Les flocons blancs et insolubles dans l'eau, qui s'étaient rassemblés sur le filtre, formèrent, après la dessiccation, une masse blanche, terreuse, pesant environ 0,02 gr., qui se comporta au feu comme de la corne, et brûla sans laisser de résidu. Cette masse n'était pas soluble dans l'alcool bouillant. Probablement la matière qui la constituait avait passé, par l'évaporation, à un état insoluble, et peut-être ne différait-elle pas de celle dont il sera parlé plus bas (*B. a.*).

B. La masse épuisée par l'alcool fut bouillie de nouveau avec de l'eau.

a. La décoction filtrée était absolument incolore. Après avoir été évaporée, elle laissa une pellicule transparente, semblable à de la gomme, et pesant 0,099 gr. Cette pellicule se dissolvit dans l'eau chaude, en laissant beaucoup de flocons d'un blanc jaunâtre, qu'on recueillit sur un filtre. La liqueur, qui était d'un jaune très-pâle, se comporta de la manière suivante avec les réactifs :

Chlore et alun : une assez grande quantité de petits flocons blancs. — Acide hydro-chlorique, chlorure d'étain et sulfate

de cuivre, une grande quantité de flocons blancs d'une médiocre grandeur.—Acide nitrique : une grande quantité de
grands flocons d'un blanc jaunâtre. — Per-chlorure de mercure : une très-grande quantité de très-grands flocons d'un
tissu lâche, et blancs.—Acétate de plomb neutre : une très-
grande quantité de très-grands flocons d'un tissu serré, et
blancs.—Proto-nitrate de mercure : une très-grande quantité de très-grands flocons denses et blancs, qui, dans l'espace de douze heures, se colorèrent vivement en fleur de pêcher. — Nitrate d'argent : une très-grande quantité de grands
flocons blancs, devenant d'un brun jaunâtre au bout de
plusieurs heures. — Teinture de noix de galle : magma floconneux, d'un brun clair, n'épaississant pas tout-à-fait la
liqueur. — Teinture de tournesol rouge : légère coloration en
bleu. —Iode et potasse liquides, eau de chaux, per-chlorure
de fer et alcool : rien.

Ces réactions ne conviennent pas à la matière salivaire, telle
que Berzelius l'a caractérisée, mais se rapportent plutôt à
ce que nous savons de celles de la matière caséeuse, comme
le prouvent la propriété de devenir insoluble dans l'eau par
des évaporations réitérées, celle d'être précipitée non-seulement par les acides, mais encore par les sels métalliques
et par la teinture de noix de galle, la couleur rouge que
prend le précipité produit par le proto-nitrate de mercure,
etc. Mais si nous devons admettre la présence de la matière
caséeuse dans cet extrait aqueux, il doit encore s'y trouver
une autre matière ayant de l'affinité avec celle-ci ; car le lait
ne précipite pas le nitrate d'argent en jaune, mais en
blanc, précipité qui, du reste, devient également brun.
Un motif plus puissant encore découle de ce qui se passe
dans les évaporations réitérées. En effet, la dissolution de
l'extrait aqueux, après qu'on l'eut évaporée, et qu'on eut
redissous le produit dans l'eau, donna encore des flocons insolubles ; mais lorsque cette seconde dissolution eut été filtrée
et évaporée à son tour, le résidu se redissolvit totalement
dans l'eau, et cependant cette seconde solution se comporta
avec le chlore, l'acide hydro-chlorique, l'acide nitrique,
l'alun, le chlorure d'étain, le sulfate de cuivre, le per-chlo-

rure et le proto‑nitrate de mercure, le nitrate d'argent
et la teinture de noix de galle, de la même manière ab‑
solument qu'avant toutes les évaporations. Par consé‑
quent, ou bien la matière caséeuse fut peut‑être préser‑
vée, par la présence d'un peu de carbonate alcalin, de de‑
venir désormais insoluble par l'évaporation, ou bien il
existait en même temps qu'elle une matière qui s'en rap‑
prochait beaucoup.

La portion restante de cette dernière liqueur fut évaporée
à siccité et brûlée. La combustion eut lieu avec boursouffle‑
ment et dégagement d'une odeur animale. Le charbon était
très‑spongieux, et nuancé de teintes métalliques. Il brûla
avec assez de facilité, laissant une trace à peine sensible de
cendre, qui se dissolvait totalement dans l'eau, et qui était
composée de carbonate, de sulfate et de chlorure alcalins,
en quantité à‑peu‑près égale.

b. Le suc pancréatique épuisé par l'alcool et l'eau pe‑
sait 0,23 gr. après avoir été desséché. Il était sous la forme
de morceaux d'apparence cornée, cassans, d'un jaune bru‑
nâtre et transparens. Une portion de cette substance, mise
en digestion avec du vinaigre distillé, se gonfla un peu, et
se dissolvit en partie dans l'acide, de manière que la tein‑
ture de noix de galle et le cyanure de potassium et de fer
firent naître des précipités dans ce dernier. Cependant la
plus grande partie demeura sans se dissoudre, même en pro‑
longeant la digestion. Une autre portion, exposée au feu,
brûla avec les mêmes phénomènes que la corne, et donna
une cendre blanche, très‑légère, à laquelle l'eau enleva de
petites quantités de carbonate, de chlorure et de sulfate al‑
calins, tandis que le résidu présentait tous les caractères du
carbonate calcaire.

Incinération. — 0,163 gr. de résidu sec, soumis à la
chaleur, entrèrent en fusion incomplète, se boursoufflèrent
beaucoup, brûlèrent avec flamme, en répandant une odeur
d'empyreume animal, et laissèrent un charbon très‑poreux,
qui se réduisit assez facilement à 0,0135 gr. d'une cendre
blanche, demi‑pulvérulente et demi‑fondue. Cette cendre
devint humide à l'air. L'eau en retira une grande quantité

de carbonate et de chlorure, avec peu de sulfate et de phosphate alcalins. Ayant calciné ces sels avec l'acide sulfurique, on fit cristalliser le produit, et on l'essaya ensuite par la dissolution de platine : on reconnut alors que l'alcali était de la soude, avec une très-petite quantité de potasse. La faible portion de cendre non soluble dans l'eau, qui représentait quelques flocons blancs, se dissolvit complètement dans l'acide hydro-chlorique, avec effervescence, et la dissolution donna un léger trouble par l'ammoniaque, puis un plus considérable par l'oxalate de potasse.

Ainsi la cendre du suc pancréatique contenait beaucoup de carbonate et de chlorure, et très-peu de sulfate et de phosphate de soude, avec peu de potasse, et une petite quantité de carbonate et de phosphate calcaires.

Par conséquent, 100 parties de suc pancréatique du chien contenaient :

Parties solides.................................... 8,72
Eau... 91,28
                                                   ———
                                                   100,00

Cent parties solides du suc pancréatique donnèrent en cendres.. 8,28

Cent parties solides contenaient en substances organiques : osmazôme, avec une matière animale colorable en rouge par le chlore (et avec de l'acétate et du chlorure alcalins) 44,32

Matière caséeuse, peut-être avec une autre matière animale qui se dissout dans l'eau, mais non dans l'alcool (et avec des sels de soude)........... 18,44

Albumine (avec une petite quantité de sels).... 42,83
                                                ———
                                                105,59

Excédant.... 5,59

§ II. Suc pancréatique de la brebis.—Nous désirions de comparer les propriétés du suc pancréatique d'un animal herbivore avec celles du même fluide chez un carnivore. C'est pourquoi nous nous procurâmes celui d'un mouton adulte, à sa sortie même du canal pancréatique. L'opération par laquelle on met ce conduit à découvert est beaucoup plus difficile sur le mouton que sur le chien, parce que le duodénum, avec le pancréas, est en partie couvert par le gros intestin. Voici quel fut le procédé auquel nous eûmes recours pour la pratiquer. Nous ouvrîmes la cavité abdominale par une incision transversale au-dessous des côtes droites jusqu'à la ligne blanche. Ensuite le duodénum fut tiré au dehors. On alla à la recherche du canal cholédoque, et on le lia au-dessous du point où le canal cystique se joint à l'hépatique. Cela fait, le canal cholédoque fut lié une seconde fois à l'endroit de son insertion dans le duodénum, et coupé au-dessus de la ligature, afin de rendre plus facile l'introduction d'un tube dans son intérieur. Après qu'il eut été nettoyé de la bile qu'il contenait, on y fit entrer un tube de gomme élastique, qui fut assujetti par le moyen d'une ligature. Comme le canal pancréatique s'ouvre dans le cholédoque deux pouces environ au-dessus de l'insertion de ce dernier dans le duodénum, le suc pancréatique était obligé de couler par le tube. Tout étant ainsi disposé, on replaça le duodénum dans l'abdomen, on dirigea le tube élastique au dehors, et on ferma la plaie par une couture. Ce fut seulement au bout de trois heures et demie que la première goutte de suc pancréatique sortit du tube, et le suintement continua depuis lors sans interruption, de manière que, toutes les quatre ou cinq secondes, une goutte tombait dans le vase placé au-dessous. Au commencement, le fluide était blanc et clair comme de l'eau, tirant seulement un peu sur le rougeâtre ; il rougissait faiblement le papier et la teinture de tournesol ; par conséquent il était acide ; sa saveur était faiblement salée ; il filait entre les doigts comme du blanc d'œuf. Durant les cinq heures suivantes, nous obtînmes 5,76 grammes de suc pancréatique, qui était parfaitement limpide. Le soir, nous attachâmes au tube élastique une vessie mouillée, destinée à recevoir le fluide qui s'écoulerait. L'animal mourut dans la nuit, vers onze heures, au milieu des symptômes de l'épuisement et de l'abattement. Nous trouvâmes encore 3,364 grammes de suc pancréatique dans la vessie. Ayant fait l'ouverture du corps le lendemain matin, nous reconnûmes que l'estomac et le duodé-

num paraissaient légèrement enflammés à l'extérieur. La
membrane muqueuse du quatrième estomac était aussi un peu
rouge. Tous les estomacs contenaient de l'avoine broyée, que
l'animal avait prise en grande quantité avant l'opération. Les
fluides contenus dans tous, même dans la caillette, étaient
alcalins, peut-être à cause de l'affaiblissement de l'influence
nerveuse sur la sécrétion du suc gastrique. Il fut constaté
en outre que le tube élastique avait été introduit dans le
canal cholédoque de manière que son extrémité se trouvait
à trois lignes au-dessous de l'insertion du canal pancréatique, et qu'en conséquence le fluide avait pu y couler facilement.

Analyse chimique. I. La première portion, un peu rougeâtre, de ce fluide, qui s'élevait à environ 0,5 gr., fut essayée par les réactifs.

A l'ébullition, elle se coagula parfaitement en une masse
solide, d'un blanc rougeâtre et opaque. — Chlore : petite
quantité de petits flocons rougeâtres, transparens, solubles
dans un excès de chlore, sans le colorer.—Acide hydro-chlorique : épais magma blanc. — Acide nitrique : épais magma
jaune. —Chlorure d'étain : une grande quantité de grands
flocons d'un blanc rougeâtre. — Per-chlorure de fer : coagulum rougeâtre, translucide. — Sulfate de cuivre : coagulum d'un blanc rougeâtre. — Per-chlorure de mercure :
magma épais, d'un blanc rougeâtre. —Acide acétique : rien.
— Teinture de tournesol rouge : très-légère coloration en
bleu.

II. La seconde portion pesait 5,96 grammes. Une goutte
en fut mêlée avec de la teinture de tournesol rougie, qu'elle
colora en bleu faiblement, mais d'une manière sensible.
Ainsi, chez la brebis, de même que chez le chien, le suc
pancréatique se montra d'abord un peu acide et ensuite alcalin.

Le reste du fluide, qui, après la soustraction de la goutte,
pouvait bien s'élever encore à 5,75 gr., fut évaporé complètement, et donna 0,21 gr. de résidu sec, qui adhérait
aux parois du verre, sous la forme d'une pellicule en partie
d'un brun sale, en partie d'un jaune brunâtre.

Ce résidu fut traité de la même manière que le résidu correspondant du suc pancréatique du chien , c'est-à-dire , bouilli d'abord avec de l'alcool et ensuite avec de l'eau.

L'extrait alcoolique pesait, dans l'état sec , 0,087 gr. ; l'extrait aqueux, 0,016 gr. , et l'albumine coagulée, épuisée par l'alcool et l'eau , 0,130 gr.

L'extrait alcoolique consistait en une croûte saline, blanche, et en une matière extractive jaune. Il se dissolvait complètement dans l'eau froide , en laissant seulement quelques flocons peu considérables. La dissolution, qui était d'un jaune pâle , réagit de la manière suivante :

Le chlore produisit un léger trouble blanc , qui ne disparut pas en ajoutant une nouvelle quantité de réactif; mais en quelque proportion qu'on employât ce dernier, on n'aperçut jamais de coloration en rouge. — Acide hydro-chlorique , acide nitrique , alun , chlorure d'étain , sulfate de cuivre : léger trouble blanc. — Acétate de plomb neutre et proto-nitrate de mercure : coagulum caséeux , blanc. — Nitrate d'argent : très-léger trouble blanc. — Teinture de noix de galle : une très-grande quantité de grands flocons d'un jaune pâle. — Teinture de tournesol : aucun effet. — Per-chlorure de fer et acide acétique : rien.

Une portion de l'extrait alcoolique , exposée au feu , répandit une odeur empyreumatique désagréable , décrépita un peu , devint brune et noire , et laissa une petite quantité d'un charbon qui n'était pas très-boursouflé. Ce charbon fut aisé à incinérer ; il laissa, eu égard à sa grandeur , beaucoup de cendre grise. La cendre était entièrement blanchâtre, soluble dans l'eau , et composée d'une grande quantité de carbonate et de chlorure alcalins , avec des traces de phosphate et de sulfate.

L'extrait aqueux consistait en une pellicule mince , d'un jaune pâle, qui se dissolvit dans l'eau en laissant un grand nombre de membranules. La dissolution fut filtrée , puis, trois fois encore l'une après l'autre , évaporée , dissoute dans l'eau et filtrée. A chaque dissolution il se sépara des flocons, qui furent cependant peu nombreux la dernière fois. Le très-faible résidu de l'extrait ainsi dépouillé en grande partie de sa matière caséeuse, et très-étendu d'eau , donna lieu avec les réactifs aux phénomènes suivans, qui coïncident, quant aux circonstances essentielles , avec ceux de l'extrait aqueux du suc pancréatique de chien.

Acide hydro-chlorique , alun, sulfate de cuivre et per-chlorure de mercure : très-léger trouble blanc. — Acide nitrique : léger trouble d'un blanc jaunâtre. — Chlorure d'étain et acétate de plomb neutre : une très-grande quantité de petits flocons blancs. — Proto-nitrate de mercure : une très-grande quantité de petits flocons blancs, qui , dans l'espace de douze heures , ne prirent qu'une teinte rouge pâle. — Nitrate d'argent : une grande quantité de flocons médiocres et jaunes, qui avaient bruni au bout de douze heures. — Teinture de noix de galle : une grande quantité de flocons d'un jaune brunâtre. — Teinture de tournesol : légère coloration en bleu. — Chlore, acide acétique et alcool : rien.

L'extrait aqueux , pendant sa combustion , exhala une odeur d'empyreume animal, se boursouffla modérément , et laissa un charbon facile à brûler , puis une bien faible trace de cendre, qui renfermait une grande quantité de carbonate et de chlorure, avec un atome seulement de sulfate.

Le résidu , épuisé par l'alcool et par l'eau , se composait de pellicules d'un jaune brunâtre sale, opaques et semblables à de la corne. Une portion de ce résidu , mise en digestion avec du vinaigre distillé, se comporta de la même manière que le résidu analogue du suc pancréatique du chien , à cette seule différence près qu'elle se gonfla beaucoup moins. Une autre portion , exposée à la chaleur, brûla à la manière de la corne, et donna une cendre d'un blanc brunâtre , très-divisée. L'eau retira de cette cendre très-peu de sulfate alcalin , sans aucune trace de carbonate, de phosphate , ni de chlorure. La portion non soluble dans l'eau forma avec l'acide hydro-chlorique une dissolution d'un jaune très-pâle , qui contenait peu de phosphate calcaire et beaucoup de chaux pure.

III. La dernière portion de suc pancréatique, recueillie jusqu'à la mort de l'animal , et qui pesait 3,564 gr. , donna, après avoir été évaporée au bain-marie, 0,185 gr. de résidu sec, et, après avoir été brûlée, 0,055 gr. de cendre.

Cette cendre était blanche et terreuse; elle demeurait sèche à l'air; arrosée avec de l'eau, elle se dissolvait presque complètement. La dissolution contenait principalement beaucoup de phosphate et de chlorure alcalins, avec une petite quantité de carbonate et de sulfate. Une partie de cette dissolution, calcinée avec l'acide sulfurique, donna des cristaux de sulfate de soude, dont la dissolution produisit cependant un précipité abondant par celle de platine.

La très-petite portion de cendre qui ne s'était pas dissoute dans l'eau était d'un blanc brunâtre, et soluble dans l'acide hydro-chlorique : elle se comportait comme un mélange de phosphate et de carbonate de chaux en proportions à-peu-près égales.

Par conséquent la cendre du suc pancréatique contenait beaucoup de soude et peu de potasse. Ces deux alcalis étaient unis avec beaucoup d'acides phosphorique et hydro – chlorique, mais avec peu d'acides carbonique et sulfurique. La cendre contenait en outre un peu de phosphate et de carbonate calcaires, en proportions égales, à-peu-près.

Cent parties de suc pancréatique de brebis contenaient donc dans la portion II, dans la portion III :

	dans la portion II	dans la portion III
Parties sèches...............	3,65	5,19
Eau.......................	96,35	94,81
	100,00	100,00

Cent parties de résidu sec du suc pancréatique contenaient, dans la portion II,

Parties solubles dans l'alcool, notamment osmazôme et un peu d'une matière qui ressemble beaucoup à la caséeuse... 41,4

Parties solubles dans l'eau, et non dans l'alcool, consistant presque entièrement en une matière voisine de la caséeuse............................... 7,6

Albumine................................. 61,8

110,8

Excédant... 10,8

Cent parties de résidu sec de la portion II en donnèrent 29,7 de cendre.

§ III. Suc pancréatique du cheval. — Un cheval ayant été mis à mort après qu'il eut mangé abondamment de l'avoine, on lui ouvrit aussitôt l'abdomen, on mit le canal excréteur du pancréas à découvert, et on le lia. On obtint environ un gramme de suc pancréatique. Ce liquide était d'un jaune très-pâle et presque entièrement limpide, cependant avec une légère teinte opaline, très-muqueux et filant comme du blanc d'œuf étendu d'eau ; il rougissait très-faiblement la teinture de tournesol bleue, et n'agissait pas sur la rouge.

En l'étendant d'eau, on vit s'en séparer quelques flocons muqueux blancs. Cette liqueur étendue donna les réactions suivantes :

Par l'ébullition, elle se troubla beaucoup en blanc, et les flocons qui y existaient déjà devinrent plus consistans et plus opaques. Le trouble produit par l'ébullition diminua un peu par la digestion avec du vinaigre distillé, après quoi le cyanure de fer et de potassium opéra un précipité floconneux abondant, ce qui rendit la liqueur claire. — Acide hydro-chlorique : une très-grande quantité de très-grands flocons blancs, presque entièrement solubles dans un excès d'acide. — Acide nitrique et per-chlorure de mercure : une grande quantité de grands flocons blancs. — Per-chlorure de fer : une quantité médiocre de flocons d'une médiocre grandeur, sans coloration de la liqueur en rouge. — Teinture de noix de galle : magma d'un blanc jaunâtre, n'épaississant pas tout-à-fait la liqueur.

On peut déduire de ces expériences que cette liqueur est très-riche en albumine, qu'elle contient un peu d'acide libre, et qu'il n'y a pas de sulfo-cyanure, non plus que d'acétate, ou du moins que ce dernier sel y est très-peu abondant.

§ IV. Conclusions. — Le suc pancréatique contient :

1°. En parties solides, dans le chien, 8,72 ; dans la brebis, 4 à 5 pour cent.

2°. Les parties solides sont,

a. De l'osmazôme.

b. Une matière qui rougit par le chlore. On ne l'a trouvée que chez le chien et non chez la brebis.

c. Une matière analogue à la caséeuse, et probablement associée à la matière salivaire.

d. Beaucoup d'albumine, constituant environ la moitié du résidu sec. Le suc pancréatique du cheval était aussi très-riche en albumine.

e. Très-peu d'acide libre, probablement acétique. Cette faible prédominance de l'acide était sensible, non-seulement dans le suc pancréatique du chien et de la brebis, mais encore dans celui du cheval.

Il est digne de remarque que la portion du suc pancréatique qui s'écoula la dernière, chez le chien et la brebis, était légèrement alcaline. Ce changement dépendait-il de l'affaiblissement de l'influence nerveuse, causé par l'opération?

f. La cendre du suc pancréatique s'élève, chez le chien, à 8,28 pour cent du résidu sec, et chez la brebis à 29,7 pour cent.

Elle contient en sels solubles :

α. Du carbonate alcalin, qui sans doute existait dans le suc à l'état d'acétate. Ce sel est très-abondant chez le chien, en petite quantité chez la brebis.

β. Une très-grande quantité de chlorure alcalin chez le chien et la brebis.

γ. Très-peu de phosphate alcalin chez le chien, et beaucoup de ce sel chez la brebis.

δ. Très-peu de sulfate alcalin chez le chien et la brebis.

Le sulfo-cyanure alcalin ne se rencontre pas dans le suc pancréatique.

L'alcali, chez le chien et la brebis, consiste en une grande quantité de soude avec très-peu de potasse.

Les sels de la cendre, non solubles dans l'eau, sont un peu de carbonate et de phosphate calcaires.

Si l'on compare la composition du suc pancréatique avec celle de la salive du chien et de la brebis, on trouve les différences suivantes :

1°. Le résidu solide de la salive ne s'élève qu'à environ la moitié de celui du suc pancréatique.

2°. La salive contient du mucus et une matière animale

particulière (*matière salivaire*). S'il s'y trouve de l'albumine et de la matière caséeuse, ces substances y sont, dans tous les cas, en fort petite quantité. Au contraire, le suc pancréatique contient beaucoup d'albumine et de matière caséeuse ; on n'y trouve point de mucus, et la véritable matière salivaire y est peu abondante, ou même n'y existe pas.

3°. La salive est neutre, ou contient un peu de carbonate alcalin. Le suc pancréatique contient un peu d'acide libre.

4°. La salive de la brebis contient du sulfo-cyanure alcalin ; il n'y en a point dans le suc pancréatique.

Les autres sels sont les mêmes, à-peu-près.

Il résulte de là que les physiologistes qui croient le suc pancréatique identique avec la salive sont dans l'erreur.

III. DE LA BILE.

La bile a souvent fixé l'attention des chimistes, depuis le milieu du dix-septième siècle. Les anciens s'accordaient à la considérer comme une espèce de savon composé principalement de soude et d'une matière particulière, résineuse ou huileuse. Fourcroy, se guidant d'après les expériences de ses prédécesseurs et d'après les siennes propres, y admettait, en outre, la présence d'une matière colorante, d'une matière odorante, d'une matière albumineuse et de différens sels. Thenard assigne à la bile de bœuf, pour parties constituantes, de la résine, du picromel, une matière animale jaune, de la soude et divers sels. Il a obtenu des résultats parfaitement semblables en examinant la bile de plusieurs autres animaux. Au contraire, Berzelius prétend avoir observé que la bile ne contient ni résine ni picromel. Indépendamment des sels existans dans le sang, il y admet la matière biliaire, une substance particulière, non azotée et amère, ayant un arrière − goût douceâtre, qui se comporte avec les acides de la même manière que la fibrine, la partie colorante et l'albumine du sang, aux dépens desquelles elle est formée dans le foie. Les recherches de Prout s'accordent avec celles de Berzelius quant aux prinpaux points. Les résultats de celles qui ont été faites dans ces derniers temps par Chevreul, Chevalier et Lassaigne, sur la composition de la bile de l'homme et de divers mammifères, s'en éloignent et se rapprochent de ceux qu'a obtenus Thenard. Ces chimistes ont constaté particulièrement la présence du picromel, substance qu'Orfila, Laugier et Caventou ont trouvée aussi dans les calculs biliaires de l'homme. La dissidence qui règne encore entre les opinions, relativement à la composition de la bile, nous à fait juger nécessaire de soumettre ce liquide à une nouvelle analyse.

§ I. Bile du boeuf. — *Traitement par l'alcool et par l'acétate de plomb.*—La bile extraite de quatre vésicules biliaires fut évaporée à siccité, et le résidu traité plusieurs fois de suite, à une chaleur modérée, par l'alcool à 36 degrés B., jusqu'à ce que ce dernier cessât de se colorer sensiblement.

I. La portion non soluble dans l'alcool, qui représentait une mucosité verdâtre, fut bouillie avec de l'eau.

1. La portion insoluble dans l'eau bouillante était le *mucus de la vésicule biliaire.* Ce mucus, mou et verdâtre dans l'état frais, était dur, cassant et d'un gris verdâtre foncé dans l'état sec. Il se boursoufflait au feu, et brûlait avec flamme, en répandant l'odeur de la corne. La cendre, dont la quantité s'élevait à 8 pour cent du mucus desséché, était d'un blanc grisâtre et terreuse ; elle communiquait à l'eau un peu de sulfate et très-peu de chlorure : du reste, elle était composée d'une grande quantité de phosphate et d'une faible proportion de carbonate de chaux. Le mucus ayant été laissé pendant plusieurs jours en contact avec de l'acide sulfurique et de l'acide hydro-chlorique étendu d'eau à froid, il s'ensuivit une légère dissolution, dans laquelle la teinture de noix de galle fit naître un faible précipité. Au contraire, l'acide nitrique parut ne dissoudre aucune parcelle de mucus : au moins ne fut-il pas troublé par la teinture de noix de galle. Lorsqu'après avoir lavé avec de l'eau froide le mucus mis en macération dans ces trois acides, on le faisait digérer avec de l'eau chaude, cette dernière manifestait ensuite un léger trouble avec la teinture de noix de galle. Le vinaigre distillé, digéré avec le mucus, se

troublait ensuite par cette même teinture, et donnait aussi un précipité très-abondant avec l'ammoniaque, puis encore un faible avec l'oxalate de potasse : il avait donc enlevé au mucus, outre la matière animale, du phosphate et du carbonate de chaux, sels qui sont contenus dans plusieurs espèces de mucosités. Le mucus se ramollissait un peu dans l'ammoniaque étendue d'eau, et se dissolvait en partie, de sorte que la teinture de noix de galle opérait un précipité dans cette dernière, après qu'elle avait été saturée d'acide acétique. La solution aqueuse de potasse dissolvait presqu'entièrement le mucus. En faisant digérer, à froid ou à chaud, le mucus encore frais avec de l'eau contenant un peu de bi-carbonate de soude, il se gonflait seulement, sans former une dissolution filante et semblable à la bile pour la consistance. Les réactions du mucus de la vésicule biliaire s'accordent avec les résultats obtenus par Berzelius.

2. La décoction aqueuse fut évaporée jusqu'à siccité, et le résidu traité par l'alcool bouillant.

A. La portion insoluble dans l'alcool fut dissoute dans l'eau, et la liqueur filtrée, puis évaporée. Il resta une pellicule d'un blanc jaunâtre, transparente et inaltérable à l'air. Cette pellicule devint molle et gluante quand on y versa de l'eau, et ne se dissolvit qu'en partie ; car il resta beaucoup de grands et épais flocons. Une partie de la dissolution fut évaporée. Le résidu, brûlé, se boursouffla peu, et répandit l'odeur du pain grillé.

Une autre partie, essayée par les réactifs, se comporta de la manière suivante :

Chlore : une grande quantité de grands flocons d'un blanc jaunâtre. — Acides phosphorique, sulfurique, nitrique et hydro-chlorique, eau de chaux, alun, chlorure d'étain : une très-grande quantité de très-grands flocons caséeux et jaunes. — Per-chlorure de fer, sulfates de fer et de cuivre, acétate de plomb neutre et sous-acétate de plomb : magma très-considérable, donnant à la liqueur la consistance d'une bouillie. — Proto-nitrate de mercure : magma très-considérable, blanc, se colorant en rouge pâle dans l'espace de quelques heures. — Per-chlorure de mercure : trouble léger, ne se manifestant que peu à peu. — Nitrate de mercure : rien. — Vinaigre distillé : trouble très-fort , blanc. — Teinture de noix de galle : une très-grande quantité de très-grands flocons. — Alcool : une grande quantité de grands flocons.

Ce qui restait encore de la dissolution aqueuse fut évaporé deux fois à siccité. A chaque dissolution , il resta un grand nombre de flocons épais et insolubles. Par conséquent la matière dont il s'agit ici se comportait absolument comme la matière caséeuse : cependant elle contenait peut-être aussi de la matière salivaire.

B. La décoction alcoolique était d'un jaune pâle ; elle se troubla par le refroidissement , et déposa un petit nombre de flocons blancs. Ces flocons furent rassemblés sur un filtre, puis dissous dans de l'alcool bouillant , que l'on évapora ensuite. Il resta une pellicule opaque et jaune , qui se comporta de la manière suivante. Elle brûlait avec la flamme et l'odeur de la corne. Cependant son charbon se consumait avec rapidité , et ne laissait qu'un vestige de cendre blanche. Elle se dissolvait facilement et complètement dans l'eau froide. La dissolution , qui était jaune et insipide , réagissait comme il suit :

Chlore , acide hydro-chlorique et acide nitrique : trouble considérable. — Chlorure d'étain , acétate de mercure neutre et proto-nitrate de mercure : une quantité considérable de grands flocons blancs.—Per-chlorure de mercure et nitrate d'argent : une grande quantité de grands flocons d'un blanc jaunâtre.

Ceci paraît indiquer une matière particulière, dont la quantité est cependant très-petite.

Le reste de la décoction alcoolique , d'où la matière qui vient d'être décrite s'était précipitée par le refroidissement, se troubla fortement lorsqu'on y versa de la teinture de noix de galle. Il ne fut pas examiné davantage.

II. Le liquide obtenu par la digestion de la bile avec l'alcool offrait une couleur verte quand la lumière frappait sa surface , et rougeâtre lorsqu'elle le traversait. Mêlé avec le vinaigre distillé , il donna peu de flocons ; avec le chlorure de sodium , il demeura clair. On le fit évaporer jusqu'à la consistance de la térébenthine, et on l'agita ensuite avec de l'éther souvent renouvelé.

1. L'éther décanté était d'un jaune pâle, et répandait une odeur de bile fortement prononcée. On l'évapora en partie, puis on l'exposa au froid. Il s'en sépara un grand nombre de cristaux écailleux.

A. Les cristaux écailleux possédaient toutes les propriétés de la cholestérine. Nous conclûmes de là que la cholestérine n'est point un produit morbide, puisqu'on la trouve aussi dans la bile saine. Il est donc permis maintenant de désigner cette substance, que l'on rencontre aussi dans la bile de beaucoup d'autres animaux, sous le nom plus court de *choline* (1).

B. Le reste de la liqueur éthérée donna quelques autres cristaux de choline, après qu'on l'eut encore une fois évaporé et fait refroidir. Il resta enfin une huile peu coulante, transparente et d'un jaune pâle, ayant l'odeur de celle d'olive. Cette huile rougissait fortement le tournesol ; elle se dissolvait, avec une effervescence sensible, dans le carbonate de soude liquide, d'où résultait une liqueur jaunâtre, à la surface de laquelle nageaient des flocons nombreux de savon. Si l'on en juge d'après ces propriétés, l'huile en question était composée, en totalité ou en grande partie, d'*acide oléique*.

2. La portion de l'extrait alcoolique non soluble dans l'éther fut dissoute dans une grande quantité d'eau, et précipitée par l'acétate de plomb neutre, jusqu'à ce que ce sel n'en séparât plus rien.

A. Le précipité produit par l'acétate de plomb neutre était d'un blanc verdâtre tirant sur le brun, et il avait la tenacité

---

(1) Berzelius (*Journal de Schweigger*, t. x.) avait déjà observé que l'éther enlevait à la matière biliaire une matière grasse, d'une odeur désagréable ; mais il admettait que cette dernière était produite par l'action décomposante de l'éther sur la matière biliaire. Comme nous ne possédons pas d'autre exemple constatant que l'éther décompose des combinaisons organiques, et comme nous avons trouvé qu'il n'extrait pas de cholestérine de la bile de tous les animaux, il nous paraît plus naturel d'admettre que cette dernière existe déjà toute formée dans la bile.

d'un extrait. On le délaya dans un mélange d'eau et de vinaigre distillé, à travers lequel on fit ensuite passer un courant d'acide hydro-sulfurique, jusqu'à ce que ce gaz cessât d'être absorbé ; alors on filtra la liqueur, et le sulfure de plomb fut lavé avec de l'eau.

a. Le sulfure de plomb fut desséché et bouilli avec de l'alcool. L'alcool filtré était brun, et se troublait par l'addition de l'eau. Après avoir ajouté une quantité suffisante de cette dernière, on fit évaporer le tout. On obtint, de cette manière, une résine surnagée par un liquide aqueux, d'un jaune pâle, dont un grand nombre d'aiguilles fines et blanches se séparèrent par le refroidissement. Comme ces aiguilles se trouvaient mêlées en partie avec la résine, on les débarrassa de cette dernière en lavant à plusieurs reprises le tout avec de l'eau chaude, ce qui exigea beaucoup de temps. Les eaux de lavage furent ajoutées au premier liquide aqueux qu'on avait décanté de dessus la résine.

α. La résine était, à la température ordinaire, plus molle que la cire, et plus consistante que la térébenthine. Elle se laissait pétrir entre les doigts, auxquels elle adhérait un peu. Sa couleur était le brun-verdâtre foncé. Réduite en parcelles minces, elle laissait passer la lumière faiblement et confusément. Elle exhalait une forte et désagréable odeur de bile. Afin de l'isoler encore davantage, on la fit dissoudre dans un peu d'alcool, auquel on ajouta de l'éther jusqu'à ce qu'il ne se formât plus de précipité. Le précipité se réunit en une masse résineuse agglomérée.

I. Le précipité résineux produit par l'éther ne se dissolvait qu'en partie dans l'alcool à chaud : c'est pourquoi le mélange fut filtré encore chaud.

1. La portion non soluble par l'alcool, et dont la quantité était fort peu considérable, avait, dans l'état frais, une couleur jaune-brunâtre. Après avoir été desséchée, elle était d'un blanc brunâtre, opaque et insipide. Au feu elle se ramollit, s'agglutina, se boursouffla beaucoup, et brûla avec une flamme vive, en exhalant l'odeur de la corne, et répandant des vapeurs qui rougissaient le papier de curcuma

humecté. Le charbon spongieux qu'elle laissa se consuma rapidement sans laisser de cendre. L'acide nitrique, modérément étendu d'eau et froid, colorait cette substance animale en jaune, et développait peu de gaz : à chaud, il la dissolvait complètement, avec une vive effervescence : la dissolution était jaune, et l'eau la précipitait en blanc. Cette matière se montrait absolument insoluble dans l'eau bouillante, l'alcool et l'éther. C'était, par conséquent, une matière voisine de l'albumine coagulée. Il serait difficile d'indiquer dans quel état elle se trouve dans la bile, et par l'intermède de quelles autres matières l'alcool l'avait dissoute précédemment.

2. La solution alcoolique se troubla par le refroidissement, et déposa une matière brune.

A. La matière brune précipitée parut, après sa dessiccation, d'un blanc brunâtre, opaque et terne. Elle se comportait au feu comme la matière insoluble dans l'alcool dont nous venons de parler. Plongée dans l'acide hydro-chlorique concentré, elle se ramollissait, et adhérait aux parois du vase ; elle s'y dissolvait en partie à froid, et en totalité à chaud : de là résultait une liqueur d'un jaune rougeâtre pâle, que l'eau précipitait en blanc. L'acide acétique dissolvait cette substance lentement à froid et rapidement à chaud : la dissolution, d'un jaune pâle, était fortement troublée par la teinture de noix de galle. L'ammoniaque et la potasse liquides dissolvaient promptement cette substance à froid ; la dissolution, d'un jaune brunâtre pâle, donnait, par l'acide acétique, des flocons blancs, qui, avec le secours de la chaleur, se dissolvaient dans un excès de cet acide. L'alcool bouillant dissolvait également cette matière, qui était insoluble dans l'éther et dans la solution aqueuse de carbonate de potasse. Par conséquent, elle avait beaucoup d'analogie avec la *gliadine.*

B. La dissolution alcoolique décantée était d'un jaune pâle. On l'étendit d'eau, et on la soumit à l'évaporation, pendant le cours de laquelle il s'en sépara une résine.

a. La résine était d'un brun pâle et transparente. Elle jouissait absolument des mêmes propriétés que la résine biliaire dont nous donnerons la description plus loin. Pour se convaincre que ce n'était pas par hasard une combinaison ré-siniforme de matière biliaire avec l'acide hydro-chlorique, on la fit détoner avec du nitre ; mais la solution aqueuse du résidu salin ne donna aucune trace de chlorure.

b. Le liquide aqueux d'où la résine s'était précipitée laissa, après avoir été évaporé, un résidu jaune pâle, transparent, gommeux, d'une saveur douce, qui rougissait le tournesol, et qui, après avoir été dissous dans l'eau, était précipitable par les acides et par un grand nombre de sels métalliques. C'était, comme l'ont prouvé des expériences que nous rapporterons plus loin, un mélange de *picromel* avec de la *résine* et un peu d'*acide*.

II. Le liquide éthéré d'où la résine avait été précipitée fut évaporé jusqu'à ce qu'il ne restât plus que l'alcool, et ensuite mêlé avec de l'eau. Celle-ci précipita sur-le-champ une grande quantité de résine. Cependant le fluide qui surnageait le précipité demeura laiteux.

1. La résine précipitée par l'eau fut traitée de nouveau par de l'éther auquel on avait ajouté un peu d'alcool. Il se forma deux dissolutions superposées : la supérieure, éthérée, était d'un jaune pâle ; l'inférieure, alcoolique, était d'un brun pâle et peu coulante. Ces deux liquides furent séparés par la décantation.

A. La dissolution éthérée, après avoir été évaporée, laissa une graisse ferme, cristalline et d'un blanc jaunâtre. Cette graisse ayant été dissoute dans l'alcool à chaud, prit, par le refroidissement de la liqueur, la forme de masses blanches, mamelonnées, et celle d'une pellicule blanche. Les cristaux furent séparés par la filtration.

a. La matière grasse cristalline était formée de petites écailles nacrées. Elle entrait en fusion à la température de 5o degrés c. environ. Après avoir été dissoute dans l'alcool, elle rougissait fortement la teinture de tournesol. Elle se dissolvait avec rapidité dans la potasse liquide légèrement chaude. Le chlorure de sodium, versé dans cette liqueur, en séparait sur-le-champ un savon sous la forme d'une gelée blanche, brunâtre et molle, qui acquiérait de la consistance par l'expression. Enfin cette matière grasse se dissolvait rapidement aussi, et avec une légère effervescence, dans la solution aqueuse de carbonate de potasse médiocrement échauffée : c'était par conséquent de l'*acide margarique*.

b. La liqueur alcoolique dont on avait séparé l'acide margarique par la filtration, contenait encore une certaine quantité de cet acide, avec un peu de résine.

B. La solution alcoolique située au-dessous de l'éthérée laissa, après qu'on l'eut soumise à l'évaporation, un résidu brun pâle, transparent, ayant la consistance de la térébenthine et une saveur douceâtre. On fit bouillir plusieurs fois de suite ce résidu avec de l'eau, qui n'en dissolvit que fort peu.

a. La portion non soluble dans l'eau était la *résine biliaire*.

b. La dissolution aqueuse ayant été évaporée, elle laissa une très-petite quantité d'une matière jaune pâle, transparente, d'apparence gommeuse, d'une saveur amarescente et douce. Sa dissolution dans l'eau, abandonnée à l'évaporation spontanée, donna quelques cristaux mamelonnés et confus. Cette matière était probablement un mélange de *picromel*, d'un peu de *résine* et d'un peu d'*asparagine biliaire*.

2. Le liquide aqueux et lactescent d'où la résine avait été précipitée, déposa, par le repos, un peu d'une poudre blanche qui fut recueillie sur un filtre.

A. Cette poudre était très-fine. Elle avait une saveur sucrée, et ne se dissolvait qu'en très-petite quantité dans l'eau. C'était probablement de la résine combinée avec un peu de picromel.

B. Le liquide séparé de la poudre par filtration était incolore et peu trouble. Ayant été évaporé, il laissa un extrait d'un brun très-pâle, transparent, d'apparence gommeuse, d'une saveur sucrée, qui rougissait le tournesol, était précipité par beaucoup d'acides et de sels métalliques, et consistait sans doute en un mélange de picromel avec un peu de résine et d'acide.

C. Le liquide aqueux qui contenait les cristaux blancs aiguillés, et auquel nous avions ajouté l'eau de lavage de la résine, fut évaporé et placé dans un lieu froid. Il s'en sépara un grand nombre d'aiguilles, qui furent recueillies sur un filtre.

I. Les cristaux aciculaires étaient très-déliés et blancs. Après avoir été comprimés et séchés entre deux feuilles de papier joseph, ils représentaient de petites lames minces, semblables à du papier, ayant un léger brillant de soie. Cette matière avait une saveur très-douce et un peu âcre. Elle se comporta de la manière suivante avec les réactifs.

Au feu, elle se fondit en un fluide huileux, d'abord jaune, puis brun ; ensuite elle se boursouffla modérément, répandit d'abord l'odeur de la corne brûlée, puis en exhala une autre plus aromatique, brûla avec une flamme vive et fuligineuse, et laissa une petite quantité de charbon facile à consumer, qui ne donna lui-même qu'un atome de cendre. En distillant cette matière à sec, on obtint une grande quantité d'huile empyreumatique brune et épaisse, avec un liquide aqueux, d'un jaune pâle, qui rougissait fortement le papier de curcuma.

L'acide nitrique concentré dissolvait cette matière aciculaire avec beaucoup de facilité et en grande quantité. La dissolution était accompagnée d'un dégagement considérable de gaz et de chaleur. La liqueur, de couleur jaune, ne déposait rien par le refroidissement. Avec l'eau, elle donnait des flocons blancs, et avec l'ammoniaque, un précipité qui se dissolvait dans un excès d'alcali, communiquant à la liqueur une teinte orangée. En ajoutant de l'eau de chaux à ce dernier mélange, il ne se faisait pas de précipité.

L'acide sulfurique froid dissolvait la matière aciculaire très-rapidement et en abondance. Une partie de la dissolution, mêlée avec de l'eau, donna un précipité blanc et pulvérulent. Une autre partie, exposée à la chaleur, devint d'un brun jaunâtre, et laissa déposer quelques particules brunes. L'eau précipita de cette solution chaude une multitude de grands flocons d'un blanc jaunâtre.

La matière aciculaire était fort peu soluble dans l'eau froide. L'eau chaude en dissolvait un peu davantage. La dissolution aqueuse était incolore, rougissait le tournesol avec force, et ne manifestait aucune réaction par les acides minéraux.

l'acétate de plomb neutre, les chlorures d'étain et de fer, le sulfate de cuivre, le per-chlorure de mercure, le proto-nitrate de mercure, le nitrate d'argent et la teinture de noix de galle. Il n'y eut que le sous-acétate de plomb qui la troubla un peu.

L'ammoniaque liquide dissolvait cette matière à froid, en grande quantité et avec beaucoup de promptitude. Lorsqu'elle était saturée, il en résultait une dissolution incolore, n'exhalant plus l'odeur d'ammoniaque, qui, après avoir été évaporée, laissait une masse presque incolore, d'apparence gommeuse, d'une saveur très-douce, et rougissant faiblement le tournesol. Cette masse était complètement soluble dans l'eau. Elle dégageait de l'ammoniaque par la potasse. Elle donnait, par les acides forts, de grands flocons blancs et caséeux.

La matière aciculaire se dissolvait avec tout autant de rapidité et d'abondance dans le carbonate de soude liquide, opération durant laquelle de l'acide carbonique se dégageait avec une effervescence sensible. La solution, précipitable par l'acide hydro-chlorique, donnait, quand on l'abandonnait à l'évaporation spontanée, une masse saline, incolore, transparente, tout-à-fait cristalline, ni efflorescente, ni déliquescente, d'une saveur très-douce et facile à dissoudre dans l'eau.

D'après ces expériences, la matière aciculaire est un acide organique azoté, qui diffère essentiellement de tous ceux qu'on connaît jusqu'à présent. Cet acide se distingue de tous les autres par sa saveur douce ; des acides allantoïque et urique par son action plus intense sur le tournesol, et par son affinité plus forte pour les bases salifiables ; de l'acide pyro-urique, par sa non-volatilité, quand il n'a pas subi de décomposition. Ses combinaisons avec l'ammoniaque et la soude ont aussi des propriétés qu'on ne retrouve pas dans les urates, les allantoates, les purpurates et les pyro-urates. En conséquence nous proposons de lui donner le nom d'*acide cholique*, pour indiquer qu'il a été découvert dans la bile.

II. La liqueur aqueuse, séparée des cristaux aciculaires,

était d'un brun pâle ; elle donna, par l'évaporation, un extrait brun-jaunâtre, transparent, mou, d'une saveur douce et un peu âcre, rougissant le tournesol, qui fournit du carbonate d'ammoniaque à la distillation sèche, et dont la dissolution aqueuse était précipitée par plusieurs acides, ainsi que par plusieurs sels métalliques. Par conséquent c'était encore un mélange de picromel avec un peu de résine biliaire et d'acide.

b. La liqueur aqueuse, séparée du sulfure de plomb, donna, après avoir été évaporée, un extrait tenace, opaque, d'un brun foncé, qui avait une saveur non pas seulement douce, maïs encore un peu styptique. En l'arrosant avec de l'eau, cet extrait devint blanc à la surface. Par la chaleur, l'eau prit un aspect laiteux, et il se développa une odeur désagréable, analogue à celle du méconium. Le liquide lactescent fut décanté de dessus la résine demeurée insoluble, qui formait la plus grande partie de la masse.

α. La résine, purifiée par des décoctions répétées avec l'eau (qui prit une saveur douceâtre), était d'un jaune brun foncé, peu transparente et cassante. A l'exception de sa couleur, qui était plus foncée, elle se comportait absolument comme la résine biliaire.

β. La liqueur lactescente fut filtrée. Elle passa très-lentement, d'abord un peu laiteuse, ensuite claire et jaune. Ayant été évaporée, elle laissa un extrait brun foncé, cassant, quoique en même temps un peu tenace, et entouré d'une petite quantité d'un liquide aqueux très-acide, qui l'empêchait d'adhérer à la capsule. Cette liqueur acide fut enlevée par le lavage de l'extrait avec un peu d'eau froide.

I. La liqueur acide était d'un brun pâle et limpide ; elle avait une saveur fort acide et légèrement ferrugineuse, et contenait en effet un peu de fer. Cependant, comme on ne trouve point de fer dans la cendre de la bile, ce métal provenait vraisemblablement de l'acétate de plomb du commerce dont on s'était servi pour opérer la précipitation. Indépendamment du fer, la liqueur acide contenait beaucoup d'acide hydro-chlorique et d'acide sulfurique. Il s'y trouvait aussi, à en juger d'après le précipité abondant qu'elle donna par la teinture de noix de galle, une matière animale qui était peut-être de l'osmazôme. En évaporant et brûlant le résidu, on remarqua d'abord l'odeur de la corne brûlée, puis celle de l'urine. Cette dernière nous ayant fait soupçonner la présence de l'urée, nous fîmes dissoudre du chlorure de sodium dans une autre portion du liquide; mais ce corps cristallisa en cubes parfaits.

II. L'extrait lavé avait une saveur douce et légèrement âcre. Il exhala au feu une odeur d'abord un peu aromatique, puis urineuse, et laissa pour cendre une petite quantité de chaux. Il se dissolvait complètement dans l'eau, qui restait seulement un peu louche. En évaporant cette dissolution jusqu'à consistance sirupeuse, elle se partageait de nouveau en une masse solide, semblable à l'extrait primitif, et en un peu de liqueur acide. Si l'on ajoutait du chlorure de sodium à la dissolution aqueuse, il se précipitait une matière résiniforme brune, et le liquide surnageant, soumis à l'évaporation, donnait des cristaux de chlorure de sodium en cubes parfaits. Afin de purifier davantage cet extrait, s'il était possible, on le réduisit à l'état demi-fluide, par le moyen d'un peu d'eau, puis on l'agita avec de l'éther contenant un peu d'alcool, et l'on décanta la liqueur.

1. Le liquide éthéré était d'un jaune brunâtre. Abandonné à l'évaporation spontanée, il laissa quelques gouttes de résine, avec un peu d'une liqueur aqueuse, qui fut mise à part.

A. La résine était d'un jaune brunâtre, transparente et onctueuse dans l'origine; elle resta même un peu molle après une longue dessiccation. Elle se montra un peu soluble dans l'éther privé d'alcool. Cette plus grande mollesse et cette solubilité un peu plus grande dans l'éther pur, sont les deux seuls caractères qui la distinguent de la résine biliaire ordinaire, dont nous donnerons la description plus bas. La manière de se comporter au feu, ainsi qu'avec l'acide sulfurique, l'ammoniaque, la potasse et les autres réactifs, était absolument la même. Il serait possible que les différences qui viennent d'être signalées fussent le résultat de quelque mélange avec une autre matière, telle, par exemple, qu'un corps gras.

B. La liqueur aqueuse séparée de la résine par décantation était trouble et d'un blanc jaunâtre. Soumise à l'évaporation, elle ne donnait qu'une petite quantité de la même résine.

2. La liqueur aqueuse qui se trouvait au-dessous du liquide éthéré laissa, après l'évaporation, un extrait ferme, brun et brillant, qui avait une saveur d'abord âcre et acide, puis douce, qui répandait au feu une odeur non-seulement d'empyreume animal, mais encore d'ammoniaque, et qui laissait une cendre composée d'un peu de sulfate de soude avec beaucoup de carbonate et de phosphate de chaux. Cet extrait se dissolvait entièrement dans l'eau. La dissolution, de couleur brune, rougissait faiblement le tournesol; elle précipitait plusieurs acides, plusieurs sels métalliques, et la teinture de noix de galle. En conséquence, nous considérons l'extrait comme un mélange de picromel, d'un peu de résine et d'acide, avec une substance animale précipitable par le tannin, qui est peut-être l'osmazôme.

B. La liqueur précipitée par l'acétate de plomb était d'un jaune pâle. On y versa du sous-acétate de plomb jusqu'à ce qu'il ne se formât plus de précipité. La liqueur surnageante fut séparée du précipité par la décantation et filtrée; le précipité lui-même fut purifié par le lavage à l'eau froide.

a. Le précipité opéré par le sous-acétate de plomb était blanc, opaque, et plus tenace que la térébenthine. On le délaya avec un mélange tiède d'eau et de vinaigre distillé, après quoi on le décomposa complètement par un courant de gaz acide hydro-sulfurique, et on le filtra.

α. Le sulfure de plomb qui resta sur le filtre fut bouilli avec de l'alcool. La liqueur filtrée, qui était jaune, donna, par l'évaporation, un extrait brun-jaunâtre, opaque, ferme, grenu. Cet extrait ayant été bouilli avec de l'eau, se dissolvit en partie, et laissa des flocons résineux qu'on recueillit sur un filtre.

I. La résine, qui n'était qu'en très-petite quantité, paraissait être de la résine biliaire ordinaire.

II. La dissolution aqueuse ayant été soumise à l'évaporation, laissa un sirop brun pâle, qui devint un peu grenu.

quand on l'eut exposé au froid. Après l'avoir desséché autant que possible, on le traita par l'alcool anhydre, qui
laissa, sans les dissoudre, quelques cristaux de l'asparagine
biliaire dont on trouvera la description plus loin, et qui,
après avoir été évaporé, donna un sirop épais, transparent, d'un brun pâle, d'une odeur fade et d'une saveur
très-douce. Ce sirop était indubitablement un mélange d'une
grande quantité de picromel avec un peu de résine et d'a-
cide.

β. La liqueur aqueuse séparée du sulfure de plomb par
la filtration était d'un jaune brunâtre pâle. Ayant été évaporée juqu'à consistance sirupeuse, elle se sépara en une
masse brune, tenace, d'apparence résineuse, et en une petite quantité d'un liquide aqueux très-acide, qui donna, par
le refroidissement, un grand nombre de gros cristaux. On
sépara le reste du fluide aqueux des cristaux et de la masse
résinoïde.

I. Le fluide aqueux séparé de ces deux substances laissa,
après avoir été évaporé, un extrait brun foncé, transparent et mou, dans lequel se trouvaient plusieurs petits cristaux. Ceux-ci, pressés entre deux feuilles de papier joseph
et soumis à une nouvelle cristallisation, afin de les débarrasser de l'extrait qui avait pu y rester adhérent, furent re-
connus pour être de l'asparagine biliaire.

II. La masse résinoïde, avec les gros cristaux, fut chauffée avec de l'eau. Celle-ci dissolvit les cristaux, ainsi qu'une
très-petite quantité de la masse résinoïde, d'où résulta un
lait blanc-brunâtre. La plus grande partie de la masse résinoïde demeura non dissoute, sous la forme d'une résine.
On la lava, à plusieurs reprises, avec de l'eau chaude, et
le liquide également laiteux qu'on obtint de cette manière
fut mêlé avec la première solution aqueuse.

1. La résine, même après avoir été lavée plus de dix
fois avec de l'eau, retenait encore du picromel, de manière
que l'eau mise en contact avec elle contractait toujours
une saveur douceâtre. Afin de l'obtenir aussi pure que possible, et de pouvoir ainsi déterminer ses propriétés, on la
fit dissoudre dans l'alcool, et l'on ajouta à la dissolution

un grand excès d'eau chaude. Le précipité résineux obtenu de cette manière fut une seconde fois dissous dans l'alcool et précipité par l'eau. Le liquide aqueux qui surnageait le premier et le second précipités avait une saveur douce et un aspect laiteux dû à une petite quantité de résine qu'il tenait en suspension. La résine biliaire précipitée fut mise en fusion à une chaleur modérée, pour la réduire en une seule masse. Alors elle montra les propriétés suivantes :

Elle était d'un brun pâle (1), transparente, cassante et très-fragile à froid. A une chaleur modérée, elle se ramollissait et devenait susceptible d'être tirée en longs filamens. Un peu au-dessous de la chaleur de l'eau bouillante, elle entrait incomplètement en fusion; mais sa fusion était complète un peu au-dessus de cette température.

Chauffée à l'air au-dessus de son point de fusion, elle se boursoufflait, brûlait avec une flamme vive et fuligineuse, en répandant une odeur aromatique, et laissait une petite quantité d'un charbon spongieux, facile à consumer, qui donnait lui-même quelques traces de cendre.

Distillée à sec, elle donnait une huile empyreumatique et une liqueur aqueuse très-acide, qui ne contenait qu'un atome d'ammoniaque, mais point d'acide hydro-chlorique.

L'acide nitrique froid la corrodait et la convertissait en une masse jaune, tenace, boursoufflée, qui ne se dissolvait complètement dans l'acide que par une longue ébullition avec lui. La dissolution, d'un jaune pâle, se troublait quand on y versait de l'eau, et déposait de grands flocons blancs.

La résine se dissolvait avec lenteur, mais en totalité, dans l'acide sulfurique froid. La dissolution était peu coulante et d'un brun jaunâtre. Traitée par l'eau, elle donnait des flocons très-épais, d'un jaune brunâtre, nageant dans un liquide incolore.

La résine se dissolvait facilement dans l'ammoniaque pure et dans le carbonate d'ammoniaque liquide. La dissolution

---

(1) La résine biliaire précipitée par l'acétate de plomb neutre avait une teinte plus foncée, ce qui tenait sans doute à ce qu'elle était mêlée avec un peu de matière colorante altérée de la bile.

avait une couleur brune pâle. L'acide hydro-chlorique la coagulait.

Si l'on mettait un peu de résine dans une grande quantité de potasse liquide concentrée, il ne s'en dissolvait que très-peu ; mais elle se convertissait en un fluide épais, brun et transparent (savon résineux), qui se dissolvait facilement dans l'eau, après qu'on avait décanté la potasse liquide surnageante. Cette dissolution était d'un jaune pâle ; elle avait une saveur alcaline et un peu amère ; elle était précipitée tant par la potasse concentrée que par les acides.

La résine se dissolvait très-facilement dans l'alcool, auquel elle communiquait une couleur brune pâle. La dissolution avait une saveur sensiblement amère, et l'eau la précipitait.

L'éther dépouillé d'alcool ne dissolvait que très-peu de résine ; mais l'éther ordinaire en dissolvait un peu davantage.

L'acide hydro-chlorique, l'acide acétique et la dissolution aqueuse de carbonate de potasse n'exercèrent pas d'action dissolvante sur cette substance (1).

2. La liqueur aqueuse, séparée de la résine et réunie aux eaux de lavage de cette dernière, fut réduite à une très-petite quantité par l'évaporation. Alors elle se sépara de nouveau en une masse molle, d'un brun pâle, perlucide, d'apparence résineuse, et en un liquide jaune pâle, qui surnageait cette masse. Ce dernier liquide ayant été mis à part, évaporé de nouveau et soumis à la cristallisation, donna des cristaux et une eau-mère acide. La masse résinoïde, traitée par l'eau, se partagea en véritable résine et en une liqueur d'un brun pâle, qui, par l'évaporation, se divisa de nouveau en une masse résineuse et en un liquide acide, dont on retira quelques cristaux. Par conséquent on obtint

––––––––––

(1) D'après les caractères qui viennent d'être énumérés, cette résine est identique avec celle que Bucholz (*Journal de Schweigger*, t. xvii, p. 1) a trouvée dans un calcul urinaire d'un cheval. Il est probable, par conséquent, que le cheval dans le corps duquel se forma cette concrétion remarquable avait été atteint d'une maladie du foie.

quatre substances qui vont être examinées chacune à part :
de la résine , une masse résinoïde, des cristaux particuliers
et une eau-mère.

A. La résine, après avoir été purifiée, se comporta absolument comme la résine biliaire qui vient d'être décrite.

B. La masse résinoïde était d'un brun jaunâtre, transparente , un peu cassante, quoiqu'en même temps légèrement
tenace, très-douce , et entourée d'un peu de liquide très-
acide qui l'empêchait d'adhérer à la capsule. Elle forma ,
avec une petite quantité d'eau , une solution sirupeuse et
limpide qui, exposée à l'air , déposa quelques cristaux sur
les bords du vase. Mêlée avec une plus grande quantité
d'eau, elle donna une liqueur laiteuse qui, à l'évaporation ,
s'éclaircit et laissa encore déposer un peu de résine. Afin
d'obtenir la matière cristalline qui se trouvait dans la
masse résinoïde, nous traitâmes cette dernière, desséchée
autant que possible, par l'alcool absolu , qui la dissolvit
complètement, à l'exception de petits grains cristallins qui
furent recueillis sur un filtre.

a. Les grains cristallins se comportèrent comme l'asparagine biliaire, dont nous donnerons bientôt la description.

b. La solution alcoolique était d'un brun foncé et sirupeuse. Après avoir été évaporée, elle laissa un résidu transparent et d'un brun foncé. L'eau chaude ne se chargea que
d'un tiers environ de ce résidu. La portion non soluble se
comportait comme la résine biliaire qui a été décrite précédemment. La liqueur aqueuse était lactescente ; elle donna ,
par l'évaporation , une masse transparente de laquelle on
parvint encore à extraire un peu d'asparagine biliaire par le
moyen de l'alcool absolu. La portion soluble dans l'alcool
absolu était indubitablement un mélange de picromel, de
résine et d'acide.

C. Les cristaux particuliers furent purifiés tant par la digestion avec l'alcool absolu, qui enleva la résine et le picromel , que par plusieurs dissolutions dans l'eau et cristallisa-
tions successives. Dans cet état de pureté , ils avaient les propriétés suivantes :

C'étaient de grands prismes transparens et incolores, à six

pans inégaux, terminés par des pyramides à quatre ou six faces. On peut admettre pour leur forme primitive un prisme rhomboïdal droit à angles de 111° 44' et de 68° 16', tronqué sur les arêtes obtuses, et terminé par une pyramide à quatre faces, dont les quatre pans reposent perpendiculairement sur les quatre pans du prisme primitif. Cette pyramide était quelquefois tronquée au sommet. Fréquemment aussi ses deux arêtes correspondantes aux arêtes aiguës du prisme étaient émoussées, de même que ses deux angles correspondans aux deux arêtes obtuses du prisme. Les cristaux croquaient sous la dent; ils avaient une saveur fraîche, qui d'ailleurs n'était ni douce, ni salée, ni caractérisée d'une autre manière quelconque; ils n'agissaient ni sur la teinture de tournesol rouge, ni sur la bleue, et ne subissaient aucune altération à l'air, même à la température du bain-marie.

A feu nu, ils se fondaient en une liqueur épaisse, brunissaient, se boursoufflaient, développaient une odeur empyreumatique douceâtre, semblable à celle de l'indigo qui brûle, seulement un peu plus piquante, et laissaient un charbon boursoufflé, qui brûlait facilement, sans laisser de résidu.

Par la distillation sèche, après s'être fondus, brunis et boursoufflés, ils donnaient beaucoup d'huile empyreumatique épaisse et brune, ainsi qu'un peu d'un liquide aqueux incolore, qui exhalait une odeur empyreumatique douceâtre, rougissait fortement le tournesol, dégageait beaucoup d'ammoniaque par la potasse, et rougissait le per-chlorure de fer. Par conséquent ces cristaux contenaient une petite quantité d'azote.

Ils se dissolvaient facilement dans l'acide nitrique fumant, à froid, sans produire ni dégagement de chaleur ni effervescence. Il ne s'opérait même pas de décomposition en continuant à faire bouillir la dissolution; et en évaporant la liqueur, l'acide se vaporisait, laissant la matière cristalline, qui n'avait pas changé d'état. Celle-ci rougissait faiblement le tournesol, à cause d'un peu d'acide nitrique qui y était resté adhérent, et ne dégageait pas d'ammoniaque par la potasse.

Plongés dans l'acide sulfurique froid, les cristaux nageaient d'abord à la surface, en raison de leur pesanteur spécifique moins considérable, puis se dissolvaient peu à peu, en produisant une liqueur claire, un peu épaisse et d'un brun pâle. Une partie de cette dissolution, mêlée avec de l'eau, demeura claire; une autre, chauffée jusqu'à l'ébullition, devint plus foncée en couleur : cependant il ne se dégagea pas de gaz acide sulfureux, et la liqueur demeura claire, malgré même l'addition de l'eau.

L'eau à 12 degrés c. dissolvait $\frac{1}{13,5}$ de ces cristaux. L'eau bouillante en dissolvait une plus grande quantité, mais laissait déposer des cristaux par le refroidissement. La dissolution aqueuse n'offrait rien de remarquable avec l'acide hydro-chlorique, l'acide nitrique, l'ammoniaque, la potasse, l'eau de chaux, l'alun, le chlorure d'étain, le per-chlorure de fer, le sulfate de cuivre, le per-chlorure et le proto-nitrate de mercure et le nitrate d'argent : seulement ce dernier mélange, exposé à la lumière, prenait une teinte rouge-brunâtre au bout de plusieurs jours, et laissait déposer quelques flocons.

L'alcool absolu ne dissolvait presque rien de cette matière cristalline (1). L'alcool à 36 degrés B. n'en dissolvait que $\frac{1}{513}$ à 12 degrés c. Il en prenait cependant davantage par la chaleur.

Ces caractères de la matière cristalline ont beaucoup d'analogie avec ceux de l'asparagine découverte par Vauquelin et Robiquet. Par conséquent, jusqu'à ce qu'il soit démontré que les deux substances sont identiques ou ne le sont pas, nous donnerons à la première le nom d'*asparagine biliaire*. Les circonstances suivantes paraissent s'élever contre son identité avec l'asparagine proprement dite : la différence dans les angles des prismes, l'insolubilité de l'asparagine dans l'alcool, la propriété qu'a cette dernière substance d'être décomposée par l'acide nitrique, et enfin cette autre circonstance, qu'on ne l'a encore trouvée que dans le règne végé-

---

(1) Cependant si l'on traite de la bile de bœuf évaporée jusqu'à siccité par l'alcool absolu, cette matière s'y dissout, sans doute à la faveur des autres parties constituantes.

tal. La saison ne nous a pas permis d'éclaircir ces doutes en préparant l'asparagine de l'asperge. Au reste, comme Vauquelin l'a trouvée aussi dans la pomme de terre, elle pourrait bien exister également dans plusieurs des végétaux qui servent à la nourriture du bœuf (1).

D. L'eau-mère acide donna encore, par l'évaporation et le refroidissement, quelques cristaux d'asparagine biliaire, et déposa quelques flocons bruns. Le reste de la liqueur était brun, et rougissait fortement le tournesol. Ayant été étendu d'eau, il donna un précipité abondant par la dissolution d'argent, et un léger par la teinture de noix de galle. En le chauffant, il se boursouffla, développa une odeur d'empyreume animal, et laissa un charbon difficile à incinérer, dont la cendre contenait du chlorure de sodium et du phosphate de soude. Par conséquent l'eau-mère contenait quelques sels, de l'acide libre, de l'asparagine biliaire, un peu de picromel et de résine, et, si l'on en juge d'après la précipitation par la teinture de noix de galle, un peu d'osmazôme, ou une matière analogue.

b. La liqueur précipitée par le sous-acétate de plomb fut débarrassée du plomb par le gaz acide hydro-sulfurique, filtrée et évaporée. Il resta un sirop qui, par le refroidissement, déposa un grand nombre de grumeaux blancs. Ceux-ci formaient la moitié du tout : on les recueillit sur un filtre.

α. La matière qui resta sur le filtre fut lavée avec un peu d'eau froide, et pressée entre deux feuilles de papier joseph. Comme elle retenait beaucoup d'acétate alcalin, on la purifia en grande partie en la faisant dissoudre à plusieurs reprises dans l'eau chaude, et pressant dans du papier non collé la substance qui cristallisait par l'évaporation. Ainsi purifiée, cette matière présenta les propriétés suivantes :

Sa dissolution dans un peu d'eau chaude se prit, par le refroidissement, en une masse molle, opaque, d'un blanc brunâtre, dont la surface était sillonnée et mamelonnée.

---

(1) Cette matière cristalline serait-elle identique avec celle que Cadet obtint, en 1767, en traitant la bile par les acides, et qu'il trouva analogue au sucre de lait ?

Cette masse se montra composée, dans son intérieur, de petits grains cristallins, parmi lesquels se trouvaient entre-lacées quelques aiguilles déliées d'acétate de soude. Elle était inodore, même à la chaleur. Elle avait une saveur douce très-prononcée et très-durable, mêlée d'un petit goût d'amertume, et qu'on ne peut mieux comparer qu'à celle du jus de réglisse.

A feu nu, elle entrait incomplètement en fusion, se bour-soufflait, brunissait, développait une odeur en partie aro-matique et en partie analogue à celle de la corne brûlée, brûlait avec une flamme rouge et fuligineuse, et laissait un charbon très-spongieux. Ce dernier contenait beaucoup de carbonate de soude, après la soustraction duquel, au moyen de l'eau, il brûlait facilement.

Distillée dans des vaisseaux clos, cette substance entrait en fusion, prenait alors l'apparence d'un sirop jaune et transparent, se boursoufflait considérablement, redevenait ensuite solide et blanche par la perte de son eau de cristal-lisation, entrait de nouveau en fusion lorsqu'on poussait da-vantage le feu, et fournissait, tout en se boursoufflant et se noircissant, une grande quantité d'huile empyreumatique brune et épaisse, avec un fluide aqueux d'un jaune pâle. Ce dernier exhalait l'odeur de l'esprit de corne de cerf, et rougissait fortement le papier de curcuma.

L'acide nitrique fumant et froid dissolvait cette matière en abondance et d'une manière rapide, avec dégagement de chaleur et d'une grande quantité de gaz nitreux. La so-lution était d'un jaune pâle, et déposait, par le refroidisse-ment, quelques particules cristallines. Une portion de cette liqueur fut mêlée avec de l'eau, qui en précipita des flocons blancs. Une autre fut évaporée : il demeura un résidu blanc-jaunâtre et boursoufflé, dont l'eau ne prit qu'une faible quantité. Cette dernière dissolution était d'un jaune pâle, acquérait une couleur jaune plus foncée par l'addition de l'ammoniaque, et ne donnait point de précipité avec l'eau de chaux. La partie non soluble dans l'eau de la dissolu-tion nitrique évaporée représentait une masse jaune, te-nace, résinoïde, qui, traitée par l'ammoniaque, se résol-

vait, avec dégagement de quelques bulles de gaz, en un liquide d'une teinte orangée foncée, lequel était précipité
en flocons d'un blanc jaunâtre par l'acide hydro-chlorique.

La matière sucrée se dissolvait dans l'acide sulfurique
froid, très-rapidement, en grande abondance, et avec un
fort dégagement de chaleur. La dissolution, de couleur
orangée, se prit à moitié, après le refroidissement, en une
masse cristalline. Une certaine quantité de la partie encore
liquide fut étendue d'eau, et déposa des flocons qui se dissolvirent dans un excès d'eau. Le reste de la dissolution,
en partie fluide et en partie concret, fut chauffé; le tout
devint liquide, d'une couleur orangée de plus en plus foncée, ensuite brune, et enfin d'un brun noirâtre, quand l'a-
cide sulfurique entra en ébullition, époque à laquelle il se
dégagea de l'acide sulfureux. Cependant, cette dissolution
chaude était encore claire, et se comportait comme la primitive lorsqu'on y versait de l'eau.

La matière sucrée se dissolvait aussi avec beaucoup de
facilité dans l'acide hydro-chlorique médiocrement concentré. La dissolution, qui était presque incolore, ne subissait
de changement qu'après avoir été chauffée pendant plusieurs heures au bain-marie. Le fluide aqueux laissait alors
déposer une liqueur oléagineuse transparente, d'un jaune
brunâtre, qui, par le refroidissement, se prenait en une
masse consistante, quoiqu'encore molle et visqueuse. On
décanta la liqueur acide qui surnageait. Elle donna par
l'eau un précipité blanc, pulvérulent, et par l'évaporation,
un résidu brunâtre, grenu, complètement soluble dans
l'eau qui avait une saveur très-amère, rougissait le tournesol, et, mêlé avec la chaux, produisit un dégagement à
peine sensible d'ammoniaque. L'acide hydro-chlorique concentré précipitait, de la dissolution aqueuse de ce résidu, une
masse brune, résinoïde, soluble de nouveau dans l'eau. Le précipité oléagineux que nous avons décrit plus haut, et qui se
forme pendant la digestion de la solution hydro-chlorique,
fut lavé plusieurs fois à l'eau froide, ce qui le rendit blanc
et opaque. Plongé ensuite dans l'eau chaude, il s'y dissol-

vait très-facilement, et communiquait à ce liquide une couleur jaune, avec une saveur très-amère.

En mêlant la dissolution aqueuse de la matière sucrée avec du per-chlorure de fer, il en résultait une liqueur claire (à cause de l'acétate de fer formé) et rougeâtre; mais si l'on venait à chauffer modérément le mélange, il ne tardait pas à se séparer un grand nombre de flocons d'un brun rougeâtre pâle.

La chaux mise en contact avec la matière sucrée ne dégageait aucune trace d'ammoniaque.

La solution aqueuse de cette matière, mêlée avec de la levure de bière lavée, ne dégagea pas une seule bulle de gaz dans l'espace de dix-huit heures et à la température de 16 degrés c., tandis que la même levure, mise en contact avec du sucre ordinaire, le fit passer à la fermentation dans les mêmes circonstances.

La matière sucrée ne subit aucune altération à l'air, soit sec, soit humide. Elle se dissolvait très-facilement et en abondance dans l'eau; elle se dissolvait même presque en toutes proportions dans l'eau chaude; la dissolution concentrée avait une consistance sirupeuse. Cette dissolution aqueuse ne donnait de précipité à froid qu'avec l'acide nitrique concentré, qui y faisait naître de gros flocons blancs. Du reste, à froid, elle n'éprouvait rien de la part de l'iode, du chlore, de l'acide sulfurique, de l'acide hydro-chlorique concentré, de l'alun, du chlorure d'étain, de l'acétate de plomb neutre, des sulfates de fer et de cuivre, des per-chlorures de fer et de mercure, des nitrates de mercure et d'argent, de l'acide acétique, de la teinture de noix de galle, et de celle de tournesol, soit rouge, soit bleue. Nous regardons comme accidentel le léger trouble que le sous-acétate de plomb y faisait naître.

La matière sucrée se dissolvait avec facilité et en abondance dans l'alcool, tant ordinaire qu'absolu. Mais elle ne se dissolvait pas du tout dans l'éther pur, et très-peu seulement dans celui qui contenait de l'alcool. En faisant digérer sa dissolution aqueuse avec de la résine biliaire purifiée, elle en dissolvait une certaine quantité. La liqueur obtenue de cette manière devenait laiteuse par l'addition de l'eau, reprenait sa limpidité par l'évaporation , et laissait pour résidu une masse jaune, transparente , ayant d'abord la consistance de la térébenthine , prenant ensuite l'aspect d'une gomme , qui devenait visqueuse à l'air libre , et se dissolvait facilement dans l'eau. Cette nouvelle dissolution était précipitée abondamment à froid par l'acide sulfurique, l'acide hydro-chlorique , le sous-acétate de plomb et plusieurs autres sels métalliques. Elle ne l'était cependant pas par l'acétate de plomb neutre. Ainsi, en combinant la matière sucrée avec la résine biliaire , nous avions reproduit le picromel ordinaire.

Si nous comparons ces caractères de la matière sucrée avec ceux que Thenard assigne au picromel, dont on lui doit la découverte, nous trouvons les analogies suivantes : Les deux matières sont sucrées, incolores, azotées, inaltérables à l'air, non susceptibles de subir la fermentation alcoolique, très-facilement solubles dans l'eau et l'alcool, et précipitables de leur dissolution aqueuse par l'acide nitrique, mais non par la plupart des autres réactifs : leur présence rend la résine biliaire soluble dans l'eau. Mais il existe entre elles plusieurs différences. D'abord le picromel de Thenard a l'aspect et la consistance d'une térébenthine épaisse, tandis que notre matière est opaque et composée de petits grumeaux cristallins. En second lieu, le picromel ne donne pas, ou du moins donne très-peu de carbonate d'ammoniaque quand on le distille dans des vaisseaux clos, tandis qu'on en retire beaucoup de notre matière. Enfin le picromel est précipité à froid par les sels de fer, le sous-acétate de plomb et le proto-nitrate de mercure, tandis que notre matière conserve sa limpidité, à cela près d'un léger trouble qu'y fait naître le sous-acétate de plomb.

On peut expliquer ces différences en admettant que le picromel de Thenard est une combinaison de la matière sucrée que nous venons de décrire avec très-peu de résine : car comme cette dernière donne beaucoup d'acide acétique libre par la distillation sèche, cet acide doit saturer en totalité ou en grande partie l'ammoniaque produite par la matière sucrée. Les expériences rapportées précédemment font voir aussi que notre matière sucrée, lorsqu'elle est unie avec un peu de résine, prend l'aspect de la térébenthine, et acquiert la propriété d'être précipitée par quelques acides et par le sous-acétate de plomb.

Si nos expériences et nos conclusions viennent à se confirmer, nous regarderons notre matière sucrée comme le picromel pur (abstraction faite de l'acétate de soude qui y est mêlé), et le picromel de Thenard comme cette même substance contenant encore un peu de résine. Cependant, dans aucun cas, notre matière sucrée, qui est si riche en azote, ne peut être rangée dans la classe des autres espèces de sucre, mais elle forme, avec le *sucre de gélatine* que Braconnot a obtenu en traitant la colle animale par l'acide sulfurique, une série particulière de substances sucrées contenant de l'azote. La grande analogie qui existe entre la saveur sucrée de l'acide cholique et de ses sels et celle du picromel, pourrait faire soupçonner que l'une de ces matières entre dans la composition de l'autre. Mais nous ne pouvons au moins pas considérer le picromel comme un cholate, puisqu'il ne donne pas de précipité à froid avec la plupart des acides, et qu'il ne laisse pas dégager d'ammoniaque par la chaux.

β. Le sirop, séparé du picromel par le filtre, était d'un brun pâle et limpide. Il avait une saveur très-douce et salée, et exhalait une faible odeur d'acide acétique, qui se développait davantage en ajoutant de l'acide sulfurique. Il rougissait le tournesol et le per-chlorure de fer, précipitait faiblement le nitrate d'argent, le chlorure d'étain et celui de baryte, et abondamment (par la formation d'acétate de mercure) le nitrate de mercure. Le chlorure de chaux, le sulfate de cuivre, le per-chlorure de mercure et la teinture de noix de galle étaient sans action sur lui. Après la combustion, il laissait une très-grande quantité de carbonate alcalin. Par conséquent ce sirop était un mélange de picromel, d'acide acétique, d'acétates de soude et de potasse, et d'une petite quantité d'autres sels.

Il résulte de l'analyse dont on vient de lire les détails que la bile de bœuf contient de la choline, de l'acide margarique, de l'acide oléique, de l'acide cholique, de la résine biliaire, du picromel, de l'asparagine biliaire, une matière soluble dans l'eau et l'alcool chaud, mais non dans l'alcool froid, une matière soluble dans l'eau et l'alcool, et précipitable par la noix de galle (osmazôme), une matière qui développe une odeur urineuse par la chaleur, une autre insoluble dans l'eau, mais soluble dans l'alcool chaud (gliadine), une troisième insoluble dans l'alcool, mais soluble dans l'eau (matière caséeuse), et du mucus. D'autres parties constituantes de cette humeur seront mentionnées dans les expériences suivantes.

Parmi ces matériaux, la résine biliaire et le picromel sont les plus abondans, à beaucoup près. La première paraît être tenue en dissolution à la faveur du second, et communiquer à la bile la saveur amère qui la distingue. Cependant il reste encore quelques doutes à cet égard ; car les expériences relatées ci-dessus font voir que la résine se sépare de plus en plus complètement à mesure qu'on soumet la bile à un plus grand nombre d'opérations. L'évaporation, le traitement par l'alcool ordinaire et absolu, les précipitations par les sels de plomb, l'action de l'acide hydro-chlorique, toutes ces circonstances paraissent rompre le lien qui existe entre la résine biliaire et le picromel, de sorte que, quand on traite ensuite le mélange par l'eau, une partie de la résine reste sans se dissoudre. Nous présumons, par conséquent, ou que la résine existe dans la bile sous une autre forme, et qu'elle ne passe à un état moins soluble que par l'effet des diverses manipulations auxquelles on soumet le liquide biliaire, ou que, durant ces opérations, le picromel subit un changement qui diminue en lui la faculté de dissoudre la résine, ou enfin, qu'indépendamment du picromel, la bile contient encore un autre principe, qui contribue à la dissolution de la résine, et qui change de nature dans le cours des opérations. Au reste, nous croyons devoir expliquer de la manière suivante l'action des deux acétates de plomb sur l'extrait alcoolique de la bile. Le précipité produit par l'acétate neutre, outre du chlorure, du phosphate, du sulfate, du margarate et du cholate de plomb, contient le principe colorant de la bile, et quelques matières animales particulières, principalement de la résine et du picromel ; la résine toutefois en proportion plus considérable et le picromel en proportion moindre que dans la bile. Après la décomposition de ce précipité par l'acide hydro-sulfurique, le picromel ne suffit plus pour rendre toute la résine soluble dans l'eau, de sorte qu'une partie de cette dernière reste, accompagnée d'un peu de picromel, avec le sulfure de plomb. Le sous-acétate produit, dans la bile précipitée par l'acétate neutre, un nouveau précipité contenant le reste de la résine, avec beaucoup de picromel, qui a été entraîné par cette résine. Une portion de picromel, libre de matière résineuse, reste cependant dans la liqueur, avec l'acétate alcalin qui s'est formé aux dépens des sels de la bile et de l'acide acétique de l'acétate de plomb.

Traitement de la bile de bœuf par l'acide hydro-chlorique. — De la bile de bœuf ayant été mêlée avec une quantité médiocre d'acide hydro-chlorique étendu d'eau, il se forma un précipité muqueux, coloré d'abord en jaune, puis en vert, qui était probablement composé de mucus, de matière caséeuse et de matière colorante, mais qu'on n'examina pas ultérieurement. La liqueur filtrée, qui devint peu à peu d'un vert de plus en plus pur, et perdit tout-à-fait sa teinte brunâtre, fut abandonnée à elle-même pendant quelques jours. Il s'en sépara des particules blanches très-déliées, qui se rendirent presque toutes à la surface, et qui, recueillies sur un filtre, se comportèrent avec les réactifs de manière à montrer qu'elles étaient de l'acide margarique.

On fit évaporer la liqueur filtrée : à mesure que l'acide hydro-chlorique qu'elle contenait se concentrait davantage, elle se partageait en deux portions. La portion inférieure était une masse d'un vert foncé, molle, et d'apparence résineuse ; la supérieure un liquide acide et d'un vert pâle. Après avoir décanté cette dernière pour la séparer du précipité résineux, on continua à la faire évaporer ; il se sépara encore une substance résineuse, qui cependant (parce que l'acide hydrochlorique concentré avait exercé une action décomposante plus énergique sur la matière colorante) n'était pas verte, mais d'un rouge brunâtre. Il se forma de même, en continuant toujours l'évaporation, plusieurs autres précipités résineux semblables, auxquels se joignirent sur la fin des cris-

taux abondans de chlorure de sodium. Enfin il resta une petite quantité d'une liqueur jaune et très-acide, qui déposa,
outre du chlorure de sodium et une matière résineuse âcre,
des cristaux d'asparagine biliaire, de manière qu'on n'eut
plus pour résidu qu'une quantité extrêmement petite du liquide acide. Au reste, la quantité d'asparagine qui fut obtenue ainsi était moins considérable qu'on ne devait s'y at-
tendre d'après celle de la bile employée, et l'on reconnut
aussi par la suite qu'une partie de cette substance se trouvait
contenue dans les précipités résinoïdes. Ces derniers furent
traités de deux manières différentes, savoir par l'eau et par
l'alcool absolu.

Traitement par l'eau. — En les faisant digérer avec de
l'eau, ils s'y dissolvaient en grande partie : cependant il restait,
la plupart du temps, un peu de résine verte, qui n'était point
soluble dans l'eau. C'est ce qui arriva particulièrement au
précipité résineux obtenu en premier lieu. La dissolution
aqueuse était en général rendue trouble et laiteuse par des
molécules très-fines de résine qu'elle tenait en suspension, de
sorte qu'elle avait beaucoup de peine à traverser le filtre,
et que, même au bout de plusieurs jours, à peine avait-elle
déposé quelque peu de résine. Soumise à l'évaporation, elle
se partageait de nouveau, quand elle contenait assez d'acide
hydro-chlorique, en un précipité résinoïde et en une liqueur
acide, d'où l'on pouvait encore obtenir un peu d'asparagine
en la faisant évaporer.

En traitant de nouveau ce dernier précipité par l'eau, il
se dissolvait presque entièrement, et la liqueur obtenue de
cette manière pouvait être considérée comme une combinaison de résine biliaire, de picromel et d'un peu d'acide hydro-chlorique. Voici quelles étaient les propriétés de cette
combinaison : sa dissolution aqueuse, qui, très-étendue, était
laiteuse, à cause des particules déliées de résine qu'elle tenait en suspension, devenait, par l'évaporation, transparente, sirupeuse, puis semblable à la térébenthine, et laissait enfin un extrait pellucide, jaune ou brun, qui rougissait le tournesol, et qui avait une saveur sucrée, pénétrante
et persévérante. Traité par l'eau, cet extrait donnait une dis-

solution claire, qui devenait laiteuse quand on y ajoutait une plus grande quantité d'eau. Cette dissolution fournissait un précipité résinoïde, non-seulement par l'acide hydro-chlorique, mais encore par le chlorure de sodium. On pouvait quelquefois extraire encore un peu d'asparagine biliaire de ce mélange, en le faisant dissoudre dans l'eau bouillante, le précipitant par un excès d'acide hydro-chlorique, et évaporant la liqueur qui surnageait le précipité résinoïde.

Traitement par l'alcool absolu. — On fit sécher aussi complètement que possible, au bain-marie, une portion du précipité que la bile mêlée avec l'acide hydro-chlorique avait donné pendant qu'on l'évaporait, et la masse, qui était presque solide, fut mise en digestion dans de l'alcool absolu. Elle s'y dissolvit en si grande abondance qu'il en résulta un épais sirop qu'on fut obligé d'étendre avec une certaine quantité d'alcool absolu pour qu'il pût passer à travers le filtre. Il resta sur ce dernier de petits cristaux blancs d'asparagine biliaire. Une portion de la liqueur filtrée, ayant été mêlée avec de l'eau, se prit presqu'en masse, tant il s'en sépara de résine. Le reste fut débarrassé, par la distillation au bain-marie, de l'alcool, qui ne se dégagea toutefois entièrement qu'après qu'on eut ajouté encore de l'eau. Ce qui resta dans la cornue se dissolvait à peine à moitié dans l'eau; la plus grande partie, qui était de la résine, demeurait inattaquée par le liquide. Cependant la résine retenait encore une grande quantité de matière sucrée, car, quoiqu'on la fît bouillir très-souvent avec de l'eau, celle-ci n'en prenait pas moins chaque fois une saveur sucrée. La portion soluble dans l'eau se comportait comme la résine et l'acide contenant du picromel, c'est-à-dire comme le picromel impur. Ce qu'il y avait de remarquable, c'est qu'après avoir dissous le précipité résineux dans l'alcool, on en retirait beaucoup plus de résine qu'auparavant, époque à laquelle cette substance se dissolvait presque entièrement dans l'eau. Nous avons déjà signalé ce phénomène à l'occasion de la première expérience sur la bile de bœuf.

Traitement par l'alcool et l'acide sulfurique. — On fit évaporer de la bile de bœuf à siccité; l'extrait fut épuisé par de

l'alcool modérément chaud , la liqueur filtrée, puis débarrassée de son alcool par l'évaporation , et dépouillée, par
l'éther, de la choline et de l'acide oléique. Le reste fut dissous dans l'eau, et l'on y ajouta , à une chaleur modérée ,
assez d'acide sulfurique étendu d'eau pour faire naître un
précipité suffisant.

I. La liqueur acide qui surnageait le précipité résineux fut
mise en digestion avec du carbonate de baryte pour la débarrasser de tout l'acide sulfurique libre qu'elle pouvait contenir, de manière à ce qu'elle ne rougît plus les couleurs
bleues végétales. Alors on la filtra, et on la fit réduire de beaucoup par l'évaporation. Le liquide ainsi réduit était d'un
jaune pâle ; la teinture de noix de galle y faisait naître un précipité abondant, et les réactifs y annonçaient la présence
d'une grande quantité de phosphate et de sulfate de soude.
C'est pourquoi on l'évapora à siccité, et l'on traita le résidu
par l'alcool.

1. La portion non soluble dans l'alcool était une masse saline cristalline, qui, après avoir été chauffée au rouge, réagit à la manière des alcalis, et qui contenait en outre beaucoup de phosphate et de sulfate de soude.

2. La solution alcoolique donna, par l'évaporation, des
cristaux octaédriques de chlorure de potassium et de chlorure de sodium, ainsi qu'un sirop d'un jaune brun clair,
ayant une saveur aromatique , douce et un peu salée. Elle
colorait faiblement en bleu la teinture rouge de tournesol,
faisait légèrement effervescence avec les acides nitrique et
hydro-chlorique, demeurait claire avec le premier, mais se
troublait avec le second, et déposait alors, pendant la nuit,
sur les parois du vase, une matière transparente, jaune et
résinoïde. Outre divers sels de soude, ce sirop contenait probablement encore du picromel, avec un peu de résine et
peut-être une petite quantité d'asparagine biliaire.

II. Le précipité résineux qu'avait produit l'acide sulfurique fut mis en digestion pendant quelque temps avec un
excès de carbonate de baryte et avec de l'eau, après quoi
on filtra.

1. La liqueur filtrée fut évaporée. Elle laissa un résidu

transparent et d'un brun verdâtre, qu'on doit considérer comme la matière biliaire de Berzelius. En l'incinérant on trouva que ce résidu contenait une grande quantité de baryte. Vraisemblablement l'acide acétique contenu dans la bile est précipité par l'acide sulfurique avec cette matière biliaire, et il doit par conséquent former un acétate avec le carbonate de baryte pendant la digestion du précipité dans ce dernier sel.

2. La matière demeurant sur le filtre n'était pas un simple mélange de carbonate et de sulfate de baryte, mais contenait encore une grande quantité de résine biliaire, dont il était facile de faire l'extraction par l'alcool, et qu'on précipitait en étendant la liqueur avec de l'eau.

Ces résultats nous déterminèrent à suivre tout-à-fait la marche indiquée par Berzelius, afin de voir si nous n'obtiendrions pas aussi dans ce cas une matière biliaire contenant de la baryte, et s'il restait de la résine dans la portion que l'eau ne pouvait dissoudre.

Traitement par l'acide sulfurique.—On ne versa d'abord dans la bile de bœuf que la quantité d'acide sulfurique nécessaire pour y produire le précipité jaune et muqueux dont il a déjà été parlé, et pour lui faire perdre ainsi sa viscosité, après quoi elle fut filtrée. Pendant cette dernière opération, on remarqua que la teinte verte de la liqueur devenait de plus en plus foncée, comme lorsque l'on avait traité la bile par l'acide hydro-chlorique. On versa une plus grande quantité d'acide sufurique étendu d'eau dans la liqueur filtrée ; on favorisa la séparation de la masse résineuse par une douce chaleur au bain-marie ; on décanta ensuite la liqueur qui surnageait le précipité résineux vert ; on lava ce dernier à l'eau froide aussi long-temps qu'il fut possible de le faire sans le dissoudre, puis on le décomposa en le faisant digérer avec du carbonate de baryte. Les résultats furent les mêmes que dans l'expérience précédente, c'est-à-dire qu'on obtint une matière bilieuse verte qui laissa beaucoup de baryte après avoir été incinérée, et qu'il se trouva, dans le mélange vert pâle de carbonate et de sulfate de baryte, beaucoup de résine biliaire, qu'on parvint à extraire au moyen de l'alcool, d'où on la précipita ensuite par l'eau. Cependant le résidu barytique conserva, même après avoir été traité par l'alcool, la couleur verte qu'il devait au principe colorant de la bile.

Ces expériences, répétées plusieurs fois, nous conduisirent à penser que la matière biliaire de Berzelius est un principe impur, non pas seulement sous ce point de vue qu'elle doit naissance à l'association de diverses substances organiques simples, telles que résine biliaire, matière colorante, picromel, asparagine, choline, acide margarique, acide oléique, etc., mais encore sous cet autre rapport, qu'elle contient de plus une combinaison de l'acide acétique avec la baryte ou avec l'alcali par le moyen duquel on l'a mise en évidence.

Traitement de la bile de bœuf par le vinaigre. — La bile de bœuf, mêlée avec du vinaigre distillé, donna un faible précipité en grands flocons jaunes. Ces flocons se desséchèrent, sur le filtre, en une pellicule mince, verte, brillante et cassante. La liqueur filtrée prit peu à peu une couleur verte pure, et ne se troubla plus par une nouvelle addition de vinaigre. Du reste, elle offrit les réactions suivantes :

Acide phosphorique, per-chlorure de mercure, teinture de noix de galle : trouble léger. — Acide sulfurique étendu d'eau, acide hydro-chlorique, chlorure d'étain, acétate de plomb neutre, sous-acétate de plomb, sulfate de fer, perchlorures de fer et de mercure : une très-grande quantité de très-grands flocons caséeux, la plupart d'un blanc verdâtre. — Acide nitrique en petite quantité : trouble médiocre, vert. — Le même acide en plus grande quantité : liqueur claire, avec changement de couleur en bleu et rouge.

Évaporée jusqu'à ce qu'il ne restât plus qu'un faible résidu, cette liqueur ne se sépara point en dépôt résinoïde et en liquide aqueux; mais il se forma un sirop vert, qui devint demi-fluide, extrèmement visqueux et collant par la chaleur, qui offrait une teinte rougeâtre quand on le regardait à contre-jour, et qui, exposé au froid, devenait cassant.

On traita cet extrait par l'alcool absolu modérément

chaud, qui le dissolvit presque complètement. La liqueur filtrée laissa sur le papier de petits cristaux blancs, avec des flocons muqueux. Les cristaux se dissolvirent dans l'eau chaude, d'où ils se séparèrent, par l'évaporation, sous la forme de cubes de chlorure de sodium, avec lesquels on ne remarqua pas qu'il se fût déposé une quantité notable d'asparagine biliaire. La portion non soluble dans l'eau se montra insoluble également dans l'alcool bouillant. Elle se comporta au feu comme du mucus. Par conséquent, ce dernier n'avait point été précipité entièrement par le vinaigre.

Recherche de l'acide acétique. — On introduisit de la bile de bœuf fraîche dans une cornue, et l'on versa dessus de l'acide phosphorique en abondance, puis on distilla au bain-marie jusqu'à ce qu'il eût passé environ un dixième de la bile dans le récipient ; ce dernier fut alors changé, et l'on continua la distillation de manière à obtenir encore une égale quantité de liquide. Les deux produits se comportèrent de la même manière ; ils étaient tous deux incolores et limpides ; leur odeur était particulière et fortement herbacée. Essayés par les réactifs, ils donnèrent lieu aux phénomènes suivans :

Sous-acétate de plomb : trouble léger. — Acétate de plomb neutre, sulfate de cuivre, nitrate de mercure et nitrate d'argent : rien. — Le per-chlorure de fer parut devenir un peu plus coloré par le second produit. — Teinture de tournesol : coloration très-forte en rouge.

On fit digérer ces deux produits avec du carbonate de baryte, après quoi on les filtra, et on les soumit à l'évaporation. Tous deux laissèrent une pellicule jaune qui, arrosée avec de l'acide sulfurique étendu, exhala une faible odeur d'acide, mêlée d'une très-légère odeur animale, sans aucune trace d'odeur d'acide butyrique. Sa dissolution dans l'eau se troubla légèrement par le nitrate d'argent, et communiqua au per-chlorure de fer une vive couleur d'un rouge jaunâtre, que l'addition d'un peu d'acide hydro-chlorique fit disparaître.

Recherche du bi-carbonate de soude. — I. En mêlant de la teinture de tournesol rouge avec de la bile de bœuf fraîche, on obtint un liquide à la fois rouge et vert. Il suffisait même de verser une petite quantité de teinture de tournesol pour que la couleur rougeâtre devînt sensible. La poudre et le papier de curcuma ne furent pas non plus rougis par la bile de bœuf. D'un autre côté, la teinture de tournesol bleue n'éprouva aucun changement, tandis qu'en ajoutant une goutte de vinaigre distillé à un mélange de douze grammes de bile et de quelques gouttes de teinture de tournesol bleue, il se manifestait sur-le-champ une teinte rougeâtre bien prononcée.

II. On fit bouillir de la bile fraîche dans une fiole garnie d'un tube recourbé, au moyen duquel les fluides élastiques qui s'en dégagèrent furent dirigés dans un récipient rempli d'eau de chaux. Cette dernière ne tarda pas à se troubler beaucoup, même avant que la bile commençât à bouillir. La bile, ainsi bouillie pendant quelque temps, et mêlée avec un peu de teinture de tournesol rouge, la colora manifestement en bleu, car il se forma le même mélange vert, sans aucun nuance de rouge, que l'on obtenait en versant de la teinture bleue dans de la bile fraîche ou bouillie. Cette dernière rougissait aussi la poudre de curcuma d'une manière bien sensible.

En conséquence, le bi-carbonate de soude était converti par l'ébullition en carbonate simple.

III. Voulant déterminer à-peu-près la quantité de ce sel, on fit chauffer 137 grammes de bile fraîche dans un matras, avec de l'acide hydro-chlorique, et l'on reçut dans de l'eau de chaux le gaz acide carbonique qui se dégageait. L'évaporation ne put pas être continuée assez long-temps, parce que la bile menaçait de monter dans le tube. Le carbonate de chaux que l'on recueillit pesait, après avoir été légèrement chauffé au rouge, 0,148 gr., indiquant 0,065 gr. d'acide carbonique, qui avaient dû être combinés avec 0,048 gr. de soude. Il résulte de là, pour 100 parties de bile, 0,051 d'acide carbonique combiné avec 0,035 de soude. Cependant ce résultat n'est pas juste, d'un côté parce que tout l'acide carbonique ne fut pas obtenu, de l'autre parce que la bile contient un peu de carbonate d'ammoniaque, et peut-être même un peu d'acide carbonique à l'état de liberté.

Recherche de l'acide hydro-sulfurique et de l'ammoniaque. — A. Vogel (1) remarqua que le fluide qui passait quand on distillait la bile de bœuf possédait la propriété de noircir les sels de plomb, et que la bile, lorsqu'on y versait des acides plus forts, répandait une odeur d'acide hydro-sulfurique.

C'est pourquoi nous distillâmes à part environ huit onces de bile extraite de plusieurs vésicules. Le produit avait une odeur particulière, un peu analogue à celle du musc; il précipitait abondamment l'acétate de plomb neutre en blanc (2), colorait le tournesol en bleu, faisait légèrement effervescence lorsqu'on le mêlait à chaud avec de l'acide hydrochlorique, et donnait ensuite, par l'évaporation, sans se colorer en rouge, un résidu considérable d'hydro-chlorate d'ammoniaque. Par conséquent, il ne contenait pas d'acide hydro-sulfurique, mais seulement du carbonate d'ammoniaque, qui existait probablement, dans la bile, à l'état de bi-carbonate.

Nous versâmes aussi de l'acide hydro-chlorique en excès dans un matras presque entièrement rempli de bile. Le mélange fut chauffé d'abord au bain-marie, puis à feu nu, et le gaz qui se dégageait conduit, par le moyen d'un tube, dans un vase contenant de la dissolution d'acétate de plomb neutre qu'on avait garantie de l'action précipitante de l'acide carbonique en y ajoutant quelques gouttes de vinaigre distillé. Ce fluide demeura parfaitement clair et incolore pendant la distillation. Comme nous avons répété cette expérience deux autres fois, toujours avec une bile différente, et cependant avec le même résultat, il paraît qu'au moins la bile de bœuf fraîche ne contient de l'acide hydro-sulfurique que dans des circonstances fort rares (3).

---

(1) *Journal de Schweigger*, t. vi, p. 325.

(2) Thenard a obtenu aussi un produit qui précipitait faiblement l'acétate de plomb neutre en blanc. Il attribue ce phénomène à une petite quantité de résine qui aurait passé dans le récipient.

(3) Lorsqu'on distille la bile dans des vaisseaux clos, il se dégage de l'acide hydro-sulfurique au commencement; mais cet acide est évidemment un produit de l'opération.

Si l'on ajoute de la chaux hydratée à la bile, la présence de l'ammmoniaque qui s'y trouve devient encore plus sensible. Comme elle contient en même temps du carbonate de soude, l'ammoniaque ne peut y exister que combinée avec l'acide carbonique.

Action de la bile de bœuf sur les corps gras. — On versa une goutte d'huile d'olive dans environ 14 grammes de bile filtrée, et l'on agita souvent le mélange. Comme il ne s'opérait pas la moindre dissolution, on exposa le liquide à une chaleur modérée; mais chaque fois que l'on cessait de l'agiter, on voyait la goutte d'huile gagner la surface. Cette huile demeura fluide; elle parut seulement devenir un peu trouble, ce qui tenait peut-être à ce qu'elle s'était chargée de choline. Si l'on ajoutait à la bile quelques gouttes d'acide hydrochlorique ou d'acide acétique, pour imiter ce qui a lieu quand la sécrétion acide de l'estomac se mêle avec elle, il ne s'ensuivait pas non plus la moindre dissolution de l'huile, soit à froid, soit à chaud.

La bile se comporta de la même manière à l'égard du suif avec lequel on l'agita à une température suffisante pour mettre ce dernier en fusion.

Elle ne possède donc, ni par elle-même, ni par l'addition d'un peu d'acide, la propriété de dissoudre la graisse.

Sur la matière colorante de la bile. — Fourcroy admettait déjà un principe colorant dans la bile, et quoique diverses expériences paraissent avoir fait douter ensuite de l'existence d'une matière particulière de cette espèce, puisque la couleur de la bile fut attribuée en partie à la matière biliaire, Thenard a cependant admis (3) qu'il existe une matière jaune particulière dans la bile de presque tous les animaux. Il pense que cette substance colorante constitue entièrement les calculs biliaires du bœuf, et qu'elle se rencontre dans presque tous ceux de l'homme. Guidés par nos expériences, nous adoptons complètement cette opinion. Les circonstances suivantes démontrent qu'il existe réellement,

***

(1) *Traité de Chimie*, 4ᵉ édit., t. IV, p. 580.

dans la bile de tous les animaux , un principe colorant particulier.

1°. Si le mucus était le principe colorant, lorsqu'on traite la bile évaporée à siccité par l'alcool , toute la couleur devrait rester dans le résidu muqueux insoluble, ce qui n'a pas lieu. Quand on précipite le mucus par les acides, il entraîne bien avec lui une quantité assez considérable de matière colorante ; mais la plus grande partie de cette dernière reste dissoute.

2°. Tous les autres matériaux constituans de la bile ont encore moins de couleur, et peuvent par conséquent moins encore être considérés comme le principe colorant de cette liqueur.

3°. La matière colorante de la bile , telle qu'elle existe dans ce liquide, offre des réactions extrêmement remarquables, qui n'ont pas encore été assez étudiées jusqu'à présent, mais qui la distinguent en général de toutes les matières connues. Les plus importantes sont celles qui suivent.

Quand l'on mêle de la bile jaune du chien avec de l'acide hydro-chlorique, à l'abri du contact de l'air, par exemple dans un tube de verre renversé et rempli de mercure, il ne s'opère aucun changement de couleur, même au bout de quelques jours. Ce changement ne s'effectue que peu à peu , lorsqu'on introduit de l'oxigène ; les portions du liquide qui avoisinent le gaz se colorent en vert, et le phénomène est accompagné d'une absorption sensible d'oxigène, qui en peu de jours s'élève au moins à la moitié du volume de la bile. On sait aussi que la bile mêlée avec de l'acide sulfurique, de l'acide hydro-chlorique ou de l'acide acétique, n'acquiert une couleur verte, quand on l'expose à l'air, qu'au bout de quelques jours, et sans doute à mesure que la matière colorante s'oxide.

L'acide nitrique produit le même effet, mais d'une manière instantanée , ce qui dépend sans doute de ce qu'il fournit lui-même l'oxigène nécessaire pour opérer le changement de couleur. Toutes les espèces de biles , soit de mammifères ou d'oiseaux , soit de reptiles ou de poissons, que nous avons examinées sous ce rapport, se sont colorées, quand nous y versions peu à peu de l'acide nitrique, d'abord en vert, puis en bleu, ensuite en violet, enfin en rouge, et elles ont pris toutes ces teintes dans l'espace de quelques secondes lorsque nous ajoutions une suffisante quantité d'acide. Plus tard, au bout de quelques heures, ou, quand l'excès d'acide était plus considérable, en quelques minutes, la couleur rouge se détruisait et la liqueur devenait jaune. Ainsi la succession des teintes était la même que dans le caméléon minéral. Ce changement de couleur est d'autant plus beau que la bile est plus riche en matière colorante, et qu'elle contient moins de matière précipitable par l'acide nitrique. Cette circonstance nous a fait découvrir le principe colorant de la bile dans le sérum du sang, dans celui du chyle et dans l'urine des ictériques. Elle pourrait donc devenir importante sous le point de vue médical, puisqu'elle offre le moyen le plus sûr que nous possédions pour découvrir la présence de la bile.

Le chlore détermine bien un changement de couleur analogue à celui que produit l'acide nitrique, mais les teintes sont beaucoup moins vives. La couleur verte passe au rouge pâle sans devenir sensiblement bleue, et un peu plus de chlore occasione une décoloration totale, avec un trouble blanc.

Si l'on verse de la potasse dans de la bile de chien colorée en vert par l'acide nitrique, on obtient un liquide jaune-brunâtre tirant un peu sur le vert. La bile colorée en bleu ou en violet par l'acide nitrique donne une liqueur d'un vert jaunâtre pâle par la potasse en excès; l'addition de l'acide hydro-chlorique ou de l'acide sulfurique dans ces liqueurs alcalines rétablit les colorations produites par l'acide nitrique; et l'acide sulfurique, qui élève la température du liquide, accélère ainsi l'apparition de la couleur rouge. Que l'on verse, par exemple, dans de la bile de chien assez d'acide nitrique pour y faire naître une teinte bleue, qu'on la sature ensuite avec la potasse, puis qu'on y verse de l'acide sulfurique en quantité suffisante, on obtient un jeu de couleur qui rappelle celui de l'arc-en-ciel, c'est-à-dire qu'on aperçoit au-dessus de l'acide sulfurique incolore une couche d'un rouge rosé, plus haut une autre couche bleue, puis une verte, et enfin, tout-à-fait à la surface, une autre d'un vert jaunâtre.

La bile des animaux est diversement colorée suivant les espèces et les individus. Elle est ordinairement d'un brun jaunâtre et très-peu verte chez le chien, d'un vert brunâtre chez le bœuf, et la plupart du temps d'un vert d'émeraude très-vif et d'un vert de pré chez les oiseaux. Il est vraisemblable qu'on pourrait tirer de là des conclusions relatives à son plus ou moins d'alcalescence ou d'acidité, et au plus ou moins d'oxidation de son principe colorant.

4°. Nous avons examiné aussi un calcul biliaire de bœuf. Il était facile de le réduire en une poudre d'un rouge brun vif. Traité par l'alcool absolu bouillant, il colora en jaune très-pâle ce liquide, qui ne se chargea toutefois que d'une graisse un peu solide, qu'on ne put pas obtenir cristallisée. Quand on versa de l'ammoniaque sur le résidu, cet alcali prit une couleur un peu plus foncée ; il en résulta une liqueur qui était d'abord jaune, mais qui devint d'un vert de pré à l'air libre, se colora en rouge pâle par l'acide nitrique, et fut décolorée par le chlore.

La plus grande partie de la poudre était demeurée sans se dissoudre. En la faisant digérer long-temps avec de la potasse, elle se dissolvit complètement, à quelques flocons près de phosphate calcaire. La dissolution, d'abord d'un brun jaunâtre, devint également d'un brun verdâtre durant la nuit. Elle éprouva, par l'acide nitrique, les mêmes changemens de couleur que ceux dont il a été parlé plus haut. Par l'acide hydro-chlorique elle donna un précipité abondant de flocons d'un vert foncé, et quand ces flocons se furent entièrement déposés, le liquide surnageant, qui d'abord était encore vert, se montra coloré en jaune très-pâle. Quant aux flocons verts qui s'étaient précipités, on les fit sécher, puis on les traita par l'acide nitrique, avec lequel ils formèrent une dissolution d'un rouge pâle, qui ne tarda pas à devenir jaune. Ils se dissolvaient complètement dans l'acide hydrochlorique, auquel ils communiquaient une couleur verte d'émeraude. Cette dissolution hydro-chlorique ne se troublait

6

pas par l'addition de l'eau. Elle se colorait en jaune par l'ammoniaque, devenait rouge par l'acide nitrique, et était décolorée par le chlore. Les flocons se dissolvaient aussi très-facilement dans l'ammoniaque, qui prenait une teinte vert-pré. Nous pensons d'après cela que l'oxidation que la matière colorante de la bile éprouve de la part de l'air dans la dissolution alcaline, la rend soluble dans l'acide hydro-chlorique et dans l'ammoniaque.

Les expériences qui viennent d'être rapportées nous permettent de penser que le calcul biliaire dont nous avons fait l'analyse était de la matière colorante de la bile presque pure, accompagnée seulement d'une petite quantité de graisse et de sels calcaires, peut-être aussi d'un peu de mucus. Nous sommes tentés de placer cette matière colorante à côté de l'indigo, à cause de l'azote qu'elle contient.

Évaporation et incinération de la bile de bœuf. — 43,402 grammes de bile de bœuf fraîche furent évaporés au bain-marie dans un creuset garni d'une spatule, en les remuant souvent jusqu'à ce qu'ils ne perdissent plus rien de leur poids. Il resta un extrait jaune-brunâtre, solide et cassant, même à la chaleur, qui pesait 3,687 grammes ($= 8,49$ pour cent).

L'incinération ne put être opérée d'une manière complète qu'en ayant l'attention d'enlever, au moyen de l'eau, les sels entrés en fusion, de brûler le reste du charbon, d'évaporer la dissolution saline avec le reste de la cendre, et de faire rougir le tout. On obtint ainsi 0,517 grammes de cendre ($= 1,19$ pour cent de la bile fraîche, $= 14,02$ pour cent de la bile desséchée), qui était blanche et fondue. Sa portion soluble dans l'eau s'élevait à 0,493 grammes, et se composait d'une très-grande quantité de carbonate, d'une quantité médiocre de phosphate et de chlorure, et d'un peu de sulfate alcalin. L'alcali était de la soude, avec très-peu de potasse. La portion insoluble dans l'eau pesait 0,024 gr.; elle consistait en phosphate calcaire.

Résultats des expériences sur la bile de bœuf. — D'après les expériences qui viennent d'être décrites, nous admettons pour principes constituans de la bile de bœuf les substances suivantes :

1°. Un principe odorant, qui passe à la distillation ;

2°. La choline, ou graisse biliaire, ou cholestérine ;

3°. La résine biliaire ;

4°. L'asparagine biliaire ;

5°. Le picromel ;

6°. Une matière colorante ;

7°. Une matière très-azotée, faiblement soluble dans l'eau, insoluble dans l'alcool à froid, mais soluble dans ce réactif à chaud ;

8°. Une matière animale (gliadine?) insoluble dans l'eau, mais soluble dans l'alcool à chaud ;

9°. Une matière soluble dans l'eau et l'alcool, et précipitable par la teinture de noix de galle (osmazôme?);

10°. Une matière qui répand une odeur urineuse quand on la chauffe ;

11°. Une matière soluble dans l'eau, insoluble dans l'alcool, et précipitable par les acides (matière caséeuse, peut-être avec de la matière salivaire?);

12°. Du mucus ;

13°. Du bi-carbonate d'ammoniaque ;

14°—20°. Des margarate, oléate, acétate, cholate, bi-carbonate, phosphate et sulfate de soude (avec peu de potasse);

21°. Du chlorure de sodium ;

22°. Du phosphate de chaux ;

23°. De l'eau, qui s'élève à 91,51 pour cent.

§ II. BILE DU CHIEN. — La bile de chien que nous avons analysée était tantôt d'un brun jaunâtre foncé, tantôt d'un brun vert foncé; une seule fois nous la trouvâmes d'un vert de pré. Elle était transparente et légèrement filante. Elle contenait souvent beaucoup de flocons muqueux.

Les réactions d'une bile de chien d'un brun jaunâtre furent les suivantes :

Peu de chlore colorait la liqueur en vert ; un peu plus de chlore y faisait naître un léger trouble, et lui donnait une teinte bleue ; celle-ci persista plus de douze heures: au bout de ce laps de temps on ajouta encore du chlore, qui produisit d'abord une couleur rouge, et qui ensuite décolora complètement la liqueur, dans laquelle il resta un trouble blanc. L'acide sulfurique étendu ne détermina d'abord ni précipitation ni changement de couleur; mais, au bout de douze heures, la liqueur s'était colorée en vert de pré, et avait déposé des flocons d'un vert foncé. L'acide hydro-chlorique changea d'abord la couleur brune-jaunâtre de la bile en brun-rougeâtre, sans y susciter aucun trouble; mais, au bout de douze heures, il était survenu les mêmes changemens que ceux qui sont produits par l'acide sulfurique. (Compa ez à ce sujet ce que nous avons dit sur l'absorption du gaz oxigè e, à l'occasion de la matière colorante de la bile.) L'acide nitrique donna lieu sur-le-champ, sans provoquer aucun trouble, à une coloration en vert vif, puis en bleu, ensuite en rouge; cette dernière teinte se changea plus tard en jaune, avec un faible dégagement de gaz; au bout de douze heures, le mélange était devenu trouble, d'un blanc jaunâtre et un peu consistant. Le vinaigre distillé colora la bile en vert de pré pâle, sans aucune précipitation, dans l'espace de douze heures. Le chlorure d'étain produisit un magma peu épais, floconneux, d'abord jaune, mais qui devint vert d'émeraude au bout de quelques heures. L'acétate de plomb neutre donna lieu à une petite quantité de grands flocons transparens, d'un brun jaunâtre, qui ne subirent aucun changement pendant la nuit. Le sous-acétate de plomb fit naître un magma peu épais, jaune-brunâtre, qui devint vert-olive pendant la nuit: la liqueur était incolore.

Sulfate de fer: une petite quantité de petits flocons d'un jaune brunâtre. — Per-chlorure de fer: coagulum d'un vert de pré foncé, cohérent, floconneux: la liqueur resta verte. — Sulfate de cuivre: au commencement point d'effet; au bout de douze heures, une quantité médiocre de grands flocons d'un vert foncé: la liqueur était bleuâtre. — Protonitrate de mercure: une très-grande quantité de très-grands flocons d'un jaune brunâtre: la liqueur devint d'un bleu verdâtre foncé pendant la nuit. — Per-chlorure de mercure: une petite quantité de grands flocons d'un rouge brunâtre et transparens ; pendant la nuit, la liqueur déposa beaucoup de grands flocons qui s'attachèrent aux parois du vase, et la liqueur était d'un bleu verdâtre foncé. — Nitrate d'argent neutre : il ne produisit aucune réaction, pas même celles qu'aurait dû faire naître l'acide nitrique ; pendant la nuit seulement, il se manifesta un précipité peu considérable, d'un jaune brun, et adhérent au fond du vase : la liqueur demeura d'un brun jaunâtre. — Teinture de noix de galle : une petite quantité de petits flocons bruns, transparens, qui ne subirent aucun changement pendant la nuit. — La bile se comporta comme une substance neutre envers la teinture de tournesol rouge et bleue, même après avoir été évaporée à siccité et redissoute dans l'eau. Une quantité, à la vérité peu considérable, de cette même bile, qui fut chauffée avec de l'acide hydro-chlorique, ne laissa pas non plus dégager d'acide carbonique.

Analyse par l'alcool et l'acétate de plomb. — De la bile de chien évaporée jusqu'à consistance d'extrait, fut épuisée par de l'alcool chaud à 36° B.

I. La liqueur alcoolique ayant été filtrée, il s'en sépara, par le refroidissement, une matière verte foncée.

1. Ce précipité, recueilli sur un filtre, parut d'un brun verdâtre foncé, oléo-résineux, et se convertit, par la dessiccation, en une masse d'un noir verdâtre. Cette masse, exposée à la chaleur, se boursoufla et répandit une odeur animale. Elle se dissolvait dans l'alcool bouillant, donnant ainsi un fluide qui ne se troublait pas par le refroidissement, qui devint cependant trouble lorsqu'on y versa de la teinture de noix de galle tandis qu'il était encore chaud, et qui laissa déposer ensuite, en se refroidissant, une multitude de très-grands flocons d'un vert foncé.

2. Le reste de la liqueur alcoolique fut évaporé à siccité. Le résidu, traité par l'alcool absolu, s'y dissolvit presqu'en totalité.

A. Cette dernière solution laissa sur le filtre une petite quantité de matière résinoïde, d'un brun jaunâtre, dans laquelle la combustion fit reconnaître un mélange d'un peu de matière animale et de sulfate de soude.

B. La liqueur filtrée laissa, après l'évaporation, un résidu brunâtre et transparent, dans lequel on apercevait des parties grenues. Ce résidu se dissolvait complètement dans l'eau, et sa dissolution se comportait de la manière suivante avec les réactifs : L'acide hydro-chlorique en précipitait une petite quantité de flocons brunâtres ; l'acide nitrique y produisait le changement de couleur dont il a déjà été parlé plusieurs fois ; le sous-acétate de plomb neutre, un léger trouble ; le sous-acétate de plomb, un coagulum épais, brun foncé, semblable à une résine molle, et le fluide surnageant perdait sa couleur.

On partagea cette solution en deux portions qui furent traitées, l'une par l'acide hydro-chlorique, l'autre par le sous-acétate de plomb.

a. La portion dans laquelle on versa de l'acide hydrochlorique donna un précipité qui fut recueilli sur un filtre.

α. Le précipité se comportait comme de l'acide margarique, car il entrait en fusion bien au-dessous de 100° ; sa dissolution dans l'alcool chaud rougissait le tournesol, et donnait, par le refroidissement, des cristaux écailleux bien sensibles ; il se dissolvait aussi avec effervescence dans la solution aqueuse chaude de carbonate de potasse, et formait ainsi une liqueur limpide, de laquelle il se séparait du savon par le refroidissement.

β. La liqueur hydro-chlorique filtrée fut évaporée. Elle conserva son homogénéité dans le cours de l'opération, et ne donna pas de sédiment résinoïde : après l'évaporation complète, il resta une masse résinoïde d'un brun verdâtre, qui se dissolvait complètement dans l'alcool absolu. Par conséquent cette bile ne contenait pas d'asparagine.

b. La portion dans laquelle on avait versé du sous-acétate de plomb fut chauffée pendant quelque temps, afin de rendre la réunion du précipité plus intime ; puis elle fut séparée, par la décantation et le lavage, en portion liquide et portion solide. La première fut débarrassée du plomb par un courant de gaz acide hydro-sulfurique, filtrée et évaporée. Il resta une matière visqueuse, d'un brun jaunâtre, transparente, brillante. Sa dissolution dans l'eau donna encore un léger précipité par le sous-acétate de plomb. La liqueur séparée de ce précipité fut traitée par l'acide hydro-sulfurique et filtrée ; elle donna, après avoir été évaporée, du picromel pur, avec de l'acétate de soude, sous la forme d'une masse sillonnée, opaque et d'un blanc jaunâtre.

II. La portion de la bile insoluble dans l'alcool fut bouillie dans de l'eau.

1. On évapora la décoction aqueuse à siccité. Le résidu, traité par l'alcool, pour le dépouiller de toutes les parties solubles qu'il pouvait encore contenir, se trouva être une matière analogue à la matière salivaire, et qui se comporta de la manière suivante :

Dissoute dans l'eau, elle laissa quelques flocons devenus insolubles, qui répandaient l'odeur du pain grillé en brûlant. La dissolution, d'un vert jaunâtre pâle, ne produisait aucune réaction avec les acides minéraux, l'eau de chaux, l'alun, l'acétate de plomb neutre, le sulfate de cuivre, le per-chlorure de mercure, le nitrate d'argent et la teinture de noix de galle. Au contraire, elle donnait, par le chlorure d'étain, un abondant précipité de très-grands flocons d'un blanc brunâtre ; par le sous-acétate de plomb, un coagulum d'un blanc brunâtre ; par le sulfate et le per-chlorure de fer, une grande quantité de grands flocons brunâtres ; enfin par le proto-nitrate de mercure, une très-grande quantité de très-grands flocons blancs, qui devinrent d'un brun rougeâtre pendant la nuit.

2. La portion non soluble dans l'eau se présenta sous l'aspect d'un mucus gélatineux brun foncé, dont la cendre était composée de phosphate calcaire, avec un peu de sulfate de soude.

Traitement par l'éther. — De l'éther qui avait été agité avec de la bile évaporée à consistance sirupeuse, fut évaporé lui-même à siccité. Il laissa une masse d'un blanc jaunâtre, peu cristalline. La dissolution de cette substance dans l'alcool chaud déposa, par le refroidissement, des particules blanches qui, recueillies sur un filtre, se montrèrent sous la forme d'écailles brillantes, infusibles à 100°. Le reste de la dissolution alcoolique rougissait le tournesol. C'est ce qui porte à croire que l'éther avait enlevé non-seulement de la choline, mais encore de l'acide oléique.

Incinération. — La bile de chien exhala, lorsqu'on la fit chauffer, non-seulement l'odeur empyreumatique de celle du bœuf, mais en même temps l'odeur particulière du chien. La cendre était d'un blanc grisâtre. Sa portion soluble dans l'eau contenait une très-grande quantité de carbonate, de phosphate et de sulfate, avec très-peu de chlorure alcalin. Cet alcali était de la soude seule ; au moins le chlorure de platine ne fit-il naître aucun précipité, et les sels chauffés avec de l'acide sulfurique donnèrent, après avoir été dissous dans l'eau, de gros cristaux de sulfate de soude. La portion de cendre non soluble dans l'eau se composait de phosphate calcaire, sans mélange de carbonate.

Calcul biliaire d'un chien. — Nous trouvâmes, dans la vésicule biliaire d'un chien , indépendamment d'une bile épaisse et d'un grand nombre de flocons muqueux, des calculs biliaires sous la forme de grains bruns et anguleux, qu'on débarrassa du mucus qui y adhérait en les lavant dans l'eau. L'alcool, bouilli avec leur poudre, parut d'un jaune verdâtre après la filtration, et laissa, après avoir été évaporé, un résidu verdâtre peu considérable. La portion des calculs non soluble dans l'alcool était encore brune ; elle se dissolvit en grande partie et avec effervescence dans l'acide hydro-chlorique. Cette dissolution donnait quelques flocons par l'ammoniaque , puis un précipité très-abondant par l'oxalate de potasse , et ensuite rien absolument par la potasse pure. La portion insoluble dans l'acide hydro-chlorique était composée de flocons d'un vert brun foncé, qui, traités par la potasse, se réduisaient en partie en une liqueur jaune, dans laquelle l'acide hydro-chlorique faisait naître un trouble vert-bleuâtre. Par conséquent ces calculs contenaient principalement du carbonate de chaux, avec un peu de phosphate calcaire, de la matière colorante, et probablement un peu de graisse.

Résultats des analyses de la bile de chien. — La bile du chien contient, d'après ces expériences.

1°. Un principe odorant ;

2°. De la choline ;

3°. Probablement de la résine, en petite quantité toutefois ; ce qui fait qu'elle est précipitée peu abondamment par l'acétate de plomb neutre ;

4°. Du picromel ;

5°. Beaucoup de matière colorante ;

6°. Une matière qui se précipite de la dissolution alcoolique chaude par le refroidissement (gliadine ?) ;

7°. De la matière salivaire ou une matière analogue ;

8°. Du mucus. Il paraît que la bile ne contient qu'une très-petite quantité de cette substance en dissolution , puisqu'on n'y trouve pas du tout, ou du moins très-peu, de carbonate de soude ;

9°. Probablement du margarate et de l'oléate de potasse ;

10°. De l'acétate, du phosphate, du sulfate de soude et du chlorure de sodium ;

11°. Du phosphate de chaux.

§ III. Bile de l'homme. — Les expériences peu nombreuses que nous avons faites sur la bile humaine évaporée se réduisent aux suivantes :

Traitement par l'alcool et l'acétate de plomb. — La bile évaporée ne se dissolvait qu'en très-petite quantité dans l'alcool à chaud.

I. Le liquide alcoolique fut évaporé, et le résidu dissous dans l'eau. Comme l'acétate de plomb neutre ne troublait pas cette dissolution, on y versa du sous-acétate de plomb, qui fit naître un précipité abondant.

1. Le précipité fut délayé dans de l'eau, et décomposé par l'acide hydro-sulfurique. La liqueur séparée du sulfure de plomb par la filtration , donna , après avoir été évaporée , un précipité médiocre par l'acétate de plomb neutre. Le liquide séparé de ce précipité fut débarrassé du plomb par l'acide hydro-sulfurique et évaporé à siccité ; le résidu fut ensuite dissous dans l'eau. Cette dissolution, qui se troubla de nouveau par l'acétate de plomb neutre , fut traitée par lui et encore une fois par le sous-acétate de plomb, séparée du précipité, soumise à un courant d'acide hydro-sulfurique, filtrée et évaporée. Il resta du picromel, formant une masse blanche et sillonnée.

2. Le liquide qui surnageait le précipité produit par le sous-acétate de plomb donna, après qu'on y eut fait passer un courant de gaz acide hydro–sulfurique, qu'on l'eut filtré et qu'on l'eut fait évaporer, du picromel ayant le même aspect que le précédent, et mêlé d'acétate alcalin.

Le sulfure de plomb obtenu dans les diverses opérations entreprises sous les numéros 1 et 2, fut traité par l'alcool à chaud. La liqueur filtrée se troubla par le refroidissement, donna un précipité blanc abondant lorsqu'on y versa de l'eau, et laissa une résine brune et visqueuse après l'évaporation.

Traitement par l'éther. — De la bile humaine évaporée, puis étendue d'eau jusqu'à consistance sirupeuse, fut traitée à plusieurs reprises par l'éther. Le liquide éthéré, après avoir été décanté, était d'un jaune pâle ; on l'évapora, et il laissa une substance écailleuse d'un blanc jaunâtre. Cette substance, exprimée entre deux feuilles de papier joseph, abandonna une matière huileuse, qui rougissait le tournesol, et qui était vraisemblablement de l'acide oléique. Le reste, dissous dans l'alcool à chaud, donna, par une évaporation lente, des cristaux bien prononcés, qui se comportèrent comme de la choline.

D'après ces expériences, il a donc été trouvé dans la bile humaine de la choline, de la résine, du picromel et de l'acide oléique. La portion de la bile non soluble dans l'alcool contenait, indépendamment du mucus, une grande quantité d'une matière soluble dans l'eau. Il y avait, en outre, dans la bile de la matière colorante et sans contredit aussi plusieurs autres substances. Nous n'avons pas été à la recherche de l'asparagine biliaire.

SECTION II.

EXPÉRIENCES SUR L'ÉTAT DES ORGANES DE LA DIGESTION CHEZ LES ANIMAUX A JEUN.

§ I. Expériences sur des chiens. — *Expérience* 1re. Un chien de moyenne taille, qui n'avait rien mangé depuis quinze heures, fut assommé. A l'ouverture de la cavité abdominale, le mouvement péristaltique du canal intestinal parut très-faible et à peine sensible. Les contractions des intestins, qui se faisaient avec beaucoup de lenteur, n'étaient peut-être même causées que par l'impression irritante de l'air. L'estomac était tout-à-fait resserré sur lui même et vide. La face interne de la membrane muqueuse, garnie de gros plis, était humide. Mais la quantité de liquide était si faible que nous eûmes de la peine à en retirer quelques gouttes. Ce fluide était blanchâtre, presque limpide; il avait une saveur faiblement salée, et ne rougissait presque pas la teinture de tournesol. Quelques flocons d'un mucus visqueux et blanchâtre étaient attachés çà et là à la paroi interne de l'estomac.

L'intestin grêle, également resserré sur lui-même et contracté, ne contenait aucune trace de résidus d'alimens. La face interne de sa membrane villeuse était humectée par un mucus blanchâtre, consistant, pultacé, que la bile colorait un peu en jaune. Le gros intestin était vide aussi. On ne trouva dans le cœcum et le rectum qu'un peu de mucosité jaunâtre, qui filait entre les doigts. Le mucus du canal intestinal avait une saveur faiblement salée, et ne rougissait pas le tournesol d'une manière sensible.

La vésicule biliaire regorgeait d'une bile consistante, amère, filante et d'un brun foncé, comme il arrive toujours chez les animaux qui ont jeûné pendant long-temps. Le canal pancréatique ne contenait pas de liquide, et sa paroi interne était seulement humide.

On trouva dans le canal thoracique une petite quantité d'un liquide limpide, tirant un peu sur le jaunâtre, et faiblement salé, qui, exposé à l'air, se coagula en une masse gélatineuse.

Nous avons obtenu le même résultat sur quatre autres chiens, que nous avions fait jeûner pendant vingt-quatre et même pendant quarante-huit heures.

Expérience 2ᵉ. — *Sur un chien à qui l'on avait fait avaler des cailloux.* — Comme il nous était arrivé plusieurs fois, sur des chiens qui avaient été long-temps sans recevoir aucune nourriture, de trouver l'estomac tout-à-fait resserré sur lui-même, et contenant seulement quelques gouttes d'un suc gastrique liquide, avec des flocons muqueux d'un blanc grisâtre, transparens et filans entre les doigts, qui adhéraient aux parois du viscère, nous dûmes supposer qu'il ne se fait une sécrétion abondante de suc gastrique qu'à la suite des stimulations exercées sur l'estomac. En conséquence nous essayâmes d'abord d'irriter cet organe d'une manière mécanique, en y introduisant des corps durs. Un gros chien, qui n'avait pas obtenu d'alimens depuis dix-huit heures, fut forcé à avaler six cailloux siliceux bien lavés, qui avaient, pour la plupart, seize lignes de long, sur dix de large et huit d'épaisseur. Six heures et demie après, l'animal fut étranglé. On trouva une pierre dans les excrémens durs qui sortirent du rectum pendant la strangulation.

L'estomac était entièrement resserré sur lui-même. Il contenait un peu d'air, avec un liquide blanc-grisâtre, un peu trouble, en partie fluide, en partie mucilagineux, filant, et dont la quantité s'élevait de sept à dix grammes. On n'y trouva aucun des six cailloux. Ceux-ci devaient, en conséquence, avoir été chassés dans le duodénum, à travers le pylore, par les contractions des parois musculeuses de l'estomac. Le liquide que ce dernier renfermait avait une odeur un peu acide; sa saveur était faiblement salée, et il rougissait un peu la teinture de tournesol.

On trouva dans le duodénum un liquide mucilagineux jaunâtre. La portion suivante de l'intestin grêle contenait, dans l'étendue de plusieurs pieds, une matière consistante, blanchâtre, peu jaune, qui avait une couleur plus foncée vers la fin de l'intestin grêle. Le cœcum était rempli d'excrémens mous, et sa membrane muqueuse rougissait un peu la teinture de tournesol. Le rectum contenait du mucus mêlé de bile, avec une petite quantité d'air.

Il ne se trouva point de cailloux dans le canal intestinal. Ces corps étrangers étaient donc sortis par le rectum. En effet, lorsqu'on examina les excrémens du chien, dans sa bauge, on y découvrit les cinq autres pierres.

Expérience 3ᵉ. — Sur un chien à qui l'on avait fait avaler des morceaux de quartz blanc. — On fit avaler le matin, vers dix heures, huit morceaux de quartz blanc à un chien de moyenne taille, qui n'avait pas mangé depuis quatorze heures. Au bout d'une heure, cet animal fut tué.

L'œsophage, quand on le mit à découvert le long du cou et dans la poitrine, se resserra sur lui-même, dans le sens de sa longueur et dans celui de son diamètre transversal. Il était humecté, à sa face interne, par un peu de mucosité blanchâtre et transparente, qui ne rougissait pas le papier de tournesol.

L'estomac était tout-à-fait rétréci, et contenait un peu d'air, avec les sept plus gros cailloux. Un mucus gris-blanchâtre et filant adhérait à ses parois, et dans l'espace occupé par les pierres se trouvaient environ cinq grammes d'un liquide blanchâtre, limpide et presque aussi clair que de l'eau. Ce liquide avait une saveur faiblement salée, et rougissait le papier de tournesol avec beaucoup de force. On trouva, en outre, dans l'estomac un petit morceau de cuir provenant d'une semelle, qui était pénétré de suc gastrique et un peu ramolli. Le chien l'avait peut-être avalé déjà depuis plusieurs jours. Le liquide stomacal fut soumis à l'analyse chimique.

Le duodénum contenait abondamment un liquide muqueux, filant, jaune et mêlé de bile. Ce liquide avait une saveur amère, et rougissait le papier de tournesol. Treize pouces au-dessous du pylore, on rencontra le plus petit des cailloux que le chien avait avalés. Un mucus semblable, fluide, jaune et rougissant la teinture de tournesol, se trouvait dans le premier tiers de la portion de l'intestin grêle placée à la suite du duodénum. A-peu-près au commencement du second tiers, on rencontra dans ce liquide muqueux de petits flocons teints en vert, qui devenaient peu à peu de plus en plus volumineux en descendant. Ces flocons, qui paraissaient être composés de mucus biliaire', de résine biliaire et du principe colorant de la bile, contenaient quelques petits poils. Vers la fin du second tiers, le mucus, peu consistant et mêlé de bile, disparaissait tout-à-coup, ainsi que les flocons verts et consistans. La membrane muqueuse de l'intestin était seulement couverte d'une couche mince de matière très-consistante, d'un blanc rougeâtre pâle, qu'on parvenait à racler, avec le dos d'un couteau, sous la forme d'une bouillie. Le papier de tournesol était à peine rougi par elle d'une manière sensible. A la distance d'une palme et demie on trouva de nouveau, dans le dernier tiers, un mucus très-liquide et très-jaune, qui rougissait un peu la teinture de tournesol, et contenait de grands flocons verts et consistans. Quatre pouces avant la jonction de l'intestin grêle avec le gros, ce mucus disparaissait peu à peu, et la membrane muqueuse reparaissait couverte d'une matière d'un blanc rougeâtre pâle. Il paraît donc que la bile avait été versée à des époques différentes chez cet animal, et de là provenaient sans doute les différences qu'offrirent les liquides contenus dans l'intestin grêle. A l'endroit où la bile était entrée en contact avec la membrane muqueuse, celle-ci avait été excitée à sécréter abondamment un liquide muqueux peu épais, qui s'était mêlé avec elle.

Afin d'examiner le liquide contenu dans les petits amas glandulaires dont il existe chez le chien environ une vingtaine sur le bord libre de l'intestin, à plusieurs pouces de distance les uns des autres, on essuya la membrane muqueuse, pour la débarrasser du mucus intestinal liquide et coloré en jaune, et l'on exprima ensuite les amas de glandes. Il en sortit un liquide consistant et blanchâtre, sous la forme de petites gouttelettes. Ce liquide avait une saveur légèrement salée. Il ne parut pas altérer la couleur du papier de tournesol. Il différait évidemment du mucus peu épais contenu dans les intestins, et ne filait pas entre les doigts.

Le commencement du cœcum contenait un peu de matière verte, semblable à de la bouillie, et répandant une mauvaise odeur, qui rougissait le papier de tournesol. Il n'y avait aucune trace de cette matière dans l'extrémité arrondie de l'intestin, où l'on apercevait très-distinctement des glandules nombreuses, formant de petites élévations et pourvues chacune d'un petit orifice. La pression fit sortir de ces glandes un liquide blanc-grisâtre tirant un peu sur le rouge, dont la saveur était légèrement salée, et qui rougissait faiblement la teinture de tournesol.

On trouva, dans le gros intestin, une matière verte, semblable à de la bouillie, et d'une odeur fétide, dont la couleur ressemblait parfaitement à celle des petits flocons suspendus dans le mucus peu épais que contenaient la seconde et la troisième portion de l'intestin grêle. Cette matière était vraisemblablement composée du mucus, de la résine et du principe colorant de la bile, mêlés avec un mucus intestinal épais. On y découvrit quelques poils et de petites plumes que le chien avait sans doute avalés par hasard avec ses alimens. Cette matière pultacée rougissait un peu la teinture de tournesol. Dans le rectum, elle formait de petites masses très-consistantes et moulées.

La vésicule du fiel était remplie d'une bile d'un brun verdâtre tirant sur le jaune, qui filait entre les doigts.

Examen du suc gastrique. — Le suc gastrique fut évaporé à siccité au bain-marie.

1. Le produit de la distillation, sans excepter même les gouttes qui avaient passé en dernier lieu, et qui se trouvaient encore dans le col de la cornue, ne rougissait pas la teinture de tournesol, ne troublait point le nitrate d'argent, et ne colorait pas le per-chlorure de fer. Son odeur ressemblait, mais d'une manière éloignée, à celle du musc.

2. Le résidu que contenait la cornue fut dissous dans l'eau. Cette dissolution rougissait la teinture de tournesol avec autant de force que le suc gastrique entier.

Ce phénomène tenait à ce que l'acide libre était de nature

fixe, ou de ce que, quoique volatil, il se trouvait retenu par une matière animale. On évapora donc la dissolution jusqu'à siccité, et une partie du produit fut distillée à sec, tandis que l'autre fut incinérée. La distillation sèche fut faite dans un tube de verre. La liqueur aqueuse qu'elle fournit ne troublait pas sensiblement le nitrate d'argent. L'incinération donna une cendre entièrement soluble dans l'eau, qui n'exerçait aucune action ni sur la teinture de tournesol, ni sur le chlorure de calcium, qui troublait très-faiblement le chlorure de barium, mais qui faisait naître un précipité fort abondant dans le nitrate d'argent. En conséquence, l'acidité du suc gastrique n'était due ni à l'acide sulfurique, ni à l'acide phosphorique, mais à l'acétique ou à l'hydro-chlorique. Si la présence de ce dernier ne fut point remarquée dans la distillation sèche, il faut peut-être s'en prendre à ce qu'on ne consacra qu'une très-petite quantité de matière à cette opération.

Expérience 4ᵉ.—Sur un chien à qui l'on avait fait avaler des pierres calcaires. — Afin de savoir si le suc gastrique contenait de l'acide hydro-chlorique libre, on fit avaler à un chien de moyenne taille, qui jeûnait depuis trente-six heures, dix morceaux de pierre à chaux, auparavant bien lavés et dépouillés de leurs aspérités. On espérait que, s'il existait de l'acide hydro-chlorique libre, cet acide se combinerait avec la chaux.

Le chien fut tué au bout d'une heure et demie. Le liquide blanchâtre et muqueux qui humectait l'épiderme de la membrane muqueuse de l'œsophage, ne rougissait pas le papier de tournesol. L'estomac, resserré sur lui-même, contenait encore les dix pierres, avec environ dix grammes d'un suc gastrique gris-blanchâtre, presqu'aussi clair que de l'eau. Ce suc était composé de deux parties, l'une fluide, l'autre muqueuse, filante et adhérente à la membrane villeuse. Quelques flocons muqueux jaunâtres se trouvaient dans la portion pylorique de l'estomac. Un peu de bile avait passé du duodénum dans l'estomac, par le pylore; ce qu'il n'est pas rare de voir chez les animaux qui ont jeûné. Le suc gastrique ne rougissait que faiblement la teinture de tournesol, et, comme ce phénomène semblait annoncer que son acide avait été neutralisé, on le soumit à l'analyse chimique.

Le duodénum était rempli d'un mucus épais, coloré en jaune par de la bile. Un mucus semblable se trouvait aussi dans le premier tiers de l'intestin grêle. Dans le second tiers, il contenait de petits flocons verts, dont le nombre et la grandeur allaient toujours en croissant. Ces flocons étaient très-probablement composés du mucus, de la résine et du principe colorant de la bile. Le mucus épais, jaune et filant, dont il vient d'être parlé, rougissait le papier de tournesol.

Le mucus jaune et les flocons verts disparaissaient tout-à-coup dans le dernier tiers de l'intestin grêle, et il fut facile de reconnaître jusqu'à quelle distance la bile était parvenue. En cet endroit, la membrane villeuse était couverte d'une couche mince de mucus très-consistant, blanc-rougeâtre pâle, qui rougissait à peine le papier de tournesol.

Le cœcum contenait une petite quantité d'une masse verte, pultacée, qui rougissait le papier de tournesol. Le rectum était vide.

Examen du suc gastrique. — La portion fluide du suc gastrique fut séparée des flocons muqueux qu'elle contenait, par la filtration, qui s'opéra lentement, à cause de la viscosité de la liqueur. 7,69 grammes du liquide filtré, qui était très-peu trouble et d'un jaune brunâtre pâle, laissèrent 0,15 gr. (= 1,95 pour cent) de résidu sec. Celui-ci était d'un brun clair et opaque. Il se convertit rapidement, à l'air, en une liqueur d'un brun clair, mêlée de gros flocons. On versa dans cette liqueur un excès d'alcool, qui produisit un précipité fort abondant, floconneux et blanc ; le mélange fut chauffé et filtré.

I. La liqueur alcoolique filtrée, qui était d'un jaune pâle, laissa, après avoir été évaporée, une masse d'une brun pâle, cristalline sur les bords, qui, exposée à l'air, se transforma promptement, et tout entière, en un liquide sirupeux clair et d'un brun pâle.

Une partie de ce liquide sirupeux, traitée par les réactifs chimiques, se comporta de la manière suivante : Acide nitrique, chlore et per-chlorure de mercure : rien.—Chlorure d'étain : une très-grande quantité de très-grands flocons caséeux, d'un jaune grisâtre. — Acétate de plomb neutre et proto-nitrate de mercure : magma d'un jaune grisâtre, pas assez considérable pour épaissir complètement la liqueur. —Sous-acétate de plomb : magma très-épais, pultacé, jaune-grisâtre. — Per-chlorure de fer : trouble médiocre, liqueur d'un rouge jaunâtre. — Teinture de noix de galle : une très-grande quantité de petits flocons bruns.—Teinture de tournesol : forte coloration en rouge. — Oxalate de potasse : précipité abondant.

Une autre portion de l'extrait alcoolique fut brûlée. Elle se boursouffla légèrement, et répandit une odeur d'empyreume animal. La partie de la cendre soluble dans l'eau donna un précipité fort abondant par l'oxalate de potasse, et fit naître un trouble léger dans le chlorure de barium. La partie de cette même cendre insoluble dans l'eau, qui ne s'élevait qu'à une très-petite quantité, se dissolvait avec effervescence dans l'acide hydro-chlorique, et la dissolution donnait un faible précipité par l'ammoniaque, puis un autre beaucoup plus abondant par l'oxalate de potasse.

En conséquence l'extrait alcoolique contenait une matière animale (osmazôme), un acide libre, sans doute l'acétique, de l'acétate de chaux qui s'était converti en carbonate dans l'incinération, une très-grande quantité de chlorure de calcium, peu de sulfate et de phosphate de chaux, et vraisemblablement aussi du chlorure de sodium.

II. La masse, épuisée par l'alcool, fut bouillie avec de l'eau.

1. La décoction aqueuse laissa, après avoir été évaporée, un faible résidu, qui ne faisait qu'un tiers environ de l'extrait alcoolique, et qui consistait presqu'entièrement en cristaux incolores et diaphanes, accompagnés d'une très-petite quantité de matière jaune, semblable à de la gomme. Comme cette masse, dissoute dans l'eau, laissait quelques flocons, on filtra. La liqueur claire et d'un jaune pâle qui passa se comporta de la manière suivante avec les réactifs.—Chlore, acide nitrique, per-chlorure de fer, per-chlorure de mercure, vinaigre : rien. — Chlorure d'étain : une grande quan-

tité de grands flocons blancs. — Proto-nitrate de mercure :
une grande quantité de grands flocons blancs, solubles dans
un excès d'acide nitrique.—Acétate de plomb neutre : trouble
très-considérable. — Nitrate d'argent : trouble médiocre. —
Teinture de noix de galle : trouble médiocre, disparaissant
par un excès de teinture. ·

La masse était en trop petite quantité pour qu'il fût possible de l'incinérer. Cependant on peut conclure des expériences précédentes que l'extrait aqueux contenait une matière animale (matière salivaire) avec quelques sels.

2. La masse, épuisée par l'alcool et par l'eau, consistait en
une pellicule brunâtre et cassante.

Il suit des expériences dont on vient de lire les détails que
le fluide gastrique contenait :

1°. Une matière animale soluble dans l'alcool (osmazôme) ;

2°. Une matière animale insoluble dans l'alcool, mais soluble dans l'eau (matière salivaire) ;

3°. De l'albumine ou du mucus ;

4°. De l'acide acétique libre ;

5°. Du chlorure de sodium ;

6°. Une petite quantité d'acétate de soude ;

7°. Une très-grande quantité de chlorure de calcium ;

8°. Une très-petite quantité de sulfate et de phosphate de
chaux.

Le chlorure de calcium avait été produit indubitablement
par la combinaison de l'acide hydro-chlorique du suc gastrique avec la chaux des pierres avalées par le chien.

Exp. 5e. — *Sur l'influence du poivre sur la sécrétion du
suc gastrique.*—On donna à un gros dogue, qui depuis vingt-
quatre heures n'avait pris ni alimens ni boissons , sept
grammes de poivre grossièrement concassé et incorporé dans
un petit morceau de beurre frais. L'animal avala ce mélange
avec avidité. On l'étrangla une demi-heure après.

L'estomac était resserré, et contenait un peu d'air. Le
beurre était fondu par la chaleur. La plus grande partie du
poivre adhérait, avec quelques flocons muqueux blancs, à la
membrane interne de l'estomac, qui était fortement plissée et
rouge. On reçut dans un vase les fluides que contenait le vis-

cère. Un liquide blanc-grisâtre et un peu trouble occupa le fond de ce vase, surnagé par le beurre fondu, qui ne tarda pas à se solidifier. Le liquide, ou le suc gastrique, fut alors transvasé dans un autre vaisseau. Sa quantité s'élevait à environ dix grammes. Il avait une saveur faiblement salée, et une odeur légèrement acide. Il rougissait avec force la teinture de tournesol. On en versa un peu dans du lait chaud, qui se coagula, sans donner toutefois un coagulum aussi parfait que celui qu'on obtient par le moyen de la présure.

Le suc gastrique fut filtré. Après la filtration, il était d'un jaune très-pâle, avec une légère teinte opaline. On en distilla une portion à sec.

1. Le produit de la distillation, qui rougissait le tournesol, fut saturé avec l'oxide de plomb, filtré et évaporé. Une pellicule blanche se forma à sa surface. Le résidu, qui était très-faible, ayant été arrosé d'acide sulfurique, répandit une forte odeur d'acide acétique seulement, et non d'acide butyrique. On ne s'attacha point à rechercher s'il contenait de l'acide hydro-chlorique.

2. Le résidu contenu dans la cornue était d'un brun pâle, transparent, et rougissait également le tournesol avec force. On le neutralisa avec de la potasse, on évapora la liqueur à siccité, et on traita le reste par l'alcool absolu. La teinture alcoolique, évaporée elle-même ensuite, laissa une masse jaune-brunâtre, transparente, qui, par l'acide phosphorique, dégagea une matière d'odeur aigre et légèrement animale, produisant un nuage de vapeur lorsqu'on lui présentait de l'ammoniaque.

Le duodénum contenait un liquide trouble, uniformément muqueux, mêlé avec un peu de poivre, ayant la consistance et la couleur du miel. Ce liquide, agité avec de l'eau et filtré, donna une liqueur d'un jaune très-pâle, avec une faible teinte opaline.

On trouva, dans le premier tiers de l'intestin grêle, un liquide semblable, qui cependant était écumeux, et avait une teinte un peu plus jaune. Ce liquide, agité avec de l'eau et filtré, donna une liqueur jaune de citron, ayant une teinte opaline un peu plus prononcée que celle de la précédente.

Le second tiers de l'intestin grêle renfermait un mélange un peu plus fluide de grandes masses muqueuses, brunes-jaunâtres, et d'un liquide brun. Ce mélange, agité avec de l'eau et filtré, donna une liqueur d'un jaune brunâtre, dont la teinte opaline ressemblait à celle de la précédente.

Le contenu du dernier tiers de l'intestin grêle était d'un brun jaunâtre foncé, un peu plus fluide encore que celui du second, mêlé de flocons muqueux plus foncés, et écumeux. Agité avec de l'eau et filtré, il donna une liqueur d'un jaune brunâtre, comme la précédente, mais claire.

Il y avait dans le cœcum une masse consistante, composée de muçus et de fibres, avec une petite quantité de liqueur brune, écumeuse. Cette dernière rougissait faiblement la teinture de tournesol. Après avoir agité ce mélange dans l'eau et l'avoir filtré, on obtint une liqueur d'un jaune brunâtre foncé et un peu trouble.

Le rectum contenait des excrémens secs.

La vésicule du fiel était remplie d'une bile épaisse.

On ne trouva dans le canal thoracique qu'une petite quantité d'un liquide clair, transparent et tirant sur le jaunâtre.

Mucus intestinal. — En raclant les parois de l'intestin grêle, on se procura une matière opaque, floconneuse et muqueuse, en partie blanchâtre, en partie aussi rougeâtre et jaunâtre. Cette matière fut purifiée par plusieurs lavages successifs à l'eau froide, et l'on parvint ainsi à lui donner une couleur assez blanche, sans toutefois la rendre transparente. On la partagea en sept portions, dont chacune fut digérée à froid pendant trois jours avec les liqueurs suivantes.

1°. *Acide sulfurique très-faible.* Les flocons passèrent à l'état de coagulum ; la liqueur devint trouble et blanchâtre ; elle resta même trouble après avoir été filtrée. Elle fut précipitée abondamment par la teinture de noix de galle, et ne donna aucun précipité par le cyanure de fer et de potassium, l'acétate de soude, le per-chlorure de mercure, celui de fer et le sulfate de cuivre. La portion qui n'avait pas été dissoute fut lavée à l'eau froide et mise en digestion avec de l'eau chaude ; elle resta en grande partie sous la forme de flocons blancs, un peu gonflés, mais agglutinés les uns aux autres. L'eau qui les surnageait, quoique limpide et incolore, contenait un peu de matière animale ; elle se troublait d'une manière sensible par la teinture de noix de galle, et très-peu par le cyanure de fer et de potassium.

2°. *Acide hydro-chlorique très-faible.* Le résidu non dissous et la liqueur avaient le même aspect que dans l'expérience précédente. Le liquide un peu trouble obtenu par la filtration se comportait de même avec les réactifs, à cela près seulement qu'il faisait naître aussi un léger trouble dans le per-chlorure de mercure. La matière non dissoute, traitée comme ci-dessus, par l'eau froide et chaude, laissa des flocons blancs, déliés et séparés, tandis que l'eau se troubla très-fortement par la teinture de noix de galle, et un peu plus faiblement par le cyanure de potassium et de fer.

3°. *Acide nitrique très-faible.* Les flocons étaient médiocrement coagulés et d'un blanc jaunâtre. La liqueur claire se comportait avec les réactifs comme celle de l'expérience avec l'acide sulfurique. La matière non dissoute, traitée par l'eau froide et chaude, se montra jaune et très-ferme, tandis que la liqueur qui surnageait se troubla très-faiblement par la teinture de noix de galle, et ne se troubla pas du tout par le cyanure de potassium et de fer.

4°. *Vinaigre distillé.* Les flocons étaient médiocrement adhérens les uns aux autres et d'un blanc jaunâtre. La liqueur était trouble. Le produit de la filtration, qui était peu trouble, précipita la teinture de noix de galle abondamment en blanc brunâtre, et le cyanure de potassium et de fer en blanc jaunâtre. Il troublait faiblement le per-chlorure de mercure, sans agir sur celui de fer, ni sur le sulfate de cuivre. La matière non dissoute ayant été bouillie avec de nouveau vinaigre, elle se convertit en une masse cohérente, d'un blanc brunâtre ; la liqueur, qui était d'un jaune pâle, se troubla fortement par la teinture de noix de galle, ainsi que par le cyanure de potassium et de fer.

5°. *Dissolution peu concentrée d'acétate de soude dans l'eau.* Le mucus, divisé en molécules fines, occupait le fond du vase. La liqueur resta trouble après avoir été filtrée. Elle était faiblement alcaline, peut-être à cause d'un commencement de décomposition. Elle se troubla légèrement quand on la neutralisa avec le vinaigre, mais donna des précipités plus abondans quand on la sursatura de vinaigre, d'acide nitrique et d'acide hydro-chlorique, de même que quand on y versa de la teinture de noix de galle.

6°. *Ammoniaque très-faible.* La moitié environ du mucus resta sans se dissoudre, formant des flocons très-divisés au fond du vase. La liqueur trouble qui surnageait donna des flocons blancs par l'addition du vinaigre, de l'acide nitrique et de l'acide hydro-chlorique. Après avoir été évaporée à siccité et réduite en cendre, elle laissa du phosphate de chaux.

7°: *Potasse très-faible.* Le mucus se dissolvit en une liqueur trouble, dans laquelle on n'apercevait que très-peu de petits flocons, et qui précipita des flocons blancs lorsqu'on la sursatura d'acide.

D'après ces expériences, le mucus intestinal a beaucoup d'analogie avec l'albumine coagulée : seulement sa solubilité est moins grande. Peut-être n'en est-il qu'une modification.

RÉACTIFS.	ESTOMAC.	DUODÉNUM.	INTESTIN GRÊLE. premier tiers.	second tiers.	dernier tiers.	COECUM.	RECTUM.
Ebullition	.......o.......	Très-petite quantité de flocons blancs.	Trouble médiocre.	Trouble léger.	Grands flocons bruns.	Trouble très-considérable.	Trouble très-léger.
Acide hydro-chlorique	.......o.......	Grande quantité de flocons blancs.	Grands flocons, d'abord d'un blanc jaunâtre, puis d'un blanc rougeâtre.	Très-grands flocons, d'abord d'un blanc jaunâtre, puis d'un blanc verdâtre.	Très-grande quantité de flocons, d'abord brunâtres, puis rougeâtres.	Très-grande quantité de flocons, d'abord brunâtres, ensuite d'un vert sale.	Trouble très-léger, brunâtre.
Acide nitrique	.......o.......	Grande quantité de flocons blancs.	Grande quantité de flocons blancs; liqueur verdâtre.	Grande quantité de flocons blancs; liqueur verdâtre.	Trouble médiocre.	Trouble léger.	Trouble considérable, blanc.
Nitrate de plomb (1)	Trouble très-léger.	Grande quantité de flocons blancs.	Très-grande quantité de grands flocons d'un blanc jaunâtre.	Très-grande quantité de très-grands flocons jaunes.	Petite quantité de grands flocons d'un blanc jaunâtre.	Grande quantité de grands flocons d'un blanc brunâtre.	Grande quantité de grands flocons d'un blanc jaunâtre.
Per-chlorure de fer	....	Grande quantité de gr. flocons d'un blanc brunâtre.	Très-grande quantité de grands flocons d'un blanc brunâtre.	Très-grande quantité de grands flocons d'un blanc brunâtre.	Très-petite quantité de petits flocons d'un brun pâle.	Très-grande quantité de grands flocons d'un jaune brunâtre.	Grande quantité de flocons médiocres d'un blanc jaunâtre.
Cyanure de fer et de potassium.	o	o	o	o	o	o	o
Sulfate de cuivre	.......o.......	Trouble médiocre d'un blanc brunâtre.	Grands flocons verdâtres.	Grands flocons verdâtres.	Trouble léger, jaunâtre.	Grande quantité de grands flocons.	Grande quantité de grands flocons d'un blanc brunâtre.
Proto-nitrate de mercure (2)	Grande quantité de gr. flocons blancs.	Grande quantité de grands flocons d'un blanc jaunâtre et grisâtre.	Très-grande quantité de grands flocons d'un blanc brunâtre et grisâtre.	Très-grande quantité de grands flocons d'un blanc brunâtre et grisâtre.	Grande quantité de grands flocons d'un blanc brunâtre et rougeâtre.	Grande quantité de grands flocons d'un gris jaunâtre.	Grande quantité de grands flocons d'un blanc jaunâtre.
Per-chlorure de mercure	.......o.......	Grande quantité de flocons blancs.	Grande quantité de flocons blancs.	Quantité médiocre de flocons jaunâtres.	Quantité médiocre de flocons d'un blanc rouge-brunâtre.	Grande quantité de flocons jaunes.	Trouble léger brunâtre.
Alcool	Trouble léger.	Trouble léger.	Trouble léger.	Trouble léger.	Trouble léger.	Trouble léger.	Trouble léger.
Vinaigre distillé	.......o.......	Trouble considérable, blanc.	Grande quantité de flocons d'un jaune pâle.	Grande quantité de flocons d'un jaune orangé pâle.	o	Grande quantité de flocons d'un jaune brunâtre.	Trouble considérable, blanc.
Teinture de noix de galle	Trouble médiocre.	Grande quantité de flocons blancs.	Très-grande quantité de flocons d'un blanc jaunâtre.	Très-grande quantité de flocons d'un blanc jaunâtre.	Très-grande quantité de flocons d'un blanc brunâtre.	Très-grande quantité de flocons d'un blanc brunâtre.	Grande quantité de flocons d'un blanc brunâtre.
Teinture de tournesol	Coloration médiocre en rouge.	o	o	o	o	Très-légère coloration en rouge.	o

(1) Les précipités produits par le nitrate de plomb n'étaient pas solubles dans le vinaigre.
(2) Les précipités produits par le nitrate de mercure se dissolvaient en partie dans le vinaigre.

§ II. Expériences sur des chevaux. — *Exp.* 6e. — *Sur un cheval qui était à jeun.* — Voulant examiner le suc gastrique et les sucs intestinaux dans l'état de vacuité du canal alimentaire, nous laissâmes, pendant trente heures, sans nourriture un cheval âgé, mais bien portant. On le tua ensuite d'un coup de couteau au défaut de l'épaule.

A. L'estomac était tout-à-fait contracté sur lui-même, et comme divisé en deux moitiés par le resserrement de sa partie moyenne. Il contenait environ cent douze grammes de liquide. Sa surface interne nous présenta une différence que d'autres anatomistes ont également observée. La portion cardiaque était pourvue d'un épiderme blanchâtre, semblable à celui qu'on trouve dans l'œsophage. Cet épiderme se terminait, à la partie moyenne de l'estomac, par un bord légèrement saillant et onduleux. Venait ensuite une véritable membrane villeuse, très-riche en vaisseaux, molle et pourvue de nombreuses glandules mucipares, qui tapissait la seconde moitié de l'estomac. Ainsi l'estomac du cheval est partagé en deux moitiés par la disposition ou la structure de sa membrane interne.

Le liquide contenu dans ce viscère était d'un jaune très-pâle et peu trouble, de manière qu'il passait assez facilement à travers le filtre. Il avait une odeur fortement animale et point acide. Il contenait quelques flocons de mucus opaque d'un blanc jaunâtre sale. Il ne rougissait presque pas la teinture de tournesol. La liqueur qu'on en obtint, après l'avoir filtré, avait une pesanteur spécifique de 1,0057 ; elle était d'un jaune extrêmement pâle, et légèrement trouble ; elle se couvrit d'une mince pellicule. Une partie de cette liqueur fut essayée par les réactifs, et l'autre consacrée à la distillation, à l'analyse et à l'incinération.

B. Le duodénum contenait un liquide épais et visqueux, d'une odeur fortement animale, qui, par le repos, se partageait en deux couches à-peu-près égales. La couche inférieure consistait en un mucus jaune et transparent ; la supérieure était une liqueur d'un jaune brunâtre. Cette dernière, après avoir été filtrée, était d'un jaune brunâtre et très-peu trouble ; elle se couvrit d'une mince pellicule ; sa saveur était amère, et sa pesanteur spécifique de 1,0192. Une portion fut essayée par les réactifs (TABLE I), l'autre analysée par la voie humide et par la voie sèche.

C. On trouva, dans le premier tiers du reste de l'intestin grêle, un liquide d'un jaune brunâtre, trouble, extrêmement visqueux, ayant la même odeur que celui de l'estomac. Outre un mucus blanc, épais et peu transparent, et une petite quantité d'un fluide aqueux, ce liquide était formé presqu'en totalité d'une matière mucilagineuse, jaune, transparente, semblable à du blanc d'œuf et cohérente, qui faisait que quand on voulait puiser un peu de la masse totale, celle-ci refluait dans le vase, de sorte qu'on n'en pouvait obtenir qu'un peu de liquide aqueux. Nous trouvâmes aussi une matière semblable dans l'intestin grêle d'un autre cheval (*Exp.* 8ᵉ), à l'occasion duquel nous la décrirons plus amplement. Le produit de la filtration du liquide fourni par toute cette portion de l'intestin avait la couleur du per-chlorure de fer étendu d'eau. Il était clair, et bientôt après il se couvrit d'une mince pellicule. Sa pesanteur spécifique était de 1,0155. On le consacra aux mêmes usages que celui du liquide recueilli dans le duodénum.

D. Le contenu du second tiers de l'intestin grêle consistait : 1°. en une liqueur d'un jaune brunâtre, peu trouble, un peu plus épaisse que celle de l'estomac, et ayant la même odeur qu'elle ; 2°. en grandes masses muqueuses blanches et translucides, qui se déposaient au fond du vase par le repos. La liqueur filtrée avait la même couleur que celle de la seconde portion de l'intestin grêle, un peu plus foncée seulement. Elle était parfaitement limpide, et se couvrait également d'une pellicule mince. Sa pesanteur spécifique s'élevait à 1,01167. On la soumit aux mêmes épreuves que la liqueur du duodénum.

E. Le dernier tiers de l'intestin grêle contenait : 1°. un liquide d'un brun jaunâtre, peu trouble et peu visqueux, qui exhalait une odeur plus forte et plus désagréable que celle de la liqueur stomacale, mais qui n'avait point encore l'odeur excrémentitielle ; 2°. des masses muqueuses blanches et opaques, qui se déposaient au fond du vase. La liqueur filtrée était d'un brun jaunâtre et limpide. Elle se couvrait aussi d'une pellicule. Sa pesanteur spécifique était de 1,0123. On la soumit aux mêmes essais que la précédente.

F. Le cœcum contenait : 1°. un liquide vert-d'olive, peu trouble, et non-sensiblement visqueux, dont l'odeur était parfaitement excrémentitielle ; 2°. de la paille et d'autres substances fibreuses, débris des alimens pris antérieurement, sans aucune trace de flocons muqueux. Ce mélange formait un dépôt dans la liqueur. Celle-ci ayant été filtrée, était d'un brun pâle et trouble. Elle se couvrait d'une pellicule. Sa pesanteur spécifique était de 1,0126. On la traita de même que celle du duodénum.

G. Le colon contenait : 1°. un liquide brun, peu trouble, beaucoup plus visqueux que celui du cœcum, mais infiniment moins que celui du second tiers de l'intestin grêle, et d'une odeur excrémentitielle ; 2°. un dépôt composé de flocons muqueux, blancs et transparens, et d'une petite quantité de particules fibreuses. La liqueur filtrée avait la couleur et la limpidité de celle de la première portion de l'intestin grêle. Elle se couvrit également d'une pellicule. Sa pesanteur spécifique était de 1,01215. On la soumit aux mêmes épreuves que celle du duodénum.

H. Il y avait, dans le canal thoracique, une lymphe d'un rouge pâle, qui se coagula très-promptement. On trouva un fluide tout-à-fait semblable dans les vaisseaux lymphatiques qui sortaient de la rate et qui allaient gagner le canal thoracique.

Le liquide recueilli dans ce dernier et coagulé ayant été mis dans un entonnoir dont l'ouverture était rétrécie par un tube de verre, et le coagulum étant remué souvent, 49,53 grammes se partagèrent, dans l'espace de quelques heures, en

Caillot frais. . . . . 2,80 = 5,65 pour cent. ;
Sérum frais. . . . . 46,50 = 93,89 ;
Perte par l'évaporation 0,23 = 0,46.

En faisant dessécher le caillot et le sérum frais , on obtint :

Caillot frais.. 0,87 = 1,75 pour cent.
Sérum sec... 2,88 = 5,82 ;
Eau........ 45,78 = 92,43.

Rapport du caillot sec au sérum sec = 23,2 : 76,8 ;
Rapport du caillot sec au caillot frais = 31,1 : 100 ;
Rapport du sérum sec au caillot frais = 6,2 : 100.

a. Après avoir été desséché, le caillot était d'un brun rouge-noirâtre. En le regardant à travers jour, il avait une teinte rouge-brunâtre. On le fit bouillir, après l'avoir broyé, avec de l'alcool à 36 degrés B. La liqueur que l'on obtint fut filtrée ; elle était d'un rouge jaunâtre. Ayant été évaporée, elle laissa un résidu brun-noirâtre, qui, bouilli avec de l'alcool absolu , forma , en se dissolvant partiellement, un liquide brun-rougeâtre. Ce dernier laissa déposer par le refroidissement des flocons d'un brun noirâtre (de cruor, de gliadine et de graisse ?) , puis une pellicule blanchâtre. En brûlant ces précipités, recueillis sur un filtre de papier, il se fit sentir une odeur animale accompagnée d'une odeur de graisse bien distincte. Le portion du résidu noirâtre insoluble dans l'alcool absolu fut bouillie avec de l'alcool ordinaire , et donna une dissolution d'un brun jaunâtre, qui précipita abondamment par la teinture de noix de galle.

b. Le sérum, après avoir été évaporé, représentait une pellicule d'un jaune brunâtre , transparente , élastique et semblable à de la corne. On en consacra 60 grammes à l'analyse chimique. Cette portion fut réduite en petits morceaux, et bouillie à plusieurs reprises, tant avec de l'alcool ordinaire qu'avec de l'alcool absolu.

I. La liqueur alcoolique filtrée était d'un jaune très-pâle. Elle se troubla très-peu par le refroidissement , et déposa quelques petits flocons de graisse blancs. Soumise à l'évaporation, elle laissa 0,22 grammes de résidu. Celui-ci, traité par l'eau , se dissolvait à moitié environ.

1. La portion insoluble dans l'eau consistait en des flocons de graisse blancs.

2. La solution aqueuse était d'un jaune très-pâle. Elle se comporta de la manière suivante avec les réactifs.

Chlore, acide hydro-chlorique, acide nitrique, alun, sulfate de fer, sulfate de cuivre et per-chlorure de fer : trouble très-léger. — Chlorure d'étain, acétate de plomb neutre, et proto-nitrate de mercure : une très-grande quantité de très-grands flocons caséeux blancs. — Teinture de noix de galle : trouble considérable d'un blanc brunâtre. — Teinture de tournesol : rien. — Per-chlorure de mercure : rien.

On évapora le reste de la solution aqueuse, et l'on brûla le résidu. Il répandit une légère odeur d'empyreume, et laissa beaucoup de cendre fondue blanche, qui contenait beaucoup de chlorure, une assez grande quantité de sulfate, peu de carbonate, et point de phosphate alcalin.

II. Le sérum, épuisé par l'alcool, fut bouilli avec de l'eau, ce qui rendit la masse moins serrée, plus gonflée et plus translucide.

1. La décoction aqueuse était d'un jaune très-pâle. Evaporée, elle devint d'un jaune brunâtre, et laissa 0,10 grammes d'un extrait brun-jaunâtre, dont la solution aqueuse fut précipitée abondamment par la teinture de noix de galle.

2. La masse, épuisée par l'alcool et l'eau, pesait, après la dissolution, 1,25 grammes. Elle était d'un jaune brunâtre, translucide et cassante. Elle donna 0,02 grammes d'une cendre d'un gris brunâtre et très-meuble, à laquelle l'eau enleva du chlorure, du carbonate et du sulfate, mais point de phosphate alcalin. La portion de cette cendre insoluble dans l'eau contenait du phosphate et du carbonate de chaux, à parties égales environ.

Ainsi le sérum, évaporé à siccité, contenait :

	dans 1,60 grammes	dans 100
Parties solubles dans l'alcool (osmazôme et sels)..................	0,22 ———	13,7
Parties solubles dans l'eau et non dans l'alcool.................	0,10 ———	6,2
Albumine coagulée..............	1,25 ———	78,1
	1,57 ———	98,0

Distillation du suc gastrique. — On mit 112 grammes de suc gastrique filtré dans une cornue, et on les exposa à la chaleur du bain-marie, jusqu'à ce que les deux tiers environ du liquide eussent passé dans le récipient.

Le produit de cette distillation était incolore et clair. Il avait une odeur faiblement animale, mais point désagréable, rappelant celle des excrémens de la martre. Il ne rougissait pas la teinture bleue de tournesol, et ne colorait point non plus la rouge en bleu. Il n'exerçait aucune action sur la teinture de noix de galle, et ne troublait pas la solution d'argent. On remarqua seulement qu'au bout de quatre heures, le mélange prit une teinte rose, sans se troubler.

I. On mêla une partie de ce produit avec de l'eau de baryte, et l'on évapora le tout. Le résidu avait une odeur très-faible. Mêlé avec de l'acide sulfurique affaibli, il exhala une odeur sensiblement acide et en même temps un peu animale. Un bouchon imprégné d'ammoniaque, qu'on en approcha, fit naître des vapeurs blanches bien distinctes.

II. Une autre portion du produit de la distillation fut évaporée presqu'à siccité, avec deux gouttes d'acide sulfurique. Le résidu avait une odeur particulière, semblable à celle que l'acide sulfurique développe lorsqu'on le mêle avec les différens fluides du canal intestinal. Quand on y versa de la potasse, il se dégagea de l'ammoniaque, reconnaissable tant à son odeur qu'aux vapeurs épaisses qui se manifestèrent à l'approche d'un bouchon imprégné d'acide hydro-chlorique.

Il résulte de là que ce produit paraissait contenir une petite quantité d'acétate d'ammoniaque.

Mucus intestinal. — Le mucus trouvé dans l'estomac, le duodénum, les trois tiers de l'intestin grêle et le colon, fut lavé, à plusieurs reprises, avec de l'eau froide. Ensuite on le fit digérer pendant huit jours : 1°. avec un mélange d'une partie d'acide sulfurique et de six parties d'eau; 2°. avec de l'acide hydro-chlorique; 3°. avec du vinaigre distillé; 4°. avec de la potasse très-affaiblie. Voici quels furent les résultats.

1°. *Acide sulfurique affaibli.* L'acide qui surnageait fut

troublé fortement par la teinture de noix de galle. Le trouble le plus considérable fut celui qui se manifesta dans la liqueur mise en digestion avec le mucus stomacal. Le résidu muqueux, qui était divisé et meuble dans les portions provenant de l'estomac, du duodénum, du dernier tiers de l'intestin grêle et du colon, cohérent, au contraire, dans celles fournies par les deux premiers tiers de l'intestin grêle, ce résidu ayant été débarrassé, par la décantation, de l'acide qui le surnageait, et digéré ensuite, pendant deux jours, avec de l'eau chaude, donna une liqueur qui se troubla médiocrement par la teinture de noix de galle.

2°. *Acide hydro-chlorique affaibli*. La liqueur acide qui surnageait le mucus de l'estomac était incolore, tandis que celles qui couvraient les mucus du duodénum, des trois tiers de l'intestin grêle et du colon, avaient une teinte rouge très-pâle, due peut-être au principe colorant altéré de la bile. Toutes ces liqueurs furent fortement troublées et même précipitées en partie par la teinture de noix de galle. Partout, si l'on excepte cependant la portion provenant de l'estomac, le mucus était ramassé en un caillot arrondi. Après avoir décanté l'acide qui surnageait, on fit chauffer ces divers mucus avec de l'eau pendant un jour entier. Avec celui de l'estomac et du duodénum, l'eau devint jaunâtre; ceux des deux premiers tiers de l'intestin grêle ne lui communiquèrent point de couleur; ceux enfin du dernier tiers de l'intestin grêle et du colon lui donnèrent une teinte rouge pâle. Tous ces liquides se troublèrent autant et même plus fortement encore que les liqueurs acides, par la teinture de noix de galle.

3°. *Vinaigre distillé*. La liqueur acide qui surnageait le mucus de l'estomac était incolore, tandis que celles qui couvraient les mucus du duodénum, des trois tiers de l'intestin grêle et du colon étaient d'un rouge pâle. Toutes ne furent troublées que faiblement par la teinture de noix de galle; mais celle du second tiers de l'intestin grêle le fut un peu plus que les autres. Le reste du mucus était divisé et meuble dans les portions provenant de l'estomac, du duodénum et du colon, très-cohérent, au contraire, dans celles qui avaient été fournies par l'intestin grêle. Digéré à chaud pendant une journée avec de nouveau vinaigre, il fournit une liqueur jaune-brunâtre dans les portions provenant de l'estomac et du second tiers de l'intestin grêle, d'un rouge très-pâle dans celles qui tiraient leur origine du duodénum, des deux autres tiers de l'intestin grêle et du colon. La teinture de noix de galle produisit un trouble médiocre dans toutes ces liqueurs.

4°. *Potasse affaiblie*. Le mucus s'y était dissous complètement. Il était resté pour résidu, dans la portion de l'estomac, quelques fibres herbacées ; dans celle du premier tiers de l'intestin grêle, une petite quantité de poudre blanche ; dans celle du second tiers, un peu de poudre blanche, avec quelques pellicules brunes ; enfin dans celles du troisième tiers et du colon, un peu de cette même poudre, avec quelques débris de paille. La solution de la portion provenant de l'estomac était d'un jaune brunâtre. Celles des autres portions étaient d'un jaune pâle. L'acide hydro-chlorique fit naître dans toutes un trouble ou un léger précipité floconneux et blanc, que l'addition de la teinture de noix de galle rendit encore plus abondant.

Analyse des liqueurs filtrées du canal intestinal. — Les liquides tirés de l'estomac et des autres portions du canal alimentaire furent soumis à l'analyse, après avoir été filtrés. A cet effet, on les évapora au bain-marie, puis on les traita par l'alcool et par l'eau. Pendant l'évaporation de celui qui provenait du duodénum, il se forma des pellicules qui s'appliquèrent contre les parois du vase. Tous ces liquides filtrés prirent une teinte brune, de plus en plus foncée à mesure qu'ils se concentrèrent davantage.

112,2 grammes de celui de l'estomac donnèrent 1.84 grammes (= 1,64 pour cent) de résidu sec ; 95,1 grammes de celui du duodénum, 3,17 grammes (= 3,405 pour cent) ; 139,0 grammes de celui du premier tiers de l'intestin grêle, 4, 65 grammes (= 3,34 pour cent) ; 253,7 grammes de celui du second tiers, 4,3 grammes (= 1,69 pour cent) ; 788,0 gram-

mes du dernier tiers , 10,3 grammes ($=$1,31 pour cent);
378,0 grammes de celui du cœcum, 5,0 grammes ($=$1,3₂3
pour cent); enfin 502,5 grammes de celui du colon, 7,2 grammes ($=$1,43 pour cent).

Le résidu sec du liquide filtré de l'estomac était d'un brun
clair, translucide, cassant à froid, mou et visqueux à la
chaleur. Il répandait une odeur analogue à celle de l'osmazôme , et devenait humide à l'air. Les résidus des liquides
du duodénum et des deux premiers tiers de l'intestin grêle
se comportaient de la même manière. Ceux du dernier
tiers de l'intestin grêle , du cœcum et du rectum étaient
d'un brun de plus en plus foncé : ils ne se ramollissaient
presque point à la chaleur : cependant ils s'humectaient
également à l'air.

Ces résidus furent ramollis chacun à part avec la quantité d'eau chaude suffisante pour qu'on pût les verser dans
des matras. Ce qui en restait encore dans la capsule fut enlevé au moyen de l'alcool à 36 degrés.

B. On ajouta ensuite une plus grande quantité d'alcool;
on fit bouillir le tout, puis on décanta la liqueur, et on renouvela l'alcool jusqu'à ce qu'il cessât de se colorer. De
cette manière, chaque résidu sec des liquides intestinaux se
résolvit en une faible dissolution alcoolique et en une portion non soluble dans l'alcool.

I. La solution alcoolique filtrée du résidu des liquides de
l'estomac, du duodénum, des trois tiers de l'intestin grêle
et du cœcum, était d'un brun pâle ; celle du résidu laissé par
le liquide du colon, d'un brun foncé. Il resta , après l'évaporation, un résidu qui consistait , pour la portion de l'estomac , en une masse saline d'un jaune brunâtre , translucide, cristalline, mêlée avec un peu de matière extractive ;
pour celle du duodénum , en un extrait d'un brun jaunâtre
sale, opaque, qui était solide à froid , mais que la chaleur
ramollissait ; pour celles des trois tiers de l'intestin grêle, en
un extrait semblable , mêlé de petits grains salins, et déliquescent à l'air , qui était un peu translucide et plus foncé
en couleur dans la portion provenant du dernier tiers ; pour

celle du cœcum , en un extrait brun-jaunâtre , qui se ramollissait peu à la chaleur , et attirait l'humidité de l'air ; enfin pour celle du colon , en un mélange d'un extrait brun,
qui se ramollissait un peu à la chaleur, et de particules salines, cristallines, incolores.

Tous ces résidus furent épuisés par l'alcool absolu à
chaud. Ceux des liquides de l'estomac, du duodénum et
de l'intestin grêle se rassemblèrent en une masse visqueuse,
résineuse, d'un brun clair, qui devint dure et cassante par
le froid. Ceux des liquides du cœcum et du colon ne firent
que devenir d'abord un peu pâteux , puis pulvérulens.

1. La solution obtenue par l'alcool absolu était d'un jaune
pâle pour la portion provenant de l'estomac ; d'un brun
jaunâtre pâle pour celle du duodénum , de l'intestin grêle
et du cœcum ; d'un brun foncé pour celle du colon. Ces liqueurs furent évaporées en grande partie , et placées ensuite dans un lieu frais : toutes demeurèrent claires. Il n'y
eut que celle provenant du résidu de la première portion de
l'intestin grêle qui déposa une matière d'un blanc jaunâtre ,
à laquelle on reconnut les propriétés suivantes.

Elle était d'un blanc jaunâtre , tirant sur le brun , et terreuse ou formée de très-petits grains cristallins. Elle n'avait
pas de saveur sensible. Exposée à la chaleur , elle n'entra pas
en fusion , ne fit que se boursouffler un peu sur la fin , exhala
l'odeur de pain grillé, brûla avec une flamme vive , et laissa
un charbon spongieux , facile à incinérer , dans la cendre duquel on trouva un vestige de chlorure de sodium. Cette matière se dissolvait rapidement et avec effervescence dans l'a-
cide nitrique froid. La solution, évaporée à siccité, laissait une
tache d'un jaune sale (non pas rouge), qui, en continuant
de chauffer, devenait d'un brun sale. L'acide sulfurique dissolvait la matière blanche-jaunâtre, et formait avec elle
un sirop jaune-branâtre, qui ne se troublait pas quand on
l'étendait d'eau. L'acide hydro-chlorique formait avec elle
une liqueur d'un jaune rougeâtre pâle. Elle se dissolvait
avec difficulté, mais d'une manière complète, dans l'eau : la
dissolution ne réagissait nullement sur l'iode, le chlore, l'a-
cide nitrique , l'alun , l'acétate de plomb neutre , le sous-

acétate de plomb, le sulfate de fer, celui de cuivre et le per-chlorure de mercure ; traitée par le nitrate de mercure et par celui d'argent, elle donnait de très-gros flocons d'un blanc jaunâtre, ce qui tenait peut-être à ce qu'elle contenait du chlorure de sodium ; en outre, la teinture de noix de galle y faisait naître une assez grande quantité de flocons d'un blanc brunâtre, et elle rougissait faiblement la teinture de tournesol. L'ammoniaque et la potasse dissolvaient cette matière blanche-jaunâtre, et prenaient une couleur jaune à peine sensible ; la dissolution ne se troublait point par l'acide acétique. Le carbonate de soude, à chaud, se comportait de même : cependant on remarquait une effervescence manifeste. L'alcool et l'éther ne parurent pas dissoudre sensiblement cette matière.

En conséquence cette matière particulière est vraisemblablement un acide animal faible, très-voisin de l'acide urique, de l'acide allantoïque et de l'oxide cystique, si même il n'est pas identique avec l'acide allantoïque.

La solution du résidu des liquides de l'estomac et du duodénum dans l'alcool absolu laissa, après avoir été complètement évaporée, un extrait jaune-brunâtre, demi-transparent, mêlé de petits grains cristallins, qui, à froid, ressemblait, pour la consistance, à de la térébenthine durcie, mais qui se ramollissait à la chaleur et s'humectait à l'air. L'extrait des liquides provenant des trois portions de l'intestin grêle était d'un brun jaunâtre, transparent, un peu grenu, très-mou à la chaleur, et tellemént déliquescent à l'air qu'il s'y réduisait en une sorte de sirop. Celui des liquides du cœcum était d'un brun jaunâtre foncé, transparent, grenu, couvert d'une croûte saline et cristalline ; il s'humectait peu à l'air, et communiquait aux doigts une odeur extrêmement désagréable, excrémentitielle. Enfin celui du colon était d'un brun jaune et transparent ; sa texture était peu grenue, et il s'humectait à l'air.

Les extraits obtenus au moyen de l'alcool absolu furent traités par l'eau, qui dissolvit complètement ceux des liquides du duodénum et des trois tiers de l'intestin grêle, tandis que ceux des liquides de l'estomac, du cœcum et du colon laissèrent, sans la dissoudre, une petite quantité de matière que l'on recueillit sur un filtre.

A. La portion insoluble dans l'eau de l'extrait provenant du liquide de l'estomac couvrit le filtre d'une sorte de vernis brillant, d'un brun jaunâtre, qui n'était point gras au toucher, mais qui, lorsqu'on brûla le papier, répandit une odeur de graisse. Cette substance se dissolvait avec facilité dans l'alcool, auquel elle communiquait une couleur brune-jaunâtre, et d'où elle était précipitée par l'eau (résine ?).

La portion insoluble dans l'eau de l'extrait provenant du liquide du colon, se composait d'une très-petite quantité de graisse blanche, qui se séparait de sa dissolution dans l'alcool chaud, sous la forme de flocons blancs.

Celle de l'extrait fourni par le liquide du colon était une graisse semblable, solide, visqueuse et d'un brun clair.

B. Les solutions aqueuses furent partagées en deux portions, dont on essaya l'une par les réactifs (*voy*. la table III), et dont on incinéra l'autre, afin de connaître la nature des sels qu'elle contenait (*voy*. la table IV). Les précipités que les acides et quelques sels métalliques firent naître dans les liqueurs provenant du duodénum, des trois tiers de l'intestin grêle, du cœcum et du colon (table III), dépendaient d'une résine qui fut extraite en plus grande quantité du liquide correspondant au dernier tiers de l'intestin grêle, d'où on la précipita par l'acide acétique. Cette résine avait les propriétés suivantes :

Après avoir été séchée, elle était d'un brun pâle et transparente. Exposée à la chaleur, elle se fondait en répandant d'abord une odeur d'empyreume, puis une odeur de graisse et de résine, et brûlait avec une flamme vive et fuligineuse. Elle ne se dissolvait point dans les acides hydro-chlorique et nitrique. Elle se dissolvait avec facilité dans l'ammoniaque ; la dissolution était d'un brun pâle et légèrement trouble ; le vinaigre y produisait un précipité floconneux, blanc. La résine se dissolvait incomplètement dans la potasse concentrée, et complètement dans la potasse affaiblie. L'alcool formait avec elle, à froid, un liquide trouble, et à chaud, une liqueur claire, qui se troublait un peu par le refroidissement. C'était, sans contredit, de la résine biliaire, mélée probablement avec un peu de choline.

Dans les extraits provenant des liquides du cœcum et du colon, cette résine, précipitable par les acides, était d'un brun verdâtre foncé et visqueuse ; elle avait une odeur particulière, désagréable, piquante, excrémentitielle ; elle se dissolvait dans l'ammoniaque, la potasse et l'alcool, en leur donnant une couleur brune. C'était de la résine biliaire, mêlée peut-être avec une huile essentielle fétide.

2. La portion insoluble dans l'alcool absolu de l'extrait obtenu par l'alcool affaibli, fut traitée plusieurs fois de suite par l'alcool à 36 degrés B. chaud.

A. La liqueur alcoolique filtrée était d'un brun clair ; elle se troublait généralement un peu par le refroidissement. Celle provenant du liquide du premier tiers de l'intestin grêle déposa encore, en se refroidissant, un peu de la matière blanche-jaunâtre qui vient d'être décrite, et dont on la sépara par la filtration. Après l'évaporation à siccité, la liqueur correspondant à la portion de l'estomac laissa un mélange d'une petite quantité de matière extractive et d'une grande quantité de matière grenue, cristalline ; celle provenant des liquides du duodénum et de l'intestin grêle, un extrait brun-jaune, très-solide, un peu grenu ; et celles des deux dernières portions, un extrait garni de croûtes salines. L'extrait de la liqueur du second tiers de l'intestin grêle, dissous dans l'alcool chaud, déposa, en se refroidissant, une liqueur extractive brune. Il est probable que les autres extraits se seraient comportés aussi de même ; mais on ne les soumit pas à cette épreuve, dont le résultat prouve qu'ils contenaient une matière soluble seulement dans l'alcool chaud ou dans un grand excès d'alcool. Tous les extraits se dissolvaient complètement dans l'eau, à l'exception de celui du liquide provenant du dernier tiers de l'intestin grêle, qui laissait quelques flocons de graisse blancs. Les solutions aqueuses fournirent les réactions marquées sur la table v, et leurs cendres se comportèrent comme il est dit dans la table vi. Le précipité que les acides firent naître dans celles des extraits provenant du duodénum et du colon, se comporta à la manière de la résine biliaire : cependant il différait de la résine dont nous avons parlé plus haut (l. 1.), en ce qu'il n'était point mêlé avec de la graisse, de sorte qu'il se dissolvait dans l'alcool froid sans que la liqueur fût trouble.

B. La portion de l'extrait obtenu par l'alcool affaibli, qui ne se dissolvait pas dans l'alcool à 36 degrés B., représentait, pour l'estomac, le duodénum et les deux premiers tiers de l'intestin grêle, une masse extractive d'un brun foncé, grenue et transparente ; pour le derniers tiers de l'intestin grêle, une masse d'un brun foncé, presque opaque et grenue ; pour le cœcum et le colon, une masse grenue, d'un brun très-pâle, et tout-à-fait cristalline. Cette masse se dissolvait complètement dans l'eau pour les portions provenant de l'intestin grêle et du colon ; celle de l'estomac laissait quelques flocons gris, brûlant avec une odeur animale, et dont la cendre contenait un peu de phosphate calcaire ; celle du duodénum laissait un faible résidu terreux, et celle du cœcum, une petite quantité de pellicules brunes. La dissolution aqueuse chaude donna par le refroidissement, dans les portions correspondant à l'estomac, aux deux derniers tiers de l'intestin grêle, au cœcum et au colon, une grande quantité de chlorure de sodium, en cristaux cubiques, chlorure qui constituait surtout la plus grande partie de la masse dans les extraits provenant de l'estomac, du cœcum et du colon, et qui ne contenait que peu de matière animale. Nous acquîmes la conviction, en examinant les cristaux fournis par l'extrait du second tiers de l'intestin grêle, que le chlorure de sodium n'était point accompagné de chlorure de potassium. On trouvera dans les tables VII et VIII l'indication de la manière dont se comportèrent les dissolutions aqueuses décantées de dessus les cristaux de chlorure de sodium, et les cendres produites par leur incinération.

II. La partie non soluble dans l'alcool faible des liquides évaporés du canal intestinal, qui, dans les portions provenant de l'estomac et du duodénum, représentait une masse d'un gris brunâtre, fut bouillie avec de l'eau.

1. La décoction aqueuse de l'extrait provenant de l'estomac

était d'un jaune pâle ; celle de l'extrait du second tiers de l'intestin grêle, brune ; et celle du cœcum, d'un brun foncé. Cette liqueur, évaporée, laissa, dans la portion provenant de l'estomac, un extrait jaune et transparent ; dans celle du duodénum, un extrait brun-grisâtre, opaque et conservant sa dureté même à la chaleur ; dans celle du premier tiers de l'intestin grêle, un extrait brun clair ; dans celle du second tiers, un extrait brun pâle, trouble, qui restait sec à l'air ; dans celle du dernier tiers et du cœcum, un extrait blanc-brunâtre, opaque et terreux ; dans celle du colon, un résidu brun-jaunâtre et salin. En redissolvant ces extraits dans l'eau, celui du liquide stomacal laissa beaucoup de flocons ; celui du duodénum, une grande quantité de poudre d'un blanc sale (1) ; celui du premier tiers de l'intestin grêle, une petite quantité d'une matière d'un blanc sale, que l'on doit rapporter, soit à la poudre de même teinte dont il vient d'être parlé, soit à la matière azotée qui a été décrite plus haut (I. 1.) ; celui du dernier tiers et du cœcum, un mélange blanc et pulvérulent de phosphate calcaire avec un peu de matière animale. Au contraire, les extraits des liquides du second tiers de l'intestin grêle et du colon se dissolvirent complètement dans l'eau. En évaporant ces dissolutions aqueuses, et les laissant refroidir, on obtint de celles qui correspondaient aux trois tiers de l'intestin grêle et au cœcum des gros cristaux de phos-

---

(1) Voici quelles étaient les propriétés de cette poudre. Exposée au feu, elle se carbonisa lentement, en répandant une odeur animale, mais sans se boursoufller, et laissa une petite quantité de phosphate calcaire. Elle se dissolvait avec effervescence dans l'acide nitrique chaud, et lui donnait une couleur jaune : cette dissolution, évaporée à siccité, laissait un résidu orangé (et non rouge, ce qui aurait indiqué l'acide urique). Elle se dissolvait complètement dans l'eau bouillante : la dissolution se troublait très-faiblement par la teinture de noix de galle, avec plus de force par le chlorure d'étain et l'acétate de plomb neutre. Elle se dissolvait aussi dans l'acide hydro-chlorique concentré, à chaud, et la liqueur, soumise à l'évaporation, laissait de petits cristaux qui paraissaient être des cubes. Cette poudre se montrait également soluble dans la potasse ; mais elle ne l'était pas dans l'alcool. Nous en avions trop peu à notre disposition pour pouvoir la soumettre à un examen plus approfondi.

phate de soude, tellement abondans dans le dernier tiers de l'intestin grêle et le cœcum, que la dissolution entière se prit en une masse cristalline. Ce phosphate de soude contenait aussi un peu de carbonate de soude cristallisé dans le dernier tiers de l'intestin grêle et le cœcum. La dissolution aqueuse (décantée de dessus les cristaux, quand il s'en était formé), se comporta avec les réactifs comme il est dit sur la table ix, et la cendre comme il est marqué sur la table x.

2. Le résidu insoluble dans l'alcool et l'eau des liquides évaporés du canal intestinal, était, dans les portions provenant de l'estomac, du duodénum et des trois tiers de l'intestin grêle, d'un gris brunâtre, cassant et plus ou moins corné ; dans la portion provenant du cœcum, semblable, mais seulement d'un brun noirâtre ; dans celle provenant du colon, d'un blanc grisâtre, pulvérulent et peu cohérent. Les phénomènes de la combustion de ces substances sont indiqués sur la table xi.

RÉACTIFS.	ESTOMAC.	DUODÉNUM.	INTESTIN GRÊLE.			COECUM.	COLON.
			premier tiers.	second tiers.	dernier tiers.		
Ébullition	o	Trouble très-léger.	Trouble léger.	o	o	o	o
Chlore	Trouble considérable blanc.	Quantité médiocre de flocons blancs.	Très-grande quantité de grands flocons couleur de pêche; liq. d'un rose pâle.	Petite quantité de petits flocons blancs; liqueur décolorée.	Trouble très-léger; liqueur décolorée.	Trouble très-léger; liqueur décolorée.	Trouble très-léger; liqueur décolorée.
Acide hydro-chlorique	o	Grande quantité de grands flocons jaunes.	Grande quantité de grands flocons jaunes.	Effervescence légère; quantité médiocre de flocons jaunes médiocr. grands.	Effervescence légère; très-petite quantité de petits flocons blancs.	Effervescence légère; liqueur claire, d'un rouge pâle.	Effervescence légère; quantité médiocre de flocons jaunes, médiocr. grands.
Acide nitrique concentré	o	Grande quantité de grands flocons jaunes.	Mucilage épais.	Effervescence légère; coagulum blanc; liqueur décolorée.	Effervescence légère; grande quantité de grands floc. jaunes; liqueur décolorée.	Effervescence légère; petite quantité de très-petits flocons d'un brun clair.	Effervescence légère; quantité médiocre de flocons jaunes, médiocr. grands.
Potasse	Dégagement considérable d'ammoniaque.	Dégagement considérable d'ammoniaque.	Dégagement considérable d'ammoniaque.	Dégagement considérable d'ammoniaque.	Dégagement considérable d'ammoniaque.	Dégagement considérable d'ammoniaque.	Dégagement considérable d'ammoniaque.
Alun	o	Grande quantité de grands flocons caséeux, d'un blanc jaunâtre.	Grande quantité de grands flocons caséeux, d'un blanc jaunâtre.	Grande quantité de grands flocons caséeux, d'un blanc jaunâtre.	Grande quantité de grands flocons caséeux, d'un blanc jaunâtre.	Grande quantité de grands flocons d'un brun rougeâtre.	Petite quantité de petits flocons jaunes.
Chlorure d'étain	o	Grande quantité de grands flocons caséeux, blancs.	Grande quantité de très-grands flocons caséeux, d'un blanc jaunâtre.	Grande quantité de grands flocons caséeux blancs.	Petite quantité de petits flocons d'un blanc brunâtre.	Quantité médiocre de petits flocons rougeâtres.	Petite quantité de petits flocons jaunes.
Nitrate de plomb	Quantité médiocre de petits floc. blancs solubles dans l'acide nitrique.	Magma peu épais, blanc.	Magma peu épais, blanc.	Très-grande quantité de très-grands flocons d'un blanc jaunâtre.	Très-grande quantité de très-grands flocons blancs.	Grande quantité de grands flocons rosés.	Très-grande quantité de très-grands flocons caséeux, blancs.
Per-chlorure de fer	o	Grande quantité de grands flocons d'un blanc brunâtre.	Quantité médiocre de très-grands flocons muqueux, d'un blanc jaunâtre.	Quantité médiocre de très-grands flocons muqueux, d'un blanc jaunâtre.	Quantité médiocre de flocons médiocres, d'un brun clair.	Quantité médiocre de flocons médiocres, d'un brun clair.	Quantité médiocre de flocons médiocres, d'un brun clair.
Sulfate de cuivre	o	Grande quantité de flocons jaunes.	Grande quantité de petits flocons verts.	Quantité médiocre de flocons médiocres, verts.	Quantité médiocre de flocons médiocres, verts.	Grande quantité de grands flocons d'un blanc sale.	Quantité médiocre de flocons médiocres verts.
Proto-nitrate de mercure	Grande quantité de très-grands flocons caséeux blancs, insol. dans l'ac. nitr.	Coagulum caséeux blanc.	Coagulum caséeux blanc.	Coagulum caséeux blanc.	Coagulum caséeux blanc.	Très-grande quantité de très-grands flocons caséeux rosés.	Coagulum caséeux blanc.
Per-chlorure de mercure	Léger trouble blanc.	Très-petite quantité de petits flocons d'un blanc brunâtre.	Quantité considérable de flocons médiocres, d'un blanc rougeâtre; liqueur d'un rose pâle.	Petite quantité de petits flocons blancs; liqueur d'un rose pâle.	Quantité médiocre de flocons médiocres, blancs; liqueur blanche, trouble.	Grande quantité de grands flocons rosés; liqueur décolorée.	Quantité médiocre de flocons médiocres d'un blanc brunâtre; liqueur rougeâtre, trouble.
Nitrate d'argent	Grande quantité de grands flocons caséeux blancs, insolubles dans l'acide nitrique.	Grande quantité de grands flocons caséeux blancs, insolubles dans l'acide nitrique.	Grande quantité de grands flocons caséeux blancs, insolubles dans l'acide nitrique.	Grande quantité de grands flocons caséeux blancs, insolubles dans l'acide nitrique.	Grande quantité de grands flocons caséeux blancs, insolubles dans l'acide nitrique.	Grande quantité de grands flocons caséeux blancs, insolubles dans l'acide nitrique.	Grande quantité de grands flocons caséeux blancs, insolubles dans l'acide nitrique.
Alcool	Petite quantité de petits flocons blancs.	Quantité médiocre de grands flocons déliés, blancs.	Quantité médiocre de grands flocons déliés, blancs.	Très-petite quantité de très-petits flocons blancs.	o	Très-petite quantité de très-petits flocons blancs.	Très-petite quantité de très-petits flocons blancs.
Teinture de noix de galle	Grande quantité de grands flocons blancs.	Très-grande quantité de très-grands flocons d'un blanc brunâtre.	Très-grande quantité de très-grands flocons d'un blanc brunâtre.	Grande quantité de grands flocons d'un blanc brunâtre.	Quantité médiocre de flocons médiocres d'un blanc brunâtre.	Quantité médiocre de flocons médiocres d'un blanc brunâtre.	Quantité médiocre de flocons médiocres d'un blanc brunâtre.
Teinture de tournesol	Coloration légère en rouge.	Coloration très-légère en rouge.	Coloration légère en rouge.	Coloration très-légère en rouge?	Neutre.	Neutre.	Neutre.

(TABLE II.)

INCINÉRATION DES LIQUEURS EXTRAÉES DU CANAL INTESTINAL.

	ESTOMAC.	DUODÉNUM.	INTESTIN GRÊLE.			CŒCUM.	COLON.
			premier tiers.	second tiers.	dernier tiers.		
Quantité de la cendre pour 100 parties de la liqueur.	........0........	1,17	....	0,90	1,11	0,88	0,90

Réactions des parties solubles dans l'eau.

	ESTOMAC.	DUODÉNUM.	premier tiers.	second tiers.	dernier tiers.	CŒCUM.	COLON.
Teinture de tournesol rouge......	0	Coloration en bleu.	Coloration en bleu.	Coloration en bleu.	Coloration en bleu.	Coloration en bleu.	Coloration en bleu..
Acide hydro-chlorique..........	0	Très-légère effervescence.	Légère effervescence.	Légère effervescence.	Effervescence très-considérable.	Effervescence très-considérable.	Grande efferves-cence.
Chlorure de chaux, acide hydro-chlorique, ammoniaque..........	0	Très-grande quantité de flocons.	Grande quantité de flocons.	Grande quantité de flocons.	Très-grande quantité de flocons.	Très-grande quantité de flocons.	Très-grande quantité de flocons.
Chlorure acide de barium........	Trouble léger.	Trouble médiocre.	Trouble léger.	Trouble léger.	Trouble considérable.	Trouble considérable.	Trouble léger.
Nitrate acide d'argent..........	Grande quantité de flocons.	Grande quantité de flocons.	Grande quantité de flocons.	Grande quantité de flocons.	Grande quantité de flocons.	Grande quantité de flocons.	Grande quantité de flocons.
Chlorure de platine.	0	Précipité médiocre.	Précipité abondant.	Précipité abondant.	Précipité abondant.	Précipité abondant.	Précipité médiocre.
Une portion, rougie avec l'acide sulfurique, a donné des cristaux de	0	Sulfate de soude.	Sulfate de soude.	Sulfate de soude.	Sulfate de soude.	Sulfate de soude.	Sulfate de soude.

Réactions de la partie non soluble dans l'eau, après sa dissolution dans l'acide hydro-chlorique.

	ESTOMAC.	DUODÉNUM.	premier tiers.	second tiers.	dernier tiers.	CŒCUM.	COLON.
Ammoniaque.....	0	Quantité médiocre de flocons.	Trouble médiocre.	Trouble médiocre.	Quantité médiocre de flocons.	Quantité médiocre de flocons.	Quantité considérable de flocons.
Carbonate de soude, après l'ammoniaque..........	0	0	0	0	Trouble léger.	Trouble léger.	0

Par conséquent, la cendre contenait, en parties solubles : 1°. du carbonate alcalin (qui n'existait seulement pas dans l'estomac) ; 2°. beaucoup de phosphate alcalin (dont l'estomac seul ne contenait pas non plus) ; 3°. peu de sulfate alcalin ; 4°. beaucoup d'hydrochlorate alcalin.

L'alcali était de la soude, avec un peu de potasse.

La partie insoluble dans l'eau se composait presqu'uniquement de phosphate de chaux, auquel un peu de carbonate calcaire se trouvait mêlé dans le dernier tiers de l'intestin grêle et dans le cœcum.

(TABLEAU III.)

ANALYSE DES LIQUEURS INTESTINALES.

Propriétés et réactions de la portion soluble dans l'alcool absolu et dans l'eau, après sa dissolution dans l'eau.

PROPRIÉTÉS et RÉACTIONS.	ESTOMAC.	DUODÉNUM.	INTESTIN GRÊLE. premier tiers.	INTESTIN GRÊLE. second tiers.	INTESTIN GRÊLE. dernier tiers.	COECUM.	COLON.
Couleur	Jaune citron.	Brun-jaunâtre.	Brun clair.	Brun clair	Brun clair.	Brun clair.	Brun.
Odeur	Faiblement animale.	Animale.	Animale et fétide.	Particulière, fétide.	Particulière, douceâtre, animale.	Fétide, excrémentielle.	Fétide, excrémentielle.
Chlore	....o....	Très-grande quantité de très-petits flocons fleur de pêcher.	Grande quantité de gr. flocons blancs.	....o....	Trouble léger; liqueur décolorée.	Trouble médiocre, blanc.	o
Acide hydro-chlorique	....o....	Très-grande quantité de petits flocons d'un brun clair.	Grande quantité de grands flocons.	Coagulum résineux, d'un brun jaunâtre.	Effervescence légère; coagulum résineux d'un brun jaunâtre.	Grande quantité de très-petits flocons d'un blanc jaunâtre.	Magma peu épais, d'un brun clair.
Acide nitrique	....o....	Idem.	Idem.	Idem.	Idem.	Idem.	Idem.
Alun	....o....	Léger précip. blanc.	Trouble considérable.	....o....	....o....	Trouble léger blanc.	o
Chlorure d'étain	Grande quantité de flocons blancs.	Coagulum caséeux, d'un blanc brunâtre.	Coagulum caséeux, d'un blanc brunâtre.	....o....	Grande quantité de grands flocons d'un blanc jaunâtre.	Très-grande quantité de très-grands flocons d'un blanc jaunâtre.	o
Acétate de plomb neutre	Petite quantité de flocons blancs.	Idem.	Très-grande quantité de très-grands flocons d'un blanc brunâtre.	Magma très-épais, d'un jaune brunâtre.	Petite quantité de petits flocons bruns.	Très-petite quantité de très-petits flocons d'un blanc jaunâtre.	Magma peu épais, d'un brun clair.
Sulfate de fer	Trouble très-léger.	Grande quantité de petits flocons brunâtres.	Grande quantité de flocons médiocres, jaunes.	Coagulum résineux, d'un brun jaunâtre.	Très-petite quantité de très-petits flocons bruns.	Grande quantité de très-petits flocons d'un blanc jaunâtre.	Magma peu épais, d'un brun rougeâtre.
Per-chlorure de fer	....o....	Petite quantité de très-grands flocons caséeux, bruns.	Idem.	....o....	Idem.	Idem.	o
Sulfate de cuivre	....o....	Grande quantité de grands flocons d'un jaune pâle.	Grande quantité de grands flocons d'un jaune pâle.	Coagulum résineux, verdâtre.	....o....	Petite quantité de très-petits flocons.	Magma peu épais, vert.
Proto-nitrate de mercure	Magma très-épais, caséeux, blanc.	Coagulum caséeux, d'un blanc brunâtre.	Coagulum caséeux, d'un blanc brunâtre.	Coagulum blanc.	Très-grande quantité de très-grands flocons bruns et gris.	Très-grande quantité de très-grands flocons caséeux, d'un blanc jaunâtre.	Magma peu épais, d'un blanc grisâtre.
Teinture de noix de galle	Trouble considérable, blanc.	Très-grande quantité de très-petits flocons d'un brun jaunâtre.	Très-grande quantité de très-petits flocons d'un brun jaunâtre.	Grande quantité de grands flocons d'un brun jaunâtre.	Très-grande quantité de petits flocons d'un blanc jaunâtre.	Très-grande quantité de petits flocons d'un blanc brunâtre.	Très-grande quantité de très-grands flocons d'un jaune brunâtre.
Per-chlorure de mercure	Trouble léger.	Au bout de 2 heures grande quantité de petits flocons d'un brun clair.	....o....	Trouble léger.	Trouble considérable, blanc.	o	o
Teinture de tournesol	Coloration très-forte en rouge.	Forte coloration en rouge.	....o....	Coloration légère en rouge.	Coloration légère en rouge.	Coloration légère en rouge.	Coloration légère en rouge.
Ferment	Point de fermentation.	o	o	o	o	o	o

Les liquides du dernier tiers de l'intestin grêle, du cœcum et du colon n'ont été essayés avec les sels et la teinture de noix de galle qu'après avoir été neutralisés par l'acide acétique.

INCINÉRATION DE LA PARTIE SOLUBLE DANS L'ALCOOL ABSOLU ET DANS L'EAU.

La masse se boursouffla considérablement au feu, et répandit une odeur d'empyreume animal. Cette odeur était mêlée de douceâtre dans la liqueur de l'estomac et d'aromatique dans celle du cœcum. La cendre était fondue et se dissolvait presque toute entière dans l'eau. La portion insoluble de celle qui provenait du liquide stomacal se composait d'un peu de carbonate de chaux. La solution aqueuse de la cendre produisit les réactions suivantes.

RÉACTIFS.	ESTOMAC.	DUODÉNUM.	INTESTIN GRÊLE.			CŒCUM.	COLON.
			premier tiers.	second tiers.	dernier tiers.		
Teinture de tournesol rougie.	Très-légère coloration en bleu.	Forte coloration en bleu.	Forte coloration en bleu.	Très-forte coloration en bleu.	Forte coloration en bleu.	Très-forte coloration en bleu.	Très-forte coloration en bleu.
Acide hydro-chlorique	0	Légère effervescence.	Légère effervescence.	Effervescence considérable.	Légère effervescence.	Effervescence considérable.	Effervescence considérable.
Chlorure de calcium, acide hydro-chlorique et ammoniaque	0	0	0	0	0	0	0
Chlorure acide de barium	Trouble léger.	Trouble médiocre.	Trouble médiocre.	Trouble médiocre.	Trouble très-léger.	Trouble très-léger.	Trouble très-léger.
Nitrate acide d'argent	Petite quantité de flocons.	Très-grande quantité de flocons.	Très-grande quantité de flocons.	Très-grande quantité de flocons.	Petite quantité de flocons.	Quantité médiocre de flocons.	Grande quantité de flocons.
Chlorure de platine.	0	Précipité abondant.	0	Précipité abondant.	Précipité médiocre.	Précipité médiocre.	Précipité médiocre.

D'après les tables III et IV, la partie soluble dans l'alcool absolu contenait les substances suivantes : 1°. osmazôme (d'après sa manière de se comporter avec les sels métalliques et la teinture de noix de galle); 2°. albumine (il n'y en avait pas dans l'estomac, mais bien dans toutes les autres portions du canal; elle était dissoute dans le duodénum par de l'acide acétique libre, et dans les autres portions par du carbonate de soude; elle était précipitable par les acides minéraux); 3°. une matière qui rougit par le chlore (elle n'existait que dans le duodénum); 4°. de l'acide acétique libre (dans l'estomac et le duodénum); 5°. du carbonate de soude (depuis le second tiers de l'intestin grêle jusques et compris le colon); 6°. de l'acétate, du sulfate de soude et beaucoup de chlorure de sodium (avec de la potasse).

PROPRIÉTÉS ET RÉACTIONS DE LA PORTION SOLUBLE DANS L'ALCOOL A 36 DEGRÉS B., APRÈS SA DISSOLUTION DANS L'EAU.

PROPRIÉTÉS et RÉACTIFS.	ESTOMAC.	DUODÉNUM.	INTESTIN GRÊLE. premier tiers.	second tiers.	dernier tiers.	CŒCUM.	COLON.
Couleur	Brun-jaunâtre.	Brun-jaunâtre.	Brun.	o	Brun.	Brun.	Brun.
Odeur	Faible, animale et douceâtre.	Animale.	Fétide, animale, analogue à celle de la colle-forte.	o	Fétide, animale, analogue à celle de la colle forte.	Excrémentitielle.	Excrémentitielle.
Chlore	Liqueur claire, presque décolorée.	Trouble médiocre, d'une vive couleur de fleurs de pêcher.	Petite quantité de petits flocons; liqueur d'un rouge pâle.	o	Liqueur claire, presque décolorée.	Trouble léger blanc.	o
Acide hydro-chlorique.	o	Précipité abondant, d'un brun jaunâtre.	Grande quantité de flocons brunâtres.	Effervescence très-légère; coagulum résineux, d'un brun jaunâtre.	Effervescence légère; grande quantité de gr. floc. résineux, d'un brun clair.	Effervescence légère; grande quantité de grands flocons d'un blanc brunâtre.	Effervescence légère; magma peu épais, d'un brun clair.
Acide nitrique	o	Id.	Id.	Id.	Id.	Id.	Id.
Alun	o	Grande quantité de grands flocons d'un jaune brunâtre.	Petite quantité de petits flocons d'un gris brunâtre.	Coagulum résineux, d'un brun jaunâtre.	o	Touble médiocre, d'un blanc brunâtre.	
Chlorure d'étain	Grande quantité de grands flocons caséeux, d'un jaune brunâtre.	Très-grande quantité de très-grands flocons d'un jaune brunâtre.	o	o	Magma très-épais, d'un jaune brunâtre.	Grande quantité de grands flocons caséeux, d'un jaune brunâtre.	o
Acétate de plomb neutre	Id.	Id.	Très-grande quantité de flocons médiocres, caséeux, d'un blanc brunâtre.	Magma peu épais, d'un jaune brunâtre.	Id.	Id.	Magma peu épais, d'un brun clair.
Sulfate de fer	Petite quantité de très-petits flocons d'un brun clair.	Quantité médiocre de petits flocons d'un brun clair.	Petite quantité de petits flocons d'un brun clair.	o	Très-petite quantité de petits flocons d'un brun clair.	Trouble médiocre, d'un blanc brunâtre.	Magma peu épais, d'un brun rougeâtre.
Per-chlorure de fer	Id.	Quantité médiocre de grands flocons d'un brun clair.	Id.	o	Petite quantité de gr. flocons bruns.	Petite quantité de très-petits flocons bruns.	o
Sulfate de cuivre	Id.	Quantité médiocre de petits flocons d'un jaune clair.	Quantité médiocre de petits flocons d'un jaune clair.	o	Très-petite quantité de très-petits flocons bruns.	Petite quantité de très-petits flocons bruns.	Magma peu épais, vert.
Proto-nitrate de mercure	Coagulum d'un blanc brunâtre.	Coagulum d'un blanc brunâtre.	Magma peu épais, d'un blanc jaunâtre.	o	Magma très-consistant, blanc.	Très-grande quantité de très-gr. flocons caséeux, blancs.	Magma peu épais, d'un blanc grisâtre.
Per-chlorure de mercure	Trouble très-considérable, d'un blanc brunâtre.	o	o	o	o	o	o
Teinture de noix de galle	Coagulum d'un blanc brunâtre.	Grande quantité de très-grands flocons d'un brun jaunâtre.	Très-grande quantité de très-grands flocons caséeux, d'un jaune brunâtre.	Quantité médiocre de flocons médiocres, d'un brun jaunâtre.	Très-grande quantité de très-grands flocons caséeux, d'un brun jaunâtre.	Très-grande quantité de petits flocons d'un blanc brunâtre.	Très-grande quantité de très-grands flocons d'un jaune brunâtre.
Teinture de tournesol	Coloration médiocre en rouge.	Coloration très-légère en rouge.	Neutre.	Coloration légère en rouge.	Forte coloration en rouge.	Forte coloration en rouge.	Forte coloration en rouge.

Les sels et la teinture de noix de galle n'ont été versés dans les liqueurs de la dernière portion de l'intestin grêle, du cœcum et du colon, qu'après qu'on les eut saturées par l'acide acétique et filtrées.

(TABL. VI.)

INCINÉRATION DE LA PORTION SOLUBLE DANS L'ALCOOL A 36 DEGRÉS B.

En brûlant, la massse se boursouffla légèrement, et répandit une odeur d'empyreume animal. La cendre, qui était fondue, se dissolvait en totalité dans l'eau. La solution réagissait de la manière suivante :

<table>
<tr><td rowspan="2">RÉACTIFS.</td><td rowspan="2">ESTOMAC.</td><td rowspan="2">DUODÉNUM.</td><td colspan="3">INTESTIN GRÊLE.</td><td rowspan="2">COECUM.</td></tr>
<tr><td>premier tiers.</td><td>second tiers.</td><td>dernier tiers.</td></tr>
<tr><td>Teinture de tournesol rougie</td><td>o</td><td>Forte coloration en bleu.</td><td>Forte coloration en bleu.</td><td>Très-forte coloration en bleu.</td><td>Très-forte coloration en bleu.</td><td>Très-forte coloration en bleu.</td></tr>
<tr><td>Acide hydro-chlorique</td><td>o</td><td>Effervescence médiocre.</td><td>o</td><td>Forte effervescence.</td><td>o</td><td>Forte effervescence.</td></tr>
<tr><td>Chlorure de calcium, acide hydro-chlorique et ammoniaque</td><td>o</td><td>Quantité médiocre de flocons.</td><td>Très-petite quantité de flocons.</td><td>o</td><td>o</td><td>o</td></tr>
<tr><td>Chlorure acide de barium</td><td>o</td><td>Trouble médiocre.</td><td>Trouble médiocre.</td><td>Trouble médiocre.</td><td>Trouble médiocre.</td><td>Trouble très-léger.</td></tr>
<tr><td>Nitrate acide d'argent.</td><td>Très-grande quantité de flocons.</td><td>Grande quantité de flocons.</td><td>Très-grande quantité de flocons.</td><td>Très-grande quantité de flocons.</td><td>Très-grande quantité de flocons.</td><td>Très-grande quantité de flocons.</td></tr>
<tr><td>Chlorure de platine</td><td>o</td><td>o</td><td>Précipité abondant.</td><td>Précipité abondant.</td><td>o</td><td>Précipité abondant.</td></tr>
</table>

D'après les réactions marquées sur les tables 5 et 6, la portion soluble dans l'alcool [à] 36 degrés B., contenait : 1°. résine (depuis le duodénum jusqu'au cœcum) ; 2°. osmazôme[...] ; 3°. une matière qui rougit par le chlore (elle n'existait que dans le duodénum) ; 4°. peut-être aussi un peu d'une matière ressemblant à la matière salivaire ; 5°. de l'aci[de] acétique libre (dans l'estomac et le duodénum) ; 6°. du carbonate de soude (dans le seco[nd] tiers de l'intestin grêle, le dernier tiers et le cœcum) ; 7°. de l'acétate, du sulfate [...] soude et du chlorure de sodium (avec un peu de potasse). Il y avait aussi un peu d[e] phosphate dans le duodénum et le premier tiers de l'intestin grêle.

(TABLE VII.)

DE L'EXTRAIT OBTENU PAR L'ALCOOL FAIBLE QUI NE SE DISSOUT PAS.

Propriétés et réactions de la portion dans l'alcool à 36 degrés B., après sa dissolution dans l'eau.

PROPRIÉTÉS et RÉACTIFS.	ESTOMAC.	DUODÉNUM.	INTESTIN GRÊLE. premier tiers.	second tiers.	dernier tiers.	CŒCUM.	COLON.
Couleur	Brun.	Brun foncé.	Brun foncé.	Brun foncé.	Brun foncé.	Brun.	Brun.
Chlore	o	Trouble léger.	Trouble léger.	o	Liqueur claire, décolorée.	Liqueur claire, décolorée.	o
Acide hydro-chlorique ou acide nitrique	o	Id.	o	Très-légère effervescence; liqueur claire.	Effervescence médiocre; liqueur claire.	Grande effervescence; petite quantité de grands flocons d'un jaune brunâtre.	Grande effervescence; petite quantité de petits flocons bruns.
Alun	o	Id.	Trouble léger.	Trouble léger.	o	o	Trouble médiocre.
Chlorure d'étain	Grande quantité de très-grands flocons caséeux, d'un blanc brunâtre.	Magma très-épais, d'un jaune pâle.	Quantité médiocre de grands flocons.	o	Magma très-épais, d'un jaune brunâtre.	Grande quantité de flocons médiocres d'un blanc brunâtre.	o
Acétate de plomb neutre	Magma très-épais, d'un blanc brunâtre.	Id.	Très-grande quantité de très-grands flocons.	Magma très-épais, d'un blanc brunâtre.	Id.	Très-grande quantité de très-grands flocons d'un blanc brunâtre.	o
Sulfate de fer	Trouble médiocre, d'un blanc brunâtre.	Grande quantité de très-petits flocons bruns.	Petite quantité de flocons.	o	Très-petite quantité de très-petits flocons d'un brun clair.	Très-petite quantité de très petits flocons d'un brun clair.	Quantité médiocre de flocons médiocres, bruns.
Chlorure de fer	Trouble léger.	Quantité médiocre de très-petits flocons bruns.	Id.	Petite quantité de petits flocons d'un brun clair.	Quantité médiocre de très-grands flocons bruns.	Petite quantité de très-petits flocons bruns.	
Sulfate de cuivre	Petite quantité de petits flocons d'un brun clair.	Grande quantité de très-petits flocons bruns.	o	Grande quantité de gr. flocons bruns.	Petite quantité de très-petits flocons bruns.	Petite quantité de très-petits flocons bruns.	Grande quantité de grands flocons olivâtres.
Proto-nitrate de mercure	Très-grande quantité de très-grands flocons caséeux, blancs.	Magma très-épais, d'un blanc brunâtre.	o	Magma très-épais, d'un blanc brunâtre.	Magma très-épais, d'un blanc brunâtre.	Magma peu épais, blanc.	o
Per-chlorure de mercure	o	o	o	o	o	o	o
Teinture de noix de galle	Très-grande quantité de très-grands flocons caséeux, d'un blanc brunâtre.	Grande quantité de grands flocons d'un brun jaunâtre.	o	Grande quantité de grands flocons d'un brun jaunâtre.	Grande quantité de grands flocons d'un brun clair.	Très-grande quantité de grands flocons d'un brun clair.	o
Teinture de tournesol	Faible coloration en rouge.	Coloration médiocre en rouge.	Neutre.	Faible coloration en bleu.	Forte coloration en bleu.	Très-forte coloration en bleu.	o

...s sels et la teinture de noix de galle n'ont été versés dans les liquides du dernier tiers de l'intestin grêle, du cœcum et du colon, qu'après la neutralisation de ces derniers ... vinaigre distillé, qui ne produisit point de précipité.

INCINÉRATION DE LA PORTION DE L'EXTRAIT OBTENU PAR L'ALCOOL FAIBLE, QUI NE SE DISSOLVAIT PAS DANS L'ALCOOL A 36 DEGRÉS B.

En brûlant, la matière répandit une odeur de corne brûlée et dans le même temps analogue à celle du pain grillé. La cendre était fondue ; elle se dissolvait dans l'eau, tantôt toute entière, tantôt en laissant un très-faible résidu qui, dans la portion provenant du second tiers de l'intestin grêle, fut reconnue pour être du phosphate de chaux. La solution aqueuse produisit les réactions suivantes.

RÉACTIFS.	ESTOMAC.	DUODÉNUM.	INTESTIN GRÊLE.			CŒCUM.	COLON.
			premier tiers.	second tiers.	dernier tiers.		
Teinture de tournesol rougie.....	o	Forte coloration en bleu.	Forte coloration en bleu.	Très-forte coloration en bleu.	Très-forte coloration en bleu.	Très-forte coloration en bleu.	Très-forte coloration en bleu.
Acide hydro-chlorique...........	o	Légère effervescence.	o	Forte effervescence.	Très-forte effervescence.	Très-forte effervescence.	Très-forte effervescence.
Chlorure de calcium, acide hydro-chlorique et ammoniaque...........	o	Grande quantité de flocons.	Très-petite quantité de flocons.	Quantité médiocre de flocons.	Quantité médiocre de flocons.	Quantité médiocre de flocons.	Petite quantité de flocons.
Chlorure acide de barium.........	Trouble médiocre.	Trouble médiocre.	Trouble médiocre.	Trouble médiocre.	Trouble médiocre.	Trouble médiocre.	Trouble médiocre.
Nitrate acide d'argent...........	Très-grande quantité de flocons.	Grande quantité de flocons.	Grande quantité de flocons.	Très-grande quantité de flocons.	Très-grande quantité de flocons.	Très-grande quantité de flocons.	Très-grande quantité de flocons.
Chlorure de platine.	Précipité abondant.	Précipité très-léger.	Précipité très-léger.	Précipité abondant.	Précipité abondant.	Précipité médiocre.	o

D'après les réactions marquées sur les tables VII et VIII, la portion de l'extrait obtenu par l'alcool faible, qui ne se dissolvait pas dans l'alcool à 36 degrés B., contenait : 1°. une matière analogue à la matière salivaire. Cependant, comme la teinture de noix de galle faisait noître aussi des précipités abondans, cette matière se distingue par là de la matière salivaire proprement dite, ou bien ce phénomène tient-il à la présence d'une certaine quantité d'osmazôme, que la matière salivaire aurait garantie de l'action dissolvante de l'alcool? 2°. de l'acide acétique libre (dans l'estomac et le duodénum) ; 3°. du carbonate de soude (dans le second tiers de l'intestin grêle, le dernier, le cœcum, et probablement aussi le colon) ; 4°. de l'acétate de soude (au moins dans le duodénum et le premier tiers de l'intestin grêle, puisque la cendre réagissait très-fortement à la manière des alcalis), du phosphate de soude (partout, excepté dans l'estomac), du sulfate de soude et beaucoup de chlorure du sodium (avec de la potasse).

...OPRIÉTÉS ET RÉACTIONS DE LA PORTION DE L'EXTRAIT SEC DES LIQUEURS INTESTINALES, INSOLUBLE DANS L'ALCOOL, MAIS SOLUBLE DANS L'EAU, APRÈS SA DISSOLUTION DANS L'EAU.

PROPRIÉTÉS et RÉACTIFS.	ESTOMAC.	DUODÉNUM.	INTESTIN GRÊLE. premier tiers.	second tiers.	dernier tiers.	CŒCUM.	COLON.
Couleur	Jaune.	Brun clair.	Brun clair.	Brun clair.	Brun foncé.	Brun foncé.	Brun clair.
Chlore	0	0	Léger trouble blanc.	0	Liqueur claire, décolorée.	Liqueur claire, décolorée.	Liqueur claire, décolorée.
Acide hydro-chlorique ou acide nitrique	0	0	0	Trouble très-léger.	Grande effervescence, liqueur claire.	Grande effervescence, liqueur claire.	Grande effervescence, pet. quantité de pet. flocons bruns.
Alun	0	Grande quantité de grands flocons déliés d'un blanc brunâtre.	Grande quantité de grands flocons bruns.	Grande quantité de grands flocons déliés d'un blanc brunâtre.	Grande quantité de grands flocons déliés d'un blanc brunâtre.	Très-grande quantité de très-grands flocons déliés d'un blanc sale.	Trouble léger.
Chlorure d'étain	0	Magma peu épais, d'un blanc brunâtre.	Grande quantité de très-grands flocons d'un brun clair.	Id.	Id.	Magma très-épais, d'un blanc brunâtre.	Magma très-épais, d'un blanc brunâtre.
Acétate de plomb neutre	Grand trouble blanc.	Id.	Grande quantité de grands flocons d'un blanc brunâtre.	Très-grande quantité de très-grands flocons d'un blanc brunâtre.	Id.	Id.	Id.
Sulfate de fer	0	Id.	Grande quantité de grands flocons d'un brun clair.	Magma peu épais, d'un blanc sale.	Quantité médiocre de grands flocons d'un blanc brunâtre.	Petite quantité de flocons médiocres, d'un blanc brunâtre.	0
Per-chlorure de fer	0	0	Id.	Magma peu épais, d'un brun clair.	Grande quantité de grands flocons d'un brun rougeâtre.	Petite quantité de flocons médioc. d'un brun rougeâtre.	Liqueur claire, d'un brun rougeâtre.
Sulfate de cuivre	0	0	Petite quantité de petits flocons d'un brun clair.	Grande quantité de grands flocons d'un blanc brunâtre.	Grande quantité de grands flocons d'un vert pâle.	Grande quantité de flocons médiocres d'un vert pâle.	Trouble léger.
Proto-nitrate de mercure	Grande quantité de flocons d'un blanc jaunâtre.	Magma peu épais, d'un blanc brunâtre.	Très-grande quantité de très-grands flocons blancs.	0	Grande quantité de grands flocons d'un blanc brunâtre.	Magma très-épais, d'un blanc brunâtre.	0
Per-chlorure de mercure	0	Trouble très-léger.	0	Trouble très-léger.	0	0	0
Teinture de noix de galle	Grande quantité de flocons d'un blanc jaunâtre.	Grande quantité de grands flocons caséeux, d'un brun clair.	0	Trouble léger.	Médiocre quantité de flocons médiocres, déliés, d'un brun clair.	Trouble médiocre.	Trouble médiocre.
Teinture de tournesol	Faible coloration en rouge.	Faible coloration en rouge.	Neutre.	Neutre.	Forte coloration en bleu.	Forte coloration en bleu.	Forte coloration en bleu.

Les sels et la teinture de noix de galle n'ont été versés dans les liqueurs provenant du dernier tiers de l'intestin grêle, du cœcum et du colon, qu'après la neutralisation de ces dernières par le vinaigre distillé.

INCINÉRATION DE LA PORTION DE L'EXTRAIT SEC DES LIQUEURS INTESTINALES INSOLUBLE DANS L'EAU.

La cendre était fondue ; elle se dissolvait complètement dans l'eau, à carbonate et de phosphate de chaux. La solution aqueuse de cette cendre l'exception de celle de la portion stomacale, qui laissait beaucoup réagissait de la manière suivante :

RÉACTIFS.	ESTOMAC.	DUODÉNUM.	INTESTIN GRÊLE.			CŒCUM.	COLON.
			premier tiers.	second tiers.	dernier tiers.		
Teinture de tournesol rougie	......o......	Coloration médiocre en bleu.	Coloration médiocre en bleu.	Coloration médiocre en bleu.	Très-forte coloration en bleu.	Très-forte coloration en bleu.	Très-forte coloratio[n] en bleu.
Acide hydro-chlorique	......o......	Légère effervescence.	Légère effervescence.	Légère effervescence.	Très-forte effervescence.	Légère effervescence.	Légère effervescence.
Chlorure de calcium, acide hydro-chlorique et ammoniaque	......o......	Très-grande quantité de flocons.	Très-grande quantité de flocons.	Très-grande quantité de flocons.	Très-grande quantité de flocons.	Très-grande quantité de flocons.	Très-grande quantité de flocons.
Chlorure acide de barium	Trouble médiocre.	Trouble très-léger.	Trouble léger.	Trouble médiocre.	Trouble médiocre.	Trouble très-léger.	Trouble très-léger.
Nitrate acide d'argent	Petite quantité de flocons.	......o......	Petite quantité de flocons.	Quantité médiocre de flocons.	Petite quantité de flocons.	Grande quantité de flocons.	Très-grande quantité de flocons.

D'après les réactions marquées sur les tables ix et x, la portion de l'extrait sec des salivaire, mais qui précipitait également par la teinture de noix de galle, ou qui était remarquer encore, à cet égard, que celle de l'estomac ne précipita que par l'acétate de plusieurs sels métalliques); 2°. de l'acide acétique libre (dans l'estomac et le duodénum); 4°. un peu d'acétate de soude (du moins dans le duodénum et les deux premiers tiers stomacale), du sulfate de soude et du chlorure de sodium (avec de la potasse.)

liqueurs intestinales insoluble dans l'eau contenait : 1°. matière analogue à la mat[ière] accompagnée d'une autre matière précipitable par le tannin, telle que l'osmazôme (il c... plomb neutre, et ne donna point de précipité par le chlorure d'étain, non plus que 3°. du carbonate de soude dans le dernier tiers de l'intestin grêle, le cœcum et le co[lon] de l'intestin grêle), du phosphate de soude (à l'exception seulement de la por[tion]

(TABLE XIV.)

INCINÉRATION DE LA PORTION DE L'EXTRAIT SEC DES LIQUEURS INTESTINALES INSOLUBLE DANS L'ALCOOL ET DANS L'EAU.

En brûlant, la matière répandit l'odeur de la corne brûlée, et ne se boursouffla pas; la cendre était terreuse et d'un gris brunâtre.

	ESTOMAC.	DUODÉNUM.	INTESTIN GRÊLE.			COECUM.	COLON.
			premier tiers.	second tiers.	derniers tiers.		
Quantité de cendre fournie par 100 parties de substance sèche....	50	....	14	....	environ 70.	environ 70.	o

Réactions de la portion de la cendre soluble dans l'eau.

	ESTOMAC.	DUODÉNUM.	INTESTIN GRÊLE.			COECUM.	COLON.
			premier tiers.	second tiers.	derniers tiers.		
Teinture de tournesol rougie.....	o	o	Très-légère coloration en bleu.	o	Légère coloration en bleu.	o	o
Chlorure de calcium, acide hydro-chlorique et ammoniaque.....	o	Trouble léger.	Trouble léger.	o	Trouble médiocre.	o	o
Chlorure acide de barium.....	o	o	o	o	Trouble léger.	Trouble très-léger.	o
Nitrate acide d'argent.....	o	o	o	o	Trouble médiocre.	Trouble très-léger.	o

Réactions de la portion insoluble dans l'eau, après sa dissolution dans l'acide hydro-chlorique.

	ESTOMAC.	DUODÉNUM.	INTESTIN GRÊLE.			COECUM.	COLON.
			premier tiers.	second tiers.	derniers tiers.		
Sulfo-cyanure de potassium.....	Coloration médiocre en rouge.	o	Forte coloration en rouge.	Forte coloration en rouge.	Forte coloration en rouge.	Forte coloration en rouge.	Forte coloration en rouge.
Ammoniaque.....	Grande quantité de flocons.	Grande quantité de flocons.	Très-grande quantité de flocons.	Très-grande quantité de flocons.	Très-grande quantité de flocons.	Très-grande quantité de flocons.	Très-grande quantité de flocons.
Oxalate de potasse, après l'ammoniaque.....	Trouble considérable.	Léger trouble.	Trouble considérable.	o	o	Trouble très-considérable.	Trouble très-léger.
Potasse, après les deux précédens.	Très-petite quantité de flocons.	Très-petite quantité de flocons.	Très-petite quantité de flocons.	o	Très-petite quantité de flocons.	Quantité médiocre de flocons.	o

La cendre des six dernières portions contenait un peu de manganèse : cependant ce métal, comme aussi le fer, pouvait provenir de la cendre du charbon de bois dont on s'était servi pour chauffer le bain-marie employé à l'évaporation des liqueurs.

La portion de l'extrait sec des liqueurs intestinales insoluble dans l'eau et l'alcool contenait donc, 1o. de l'albumine coagulée, ou de la matière caséeuse, ou du mucus; 2o. par-ci par-là des traces de sels solubles, notamment de carbonate, de phosphate et de sulfate de soude, ainsi que du chlorure de sodium; 3o. une grande quantité de phosphate de chaux, peu de carbonate de chaux et de magnésie, et un peu d'oxide de fer.

(TABLE XII.).

TABLE SYNOPTIQUE DES ANALYSES DES LIQUEURS INTESTINALES.

Dans ce tableau, les petits nombres 1 à 5 (et « ? ») inscrits en colonne indiquent le rapport approximatif des matières les unes à l'égard des autres ; les nombres placés au centre des accolades donnent les quantités exactes trouvées dans cent parties de résidu sec.

	ESTOMAC.	DUODÉNUM.	INTESTIN GRÊLE. premier tiers.	INTESTIN GRÊLE. second tiers.	INTESTIN GRÊLE. dernier tiers.	CŒCUM.	COLON.
Cent parties des liqueurs filtrés donnèrent en résidu	1,64	3,405	3,34	1,69	1,31	1,323	1,43
Cent parties de l'extrait sec contenaient :							
Parties solubles dans l'alcool absolu — **(total)**	**23,9**	**34,7**	**9,0**	**29,3**	**15,0**	**15,4**	**21,1**
Graisse	1	0	0	0	1	1	1
Résine	1	2	2	3	4	2	5
Albumine	0	4	4	4	4	4	4
Osmazôme, ou une matière analogue	5	5	5	4	4	4	4
Matière qui est rougie par le chlore	0	1	0	0	0	0	0
Acide acétique libre	2	2	0	0	0	0	0
Acétate alcalin	1	2	1	1	1	1	1
Carbonate alcalin	0	0	0	1	1	1	1
Sulfate alcalin	1	1	1	1	1	1	1
Chlorure alcalin	1	3	3	3	2	2	3
Parties solubles dans l'alcool à 36° B. — **(total)**	**30,4**	**32,8**	**21,1**	**23,3**	**22,4**	**8,0**	**27,2**
Graisse	0	0	0	0	1	0	0
Résine	0	1	1	3	3	2	5
Osmazôme on une matière analogue	5	5	5	5	5	5	5
Matière qui est rougie par le chlore	0	1	1	0	0	0	0
Matière analogue à la salivaire	?	?	?	?	?	?	?
Acide acétique libre	1	0	0	0	0	0	0
Acétate alcalin	0	2	2	1	1	2	1
Carbonate alcalin	0	0	0	0	0	0	0
Phosphate alcalin	0	1	1	1	1	0	1
Sulfate alcalin	0	1	1	1	1	1	1
Chlorure alcalin	5	3	3	3	3	3	3
Matière ressemblant à l'acide allantoïque et à l'oxide cystique	0	0	8,6	0	0	0	0
Parties de l'extrait faible non alcoolique non solubles dans l'alcool à 36° B. — **(total)**	**34,8**	**21,8**	**35,1**	**32,6**	**14,5**	**18,6**	
Osmazôme	?	?	?	?	?	?	?
Matière semblable à la salivaire	5	5	5	5	5	5	3
Acide acétique libre	1	1	0	0	0	0	0
Acétate alcalin	0	0	1	1	1	1	5
Carbonate alcalin	0	0	0	1	3	1	0
Phosphate alcalin	0	2	2	2	4	1	5
Sulfate alcalin	0	1	1	1	1	1	1
Chlorure alcalin	5	5	5	5	5	5	5
Parties solubles dans l'eau seule. — **(total)**	**8,1**	**3,5**	**14,0**	**9,5**	**40,9**	**41,5**	**59,1**
Matière semblable à la salivaire	5	5	5	5	5	5	5
Matière semblable à l'acide allantoïque	0	3	1	0	0	0	0
Acide acétique libre	1	1	0	0	0	0	0
Acétate alcalin	0	0	1	1	0	0	0
Carbonate alcalin	0	5	0	0	?	?	?
Phosphate alcalin	0	1	5	5	4	4	4
Sulfate alcalin	1	1	1	1	1	1	1
Chlorure alcalin	2	3	2	2	2	2	2
Parties insolubles dans l'eau et l'alcool — **(total)**							
Albumine coagulée ou matière caséeuse	5 } 3,8	5 } 4,9	5 } 4,8	5 } 1,5	1 } 3,5	1 } 8,2	1 } 1,4
Phosphate et carbonate de chaux, avec magnésie	5	5	2	5	5	5	5
TOTAL	101,0	96,9	92,6	96,2	96,3	91,7	99,8

Les nombres 1, 2, 3, 4, 5, inscrits dans chaque colonne, n'indiquent pas des quantités pour cent, mais seulement le rapport approximatif des matières les unes à l'égard des autres, de sorte que le nombre 5 signifie la plus grande proportion et le nombre 1 la plus petite de chaque matière ; au contraire, les nombres placés au centre des accolades font connaître les quantités exactes qu'on trouve dans cent parties de résidu sec.

Exp. vii. *Sur la nature des fluides de l'estomac et du canal intestinal d'un cheval à jeun.* — On laissa un cheval vieux, mais bien portant, pendant quarante heures sans lui donner de fourrage : on lui permit néanmoins de boire. Ce laps de temps écoulé, il fut tué par l'incision de la moelle allongée.

L'estomac était tout-à-fait resserré sur lui-même et considérablement rétréci. Il contenait 250 grammes d'un liquide jaune pâle, fortement troublé, qui filait à peine entre les doigts, et dans lequel nageaient plusieurs grands flocons de mucus opaques et d'un jaune brunâtre sale. La liqueur rougissait très-faiblement la teinture de tournesol. Une partie fut distillée et l'autre incinérée.

On trouva dans le duodénum 125 grammes d'un fluide un peu plus jaune-brunâtre que celui de l'estomac, également fort trouble, et dans lequel de grands flocons muqueux transparens s'étaient précipités. On se contenta de l'incinérer et d'en examiner la cendre.

Le liquide du canal thoracique était extrêmement rouge, presque comme du sang. Il se coagula complètement. Cependant, avec le temps, on vit un caillot rouge foncé se séparer d'un sérum jaune et parfaitement clair. Le chyle fut réparti dans deux verres. La portion 2 était plus fortement coagulée que la portion 1. Les deux portions furent pesées, et mises chacune dans un entonnoir à part. Au bout de vingt-huit heures, on détermina le poids du caillot, qui était déjà un peu sec, et celui du sérum.

	PORTION 1.		PORTION 2.	
	dans 17,12 grammes,	dans 100.	dans 19,95 grammes.	dans 100 ;
Caillot frais	0,50	2,92	0,86	4,31 ;
Sérum frais	16,07 ⎫		18,64 ⎫	
Perte par l'évapora-	⎬	97,08	⎬	95,69
tion	0,55 ⎭		0,45 ⎭	

Après avoir fait dessécher le caillot et le sérum au bain-marie, on obtint les proportions suivantes :

	PORTION 1.		PORTION 2.	
Caillot sec	0,17	1,00	0,26	1,50
Sérum sec	0,77	4,49	1,01	5,07
Eau	16,18	94,51	18,68	93,63

Rapport du caillot sec	PORTION 1.	PORTION 2.
au sérum sec......... = 18,1 : 81,9		20,5 : 79,5
Rapport du caillot sec		
au caillot frais........ = 34 : 100		30,2 : 100
Rapport du sérum sec		
au sérum frais........ = 47 : 100		5,4 : 100

Le caillot sec était d'un noir rougeâtre, transparent, cassant. Le sérum sec représentait une pellicule transparente, d'un brun rouge, et semblable à de la colle-forte.

On incinéra les caillots réunis des deux portions. La masse se boursoufla beaucoup. On obtint 0,04 grammes (9,07 pour cent du caillot sec) d'une cendre meuble, d'un rouge brun, ayant conservé la forme du charbon d'où elle provenait. Au moyen de l'eau on parvint à en extraire une petite quantité de carbonate, de sulfate et de chlorure alcalins, avec un vestige de phosphate. L'acide hydro – chlorique chaud dissolvit le reste, en prenant une teinte très-jaune. La solution rougit fortement par le sulfo–cyanure de potassium. Elle donna, par l'ammoniaque, des flocons fort abondans, d'un brun pâle, qui, à en juger d'après la couleur, contenaient du péroxide de fer et du phosphate de chaux. La liqueur obtenue par la filtration donna un précipité modique par l'oxalate de potasse, mais n'en produisit plus lorsqu'on y versa ensuite de la potasse pure.

Le sérum de la portion 1 fut également incinéré. On obtint 0,17 grammes (22,1 pour cent du sérum sec) de cendre, qui était fondue, cristallisée, blanche, translucide, et qui se dissolvait presque totalement dans l'eau. La dissolution colorait en bleu la teinture de tournesol rouge, faisait légèrement effervescence avec les acides, précipitait en abondance le chlorure de calcium, avec l'acide hydro-chlorique et l'ammoniaque, précipitait de même le nitrate acide d'argent, et troublait faiblement le chlorure acide de barium. La portion de la cendre insoluble dans l'eau, donna, par l'acide hydrochlorique, une dissolution d'un jaune très-pâle, qui rougissait fortement le sulfo-cyanure de potasse, fournissait un précipité abondant par l'ammoniaque, et, après avoir été filtrée, en redonnait ensuite un autre par l'oxalate de potasse.

Distillation du suc gastrique. — Cette opération fut faite dans une cornue de verre, au bain-marie, et continuée jusqu'à parfaite dessiccation du résidu. Le produit était incolore et troublé par des flocons. Il avait l'odeur herbacée de l'eau distillée sur des plantes qui ne contiennent pas d'huile essentielle. Il rougissait très-faiblement la teinture de tournesol, et ne troublait pas le nitrate d'argent.

On fit évaporer une partie de ce produit avec de l'acide hydro-chlorique. La liqueur se colora faiblement en jaune pendant l'évaporation, et laissa une grande quantité d'hydro-chlorate d'ammoniaque, reconnaissable tant à sa volatilité, qu'à la forte odeur ammoniacale qu'il dégageait quand on versait dessus de la potasse.

On fit digérer une autre portion du produit de la distillation avec du carbonate de baryte. On ajouta encore un peu d'eau de baryte à la liqueur, puis on la filtra et on la fit évaporer. Comme il se sépara un peu de carbonate de baryte pendant l'évaporation, on filtra de nouveau, après quoi l'on évapora à siccité. Il resta une masse d'un jaune très-pâle, transparente, et semblable à de la gomme, qui imprégnait les doigts d'une odeur d'acide butyrique, et exhalait, quand on y versait de l'acide sulfurique affaibli, l'odeur fortement aigre de l'acide acétique, en même temps que l'odeur pénétrante de l'acide butyrique. La dissolution de cette matière dans une petite quantité d'eau était précipitée abondamment par l'acide sulfurique; elle rougissait avec force le per-chlorure de fer très-étendu d'eau, mais n'exerçait aucune action sur le nitrate d'argent.

En conséquence, le produit de la distillation du suc gastrique contenait de l'acide acétique et de l'acide butyrique, qui n'étaient saturés qu'en partie par l'ammoniaque. Il n'y avait pas d'acide hydro-chlorique. On n'alla point à la recherche de l'acide sulfurique.

Incinération des liquides contenus dans l'estomac et le duodénum. — La cendre de celui que contenait l'estomac était blanche, non fondue, et ne se dissolvait qu'en partie dans l'eau. Cette dissolution ne colorait pas en bleu la teinture de tournesol rougie, ne précipitait point le chlorure de calcium, troublait faiblement le chlorure de barium, et précipitait avec abondance le nitrate d'argent. La portion de la cendre insoluble dans l'eau se comporta comme du phosphate de chaux.

La cendre du liquide contenu dans le duodénum était fondue en partie. Elle se dissolvait presqu'entièrement dans l'eau. La dissolution colorait très-faiblement en bleu la teinture de tournesol rougie, donnait un précipité fort abondant par le chlorure de calcium, l'acide hydro-chlorique et l'ammoniaque, en produisait un fort dans le nitrate acide d'argent, et en faisait naître un autre un peu plus faible dans le chlorure acide de barium. La portion de la cendre non soluble dans l'eau se composait presque uniquement de phosphate calcaire.

Exp. viii. *Sur la nature des sucs digestifs chez les chevaux à jeun, après qu'on leur a fait avaler des cailloux.* — Le 6 avril 1824, vers six heures du matin, on fit avaler dix petits morceaux de quartz blanc à un cheval avancé en âge, mais bien portant, qui n'avait pas reçu de nourriture depuis trente-six heures. Le 7 avril, vers huit heures du matin, on lui en fit prendre encore huit autres. Pendant ce temps on lui donna chaque jour à boire. Vers onze heures, on l'assomma. Le sang qui coula de la veine cave inférieure forma, en se coagulant, une couenne épaisse, que nous avions déjà plusieurs fois remarquée dans les chevaux et autres animaux auxquels on avait ôté la vie par un coup violent porté sur la tête.

L'estomac était resserré sur lui-même et rétréci. Il contenait 500 grammes d'un liquide trouble, brun pâle, exhalant une odeur acide très-désagréable. On y trouva, en outre, quatre cailloux, quelques brins de paille, et des flocons bruns d'une matière semblable à de l'ulmine. Le liquide rougissait la teinture de tournesol. Une partie en fut distillée, et une autre filtrée. Les brins de paille restèrent sur le filtre, avec la poudre brunâtre. La liqueur qui avait traversé le papier était d'un jaune très-pâle et légèrement trouble. On en brûla une portion, tandis que l'autre fut essayée par les réactifs.

On rencontra, dans le duodénum, deux cailloux, quel‑
ques brins de paille, et 250 grammes d'un liquide jaune‑
brunâtre, un peu trouble, légèrement écumeux, dans lequel
nageaient un grand nombre de grands flocons muqueux
blancs. En transvasant cette liqueur de la capsule dans la‑
quelle elle avait été reçue dans une autre, on reconnut que
plus de la moitié se composait d'une masse transparente, par‑
faitement cohérente, d'une consistance supérieure à celle du
blanc d'œuf, qui s'allongeait en gros fils, et qui, sans le moin‑
dre doute, était parfaitement semblable à la matière contenue
dans la première moitié de l'intestin grêle, dont on fit l'exa‑
men complet. La partie fluide fut filtrée. La liqueur obtenue
était d'un jaune orangé vif. Elle se troubla pendant la nuit.
Une portion fut incinérée, et l'autre traitée par les réactifs.

On trouva également, dans la première moitié de l'intestin
grêle, quelques cailloux et 500 grammes d'une matière dont
un tiers consistait en un liquide jaune‑brunâtre, semblable à
celui du duodénum, quoique plus écumeux, et le reste en
un mucus opaque et blanc, qui occupait le fond du vase. Ce
dernier resta sur le filtre. La liqueur qui traversa le papier
était d'un jaune orangé brunâtre. Elle se troubla pendant
la nuit. Elle fut en partie incinérée, et en partie essayée par
les réactifs.

La seconde moitié de l'intestin grêle contenait 1500 gram‑
mes d'une matière dont les cinq sixièmes consistaient en un
liquide trouble, brun‑jaunâtre, écumeux, et le reste en
paille, avec d'épais grumeaux muqueux, opaques, d'un blanc
jaunâtre, qui se déposèrent au fond du vase. En décantant,
on reconnut qu'il n'y avait qu'environ un cinquième du li‑
quide qui fût bien coulant, et que les quatre autres cinquièmes
se composaient d'une matière albumineuse, transparente,
très‑visqueuse, et semblable à celle que l'on avait rencontrée
dans le duodénum. On trouvera plus loin la description de
cette matière. La portion fluide ayant été filtrée, elle donna
une liqueur d'un brun jaunâtre, qui conserva sa limpidité
pendant la nuit, mais se couvrit cependant d'une pellicule
chatoyante. Une partie de cette liqueur fut incinérée, et l'autre
éprouvée par les réactifs.

Le cœcum contenait 2500 grammes d'un liquide brun-grisâtre, très-trouble, très-peu écumeux, et répandant l'odeur du gaz acide hydro-sulfurique. Ce liquide était mêlé avec quelques masses brunâtres et des brins de paille. On trouva aussi quelques cailloux dans le cœcum. La liqueur filtrée était claire et d'un brun foncé, qui le devint encore davantage par l'exposition à l'air. Une partie fut incinérée, et l'autre traitée par les réactifs.

Distillation du suc gastrique. — On distilla environ 180 grammes de suc gastrique au bain-marie. Lorsque la liqueur commença à s'échauffer, il s'en dégagea beaucoup de bulles, dues probablement à de l'acide carbonique. Vers le milieu de l'opération, à-peu-près, on changea le récipient, de manière à obtenir deux produits séparés. Il resta, dans la cornue, une matière extractive brune, avec des cubes de chlorure de sodium.

Le premier produit rougit faiblement la teinture de tournesol, et ne précipita point le nitrate d'argent. Le second produit rougissait le tournesol avec force, et faisait naître un précipité abondant dans la solution d'argent, phénomènes bien sensibles surtout dans les dernières gouttes qui avaient passé à la distillation. Les deux produits furent mis en digestion avec du carbonate de baryte, puis filtrés et évaporés. Le sel du premier consistait en une couche mince, étendue sur la capsule, et qui n'était pas sensiblement cristalline. Pressé entre les doigts, il répandait une odeur assez prononcée d'acide butyrique. Il rougissait très-notablement le per-chlorure de fer étendu d'eau, et donnait quelques flocons par le nitrate d'argent. C'était, par conséquent, un mélange d'acides butirique, acétique et hydro-chlorique. Le sel du second produit, dissous dans un peu d'eau chaude, cristallisa, par le refroidissement, en longues aiguilles et en lamelles. Pressé entre les doigts, il exhalait une odeur très-prononcée d'acide butyrique. Il rougissait très-fortement le per-chlorure de fer, et produisait un précipité fort abondant dans le nitrate d'argent. Après qu'on eut précipité, par l'acide sulfurique, la baryte qu'il contenait, et filtré la liqueur, celle-ci rougit très-peu le per-chlorure de fer. Par conséquent l'acide qui

colorait ce dernier en rouge n'était pas de l'acide sulfo-cyanique, mais de l'acide acétique.

*Examen de la matière semblable à du blanc d'œuf, qui
se trouvait dans le liquide de la seconde moitié de l'intestin
grêle.* —Cette matière était tellement visqueuse, qu'en la
versant d'un vase dans un autre, ses parties ne se séparaient
point, et qu'elle se retirait dans le premier vase, ou qu'elle
glissait toute entière dans le second, même lorsqu'on tour-
nait l'ouverture de l'autre tout-à-fait en haut, quelques efforts que l'on fît pour s'opposer à ce résultat. Du reste, elle
était d'un jaune pâle et transparente. Le blanc d'œuf très-
épais était la substance qui lui ressemblait le plus. On l'agita
avec de l'eau, dans laquelle elle se dissolvit d'une manière
si complète qu'on put la passer à travers un filtre de papier
joseph. La liqueur filtrée était d'un jaune pâle, claire et peu
filante. Traitée par les réactifs, elle donna lieu aux phénomènes suivans, qui prouvent qu'elle ne contenait pas d'albumine, mais plutôt une matière analogue à la matière salivaire.

L'ébullition ne produisit ni coagulation ni trouble. —
L'iode, le chlore, l'acide hydro-chlorique, l'acide nitrique,
le cyanure de fer et de potassium et l'alcool demeurèrent
sans action sur elle, ou ne firent naître qu'un trouble très-
léger. — Eau de baryte : une très-grande quantité de très-
grands flocons blancs. —Eau de chaux : une grande quantité
de grands flocons blancs. —Chlorures de barium et de calcium : trouble médiocre. —Alun, sulfate de fer, per-chlorure de fer et sulfate de cuivre : une quantité médiocre de
flocons d'une médiocre grandeur, un peu brunâtres par le
per-chlorure de fer, et légèrement bleuâtres par le sulfate de
cuivre. — Chlorure d'étain et acétate de plomb neutre : une
très-grande quantité de très-grands flocons un peu épais et
blancs. — Proto-nitrate de mercure : une très-grande quantité de très-grands flocons caséeux blancs.—Nitrate d'argent :
une très-grande quantité de très-grands flocons caséeux
blancs. La liqueur se colora, à la lumière, d'abord en bleu-
verdâtre, puis en bleu, en violet et en rouge.—Per-chlorure
de mercure : trouble médiocre. — Per-chlorure de platine :

une quantité médiocre de flocons d'une médiocre grandeur et d'un blanc jaunâtre. — La teinture de noix de galle ne produisit d'abord aucun effet ; mais, au bout d'un certain laps de temps, elle occasiona un trouble. — Le vinaigre distillé ne détermina qu'au bout de quelque temps la formation de grands flocons blancs et peu consistans.

(TABLE)

RÉACTION DES LIQUEURS FILTRÉES DU CANAL INTESTINAL.

RÉACTIFS.	ESTOMAC.	DUODÉNUM.	INTESTIN GRÊLE. première moitié.	INTESTIN GRÊLE. seconde moitié.	COECUM.
Ebullition	Trouble très-léger.	Très-petite quantité de flocons blancs médiocres.	Magma très-épais, caséeux, d'un blanc brunâtre.	Très-petite quantité de très-petits flocons.	o
Chlore	Trouble léger.	Quantité médiocre de flocons médiocres, d'abord blancs, ensuite fleur de pêcher.	Trouble très-léger.	o	Très-légère effervescence; décoloration.
Acide hydro-chlorique	o	Très-grande quantité de grands flocons caséeux, jaunes.	Magma très-épais, d'un blanc jaunâtre.	Effervescence légère; petite quantité de très-petits flocons brunâtres.	Effervescence considérable; trouble léger.
Acide nitrique	o	Très-grande quantité de grands flocons caséeux, blancs.	Idem.	Effervescence légère; petite quantité de très-grands flocons déliés et blancs.	Effervescence considérable; trouble médiocre; liqueur rougeâtre.
Potasse	Dégagement considérable d'ammoniaque.	Dégagement considérable d'ammoniaque.	Dégagement considérable d'ammoniaque.	Dégagement considérable d'ammoniaque.	Dégagement considérable d'ammoniaque.
Alun	o	Très-grande quantité de gr. flocons caséeux, blancs.	Magma peu épais, d'un blanc jaunâtre.	Effervescence très-légère; très-grande quantité de grands flocons caséeux blancs.	Effervescence médiocre; grande quantité de grands flocons couleur de chair.
Chlorure d'étain	Petite quantité de petits flocons blancs.	Très-grande quantité de grands flocons caséeux, blancs.	Magma très-épais, d'un blanc jaunâtre.	Grande quantité de très-grands flocons d'un blanc brunâtre.	Grande quantité de très-grands flocons caséeux, couleur de chair.
Acétate de plomb neutre	Idem.	Idem.	Idem.	Magma très-épais, d'un blanc jaunâtre.	Idem.
Sous-acétate de plomb	Grande quantité de flocons médiocres, caséeux, blancs.	Idem.	Idem.	Grande quantité de très-grands flocons caséeux blancs; liqueur jaune.	Idem.
Sulfate de fer	o	Idem.	Idem.	Grande quantité de très-grands flocons d'un gris verdâtre.	Grande quantité de très-grands flocons d'un gris brunâtre.
Per-chlorure de fer	o	Magma peu épais, caséeux, d'un blanc jaunâtre; liqueur d'un jaune verdâtre.	Idem.	Grande quantité de grands flocons d'un jaune sale.	Effervescence légère; liqueur claire.
Sulfate de cuivre	o	Très-grande quantité de grands flocons jaunes.	Très-grande quantité de flocons médiocres blancs.	Très-grande quantité de très-grands flocons d'un blanc jaunâtre.	Magma peu épais, d'un gris verdâtre.
Proto-nitrate de mercure	Très-grande quantité de médiocres flocons caséeux, blancs.	Magma peu épais, d'un gris brunâtre.	Magma peu épais, d'un gris brunâtre.	Magma peu épais, d'un gris brunâtre pâle.	Très-grande quantité de très-grands flocons caséeux, couleur de chair.
Per-chlorure de mercure	Trouble très-léger.	Très-grande quantité de grands flocons déliés, d'un jaune sale.	Très-grande quantité de grands flocons blancs.	Très-grande quantité de très-grands flocons déliés, d'un blanc brunâtre.	Très-grande quantité de grands flocons déliés, d'un rose sale.
Nitrate d'argent	Très-grande quantité de très-grands flocons caséeux, blancs.	Magma peu épais, d'un jaune verdâtre.	Magma peu épais, d'un jaune verdâtre, devenant rouge de sang à la lumière.	Très-grande quantité de très-grands flocons d'un jaune verdâtre, devenant pourpres à la lumière.	Grande quantité de flocons médiocres, d'un jaune brunâtre; liqueur fleur de pêcher.
Teinture de noix de galle	Très-grande quantité de petits flocons d'un jaune brunâtre.	Très-grande quantité de très-grands flocons déliés, d'un blanc brunâtre.	Très-grande quantité de très-grands flocons déliés d'un blanc brunâtre.	Grande quantité de très-grands flocons d'un blanc brunâtre.	Très-grande quantité de petits flocons d'un brun rougeâtre.
Teinture de tournesol	Coloration très-forte en rouge.	Coloration légère en rouge.	Neutre.	Neutre.	Neutre.

L'effervescence des liqueurs de la seconde moitié de l'intestin grêle et du cœcum avec les acides, et leur défaut d'action sur le curcuma démontrent la présence du bi-carbonate de soude.

(TABL.)

ÉVAPORATION ET INCINÉRATION DES LIQUEURS FILTRÉES DU CANAL INTESTINAL.

	ESTOMAC.	DUODÉNUM.	INTESTIN GRÊLE. première moitié.	INTESTIN GRÊLE. seconde moitié.	CORCUM.
1°. ÉVAPORATION.					
Quantité de la liqueur qu'on a employée (en grammes).	43,82.	80,31.	31,33.	187,42.	266,74.
Phénomènes pendant l'évaporation.	Petite quantité de flocons : odeur désagréable.	....	Coagulum.	Quelques pellicules ; la liqueur devient d'un jaune verdâtre.	Peu de pellicules et de flocons ; la liqueur devient plus foncée.
Quantité de résidu sec (en grammes).	0,70.	3,37.	1,29.	3,06.	3,07.
Quantité de ce résidu.	Extrait brun-noirâtre, peu transparent.	Pellicule cornée, cassante, d'un jaune brunâtre.	Pellicule cornée, cassante, d'un jaune brunâtre.	Extrait d'un brun jaunâtre avec quelques pellicules.	Extrait solide, d'un brun foncé.
2°. INCINÉRATION. — *L'opération fut rendue plus facile par addition d'un peu de nitrate d'ammoniaque.*					
Quantité de la cendre (en grammes).	0,24.	0,73.	0,32.	2,32.	2,92.
Qualités de la cendre.	Fondue, déliquescente.	Fondue, non déliquescente.	Fondue, non déliquescente.	Fondue, non déliquescente.	Fondue, non déliquescente.
Réactions de la portion de la cendre soluble dans l'eau.					
Teinture de tournesol rouge	o	Coloration médiocre en bleu.	Coloration médiocre en bleu.	Forte coloration en bleu.	Très-forte coloration en bleu.
Acide hydro-chlorique chaud.	o	....	.....o.....	Effervescence médiocre.	Effervescence très-considérable.
Chlorure de calcium, acide hydro-chlorique et ammoniaque.	o	Très-grande quantité de flocons.	Très-grande quantité de flocons.	Très-grande quantité de flocons.	Très-grande quantité de flocons.
Chlorure acide de barium.	Trouble très-léger.	Trouble léger.	Trouble léger.	Trouble léger.	Trouble considérable.
Nitrate acide d'argent.	Coagulum.	Coagulum.	Coagulum.	Coagulum.	Coagulum.
Oxalate de potasse.	Précipité très-abondant.	o	o.	o.	o.
Potasse bouillante, après l'oxalate.	Très-grande quantité de grands flocons.	o	o.	o.	o.
Per-chlorure de platine.	Précipité médiocre.	Précipité médiocre.	Précipité médiocre.	Précipité médiocre.	Précipité médiocre.
Calcination avec l'acide sulfurique.	Sulfate de soude et sulfate de chaux.	Sulfate de soude.	Sulfate de soude.	Sulfate de soude.	Sulfate de soude.
Réactions de la portion de la cendre insoluble dans l'eau, après sa dissolution dans l'acide hydro-chlorique.					
Sulfo-cyanure de potassium.	Légère coloration en rouge.	Colorat. médiocre en rouge.	Forte coloration en rouge.	Colorat. médiocre en rouge.	Colorat. médiocre en rouge.
Ammoniaque.	Très-grande quantité de flocons.	Très-grande quantité de flocons.	Très-grande quantité de flocons.	Très-grande quantité de flocons.	Très-grande quantité de flocons.
Oxalate de potasse, après l'ammoniaque.	Précipité très-abondant.	Précipité médiocre.	Précipité très-faible.	Précipité médiocre.	Précipité médiocre.
Potasse bouillante, après l'oxalate.	Petite quantité de flocons.	Petite quantité de flocons.	Grande quantité de flocons.	Quantité médiocre de flocons.	Petite quantité de flocons.

La portion insoluble dans l'eau de la cendre des liqueurs provenant de l'estomac et du duodénum, donna aussi, avec le borax, un verre rouge pâle ; mais comme l'incinération avait eu lieu sur un feu de charbon, il serait possible que le manganèse provînt de la cendre de ce dernier.

Il résulte de la table précédente que la cendre contenait en sels solubles dans l'eau : 1°. du carbonate alcalin (la cendre de la liqueur stomacale était la seule qui n'en contînt pas) ; 2°. du phosphate alcalin (qui n'existait pas non plus dans celle du liquide de l'estomac) ; 3°. une petite quantité de sulfate alcalin ; 4°. une très-grande quantité de chlorure alcalin. Cet alcali était de la soude, avec un peu de potasse. 5°. En outre, il y avait encore, dans la portion provenant de l'estomac, beaucoup de chlorure de calcium et de sulfate de chaux, avec un peu de chlorure de magnésium. La portion de la cendre soluble dans l'eau contenait : 1°. beaucoup de phosphate de chaux ; 2°. du carbonate de chaux (la portion provenant de l'estomac était celle qui en contenait le plus) ; 3°. de la magnésie ; 4°. de l'oxide de fer.

Il serait possible qu'une pierre calcaire se fût trouvée parmi les cailloux quartzeux qu'on fit avaler au cheval. C'est pourquoi nous ne pouvons décider si le suc gastrique contient par lui-même du chlorure de calcium, ou si ce composé avait été produit par la combinaison de l'acide hydro-chlorique libre du suc gastrique avec la chaux de la pierre calcaire.

(TABLE III.)

QUANTITÉS RESPECTIVES D'EAU, DE MATIÈRE ORGANIQUE ET DE SELS QUI SE TROUVENT DANS LES LIQUEURS FILTRÉES DU CANAL INTESTINAL.

(Les proportions ont été calculées d'après la table II.)

	ESTOMAC.	DUODÉNUM.	INTESTIN GRÊLE.		COECUM.
			première moitié.	seconde moitié.	
100 parties de liqueur donnèrent, en résidu sec	1,6	4.2	4,1	1,6	1,2
100 parties de liqueur contenaient de matière combustible	1,052	3,291	3,08	0,36	0,11
100 parties de liqueur donnèrent, en cendre	0,548	0,909	1,02	1,24	1,09
Parties de cette cendre solubles dans l'eau	0,5024	0,8717	0,972	1,236	1,06
Parties insolubles dans l'eau	0,0456	0,0373	0,0479	0,024	0,03
100 parties de résidu sec contenaient :					
En matière combustible	65,7	78,3	75,2	24,2	4,9
En cendre	34,3	21,7	24,8	75,8	95,1
En parties de cette cendre solubles dans l'eau	31,43	20,81	23,64	74,33	92,49
En parties insolubles dans l'eau	2,87	0,89	1,16	1,47	2,61
100 parties de cendres contenaient :					
En parties solubles dans l'eau	91,67	95,89	95,3	98,06	97,26
En parties insolubles dans l'eau	8,33	4,11	4,7	1,94	2,74

§ III. Conclusions a tirer des expériences sur les organes digestifs du chien et du cheval a jeun. — *État de l'estomac.* — Si l'on ouvre la cavité abdominale d'un chien ou d'un cheval qui vient d'être tué, et auquel on n'a pas donné d'alimens depuis quelque temps, on trouve l'estomac vide, rétréci dans tous les sens, et resserré sur lui-même, par la contraction de sa tunique musculeuse. On n'y aperçoit aucun mouvement. Les lames du péritoine qui s'étendent vers la grande et la petite courbure, ou les épiploons, présentent des surfaces plus étendues, à cause du rapetissement de l'estomac. Les vaisseaux sanguins qui rampent, soit entre ces lames péritonéales, le long des courbures, soit dans les parois du viscère, sont très-sinueux et en même temps un peu rétrécis. Les nerfs de l'estomac sont également raccourcis et sinueux. La tunique celluleuse ou vasculaire, et la tunique interne ou muqueuse forment des plis très-nombreux, saillans et courbés dans tous les sens, qui sont produits par la contraction de la tunique musculeuse.

Suc gastrique. — Chez les chiens à jeun, la membrane interne de l'estomac n'est humectée que par un petit nombre de gouttes d'une liqueur presqu'aussi claire que de l'eau et légèrement trouble, tenant en suspension quelques flocons muqueux, d'un blanc grisâtre, filans entre les doigts, qui adhèrent aux parois de l'organe. Nous trouvâmes, dans l'estomac d'un cheval qui n'avait pas mangé depuis trente heures, cent douze grammes, et dans celui d'un autre cheval environ cinq cents grammes d'une liqueur jaune très-pâle, peu trouble, peu épaisse, mêlée de quelques flocons muqueux blancs. Le liquide contenu dans l'estomac des chiens et des chevaux a une odeur animale, et une saveur légèrement salée. Il n'agit presque pas sur la teinture de tournesol, ou ne la rougit que faiblement, comme nous l'avons vu plusieurs fois dans nos expériences.

Lorsqu'après avoir fait jeûner des chiens et des chevaux, on leur fait avaler de petits cailloux, et qu'on les tue au bout de quelque temps, on trouve l'estomac resserré autour de ces corps étrangers. Mais si les animaux ne sont mis à mort qu'au bout de quelques heures, les pierres ne se retrouvent plus dans l'estomac, dont la membrane musculeuse les a poussées dans le canal intestinal, en se contractant, comme nous l'avons observé sur un chien; ou bien il n'y en reste plus que quelques-unes, ainsi que nous l'avons vu sur un cheval. L'estomac, irrité mécaniquement par les cailloux, contenait une plus grande quantité d'une liqueur blanche-grisâtre, un peu trouble, en partie liquide et transparente, en partie consistante, filante et muqueuse. Trois chiens auxquels nous avions fait avaler des cailloux, fournirent environ trois à cinq grammes de liqueur. L'estomac d'un cheval sur lequel nous avions tenté la même expérience, pour connaître l'effet que produiraient les cailloux, contenait aussi une grande quantité de suc gastrique, avec quelques brins de paille non digérés. La liqueur abondante obtenue après l'ingestion des morceaux de quartz blanc, était très-acide et rougissait fortement la teinture de tournesol, tant chez les chiens que chez les chevaux. Chez le chien, au contraire, auquel nous avions fait avaler des pierres calcaires, la teinture de tournesol ne rougit que faiblement. Mais ici l'acide libre du suc gastrique avait été neutralisé en partie par sa combinaison avec la chaux.

Il résulte donc de ces expériences que, dans l'état de vie, non-seulement la membrane muqueuse de l'estomac, irritée mécaniquement par des cailloux, fournit une sécrétion plus abondante, mais encore que le fluide qu'elle exhale est plus acide que celui d'un estomac non irrité. L'exactitude de cette conclusion est parfaitement démontrée par l'action que le poivre exerce sur l'estomac d'un animal à jeun. Le chien auquel nous avions fait avaler du poivre avait la membrane muqueuse de l'estomac très-rouge, et il fournit près de dix grammes d'un liquide blanc-grisâtre, un peu trouble, d'une saveur salée et d'une odeur acide, qui rougissait très-fortement la teinture de tournesol.

Comme la salive du chien n'est point acide, il est évident que le liquide abondant contenu dans l'estomac irrité n'était point de la salive avalée par l'animal, puisqu'il rougissait le tournesol. Nous ne pouvons pas non plus le considérer comme une sécrétion de l'œsophage, puisque ce canal était peu humecté chez les chiens et chez le cheval auxquels nous avions

11

fait avaler des cailloux, et que le fluide transparent et un peu muqueux qui s'y trouvait ne rougissait pas le tournesol. Viridet avait déjà remarqué que la sécrétion œsophagienne n'est point acide (1). Il résulte donc de là que les physiologistes qui nient l'existence du suc gastrique, comme fluide particulier, sont dans l'erreur.

Si l'on demande quelles sont les sources ou les organes sécréteurs du suc gastrique, nous répondrons qu'il est très-probable que la portion liquide de ce suc provient du sang qui circule dans les réseaux capillaires artériels de la tunique muqueuse de l'estomac, laquelle n'est point couverte d'une sorte d'épiderme, et qu'au contraire la portion plus consistante, filante et muqueuse, paraît être sécrétée par les glandules muqueuses répandues en grand nombre dans le viscère. Blasius et Viridet ont déjà démontré l'existence de glandes nombreuses dans l'estomac du chien et d'autres animaux. Everard Home (2) a décrit et figuré ces glandes, telles qu'on les voit dans plusieurs animaux carnivores et herbivores. Chez l'âne et le cheval (3) on ne les trouve que dans la seconde moitié de l'estomac, celle qui n'est point revêtue d'une couche épidermique.

Au reste, il est difficile, sinon même impossible, d'établir rien de positif à l'égard des sources de la portion liquide et de la portion muqueuse du suc gastrique, parce que nous ne pouvons point observer la sécrétion sur l'estomac d'animaux vivans.

Composition chimique du suc gastrique. — Quant à ce qui concerne la composition chimique du suc gastrique, un grand nombre de physiciens anciens et modernes, Wepfer, Viridet, Rast, Réaumur, Spallanzani, Scopoli, Stevens, Car-

---

(1) *Tractatus novus medico-physicus de prima coctione, præcipueque de ventriculi fermento.* Genève, 1692, in-8°, p. 224. Il trouva, dans un cochon, que le liquide œsophagien n'agissait nullement sur la teinture de tournesol, tandis que celui de l'estomac la rougissait avec beaucoup de force.

(2) *Lectures on comparative anatomy*, vol. 1, p. 137.

(3) Vol. 11, tab. 16.

minati, Brugnatelli, Vauquelin et autres, ont bien cherché
à la découvrir, mais leurs recherches n'ont abouti à aucun
résultat satisfaisant. Il n'y a point de fluide animal par rapport aux propriétés duquel les chimistes et les physiologistes aient émis des opinions si peu d'accord les unes
avec les autres, et même si contradictoires, qu'à l'égard
du suc gastrique. Les uns l'ont cru acide, d'autres alcalin, et d'autres encore neutre. Quelques-uns des plus
grands chimistes du siècle n'ont pas même osé se prononcer sur sa nature, et ont avoué franchement leur ignorance sur tout ce qui concerne l'histoire de ce fluide important.

Il suit de nos expériences que la petite quantité de fluide
qu'on trouve dans l'estomac non irrité, chez les chiens et les
chevaux à jeun, est presque neutre, ou du moins faiblement acide ; mais que, quand l'estomac a été irrité par des
cailloux ou par du poivre, le suc gastrique, beaucoup plus
abondant, contient un acide à l'état de liberté, et rougit la
teinture de tournesol. Viridet, Carminati, Brugnatelli, Werner, etc., ont aussi reconnu la plupart du temps que le suc
gastrique des mammifères était acide. Viridet (1) trouva ordinairement acide le liquide contenu dans l'estomac des chiens,
des chats, des lapins, des lièvres, des écureuils, des héris-
sons et des cochons.

Carminati observa (2) que le suc gastrique était neutre
chez les chiens et les chats à jeun ; mais que quand
ces animaux avaient mangé de la viande, le liquide rougissait le tournesol. Il a trouvé aussi le suc gastrique du
cochon acide. Brugnatelli (3) a remarqué également que
celui des chiens et des chats était acide. Werner (4) a
reconnu la même qualité au suc gastrique, non-seule-

---

(1) *Loc. cit.*

(2) *Untersuchungen ueber die Natur des Magensafts.* Vienne, 1785;
in-8°, p. 123-127.

(3) Dans Crell's *Beitraege zu den Chem. Ann.*, 1786, t. 1, p. 79.

(4) *Diss. sistens experimenta circa modum, quo chymus in chylum mu-
tatur.* Tubingue, 1800, p. 7, 9, 11, 56.

ment de ces animaux, mais encore du lapin et du cheval (1).

---

(1) Nos expériences répandent du jour sur les expériences contradictoires des physiologistes relativement à la neutralité et à l'acidité du suc gastrique de l'homme. Plusieurs physiciens, Spallanzani, Carminati, Gosse, Montègre, Pinel fils, se sont procuré du suc gastrique d'hommes à jeun, pour en examiner les propriétés. On sait que pour l'obtenir ils excitaient le vomissement, soit en avalant de l'air et retenant la respiration, soit en irritant l'arrière-gorge, soit en employant des vomitifs. Spallanzani trouva le suc gastrique qu'il avait vomi le matin, à jeun, après s'être chatouillé le fond de la gorge avec le doigt, écumeux et visqueux. Après quelques heures de repos, ce liquide était limpide comme de l'eau, et avait déposé un léger sédiment. Il était sans couleur et sans amertume, mais il avait une saveur légèrement salée; il ne donnait aucun signe d'acidité ni d'alcalescence. Le suc gastrique que Carminati obtint de deux garçons qui l'avaient vomi à jeun, soit après s'être chatouillé le gosier, soit après avoir pris trois grains d'ipécacuanha, était très-liquide, transparent, un peu salé et sans amertume, et n'altérait ni le sirop de violettes, ni les autres couleurs bleues végétales. Gosse, au contraire, trouva toujours son propre suc gastrique acide, soit qu'il l'eût vomi à jeun, soit qu'il l'eût rendu après avoir mangé. Montègre (*Sur la Digestion dans l'homme*, Paris, 1804) observa que le suc gastrique qu'il vomissait le matin à jeun était trouble, écumeux, visqueux et filant; il avait une saveur acidule et non désagréable. La plupart du temps, mais non constamment, il rougissait le sirop de violettes et la teinture de tournesol. Après avoir mangé des alimens, de la viande, qu'il vomissait à des époques différentes, Montègre trouva toujours que les matières vomies étaient acides, et qu'elles rougissaient les couleurs bleues végétales avec force. Pinel fils remit à Magendie (*Précis élémentaire de Physiologie*, t. ii, p. 11) environ trois onces de suc gastrique qu'il avait rendu par le vomissement, le matin à jeun. Ce liquide était visqueux, transparent, un peu trouble et salé. Il fut examiné par Thenard, qui le trouva composé d'une grande quantité d'eau, d'un peu de mucus, et de quelques sels à base de soude et de chaux: du reste, ni la langue ni les réactifs n'y indiquaient la moindre trace d'acide. Chevreul a analysé deux onces d'un liquide obtenu de la même manière; il y trouva beaucoup d'eau, une grande quantité de mucus, de l'acide lactique uni à une matière animale soluble dans l'eau et insoluble dans l'alcool, enfin une petite quantité d'hydro-chlorate d'ammoniaque et de chlorures de potasse et de soude. Il résulte de ces recherches qu'à jeun le suc gastrique de l'homme était la plupart du temps neutre, comme chez les chiens et les chevaux. Mais on n'en peut pas conclure que ce liquide soit également neutre pendant la digestion, car les alimens que l'homme vomit sont acides, comme l'ont observé Gosse et Mon-

Ce qui indique encore l'existence d'un acide libre dans le suc gastrique, c'est la coagulation du lait, non-seulement dans l'estomac des mammifères vivans, mais même, après la mort, sous l'influence de ce liquide. Presque tous les expérimentateurs qui se sont occupés de la digestion, ont observé ce phénomène. Littre (1) tua de jeunes chiens qui étaient encore à la mamelle, leur ouvrit l'estomac, et trouva le lait caillé; il attribue avec raison cette coagulation à l'action du suc gastrique. Veratti (2), dans ses expériences sur la digestion du lait, chez les chiens et les chats, le trouva toujours caillé dans l'estomac. Spallanzani lui-même (3), qui croyait le suc gastrique neutre, avoue que le lait se coagule dans l'estomac ; il s'était convaincu de ce phénomène par plusieurs expériences sur des chiens et sur des chats, et il avait remarqué en même temps que la membarne interne de l'estomac de ces animaux conservait, après leur mort, la propriété de lui donner naissance. Jean Hunter (4) avait également observé la coagulation du lait dans l'estomac, et hors de ce viscère, par le seul fait de l'addition du suc gastrique. Carminati fit cailler du lait au moyen du suc gastrique d'un cochon. Ev. Home (5) prétend n'avoir observé la coagulation du lait dans l'estomac du chien qu'aux environs du pylore, où se trouvent la plupart des glandes.

Nous avons constamment remarqué cette propriété qu'a l'estomac de cailler le lait, et elle s'est offerte à nous, non-seulement dans sa portion pylorique, mais encore dans sa portion cardiaque. La coagulation s'effectua surtout d'une manière rapide et bien prononcée lorsqu'on versa dans le lait du suc gastrique provenant de l'estomac du chien à qui l'on avait fait avaler du poivre.

---

tègre. Irrité par les substances alimentaires, l'estomac de l'homme, comme celui des chiens, des chevaux et d'autres mammifères, sécrète un suc gastrique acide.

(1) *Hist. de l'Ac. des Sciences de Paris*, 1711, p. 29, n° 7.
(2) *Commentarii Acad. Bononiensis*, t. VI. *Opusc.*, p. 269.
(3) *Exp. sur la digestion*, § 245; et dans Sennebier, *Considér.*, p. 105.
(4) *Observations on certain parts of the animal œconomy*.
(5) *Philosophical Transactions for the year* 1813, P. 1, p. 96.

Mais si l'on ne peut pas douter de l'existence d'un acide libre dans le suc gastrique du chien, du chat, du cheval, du cochon, du lapin et d'autres mammifères, de même que dans la sécrétion de la caillette des ruminans, les chimistes n'ont point encore déterminé la nature de cet acide. Les uns l'ont supposé d'une nature particulière, et l'ont appelé *acide gastrique*; d'autres l'ont regardé comme de l'acide phosphorique; quelques-uns l'ont rapporté à l'acide acétique ou à l'acide lactique; tout récemment enfin on a prétendu que c'était de l'acide hydro-chlorique.

Il résulte de nos expériences que le suc gastrique contient plusieurs acides à l'état de liberté, savoir :

1°. *De l'acide hydro-chlorique.* Nous l'avons trouvé quelquefois en distillant les liqueurs de l'estomac, particulièrement chez le cheval auquel nous avions fait avaler des cailloux à jeun (*Exp.* viii). L'estomac du chien auquel nous avions donné des pierres calcaires contenait du chlorure de calcium (*Exp.* iv). Si la plupart du temps on ne découvrit pas cet acide en distillant les liquides trouvés dans l'estomac d'animaux à jeun, il faut probablement s'en prendre à ce qu'il y existait en trop petite quantité, et à ce que, retenu par une matière animale, il n'avait pas pu se volatiliser.

Prout (1) a aussi constaté dernièrement la présence de l'a-

---

(1) *Philos. Trans. for the year* 1824, P. 1, p. 45. — Prout a déterminé de la manière suivante la quantité d'acide hydro-chlorique libre, d'hydro-chlorate d'ammoniaque et de chlorure de sodium, qui se trouvent dans le suc gastrique des animaux. Il délaya dans de l'eau pure le contenu de l'estomac d'un lapin ou d'un autre animal, et partagea en trois parties la solution débarrassée du précipité par la filtration. Il incinéra immédiatement la première portion, ce qui lui permit de déterminer la quantité de chlorure de sodium, au moyen de la précipitation par le nitrate d'argent. La seconde portion fut saturée avec de la potasse, puis brûlée, ce qui fit connaître la quantité totale de l'acide hydro-chlorique. La troisième portion fut saturée exactement avec une dissolution de potasse d'une force déterminée, ce qui donna la quantité d'acide libre. En soustrayant de la somme totale d'acide hydro-chlorique trouvée par la seconde expérience, celle qui, d'après la première, existait combinée avec la soude, et celle qui, d'après la troisième, se trouvait à l'état libre, il restait celle qui était unie avec l'ammoniaque. En suivant cette marche, Prout trouva que vingt onces de matière vomie

cide hydro-chlorique dans le suc gastrique du lapin, du lièvre, du cheval, du veau et du chien. Cependant il se trompe en disant qu'on n'en trouve pas d'autre dans le liquide stomacal. Lui et Children (1) ont aussi rencontré de l'acide hydro-chlorique dans le liquide vomi par des personnes atteintes de dyspepsie.

2º. *De l'Acide acétique.* Nous avons trouvé beaucoup d'acide acétique libre dans le suc gastrique du chien auquel nous avions fait prendre du poivre. Nous en trouvâmes également dans le suc gastrique des chevaux. Il existait surtout en grande quantité chez le cheval qui avait avalé des cailloux. L'acide lactique trouvé par Chevreul dans le liquide vomi par un homme à jeun n'était autre chose que de l'acide acétique, puisque, d'après les recherches récentes de Berzelius, l'acide lactique et l'acide acétique ne diffèrent point l'un de l'autre. Il en est de même de l'acide lactique, que Graves (2) a reconnu dans le liquide qu'avait vomi une femme atteinte de dyspepsie.

3º. *De l'Acide butyrique.* Nous l'avons trouvé deux fois dans le suc gastrique des chevaux (*Exp.* VII et VIII).

---

par un homme atteint d'une violente dyspepsie, contenaient plus d'une demi-drachme d'acide hydro-chlorique, ayant une pesanteur spécifique de 1,160. — La méthode de Prout ne nous paraît exacte qu'en ce qu'on peut déterminer, par les deux premières opérations, d'un côté la quantité d'acide hydro-chlorique unie à un alcali fixe, de l'autre celle qui existe à l'état de liberté ou combinée avec l'ammoniaque. Mais elle nous semble dénuée de certitude sous ce point de vue qu'elle suppose que l'acide libre est uniquement de l'acide hydro-chlorique, tandis que nous avons trouvé si souvent de l'acide acétique, et même quelquefois de l'acide butyrique. Dans ce cas, la quantité d'acide hydro-chlorique libre indiquée par la troisième expérience devrait être beaucoup trop considérable, parce qu'elle comprenait également de l'acide acétique; si ensuite on retranchait cet acide libre, et celui qui, d'après la première expérience, est combiné avec la soude, de la quantité totale d'acide hydro-chlorique déterminée par la seconde expérience, on trouverait que la quantité d'acide hydro-chlorique combinée avec l'ammoniaque serait beaucoup trop petite.

(1) *Annals of Philosophy*, jul. 1824.

(2) *Transactions of the Association of fellows and licentiates of College of physicians in Ireland.* Dublin, 1804, vol. IV, n° 3o.

En outre, le suc gastrique des animaux à jeun contenait du mucus, mais point d'albumine : au moins n'y avons-nous pas trouvé cette dernière substance chez les chiens. On n'en rencontra une petite quantité que dans le suc gastrique du cheval qui avait avalé des cailloux. (*Exp.* VIII.)

Le suc gastrique du chien et du cheval contenait une matière animale insoluble dans l'alcool, mais soluble dans l'eau : c'était de la matière salivaire.

On trouva aussi, dans le suc gastrique d'un chien et d'un cheval, une autre matière animale soluble dans l'alcool : c'était de l'osmazôme.

Voici quels sont les sels que l'on rencontra dans la cendre du suc gastrique filtré.

1°. Dans le chien, beaucoup de chlorure et un peu de sulfate alcalins. Jamais on ne trouva ni carbonate ni phosphate alcalins. L'alcali était en grande partie de la soude. La cendre contenait encore un peu de carbonate et de phosphate de chaux, quelquefois aussi du sulfate de chaux et du chlorure de calcium.

2°. Dans le cheval, la partie soluble de la cendre consistait en une grande quantité de chlorure et une petite de sulfate alcalin. L'alcali était de la soude, avec un peu de potasse. On trouva, en outre, dans un cheval, beaucoup de chlorure de calcium et de magnésium. La portion insoluble de la cendre contenait du carbonate et du phosphate de chaux, avec un peu de magnésie, d'oxide de fer, et même, à ce qu'il nous semble, d'oxide de manganèse.

Le suc gastrique du cheval qui servit à l'expérience VI, contenait, en outre, d'après l'analyse, un peu de résine et de graisse, et de l'acétate d'ammoniaque.

Vésicule biliaire et bile. — Dans tous les chiens qui avaient jeûné pendant quelque temps, la vésicule était gorgée de bile, observation que d'autres expérimentateurs ont également faite dans des cas analogues. Il résulte de là que, chez les animaux à jeun, la bile ne se verse qu'en petite quantité dans le canal intestinal. Cependant la vésicule du chien auquel on avait fait avaler du poivre était moins remplie. Il semble que cette substance ait, par l'excitation qu'elle produisit, déterminé la bile à couler en plus grande abondance dans le canal intestinal. La bile que contenait la vésicule était très-foncée en couleur, visqueuse et filante.

Dans les chevaux, qui n'ont point de vésicule du fiel, la bile se trouvait accumulée dans les larges canaux biliaires. Comme les alimens manquent rarement à ces animaux, et qu'en outre la difficulté de dissoudre les substances qui servent à leur nourriture rend la digestion plus longue chez eux que chez les carnassiers, la bile coule probablement sans interruption dans l'intestin, tandis que, chez les carnassiers, elle se ramasse dans un réservoir particulier. Chez ces derniers animaux, qui digèrent rapidement leur nourriture, composée de viande, et dont la digestion est souvent interrompue, parce que c'est le hasard qui leur procure des alimens, un pareil réservoir est d'une haute importance.

Intestin grêle. — Il était rétréci, et même resserré sur lui-même, chez les chiens et les chevaux. Son mouvement péristaltique avait lieu d'une manière très-lente, souvent presqu'insensible, parce que le défaut de nourriture ne sollicitait pas le canal intestinal à exécuter de vives contractions.

Dans les chiens, le duodénum contenait un liquide plus ou moins consistant, blanchâtre, muqueux et coloré par un peu de bile. Ce liquide devenait de plus en plus consistant, dans l'intestin grêle, à mesure qu'on l'examinait plus bas, et il prenait une teinte jaunâtre ou d'un brun jaunâtre. Le plus souvent on voyait nager, dans la première moitié de l'intestin grêle, de petits flocons d'un jaune verdâtre, ou d'un brun jaunâtre, qui s'agrandissaient peu à peu en descendant. Ces flocons étaient composés de mucus intestinal condensé et de mucus biliaire, avec la résine, le principe gras et le principe colorant de la bile. Évidemment ils représentaient le commencement d'une matière excrémentitielle, qui n'existait qu'en petite quantité chez les animaux à jeun.

Lorsqu'on avait laissé jeûner les chiens pendant long-temps, et qu'on ne leur avait point fait avaler de cailloux, la face interne de la membrane muqueuse ne paraissait couverte que d'une couche mince d'une matière très-consistante, blanchâtre et un peu teinte en jaune, et la quantité de bile contenue dans l'intestin était peu considérable. Au contraire, dans les chiens à qui l'on avait fait avaler des cailloux ou du poivre, on trouva une plus grande quantité de mucus diffluent et filant, et la bile était plus abondante dans le canal. Il paraît donc que la sécrétion du mucus intestinal et l'écoulement abondant de la bile étaient le résultat de l'excitation produite par les cailloux et le poivre.

On remarqua, dans le duodénum et dans le premier tiers de l'intestin grêle, un liquide fort abondant, d'un jaune brunâtre, trouble, aqueux, et souvent accompagné d'une matière très-consistante, qui filait comme de l'albumine liquide. Il y avait en même temps de petits grumeaux muqueux opaques. Le liquide acquérait de plus en plus de consistance, et sa teinte brune devenait de plus en plus foncée, à mesure qu'on l'examinait plus bas; vers la fin de l'intestin grêle, il représentait des masses muqueuses plus épaisses, opaques, qui exhalaient une odeur désagréable, mais différente de celle des véritables excrémens. Ces masses contenaient le principe colorant, la résine et le principe gras de la bile.

Si le liquide était plus abondant dans les chevaux que dans les chiens, cette circonstance tient peut-être à ce que, les premiers de ces animaux étant privés de vésicule biliaire, la bile coule en grande quantité dans leur canal intestinal, même lorsqu'ils sont à jeun, et détermine, par l'irritation qu'elle cause à la surface de la membrane muqueuse, une sécrétion plus copieuse de mucosité.

Le fluide, en partie liquide, en partie muqueux, épais et filant, que l'on trouve dans le canal intestinal, est sécrété par la tunique interne ou villeuse. La portion consistante et filante paraît provenir des nombreuses glandes de Brunner disséminées isolément dans toute l'étendue du tube intestinal, et des glandes de Peyer accumulées sur le bord libre de ce dernier; mais la sécrétion de la portion aqueuse semble être due aux nombreuses ramifications artérielles qui se répandent dans la membrane muqueuse.

Comme la sécrétion des glandes intestinales se mêle avec le liquide exhalé par les artères, et qu'on ne saurait obtenir chacun de ces deux produits à part, il est impossible de faire connaître leurs propriétés d'une manière plus précise. Cependant nous avons vu sur un chien (*Exp.* III), après avoir essuyé avec soin le mucus diffluent qui couvrait la face interne de la membrane muqueuse, qu'en pressant les glandes de Peyer il en sortait des gouttelettes d'un liquide gris-blanchâtre, très-consistant. Ce liquide avait une saveur légèrement salée, et ne filait point entre les doigts.

La grande étendue de la membrane muqueuse de l'intestin grêle, la multitude de vaisseaux qu'elle reçoit, et le nombre prodigieux de glandules éparses ou rapprochées les unes des autres qu'elle contient, doivent rendre très-considérable la quantité de mucus intestinal qu'elle sécrète pendant la digestion. Cependant il n'est pas possible d'évaluer exactement cette quantité, parce que le mucus intestinal se trouve mêlé avec les alimens dissous, la bile et le suc pancréatique. On sait que la membrane muqueuse a bien plus d'étendue chez les animaux qui vivent de substances végétales que chez ceux qui se nourrissent de matières animales, parce que le canal intestinal des premiers est beaucoup plus long : nous devons donc admettre qu'une plus grande quantité de mucus animal se sécrète et se mêle avec les alimens chez ceux-ci que chez les autres. On sait aussi que le nombre des glandes intestinales est plus grand chez les herbivores que chez les carnivores.

A l'égard des propriétés chimiques des substances contenues dans l'intestin grêle, chez les animaux qui sont à jeun, les conclusions suivantes découlent de nos expériences.

1°. Le liquide muqueux de l'intestin grêle des chiens et des chevaux contenait un peu d'acide libre dans le premier tiers ou dans la première moitié : aussi rougissait-il faiblement la teinture de tournesol ; mais, dans le reste de l'intestin grêle, il n'était point du tout acide, ou ne l'était que très-peu chez les chiens, et contenait même du bi-carbonate de soude chez les chevaux. Nous ne pouvons dire quelle était la nature de l'acide, parce qu'il existait en trop petite quantité. Nous présumons seulement que c'était principalement de l'acide acétique.

2°. Le liquide de l'intestin grêle contenait, indépendamment du mucus, beaucoup d'albumine. Nous trouvâmes cette substance dans toute l'étendue de l'intestin grêle chez le chien auquel nous avions fait avaler du poivre. Nous en rencontrâmes aussi dans la première moitié de ce même organe chez le cheval qui était à jeun (*Exp.* vi). Il y en avait une plus grande quantité dans tout l'intestin grêle, chez celui qui avait avalé des cailloux (*Exp.* xiii).

Cette albumine provient probablement en partie du suc pancréatique qui s'est versé dans le canal intestinal ; mais elle paraît être aussi sécrétée en partie dans les glandes de ce dernier. Sa plus grande abondance après l'ingestion du poivre et des cailloux, doit sans doute être attribuée à l'action irritante que ces substances exerçaient sur le canal.

3°. On trouva, dans les liqueurs filtrées de l'intestin grêle des chevaux, une substance analogue à la matière caséeuse, précipitable par les acides, mais non par l'ébullition. Comme cette matière existe aussi dans le suc pancréatique, il est vraisemblable qu'elle en provient.

4°. Les liqueurs intestinales filtrées d'un cheval (*Exp.* viii) contenaient une matière précipitable par le chlorure d'étain. C'était probablement de la matière salivaire et de l'osmazôme, dont une grande quantité fut trouvée à l'analyse. Cependant la précipitation peut avoir dépendu aussi en partie du phosphate de soude contenu dans les liqueurs. La matière trouvée dans l'intestin grêle des chevaux (*Exp.* vi et viii), qui ressemble à l'albumine pour la consistance, mais qui, sous le rapport chimique, en diffère beaucoup, et se rapproche davantage de la matière salivaire, mérite une attention particulière.

5°. Une matière qui rougissait par le chlore et le per-chlorure de mercure fut trouvée dans le liquide intestinal des chevaux (*Exp.* vi, viii). Elle se montra aussi dans la partie inférieure de l'intestin grêle du chien à qui l'on avait fait avaler du poivre, lorsqu'on versa dans la liqueur du per-chlorure et du nitrate de mercure (1).

---

(1) Il est remarquable que, comme le prouveront un grand nombre des expériences faites sur les mammifères et les oiseaux, dont il nous

6°. On trouva peu de résine biliaire dans le liquide de l'intestin grêle tout entier du cheval (*Exp.* VI). La partie inférieure de cet organe contenait aussi une très-petite quantité de graisse.

7°. On rencontra également chez le cheval (*Exp.* VI), dans la portion supérieure de l'intestin grêle, une matière faiblement acide et azotée, analogue à l'acide allantoïque, à l'acide urique et à l'oxide cystique.

8°. Quant aux sels, les suivans furent ceux que l'on obtint en incinérant les liqueurs intestinales filtrées du cheval.

a. Sels solubles dans l'eau : beaucoup de phosphate et de chlorure alcalins, peu de sulfate, et du carbonate alcalins; ce dernier en petite quantité dans la portion supérieure de l'intestin grêle, très-abondant, au contraire, dans l'inférieure. Le carbonate ne provenait pas uniquement de l'incinération de l'acétate de soude, qui y existait sans doute aussi, car on le trouvait déjà tout formé dans la portion inférieure de l'intestin grêle, à l'état de bi-carbonate. L'alcali était de la soude, avec un peu de potasse.

---

reste encore à parler, que la portion supérieure de l'intestin grêle contient souvent une matière qui est rougie par le chlore, mais qui ne l'est pas par les acides et par les sels métalliques, tandis que l'on rencontre dans la portion inférieure, et plus fréquemment encore dans le cœcum et le gros intestin, une autre matière qui n'est pas rougie par le chlore, mais qui l'est par les acides hydro - chlorique et nitrique, souvent aussi par le chlorure d'étain, les sels de plomb, le per-chlorure de mercure, etc. On voit tantôt la liqueur prendre une teinte rouge, et tantôt un précipité rouge se former, tandis que la liqueur se décolore; ce dernier cas a lieu quand de l'albumine ou une substance analogue, précipitable par les réactifs qui viennent d'être indiqués, entraîne avec elle la matière rouge. Nous n'osons pas décider si la matière qui ne rougit pas par le chlore, mais qui le fait par les acides et les sels métalliques, est la même que la première, à quelques modifications près que celle-ci a subies lors de son passage dans l'intestin, ou bien si c'est un nouveau produit sécrété par la portion inférieure de l'intestin grêle et le cœcum. Au reste, ces deux matières ne proviennent point des alimens ou de la bile, puisqu'on les a trouvées aussi bien chez les animaux qu'on avait laissé jeûner que chez ceux auxquels le canal cholédoque avait été lié parfaitement. La matière que le chlore rougit tire plutôt son origine du suc pancréatique, puisque nous l'avons rencontrée au moins dans le suc pancréatique d'un chien.

b. Sels insolubles dans l'eau : du phosphate de chaux, le plus souvent avec un peu de carbonates de chaux et de magnésie.

À l'égard du rôle que joue le suc intestinal, les expériences dont il nous reste à parler, sur les animaux tués pendant le travail de la digestion, démontreront qu'il sert en partie à dissoudre certains résidus d'alimens qui passent de l'estomac dans l'intestin grêle, mais qu'il est absorbé aussi en partie avec les substances alimentaires parfaitement dissoutes, et qu'il communique à ces dernières des qualités qui les rapprochent du sang. Sa portion muqueuse, celle qui a le plus de consistance, forme les excrémens, de concert avec la résine, le principe gras, le mucus et le principe colorant de la bile.

Cœcum. — Le cœcum des chiens, qui est petit et un peu contourné en spirale, fut trouvé le plus souvent vide et rétréci. Un peu de mucus jaune-blanchâtre et filant adhérait à sa face interne. Nous rencontrâmes dans les chiens qui avaient avalé des cailloux et du poivre, une petite quantité d'excrémens consistans, d'un brun verdâtre, composés de mucus et de bile, avec lesquels était mêlé de l'air.

Le grand cœcum des chevaux était encore assez rempli, même après que l'animal avait passé vingt-huit heures sans recevoir de nourriture. Il contenait une masse consistante, pultacée, d'un brun verdâtre, un peu écumeuse, exhalant l'odeur des excrémens et du gaz acide hydro-sulfurique. Cette masse était composée de mucus, de bile, de brins de paille et de fibres végétales. Les fibres dures et difficiles à dissoudre des plantes sèches paraissent faire un très-long séjour dans le cœcum des chevaux.

Quant aux recherches chimiques faites sur les matières contenues dans lé cœcum, il est à remarquer que, dans tous les chiens sur lesquels nous avons fait des expériences, elles rougissaient la teinture de tournesol, comme faisait aussi le mucus adhérant aux parois. Viridet avait déjà observé cette particularité chez plusieurs animaux, et nous l'avions également remarquée autrefois dans d'autres expériences sur les chiens. Les grosses et nombreuses glandes qui existent dans le cœcum de ces animaux sécrètent sans doute une liqueur acide. En pressant entre les doigts celles du chien auquel nous avions fait avaler des cailloux (*Exp.* iii), nous en vîmes découler un liquide épais, d'un blanc grisâtre tirant sur le rougeâtre, qui rougissait le tournesol, et avait une saveur légèrement salée.

La présence d'une liqueur acide dans le cœcum semble indiquer que là commence un nouveau période de la digestion.

La matière trouvée dans le cœcum des chevaux contenait, au lieu d'un acide libre, du bi-carbonate de soude.

Un peu d'albumine se rencontra dans le cœcum d'un chien à qui l'on avait fait prendre du poivre. On trouva aussi, dans le même chien et dans un cheval, un peu d'une matière analogue au caséum, et précipitable par les acides. L'acide hydro-chlorique produisit une coloration en rouge dans les liqueurs filtrées du cœcum des chevaux. L'alun, le chlorure d'étain, le nitrate de plomb, celui de mercure et le perchlorure de mercure donnèrent lieu à un précipité rouge. D'après l'analyse faite sur un cheval (*Exp.* vi), la liqueur filtrée du cœcum contenait, en matières animales, de l'albumine, du caséum, de l'osmazôme, de la matière caséeuse et un peu de résine fétide et de graisse.

Les sels obtenus par l'incinération de la liqueur filtrée du cœcum des chevaux étaient :

1°. Sels solubles dans l'eau : beaucoup de carbonate (dont la plus grande partie existait toute formée avant l'incinération, et une faible partie seulement à l'état d'acétate), de phosphate et de chlorure alcalins, avec un peu de sulfate. L'alcali était encore de la soude, avec un peu de potasse.

2°. Sels insolubles dans l'eau : beaucoup de phosphate calcaire, avec un peu de carbonate calcaire et un peu de magnésie.

Gros intestin et rectum. — Le gros intestin et le rectum de la plupart des chiens étaient rétrécis et vides. Un peu de mucus jaunâtre et non acide adhérait à leurs parois. Dans le chien à qui l'on avait fait avaler des pierres calcaires, on trouva, immédiatement au-dessous du cœcum, une matière pultacée, verdâtre, très-fétide, composée de mucus intestinal consistant et mêlé de bile, qui contenait quelques poils et plumes. Cette matière rougissait encore un peu le tournesol. Elle formait dans le rectum de petites masses très-consistantes et moulées.

Le rectum du chien qui avait avalé du poivre contenait des excrémens secs et d'un brun verdâtre. La liqueur filtrée qu'on obtint après les avoir lavés dans de l'eau, ne rougissait pas le tournesol, et contenait très-peu d'albumine, mais bien une grande quantité de matière animale précipitable par la teinture de noix de galle.

On trouva dans le colon et le rectum des chevaux des excrémens bruns, qui étaient plus secs et plus consistans que ceux contenus dans le cœcum. Ces excrémens étaient accompagnés de quelques flocons muqueux. La liqueur filtrée du colon contenait, dans le cheval (*Exp.* VI), de l'albumine ou du caséum, de l'osmazôme, de la matière salivaire, une matière qui rougissait par le per-chlorure de mercure, de la résine biliaire, avec un peu de graisse et une matière exhalant une odeur excrémentitielle, enfin les mêmes sels que le contenu filtré du cœcum.

SECTION III.

EXPÉRIENCES SUR LES CHANGEMENS QUE LES ALIMENS SUBISSENT PENDANT LA DIGESTION.

---

§ I. Expériences sur des chiens. — I. *Sur des chiens nourris avec des alimens simples. — Exp.* IX. *Sur la digestion de l'albumine liquide.*

Un petit chien fut abondamment nourri pendant plusieurs jours avec de l'albumine liquide. Le dernier jour, vers les huit heures du matin, il mangea le blanc de huit œufs de poule. Trois heures après on le tua d'un coup sur la tête.

A. L'estomac contenait 8 grammes d'une masse muqueuse jaunâtre, qui rougissait faiblement la teinture de tournesol. Cette masse fut étendue d'eau et mise sur le filtre. La liqueur qui passa, et qui était très-fluide, avait une teinte jaune-pâle.

B. On trouva dans le duodénum 16 grammes d'un mucus jaune, qui rougissait la teinture de tournesol. La liqueur filtrée qu'on obtint de ce mucus traité par l'eau, était d'un jaune pâle.

C. La première moitié du reste de l'intestin grêle contenait 31 grammes d'une masse muqueuse, jaune-brunâtre, et un peu écumeuse, qui rougissait faiblement la teinture de tournesol. Le liquide filtré qu'on obtint par le moyen de l'eau, était d'un jaune-brunâtre.

D. La seconde moitié de l'intestin grêle contenait 31 grammes d'une masse muqueuse, très-écumeuse, d'un jaune citron vif, qui rougissait faiblement la teinture de tournesol, et qui, traitée par l'eau, donna une liqueur filtrée médiocrement jaune.

E. Il y avait dans le cœcum 16 grammes d'une masse muqueuse, d'un brun jaunâtre, qui ne rougissait pas sensiblement la teinture de tournesol, et qui donnait par l'eau un liquide médiocrement jaune, après la filtration.

F. Le gros intestin contenait de l'excrément brun, qui, traité par l'eau, donna, après la filtration, un liquide jaune-brunâtre.

G. Le chyle retiré du canal thoracique était d'un rouge pâle. Il se partagea en un coagulum blanc-rougeâtre, translucide, et en un sérum coloré en jaune-rougeâtre pâle.

H. La bile contenue dans la vésicule était d'un brun verdâtre pâle et assez fluide.

RÉACTIFS.	ESTOMAC.	DUODÉNUM.	INTESTIN GRÊLE (première moitié).	INTESTIN GRÊLE (seconde moitié).	CŒCUM.	GROS INTESTIN.
Ebullition..........	(1) o	Trouble considérable, blanc.	Magma considérable, gélatineux, cohérent, jaune, transparent.	Magma considérable, gélatineux, cohérent, jaune, transparent.	Magma considérable, gélatineux, jaune, transparent.	Magma considér., gélatineux, cohérent, blanc-brunâtre, transparent.
Chlore.............	Précipité médiocre blanc.	Quantité médiocre de grands flocons d'un blanc rougeâtre.	Grande quantité de grands flocons roses, liqueur d'un jaune brunâtre.	Quantité médiocre de très-petits flocons blancs.	Quantité médiocre de flocons médiocres, d'un blanc sale.	Grande quantité de flocons médiocres d'un blanc brunâtre; liqueur rose.
Acide hydro-chlorique.	Trouble médiocre blanc.	Quantité médiocre de petits flocons d'un jaune pâle.	Magma considérable, gélatineux, d'un blanc jaunâtre, opaque.	Magma considérable, gélatineux, blanc, opaque.	Magma considérable, gélatineux, d'un blanc rougeâtre et jaunâtre, opaque.	Très-grande quantité de petits flocons d'un blanc sale; liqueur brunâtre.
Acide nitrique.......	Petite quantité de grands flocons blancs.	Très-grande quantité de grands flocons blancs.	id.	id.	id.	id.
Potasse............	Très-léger dégagement d'ammoniaque.	Léger dégagement d'ammoniaque.	Dégagement considérable d'ammoniaque.	Dégagement considérable d'ammoniaque.	Dégagement considérable d'ammoniaque.	Dégagement considérable d'ammoniaque.
Eau de chaux........	Léger trouble blanc.	Petite quantité de grands flocons déliés, blancs.	Trouble considérable, jaune.	o	o	o
Alun mêlé avec du chlorure de sodium.....	o	Petite quantité de flocons médiocres blancs.	Coagulum jaune; liqueur décolorée.	Membrane épaisse et blanche au fond du vase.	o	o
Chlorure d'étain.....	Quantité médiocre de petits flocons blancs.	Grande quantité de grands flocons d'un blanc rougeâtre sale.	Magma considérable, gélatineux, blanc-jaunâtre, opaque.	Magma peu considérable, consistant, blanc.	Magma considérable, consistant, blanc-jaunâtre.	Grande quantité de grands flocons caséeux blancs; liqueur jaune-brunâtre.
Nitrate de plomb....	Petite quantité de grands flocons déliés, blancs.	Grande quantité de grands flocons blancs.	Coagulum jaune, consistant; liqueur décolorée.	id.	Magma peu considérable, consistant, blanc.	Très-grande quantité de très-grands flocons blancs.
Sous-acétate de plomb.	Petite quantité de grands flocons blancs.	Petite quantité de grands flocons blancs.	Magma considérable, gélatineux, blanc-jaunâtre, opaque.	id.	Magma peu considérable, consistant, blanc.	Très-grande quantité de très-grands flocons d'un blanc brunâtre.
Sulfate de fer.......	Trouble médiocre blanc.	Quantité médiocre de flocons médiocres blancs.	Magma peu considérable, jaune.	Trouble médiocre.	Trouble très-léger.	Trouble très-léger.
Per-chlorure de fer....	Petite quantité de petits flocons blancs.	Petite quantité de petits flocons blancs.	Magma considérable, cohérent, d'un blanc sale, opaque.	Coagulum blanc; liqueur jaune.	Grande quantité de grands flocons déliés, blancs; liqueur jaune.	Petite quantité de très-petits flocons blancs; liqueur brune.
Sulfate de cuivre......	Trouble léger.	Grande quantité de flocons médiocr. blancs.	Coagulum d'un blanc sale.	Précipité léger blanc.	Précipité léger, blanc.	Quantité médiocre de petits flocons.
Proto-nitrate de mercure.	Petite quantité de grands flocons blancs.	Grande quantité de grands flocons caséeux, d'un gris brunâtre.	Magma considérable, blanc-brunâtre et gris.	Magma considérable, blanc-brunâtre et gris.	Magma considérable, blanc-brunâtre et gris.	Magma considérable, blanc-brunâtre et gris.
Per-chlorure de mercure.	Petite quantité de grands flocons déliés, blancs.	Quantité médiocre de grands flocons déliés, blancs.	Magma considérable, d'un rouge de chair pâle, opaque.	Magma peu considérable, blanc; liqueur d'un jaune brunâtre pâle.	Magma peu considérable, blanc; liqueur d'un jaune brunâtre pâle.	Coagulum mou, d'un rose vif; liqueur d'un rouge brunâtre.
Alcool.............	Très-petite quantité de petits flocons déliés, blancs.	Petite quantité de petits flocons déliés, blancs.	Très-grande quantité de très-grands flocons gélatineux, blancs.	Très-grande quantité de très-grands flocons gélatineux, blancs.	Très-grande quantité de très-grands flocons gélatineux blancs.	Coagulum d'un blanc brunâtre.
Teinture de noix de galle.	Grande quantité de flocons médiocres d'un blanc jaunâtre.	Grande quantité de grands flocons jaunes.	Grande quantité de petits flocons d'un jaune brunâtre pâle.	Magma peu considérable, d'un blanc jaunâtre; liqueur décolorée.	Magma peu considérable, d'un blanc jaunâtre; liqueur décolorée.	Très-grande quantité de très-grands flocons déliés, d'un rouge de chair pâle.
Teinture de tournesol..	Neutre.	Légère coloration en rouge.	Très-légère coloration en rouge.	Légère coloration en rouge.	Neutre.	Forte coloration en rouge.

(1) La liqueur de l'estomac était très-étendue d'eau, ce qui fit aussi qu'elle n'agit plus [...] le résidu dans l'eau, on obtient un solutum très-trouble, ce qui pouvait indiquer la pré[sence...] aussi facile à digérer que l'albumine ne fait pas un long séjour dans l'estomac, car ce [...] rectum, qui donnèrent, par les réactifs, les plus forts indices de l'existence de l'alb[umine...] sur la teinture de tournesol. Cependant lorsqu'on l'eut évaporée, et qu'on [l']eut redissous [...] sence d'un peu d'alumine. Quoi qu'il en soit, cette expérience démontre qu'un aliment [...] furent les liquides contenus dans la partie inférieure de l'intestin grêle, le cœcum et le [...] mine.

Exp. x^e. — *Sur la digestion de l'albumine concrète.* — On fit manger à un basset, le soir, vers six heures, le blanc de dix œufs durs. L'animal en avala autant le lendemain matin, à six heures. Vers dix heures, on le tua en lui versant quelques gouttes d'acide hydro-cyanique pur sur la langue. Les cavités de la poitrine et du bas-ventre furent ouvertes immédiatement après.

A. L'estomac était très-distendu. Ses parois se contractaient faiblement lorsqu'on les irritait avec la pointe du scalpel. Le mouvement péristaltique du canal intestinal était très-vif. On trouva encore dans l'estomac beaucoup de morceaux d'albumine concrète grossièrement mâchés, dont la couleur n'avait subi aucune altération. A l'intérieur, cette substance conservait encore sa solidité et sa cassure conchoïde ; mais elle était considérablement ramollie à la surface, de telle sorte qu'il était facile d'en détacher avec les doigts une masse molle et pultacée. Cette portion ramollie rougissait la teinture de tournesol. Entre les morceaux d'albumine se trouvait un liquide blanc-grisâtre, abondant surtout près du pylore. Le liquide, qui rougissait fortement la teinture de tournesol, était composé de suc gastrique tenant de l'albumine en dissolution.

La membrane interne de l'estomac rougissait également la teinture de tournesol. On la lava avec de l'eau, qui, chauffée doucement avec du lait, fit coaguler ce dernier. Le coagulum était assez cohérent, mais beaucoup moins toutefois que celui qu'on obtient par la présure, car il se réduisait en flocons par l'agitation. Les morceaux d'albumine contenus dans l'estomac, et le liquide accumulé entre eux, furent agités avec de l'eau, après quoi l'on filtra la liqueur. Voici quelles furent les réactions du liquide filtré.

Acide nitrique : trouble léger. — Cyanure de fer et de potassium : trouble très-léger (ceci nous paraît démontrer la présence de l'albumine coagulée dissoute dans un acide, puisque le cyanure de potassium et de fer ne produit ordinairement pas de trouble avec d'autres liquides de l'estomac et du canal intestinal). — Proto-nitrate de mercure : une grande quantité de grands flocons blancs. — Teinture de

noix de galle : une grande quantité de flocons. — Teinture
de tournesol : très-forte coloration en rouge. — Nitrate de
plomb, per-chlorure de fer et per-chlorure de mercure : rien.

Une partie du liquide, filtrée, fut distillée au bain-marie. Le
résidu sec, contenu dans la cornue, était brun et transparent. Il fut dissous dans l'eau. La dissolution, qui rougissait
le tournesol, fut neutralisée par le bi-carbonate de potasse
(qui ne contenait qu'une trace d'acide hydro-chlorique),
évaporée à siccité et traitée par l'alcool absolu. La liqueur
alcoolique, d'un jaune pâle, fut évaporée, et l'on versa de
l'acide phosphorique concentré sur le résidu, qui développa
une odeur animale aigre, donna des vapeurs par l'ammoniaque, et rougit, pendant qu'on le chauffait, le papier
de tournesol placé sous la plaque de verre avec laquelle on
avait couvert le vase. Le produit de la distillation ne rougissait pas le tournesol, et ne dissolvait point l'oxide de plomb.
Par conséquent tout l'acide (probablement de l'acide hydro-chlorique et de l'acide acétique) était resté dans la matière animale, sans se volatiliser.

B. Il y avait, dans le duodénum, une grande quantité de
chyme, mêlé avec de la bile. Sur plusieurs points on voyait
de grands flocons blancs, assez consistans. Le liquide contenu
dans cette portion du tube alimentaire réagissait faiblement
comme acide.

C. On trouva dans l'intestin grêle une matière muqueuse,
qui devenait d'un jaune de plus en plus foncé, et acquérait
de plus en plus de consistance à mesure qu'on descendait.
Çà et là on voyait de petites bulles d'air. Immédiatement
avant l'insertion de l'intestin grêle dans le gros, on rencontra une matière pultacée, brune, qui répandait une odeur
d'excrément. Cette matière ne rougissait pas la teinture de
tournesol.

Le contenu de l'intestin grêle fut lavé avec de l'eau.

a. Le mucus lavé se présentait sous la forme de flocons
blancs. On fit digérer ces flocons avec du vinaigre distillé :
ils se resserrèrent beaucoup sur eux-mêmes. Après qu'on eut
décanté le vinaigre, on les mit en digestion avec de l'eau, à
laquelle ils ne communiquèrent point la propriété de se trou-

bler par la teinture de noix de galle, peut-être parce qu'elle
avait dissous trop peu de matière animale. Cependant, lorsqu'on la fit évaporer, elle laissa un peu de résidu brun. Le
vinaigre décanté ne se troublait non plus que très-faiblement par la teinture de noix de galle et par le proto-nitrate
de mercure ; mais il ne se troublait pas par l'acide nitrique,
l'acide hydro-chlorique, le nitrate de plomb, le per-chlorure de mercure, le per-chlorure de fer et le cyanure de
fer et de potassium.

b. L'eau avec laquelle on avait lavé le mucus se comporta
de la manière suivante avec les réactifs. Acide nitrique :
trouble considérable. — Cyanure de fer et de potassium :
trouble très-léger. — Proto-nitrate de mercure : une grande
quantité de grands flocons. — Teinture de noix de galle : trouble
considérable. — Teinture de tournesol ; légère coloration en
rouge. — Nitrate de plomb et per-chlorure de mercure : rien.

D. Le cœcum était rempli d'une masse pultacée, brune et
fétide, qui rougissait un peu la teinture de tournesol.

E. Il y avait peu d'excrémens dans le gros intestin. Ces
excrémens augmentaient de consistance et devenaient moulés en se rapprochant du rectum.

F. La vésicule biliaire était à moitié remplie de bile.

G. Les vaisseaux lymphatiques de la première moitié de
l'intestin grêle regorgeaient d'un chyle blanc. Le canal thoracique, lié et piqué, fournit, dans l'espace de deux minutes,
huit grammes de chyle également blanc, qui ne rougissait
point à l'air, et qui se coagulait complètement.

a. Le coagulum était blanc, sans trace de couleur rouge,
même après qu'il se fut contracté, sur un entonnoir, en une
pellicule transparente et visqueuse.

b. Le sérum était lactescent. Une portion, exposée à la
chaleur du bain-marie, se coagula presque entièrement. Une
autre portion fut agitée avec de l'éther, qu'ensuite on décanta et soumit à l'évaporation : il resta une grande quantité
d'huile transparente, incolore, onctueuse, mêlée avec quelques grumeaux de suif.

Exp. xi*ᵉ*. — *Sur la digestion de la fibrine.* — Un petit
chien mangea, pendant trois jours de suite, chaque matin,

vers huit heures, quatre onces de fibrine obtenue du sang de bœuf caillé, par le lavage. Le troisième jour, on lui en donna encore une portion à onze heures du matin ; à trois heures il fut assommé. Le canal thoracique, mis à découvert sur-le-champ, fournit un chyle limpide, presque entièrement transparent, qui, peu de temps après sa sortie, se prit tout entier en une masse opaline. Les vaisseaux lymphatiques de l'intestin grêle contenaient un liquide analogue, demi-transparent.

A. Nous trouvâmes encore, dans l'estomac, trois onces de fibrine. Cette substance était gonflée, très-transparente, ramollie, et dépourvue de toute apparence fibreuse. Elle avait une teinte rouge pâle, à cause du cruor que contenait encore la fibrine avalée par l'animal. On trouva, en outre, dans l'estomac, une petite quantité de liquide trouble et rougeâtre, qui rougissait très-fortement le tournesol. Ce liquide fut étendu avec de l'eau et filtré. La liqueur filtrée était d'un jaune rougeâtre pâle et claire.

B. La première moitié de l'intestin grêle contenait une demi-once d'une matière composée d'un mucus transparent, cohérent, brun-jaunâtre, et d'un liquide brun-jaunâtre, transparent. Cette matière ne rougissait pas sensiblement le tournesol. Elle fut étendue d'eau, et mise sur un filtre. Il resta sur ce dernier une masse muqueuse, transparente, d'un jaune verdâtre tirant sur le brun. La liqueur filtrée était d'un vert d'olive pâle, et peu trouble. Il est probable que cette coloration en verdâtre avait été produite par l'action de l'air sur le principe colorant de la bile contenue dans la matière.

C. Il y avait, dans la seconde moitié de l'intestin grêle, une once d'une masse liquide, d'un brun rougeâtre, sans action sur le papier de tournesol, qui se composait d'un petit nombre de flocons muqueux brunâtres et d'un liquide trouble. Cette masse fut filtrée avec de l'eau. Il resta sur le filtre un mucus gélatineux, transparent, d'un brun rougeâtre et verdâtre. La liqueur filtrée ressemblait à celle de la première moitié de l'intestin grêle.

D. Le chyle se coagula complètement, de manière que

quand on renversait le vase, il ne s'en écoulait rien. Au bout même de trente-six heures de repos, il ne s'était point encore séparé de sérum. Le chyle coagulé offrait un léger trouble laiteux ; il était presque incolore , et paraissait seulement un peu rougeâtre quand on le regardait à contre-jour. 0,94 grammes, que l'on fit évaporer pendant quelques heures, sur un entonnoir de verre, donnèrent 0,04 (=4,24 pour cent de chyle) de caillot humide. Celui-ci était d'un blanc pur et opaque. Le sérum qui en avait découlé était peu trouble, et offrait une faible nuance rougeâtre. Il n'exerçait aucune action sur la teinture de tournesol.

Incinération des liqueurs filtrées de l'estomac et des deux moitiés de l'intestin grêle. — 1°. *De l'estomac.* La portion de la cendre soluble dans l'eau ne rougissait pas le curcuma , ne précipitait point le chlorure de calcium, mais précipitait abondamment le nitrate d'argent et le chlorure de barium. Ainsi il n'y avait que du chlorure et du sulfate alcalins. — 2°. *De la première moitié de l'intestin grêle.* La portion de la cendre soluble dans l'eau ne colorait pas en bleu la teinture de tournesol rougie, ne précipitait pas le chlorure de calcium ni le nitrate d'argent, mais précipitait fortement le chlorure de barium. Il n'y avait par conséquent que du sulfate alcalin. — 3°. *De la seconde moitié de l'intestin grêle.* La portion de la cendre soluble dans l'eau ne colorait pas en bleu la teinture de tournesol rougie, ne précipitait point le chlorure du calcium, mais se troublait très-légèrement par le nitrate d'argent, et un peu davantage par le chlorure de barium. Par conséquent, il n'y avait qu'un peu de sulfate alcalin , avec une trace de chlorure.

Ainsi on ne trouva ni carbonate, ni phosphate alcalin , et la liqueur de l'estomac fut la seule qui donna une quantité notable de chlorure alcalin. Ce résultat tient-il à la grande difficulté avec laquelle la fibrine se digère? Cette difficulté aurait pu faire que le suc gastrique et le suc intestinal fussent sécrétés surchargés d'acides hydro-chlorique et sulfurique. Ces acides chassant l'acétique de sa combinaison avec l'alcali, il ne pouvait pas se former de carbonate alcalin par l'effet de la combustion. Mais le chlorure alcalin n'existait pas non plus dans la cendre du fluide de la première moitié de l'intestin grêle. Est-ce que, sous l'influence de certaines excitations, le canal intestinal sécréterait de l'acide sulfurique libre, qui devrait alors s'emparer de tout l'alcali? Tout cela n'explique point encore l'absence de phosphate alcalin. La fibrine, en se dissolvant, fournirait-elle assez de chaux pour saturer cet acide? ou bien la quantité de la cendre était-elle trop peu considérable, et le véhicule aqueux trop abondant, pour permettre d'apercevoir certaines réactions?

RÉACTIFS.	ESTOMAC.	INTESTIN GRÊLE.	
		première moitié.	seconde moitié.
Ebullition............	Trouble très-léger.	o	o
Chlore.............	o	Grande quantité de de grands flocons couleur fleurs de pêcher.	Quantité médiocre de flocons médiocres d'un rouge grisâtre.
Acide hydro-chlorique.............	Quantité médiocre de grands flocons blancs.	Très-grande quantité de petits flocons d'un gris verdâtre.	Trouble médiocre d'un gris verdâtre.
Acide nitrique.....	Coagulum jaune.	Très-grande quantité de très-grands flocons jaunes.	Très-grande quantité de très-grands flocons jaunes.
Potasse............	Très-grand dégagement d'ammoniaque.	Très-grand dégagement d'ammoniaque.	Très-grand dégagement d'ammoniaque.
Eau de chaux......	Grande quantité de grands flocons blancs.	Trouble léger blanc.	Petite quantité de petits flocons jaunes.
Alun.............	Quantité médiocre de petits flocons blancs.	Quantité médiocre de grands flocons d'un blanc brunâtre.	Quantité médiocre de grands flocons d'un brun clair.
Chlorure d'étain....	Magma peu considérable blanc.	Magma considérable d'un blanc brunâtre.	Magma considérable, d'un blanc brunâtre.
Nitrate ou sous-acétate de plomb....	Magma peu considérable blanc.	Magma peu considérable, d'un blanc brunâtre.	Magma peu considérable, d'un blanc brunâtre.
Per-chlorure de fer..	Liqueur claire, plus foncée.	Quantité médiocre de flocons médiocres d'un blanc brunâtre.	Trouble médiocre, d'un blanc brunâtre.
Sulfate de cuivre....	Liqueur claire, verdâtre.	Id.	Quantité médiocre de flocons médiocres d'un blanc brunâtre.
Proto-nitrate de mercure............	Petite quantité de petits flocons blancs.	Magma considérable, blanc et gris.	Magma considérable, blanc et gris.
Alcool............	Trouble médiocre..	Petite quantité de très-grands flocons déliés blancs.	Trouble léger.
Teinture de noix de galle............	Magma considérable d'un blanc brunâtre............	Magma considérable, d'un blanc brunâtre.	Magma considérable d'un blanc brunâtre.
Teinture de tournesol	Très-forte coloration en rouge........	Très-légère coloration en rouge.	o

La liqueur de l'estomac, qui se troubla peu par l'ébullition, donna ensuite un précip[itié] considérable par le cyanure de fer et de potassium. Par conséquent, elle contenait bea[u]coup d'albumine ou de fibrine, que la prédominance de l'acide hydro-chlorique et acéti[que] avait empêché de se séparer par l'action de la chaleur. Au contraire, les liqueurs des de[ux] moitiés de l'intestin grêle, après avoir été bouillies, n'éprouvèrent aucune altération [de] la part du cyanure de fer et de potassium.

Exp. xiie. — *Sur la digestion de la colle animale.* Un chien, de moyenne taille, fut nourri pendant quatre jours, d'abord avec de la colle de poisson, ensuite avec de la colle ordinaire, substances qui avaient été préalablement dissoutes dans l'eau bouillante. Comme l'animal ne les mangeait qu'avec répugnance, on ajouta aux dernières portions du sel marin, qui les lui rendit plus agréables. Le cinquième jour, on lui donna encore, le matin, de la gélatine en abondance, et on le mit à mort quatre heures après. Sur-le-champ on ouvrit la poitrine, et, après avoir lié le canal thoracique, on recueillit le chyle. Les vaisseaux lymphatiques de l'intestin grêle étaient remplis d'un liquide clair comme de l'eau. A la surface de la rate on apercevait un grand nombre de vaisseaux semblables, qui contenaient un liquide rougeâtre.

A. L'estomac renfermait un liquide brun-clair et peu trouble, dont l'odeur était plutôt celle du chien que celle de la colle, et qui était mêlé avec quelques flocons brunâtres. Ce liquide rougissait la teinture de tournesol. Du mucus adhérait çà et là aux parois de l'estomac. Après avoir été filtré, le liquide était d'un jaune brunâtre pâle. Une portion, évaporée presque à siccité, se présentait, après le refroidissement, sous la forme d'un sirop fluide et d'un brun clair, sans la moindre apparence gélatineuse. Lorsqu'on évaporait complètement le liquide, et qu'on traitait le résidu par l'eau, il restait un petit nombre de flocons brunâtres, qui ne se dissolvaient pas.

B. Le duodénum contenait un mélange de mucus blanc et jaune, et d'un liquide visqueux, jaune, transparent. Cette masse, étendue avec de l'eau, fournit, par la filtration, une liqueur citrine, qui, évaporée et refroidie, ne donna pas non plus de gelée, mais bien un sirop fluide et jaune-brunâtre.

C. Il n'y avait qu'un mucus blanc-jaunâtre dans la première moitié de l'intestin grêle. Après avoir été étendu avec de l'eau et filtré, ce mucus donna une liqueur faiblement trouble, qui était d'un jaune beaucoup plus pâle que celle provenant du duodénum, et qui se comporta de même à l'évaporation.

D. On ne trouva également, dans la seconde moitié de l'intestin grêle, qu'une matière jaune, visqueuse et muqueuse. La liqueur qu'on en retirait, après l'avoir agitée avec de l'eau et filtrée, était légèrement trouble et d'un jaune brunâtre, un peu plus foncée en couleur que celle provenant de la première moitié de l'intestin grêle. Évaporée, elle donna, au lieu d'une gelée, un sirop épais, avec beaucoup de cristaux de chlorure de sodium.

E. Le cœcum contenait un mucus jaune-brunâtre. Traité par l'eau et filtré, ce mucus donna une liqueur d'un jaune brunâtre pâle, un peu plus foncée que celle fournie par la seconde portion de l'intestin grêle.

F. Il y avait, dans le rectum, des excrémens d'un jaune brunâtre, très-fétides, et plus fluides que le contenu du canal alimentaire depuis le duodénum jusqu'au cœcum. La liqueur filtrée était d'un jaune brunâtre, plus foncée que celle du cœcum. Soumise à l'ébullition, elle laissa dégager encore des bulles (de carbonate d'ammoniaque?).

G. La vésicule biliaire contenait une médiocre quantité de bile très-fluide, claire et d'un bleu verdâtre foncé.

H. L'urine était médiocrement teinte en jaune et faiblement trouble.

I. Le chyle était presque parfaitement clair, aussitôt après sa sortie du canal thoracique. Il se prit, au bout de quelques minutes, en une masse gélatineuse, légèrement trouble et blanchâtre. Cette masse se sépara, dans l'entonnoir : 1°. en un coagulum d'un blanc opaque, qui ne prit une couleur rougeâtre plus sensible qu'après s'être condensé davantage ; 2°. en un sérum d'un jaune extrêmement pâle, et à peine un peu trouble. Afin de découvrir la colle qui pouvait se trouver dans ce dernier, on le fit évaporer, puis on le traita d'abord par l'alcool bouillant, ensuite par l'eau bouillante. La liqueur alcoolique ne se troublait pas par la teinture de noix de galle, et la solution aqueuse laissa un résidu très-peu considérable après avoir été évaporée. Ce résidu, dissous dans l'eau, donna bien un précipité blanc et floconneux par le chlore ; mais il en produisit un aussi avec l'acide nitrique et le per-chlorure de mercure, phénomènes qui annonçaient plutôt la présence de la matière caséeuse que celle de la colle.

K. Le sang de l'oreillette droite n'offrit rien d'extraordinaire. Afin d'y découvrir la colle, on le mêla avec de l'eau, on le filtra, on évapora la liqueur filtrée jusqu'à siccité, et on traita le résidu, d'abord par l'alcool bouillant, puis par l'eau en ébullition. L'extrait alcoolique était d'un brun clair; la teinture de noix de galle n'y produisit pas de précipité. La décoction aqueuse était d'un jaune brunâtre clair. On l'évapora à siccité, et on traita le résidu par l'eau; il resta en grande partie indissous, sous la forme d'une membrane brune (matière salivaire ou matière caséeuse); la solution aqueuse fut précipitée par le chlore, l'acide nitrique et le per-chlorure de mercure (matière caséeuse?). On ne peut point, par conséquent, reconnaître la présence de la colle dans le sang.

RÉACTIFS.	ESTOMAC.	DUODÉNUM.	INTESTIN GRÊLE (première moitié).	INTESTIN GRÊLE (seconde moitié).	COECUM.	GROS INTESTIN.	COLLE-FORTE.
Ébullition	Trouble très-léger.	Quantité médioc. de floc. méd. jaunes, solubles dans le vinaigre.	Grande quantité de grands floc. blan[cs]	Trouble très-léger.	Grande quantité de petits flocons jaunâtres.	Grande quantité de grands floc. bruns-jaunâtres.	o
Chlore	Trouble médiocre, blanc.	Grande quantité de grands floc. blancs.	Grande quant. de floc. fleur de pê[che]	Coagulum.	Trouble très-léger, blanc.	Trouble méd., blanc.	Grande quant. de gr. flocons blancs.
Acide hydro-chlorique.	o	Quantité médioc. de floc. méd. jaunes.	Précipité médioc. blanc.	Trouble léger.	Trouble léger.	Grande quantité de petits floc. blancs.	Trouble léger.
Acide nitrique	o	Quantité médioc. de floc. méd. blancs.	Grande quant. de floc. blancs.	Trouble considérable blanc.	Trouble léger, blanc.	Gr. quant. de petits flocons d'un blanc brunâtre.	Trouble considérable, solubble dans un excès d'acide.
Potasse	Dégagement médiocre d'ammoniaque.	Dégagement consid. d'ammoniaque.	Dégagement cons. d'ammoniaque.	Dégagement considérable d'ammoniaq.	Dégagem. très-cons. d'ammoniaque.	Dégagem. très-considérable d'amm.	Dégagement médiocre d'ammoniaque.
Eau de chaux	o	Trouble médioc. jaunâtre.	Petite quant. de floc. blancs.	Trouble médiocre, blanc.	o	o	o
Alun avec du chlorure de sodium	Trouble très-léger.	Trouble considérable jaunâtre.	Grande quantité floc. méd. blan[cs]	Trouble médiocre, blanc.	Trouble très-léger.	Gr. quant. de gr. floc. d'un bl. brunâtre.	Coagulum.
Chlorure d'étain	o	Gande quantité de grands floc. d'un blanc jaunâtre.	Grande quantité grands floc. blan[cs]	Grande quantité de grands floc. blancs.	Petite quantité de petits flocons blancs.	Grande quant. de gr. floc. d'un bl. sale.	Trouble léger.
Nitrate de plomb	Petite quantité de petits flocons blancs.	Grande quantité de très-grands floc. d'un blanc jaunât.	Id.	Id.	Petite quantité de petits flocons blancs	Grande quantité de grands flocons d'un blanc brunâtre.	Trouble médiocre, blanc.
Sous-acétate de plomb	Très-grande quantité de très-grands flocons blancs.	Très-grande quantité de très-grands floc. d'un blanc jaunât.	Id.	Id.	Grande quantité de grands floc. blancs.	Id.	Id.
Per-chlorure de fer	Liqueur claire, rougeâtre.	Quantité médioc. de petits floc. jaunâtr.	Grande quantité de petits floc. jau[nâtr]	Trouble médiocre, jaunâtre.	Trouble médiocre, jaunâtre.	Trouble médioc, brun-jaunâtre.	Liqueur claire, un peu plus épaisse.
Sulfate de cuivre	Liqueur d'un bleu verdâtre.	Grande quantité de grands floc. jaunes.	Grande quantité floc. médioc. ja[unes]	Petite quantité de petits floc. verts.	Trouble très-léger.	Très-pet. quant. de tr.-p. floc. jaunes.	Trouble très-léger.
Proto-nitrate de mercure	Grande quantité de grands floc. blancs.	Très-grande quantité de très-grands floc. d'un blanc jaunâtre et gris.	Très-gr. quant. de très-gr. floc. d['un] bl. jaunât. et g[ris]	Très-gr. quant. de très-gr. floc. d'un blanc jaunâtre et gris.	Très-grande quantité de très-grands flocous d'un blanc jaunâtre et gris.	Grande quantité de grands floc. blancs et bruns.	Magma peu considérable, blanc et gris.
Per-chlorure de mercure	Petite quantité de flocons méd. blancs.	Petite quantité de grands floc. d'un blanc sale.	Grande quant. de flocons blancs.	Très-grande quantité de petits flocons d'un blanc sale.	Très-grande quant. de petits floc. d'un blanc brunâtre.	Magma considérable d'un blanc rouge-brun.	Magma peu considérable, blanc.
Cyanure de potassium et de fer	Trouble très-léger, d'un bleu-verdâtre.	o	o	o	o	o	o
Nitrate d'argent	Grande quantité de grands floc. blancs.	Grande quantité de grands floc. d'un blanc brunâtre.	Grande quantité grands flocons d'un blanc jaunâtre.	Grande quantité de grands flocons d'un blanc jaunâtre.	....	Très-gr. quant. de tr.-gr. floc. d'un blanc jaunâtre.	Trouble léger.
Acide oxalique	Précipité considérable blanc.	Quantité médioc. de floc. médioc. d'un blanc jaunâtre.	Trouble léger, bl[anc]	Trouble très-léger.	Trouble méd., blanc.	Précipité considérable.	Trouble considérable, blanc.
Acide acétique	o	Trouble méd. blanc.	Petite quant. de floc. déliés bla[ncs]	Trouble léger blanc.	Trouble médiocre.	Trouble très-léger.	o
Alcool	Précipité léger blanc.	Trouble très-léger.	Trouble considé[rable]	Trouble méd., blanc.	Troubl. consid., bl.	Grande quantité de grands floc. blancs.	Magma peu considérable, blanc.
Teinture de noix de galle	Grande quantité de grands flocons jaunes, gluans, résin.	Grande quantité de grands floc. jaun. non résineux.	Grande quantité grands floc. j[au]nâtres.	Grande quantité de grands flocons brunâtres.	Grande quantité de gr. floc. brunâtres.	Grande quantité de grands flocons brunâtres.	Grande quantité de grands floc. bruns.
Teinture de tournesol	Coloration légère en rouge.	Coloration très légère en rouge.	Coloration très légère en rouge.	Coloration très-légère en rouge.	Neutre.	Coloration très-légère en rouge.	Neutre.

Le mélange de chlorure de calcium et d'alun fut chauffé jusqu'à l'ébullition avant [d'ex]aminât les réactions. Le précipité produit par le proto-nitrate de mercure n'était pas soluble dans l'acide nitrique, ou ne l'était qu'en partie seulement; cet acide lui fai[t] presqu'entièrement sa couleur grise ou brune. Le cyanure de fer et de potassium qu'on employa demeurait clair et jaune avec le vinaigre distillé; il se pourrait d[e] la réaction sur le fluide stomacal tint à de l'acide hydro-chlorique libre dans ce dernier. Comme ce même fluide stomacal était troublé par le chlore, et non par les aci[des] pourrait conclure de là qu'il y avait de la gélatine dans l'estomac; les précipités abondans que le chlore fit naître dans les autres liquides ne permettaient pas de t[...] [...]ne conclusion, parce que ces fluides contenaient en même temps une matière préci-pitable par les acides. On pouvait donner lieu à ces réactions avec le chlore.

Exp. XIIIe. —*Sur la digestion du beurre.*— Un chien fut nourri, pendant quatre jours, avec du beurre fondu et de l'eau. Le second et le troisième jours il vomit le beurre, qu'il avala cependant de nouveau. Le quatrième jour, on lui en donna encore quelques onces, vers huit heures du matin, et, à onze heures, on l'assomma. Les vaisseaux lymphatiques du canal intestinal étaient gorgés d'un chyle blanc. Le canal thoracique, lié et piqué, laissa couler plusieurs drachmes d'un chyle aussi blanc que du lait.

A. On trouva dans l'estomac du beurre fluide et un petit morceau de pain que l'animal avait trouvé dans le chemin de sa cabane au lieu de l'expérience. Le viscère renfermait en outre quelques brins d'herbe grossièrement mâchés. Son contenu rougit très-fortement la teinture de tournesol.

B. Il y avait, dans la première moitié de l'intestin grêle, quinze grammes d'une masse pultacée à la chaleur, et solide à froid, qui se composait de graisse d'un blanc jaunâtre sale et d'un peu de mucus, avec de la bile. Cette substance rougissait fortement le tournesol.

C. La seconde moitié de l'intestin grêle contenait trente grammes d'une graisse semblable, mêlée seulement d'une plus grande quantité de mucus et d'un liquide brun qui rougissait le tournesol avec force.

D. Le cœcum contenait sept grammes d'une pâte grise-noirâtre. On traita cette pâte par l'alcool bouillant, puis on évapora la liqueur alcoolique; on lava le résidu brun-jaunâtre avec de l'eau, et l'on filtra le liquide. Il resta sur le filtre une graisse d'un blanc jaunâtre, semblable au beurre.

E. On trouva dans le rectum trente grammes d'excrémens fermes, d'un jaune brunâtre et blanchâtre. Cette matière excrémentitielle fut également traitée par l'alcool bouillant, la dissolution évaporée, le résidu brun-jaunâtre traité par l'eau, et la liqueur filtrée; il resta aussi sur le filtre de la graisse mêlée avec un peu de matière animale. Par conséquent une portion de la graisse s'échappe par l'anus, lorsque une trop grande quantité de cette substance est introduite dans les voies alimentaires.

F. Le chyle était beaucoup plus blanc et laiteux qu'à l'ordinaire. Il avait une saveur d'abord douce, comme celle du lait, puis légèrement salée, et une odeur qui tenait un peu de celle du chien. Son caillot était peu considérable et rouge, couleur qu'on n'apercevait pas d'abord, à cause de la teinte blanche du sérum. Le sérum était extrêmement laiteux. En l'agitant avec une grande quantité d'éther, il devenait presque parfaitement clair, surtout lorsqu'on exposait à une douce chaleur le mélange, qui laissait déposer, par le refroidissement, beaucoup de petites écailles de graisse. En évaporant l'éther, on obtint une très-grande quantité de cette dernière. Elle faisait environ le dixième du sérum, était tout-à-fait blanche, avait la consistance du suif, et se convertissait, par la chaleur, en une huile claire comme de l'eau.

Il est très-possible que l'éther retire une certaine quantité de graisse de tout chyle quelconque ; cependant il n'en extrait jamais autant lorsque l'animal n'a point été nourri d'un corps gras, et cette graisse est en même temps plus huileuse. En conséquence, l'usage du beurre a manifestement surchargé le sérum de graisse, et celle-ci n'y était pas dissoute, mais seulement dans un état d'extrême division, comme l'huile dans le lait d'amande, ce qui donnait lieu à la lactescence du sérum du chyle.

G. Le sang de la veine cave inférieure avait la couleur ordinaire, et se coagulait complètement.

a. Après avoir laissé quelque temps le caillot dans un entonnoir, pour que le sérum pût s'écouler, on le fit sécher, puis bouillir avec de l'alcool. La liqueur filtrée était rouge, et se troublait par le refroidissement. En la faisant évaporer, on obtint un résidu d'un brun foncé, qui, lavé avec de l'eau, puis séché, fut bouilli avec de l'éther. Le liquide filtré laissa, après avoir été évaporé, une matière grasse et brune, abondante. A la température ordinaire, cette matière était ferme, semblable à de la cire et onctueuse au toucher. Elle ne se liquéfiait pas parfaitement, à la vérité, quand on la faisait chauffer, mais, en brûlant, elle répandait, outre l'odeur de la corne brûlée, celle qui est particulière à la graisse.

b. Le sérum, d'abord coloré en rouge par du cruor, déposa celui-ci tout entier dans l'espace de vingt-quatre heures. Alors il parut presque incolore, offrant seulement un très-léger trouble blanc. Après l'avoir évaporé à siccité, on traita le résidu par l'alcool; la liqueur alcoolique filtrée, qui se troubla par le refroidissement, fut évaporée à siccité. On obtint un résidu d'un brun clair, que l'on traita par l'eau, et la portion que celle-ci laissa intacte fut, après avoir été séchée, traitée à son tour par l'éther, qui laissa des flocons bruns non dissous. La dissolution éthérée donna, par l'évaporation, une petite quantité de matière d'un brun clair, qui imprégnait légèrement le papier joseph, et le rendait un peu transparent. Exposée à la chaleur, cette matière devint visqueuse, sans se liquéfier. En poussant le feu davantage, elle répandait l'odeur de la graisse, avec celle de la corne brûlée.

Quoique ces expériences indiquent la présence de la graisse dans le sang de la veine cave inférieure, elles ne démontrent pas précisément le passage du beurre dans ce fluide, tant parce que le sang tiré d'autres vaisseaux abandonna aussi de la graisse à l'alcool, que parce que la quantité de corps gras obtenue dans cette circonstance n'était pas considérable. Cependant l'abondance de la graisse dans le chyle, et même dans l'urine, rend très-probable son passage dans le sang.

H. L'urine était d'un jaune foncé et trouble. Supposant que c'était de la graisse qui la troublait, nous la filtrâmes. La matière qui resta sur le filtre fut séchée, puis traitée par l'alcool bouillant, après quoi l'on évapora la liqueur alcoolique. Il resta, en effet, une graisse brunâtre, qui devenait onctueuse par la chaleur, imbibait facilement alors le papier joseph, et enfin répandait, en brûlant, d'abord une forte odeur d'urine, puis très-sensiblement celle de la graisse.

Il paraît donc que, quand on introduit trop de graisse dans le corps, une partie de cette substance s'échappe par l'urine. C'est là sans doute ce qui fait qu'elle ne peut pas s'accumuler en trop grande quantité dans le sang, et que nous ne l'avons pas trouvée, dans le sang du chien sur lequel avait été faite l'expérience, en quantité aussi considérable que son abondance dans le chyle aurait dû le faire présumer (1).

Exp. xive. — *Sur la digestion du fromage blanc.* — Un chien fut nourri abondamment avec du fromage blanc, pendant trois jours, puis mis à mort. Trois heures et demie avant de le tuer, on lui avait donné encore une once environ de fromage.

A. L'estomac contenait, 1°. environ cent vingt grammes de morceaux opaques de fromage, gros comme des pois et des noisettes, et encore assez consistans; 2°. près de sept grammes d'un liquide trouble, aqueux, d'un blanc sale, qui rougissait très-fortement le tournesol. Ce liquide, mêlé avec de l'eau et filtré, donna une liqueur d'un jaune très-pâle, et presque parfaitement claire.

B. Il y avait, dans la première moitié de l'intestin grêle, 1°. quinze grammes de mucus blanc-jaunâtre et transparent; 2°. quinze grammes d'un liquide jaune-brunâtre, fortement translucide et aqueux. Ce dernier, mêlé avec de l'eau et filtré, donna une liqueur d'un jaune brunâtre vif et presque entièrement claire.

C. La seconde moitié de l'intestin grêle contenait trente grammes d'un liquide jaune-brunâtre, presque parfaitement clair et peu muqueux, qui, mêlé avec de l'eau et filtré, donna un produit semblable au précédent.

D. Le cœcum contenait trente grammes de masses brunâtres, composées en grande partie du papier joseph dans lequel le fromage avait été donné au chien. On les traita par l'eau, et la liqueur filtrée ressemblait à celle qu'on avait obtenue de l'intestin grêle.

E. Le chyle se coagulait faiblement, de manière que le coagulum ne présentait qu'une pellicule mince, d'un blanc rougeâtre très-pâle et transparente. Le sérum était un peu

---

(1) Un de nos élèves, qui aime les alimens gras, a plusieurs fois reconnu de la graisse dans son urine. (*Addition postérieure à l'envoi de notre Mémoire.*)

laiteux, et plutôt incolore que jaunâtre. On mit le chyle entier sur un entonnoir ; au bout d'une demi-heure on détermina le poids du caillot et du sérum frais, puis, après la dessiccation complète, celui de ces deux substances à l'état sec.

	Dans 2,92 grammes.	Dans 100.
Caillot frais..................	0,07	2,4
Sérum frais..................	2,83	96,9
Perte par l'évaporation........	0,02	0,7
	2,92	100,0
Caillot sec..................	0,005	0,17
Sérum sec..................	0,140	4,80
Eau......................	2,775	95,03
	2,92	100,00

Rapport du caillot sec au sérum sec. $= 3,45 : 96,55$;
Rapport du caillot sec au caillot frais. $= 7,1 \ : 100$
Rapport du sérum sec au sérum frais. $= 4,9 \ : 100$

Le caillot sec était une pellicule jaunâtre, trouble, semblable à de la colle de poisson. Le sérum sec, qui représentait également une pellicule jaune et trouble, fut incinéré. La cendre s'élevait à 0,035 grammes ($= 25$ pour cent du sérum sec). Elle était d'un blanc grisâtre, meuble et non fondue. Sa portion soluble dans l'eau contenait une très-grande quantité de chlorure, et une quantité médiocre de carbonate, de phosphate et de sulfate alcalins. La portion insoluble dans l'eau était du phosphate de chaux, ne contenant point de carbonate calcaire.

Action de la liqueur stomacale filtrée sur la bile. — On étendit, avec de l'eau, la bile du même chien, qui était d'un brun verdâtre, claire et très-fluide : on la filtra ensuite, et la liqueur filtrée fut mêlée avec celle de l'estomac. A froid même, il se forma un précipité abondant, et le mélange ressemblait à un lait jaune. A une douce chaleur, il se précipita un grand nombre de flocons caséeux, épais et jaunes. Après avoir filtré, on obtint un liquide clair, d'un jaune très-pâle, dont les réactions sont marquées dans la dernière colonne de la table suivante. Il resta sur le filtre un faible résidu d'un blanc jaune-grisâtre. Ce résidu était onctueux dans l'état humide, et dur dans l'état sec. Il brûlait en répandant l'odeur de la corne brûlée et une légère odeur de graisse. Nous en avions trop peu pour pouvoir le soumettre à un plus long examen. Vraisemblablement il était formé surtout de mucus biliaire et de graisse.

La bile demeura claire avec les liqueurs filtrées des deux moitiés de l'intestin grêle et du cœcum.

RÉACTIONS DES LIQUEURS INTESTINALES FILTRÉES ET ÉTENDUES D'EAU ET DE LA LIQUEUR STOMACALE FILTRÉE ET MÊLÉE AVEC DE LA BILE.

RÉACTIFS.	ESTOMAC.	INTESTIN GRÊLE.		COECUM.	LIQUIDE STOMACAL et BILE.
		première moitié.	seconde moitié.		
Ebullition............	o	o	o	Trouble considérable.	o
Cyanure de fer et de potassium versé après l'ébullition.........	Trouble considérable.	o	o	o	Trouble très-léger.
Chlore...............	Trouble très-léger, blanc.	Trouble très-considér. d'un blanc rougeâtre.	Trouble très-considér. d'un blanc rougeâtre.	Trouble très-léger, blanc.	Trouble très-considérable, blanc.
Acide nitrique........	Liqueur claire, jaune.	Petite quantité de très-petits flocons jaunes.	Petite quantité de très-petits flocons jaunes.	Trouble très-léger.	o
Potasse..............	Dégagement considérable d'ammoniaque.	Dégagement considérable d'ammoniaque.	Dégagement considérable d'ammoniaque.	Dégagement considérable d'ammoniaque.	o
Alun................	o	Grande quantité de petits flocons jaunes.	Grande quantité de petits flocons jaunes.	o	o
Chlorure d'étain......	Grande quantité de gr. flocons déliés blancs.	Magma peu épais, citrin.	Magma peu épais, citrin.	Grande quantité de gr. flocons déliés d'un blanc jaunâtre.	Grande quantité de gr. flocons déliés, d'un blanc jaunâtre.
Acétate de plomb neutre.	Trouble très-léger.	Idem.	Idem.	Trouble léger.	Grande quantité de gr. flocons d'un blanc jaunâtre.
Per-chlorure de mercure...........	Très-grande quantité de très-grands flocons blancs.	Très-grande quantité de petits flocons jaunes.	Trouble considérable jaune.	Trouble considérable blanc.	Très-grande quantité de très-grands flocons d'un blanc brunâtre.
Teinture de noix de galle.............	Très-grande quantité de très-grands flocons d'un blanc brunâtre.	Très-grande quantité de grands flocons d'un blanc jaunâtre.	Petite quantité de petits flocons jaunes.	Petite quantité de petits flocons brunâtres.	Grande quantité de grands flocons résineux bruns.
Teinture de tournesol..	Forte coloration en rouge.	Coloration médiocre en rouge.	Coloration légère en rouge.	Coloration médiocre en rouge.	Forte coloration en rouge.

Exp. xve. — *Sur la digestion de l'amidon.* — On présenta, à un chien de moyenne taille, de l'amidon bouilli
dans l'eau, qu'il refusa de prendre. Pour l'engager à le
manger, on y ajouta un peu de beurre fondu, dans la proportion d'un morceau gros comme une noisette pour un
quarteron d'amidon. L'animal dévora ce mélange avec avidité. Pendant trois jours on ne lui donna pas d'autre aliment, avec de l'eau pure. Le quatrième jour, il mangea encore,
à huit heures du matin, un quarteron d'amidon cuit dans
l'eau ; trois heures et un quart après on l'assomma.

Aussitôt après l'ouverture de l'abdomen, une ligature fut
appliquée autour de l'épiploon gastro-splénique et des vaisseaux de la rate. On lia aussi la veine-porte, et l'on recueillit
dans un vase le sang, qui jaillissait à une hauteur uniforme par une ouverture faite à ce vaisseau. Cette opération
terminée, on examina la rate, dont les vaisseaux lymphatiques étaient totalement remplis d'une lymphe rougeâtre.
La surface de l'organe présentait çà et là de petites saillies
produites par les vaisseaux gorgés de sang. Nous aperçûmes
dans sa substance, entre les petits faisceaux vasculaires, des
granulations blanchâtres et rondes, qui avaient environ un
tiers de ligne de diamètre.

Les vaisseaux lymphatiques de l'intestin grêle étaient gorgés d'un chyle blanc. Le canal thoracique fut lié. En le piquant ensuite on obtint plus d'un drachme de chyle blanc,
qui se colora légèrement en rougeâtre à la surface, dans le
vase où il fut reçu.

A. L'estomac contenait une petite quantité d'un liquide
blanc-grisâtre, ayant une odeur faiblement acide, qui rougissait la teinture de tournesol. Ce liquide était composé d'a-
midon disséminé dans le suc gastrique, car la teinture d'iode
fut colorée en violet par lui.

B. La première moitié de l'intestin grêle renfermait
une très-grande quantité d'un liquide pultacé, mêlé de
bile, qui était composé principalement d'amidon délayé
et dissous, et qui prenait une teinte violette quand on
versait dessus de la teinture d'iode. Après que cette masse
eut été étendue d'eau, et qu'on y eut ajouté de l'acide ni-

trique, il se précipita une grande quantité d'albumine coagulée.

C. Le liquide pultacé devenait plus abondant et plus consistant dans la seconde moitié de l'intestin grêle. Il y était composé d'amidon, mêlé avec de la bile et du mucus intestinal. En ajoutant de l'acide nitrique au contenu de cet organe étendu d'eau, il se précipita de l'albumine, mais moins abondante que celle qui s'était précipitée de la portion précédente.

D. Le cœcum était rempli d'une matière pultacée jaune. En l'incisant nous sentîmes distinctement l'odeur du gaz hydrogène sulfuré. L'amidon existait encore dans cette portion du canal, comme le prouvait la coloration en violet par la teinture d'iode. Il n'y avait qu'une très-petite quantité d'albumine.

E. Le gros intestin et le rectum contenaient une matière brune, très-consistante, qui était tout-à-fait sèche et moulée dans le rectum lui-même ; cette matière était composée d'amidon, de bile et de mucus intestinal.

F. La vésicule du fiel n'était remplie qu'à moitié. L'iode aqueux, versé dans la bile étendue d'eau, n'apporta aucun changement dans la couleur de ce liquide.

G. On versa de l'iode aqueux dans une portion du chyle retiré du canal thoracique. Ce liquide ne changea pas de couleur. L'acide nitrique en précipita de l'albumine.

H. Le sérum qui surnageait le caillot du sang de la veine porte était un peu blanchâtre, laiteux, mais cependant translucide. L'iode aqueux ne le colora point en violet. L'acide nitrique en précipita beaucoup d'albumine. Le sérum qui surnageait le caillot du sang recueilli de la veine cave inférieure, à la hauteur des reins, n'était pas laiteux.

I. L'iode n'indiqua la présence de l'amidon ni dans l'urine, ni dans la sérosité du péricarde.

Comme les matières trouvées dans l'intestin grêle contenaient beaucoup d'albumine, quoique le chien n'eût été nourri que d'amidon cuit, pendant trois jours, cette circonstance prouve évidemment que les fluides intestinaux sont abondamment chargés d'albumine. Nous n'osons pas décider si l'on doit attribuer cette abondance à ce qu'une partie de l'amidon lui-même avait été transformée en albumine pendant l'acte de la digestion.

Exp. XVIe. — *Sur la digestion de l'amidon.* — On nourrit un chien, pendant neuf jours, avec de la fécule de pomme de terre, à laquelle on avait ajouté un peu de beurre fondu. Le but qu'on se proposait était de savoir si l'amidon serait converti en sucre ou en gomme. L'animal fut tué cinq heures après son dernier repas.

A. L'estomac et le canal intestinal contenaient une substance muqueuse, d'un jaune brunâtre, qui rougissait faiblement le tournesol; mais l'addition de l'iode ne produisit pas de coloration en violet, même dans le contenu de l'estomac.

B. La bile, tirée de son réservoir, était d'un brun verdâtre foncé et très-muqueuse.

C. L'urine était d'un jaune pâle et claire, à l'exception de quelques flocons muqueux. L'acide nitrique la colora en vert pâle, sans la troubler. L'addition de la teinture de noix de galle y fit naître un trouble modéré.

D. Le chyle, tiré du canal thoracique, était d'un blanc jaunâtre pâle, sans coloration sensible en rougeâtre, mais légèrement trouble. Il se coagula au bout de quelques minutes, mais un liquide se sépara sur-le-champ du caillot.

a. Une partie de ce chyle (sérum et caillot réunis) fut évaporée à siccité, afin de savoir combien il contenait de parties solides. 1,082 grammes laissèrent 0,075 gr., par conséquent près de 7 pour cent. Ce résidu fut ensuite traité par l'alcool, afin d'y chercher du sucre. (*Voyez* plus bas.)

b. Une autre portion du chyle fut partagée, après la coagulation, en sérum et en caillot. Le caillot était très-peu cohérent; d'abord jaunâtre, il prit une teinte pâle de couleur de chair, après s'être resserré davantage. Le sérum était d'un blanc jaunâtre pâle, très-faiblement troublé. Les réactions furent les suivantes : — Ébullition : beaucoup de flocons.—Acide hydro-chlorique : magma très-épais : —Perchlorure de mercure et alcool : une grande quantité de flocons blancs. — Iode, cyanure de fer et de potassium, vinaigre distillé : rien. — Le sérum, mêlé avec du vinaigre, et bouilli, donna un précipité abondant par le cyanure de fer et de potassium.

D'après ces expériences, le sérum était très-riche en albumine, quoique l'animal eût été nourri long-temps avec des substances non azotées.

E. Le sang de la veine porte se coagula comme à l'ordinaire.

F. Celui des deux veines caves et des veines pulmonaires se coagula également.

Recherche du sucre. — Les liqueurs de l'estomac, des trois tiers de l'intestin grêle et du cœcum furent évaporées chacune à part, puis traitées par l'alcool chaud. La solution alcoolique fut ensuite évaporée à siccité. Le résidu devait contenir du sucre, si l'amidon avait été converti en cette substance pendant la digestion. En conséquence l'évaporation fut faite dans de petits verres remplis de mercure et renversés sur la cuve à mercure. On fit entrer dans ces verres une quantité de marc de vinaigre bien lavé, égale pour chacun, et contenue dans un petit tube de verre, et l'on introduisit en même temps une quantité égale d'eau dans chaque. Afin d'être assuré que le marc lui-même ne développait pas de gaz, et qu'il agissait, on en mit une égale quantité avec de l'eau seule dans un sixième verre, et une quantité pareille, avec de l'eau et un peu de sucre, dans un septième. Tous ces verres furent abandonnés à eux-mêmes dans un lieu tempéré. Au bout de deux jours on en fit passer le contenu dans un tube gradué, et l'on mesura le gaz qui s'était développé. Le premier verre en donna 80 mesures; le second, 25; le troisième, 27; le quatrième, 65; le cinquième, 100; le sixième, 11; et le septième, plus de 200.

Par conséquent, si nous déduisons les onze mesures de gaz acide carbonique que la levure aurait fournies à elle seule, il s'ensuit que le contenu du canal intestinal, le chyle, le sang et l'urine, mais principalement le contenu du canal intestinal et le sang, renfermaient du sucre ou une matière analogue, et qu'en conséquence l'amidon, dès qu'il se dissout dans les liquides intestinaux, perd sa propriété de colorer l'iode en bleu, et se convertit en sucre, du moins en partie.

Dans l'expérience précédente , faite sur un animal qui avait
mangé beaucoup plus d'amidon , et qui avait été tué plus tôt
après son dernier repas, la dissolution de l'amidon paraissait
ne pas s'être opérée d'une manière complète.

Recherche de la gomme d'amidon. — Les résidus des liqueurs de l'estomac, des trois tiers de l'intestin grêle et du
cœcum , après avoir été traités par l'alcool , afin d'aller à la
recherche du sucre , le furent par l'eau chaude. On évapora
ensuite les liqueurs obtenues ainsi. Le résidu de l'estomac
donna une masse extractive brune , susceptible de se laisser
tirer en fils très-fins, comme du mucilage épais. En brûlant ,
elle répandait l'odeur du pain grillé. Sa dissolution dans
l'eau donna lieu , avec la teinture de noix de galle , à un précipité abondant , qui disparaissait chaque fois qu'on chauffait la liqueur , et reparaissait dès qu'elle se refroidissait.
Cette dissolution précipitait abondamment aussi l'acétate de
plomb neutre et le proto-nitrate de mercure. Elle n'agissait
ni sur l'iode ni sur le per-chlorure de fer.

Par conséquent , si l'on juge d'après la manière dont elles
se comportèrent avec la teinture de noix de galle , les substances tirées du canal intestinal contenaient un amidon
voisin de la gomme , qui réagissait encore comme amidon sur
cette teinture , mais non plus sur l'iode.

On obtint , du contenu du premier tiers de l'intestin grêle ,
une croûte saline , avec une petite quantité d'un liquide brun,
non gommeux ; de celui du second tiers, un résidu extrêmement faible , avec quelques cristaux salins ; de celui du
troisième tiers , quelques cristaux salins , avec une petite
masse jaunâtre et déliquescente ; enfin de celui du cœcum ,
un résidu brunâtre et déliquescent , dans lequel on n'apercevait rien de cristallin.

Comme, dans cette expérience , plusieurs liquides avaient
donné, par l'évaporation , l'action de l'alcool sur le résidu
et l'évaporation de la liqueur alcoolique , un résidu qui développait du gaz acide carbonique avec la levure , il fallait
rechercher si ce phénomène tenait à l'amidon que l'animal
avait mangé, ou si les liquides du chien se comportaient toujours ainsi. C'est pourquoi on nourrit un chien avec de la

viande seulement, et on le traita de la même manière que le précédent. On examina ensuite le contenu du canal intestinal, le chyle et le sang.

Les extraits évaporés furent placés séparément dans des verres, sur le mercure, chacun avec une mesure de levure et une d'eau. Un quatrième verre reçut seulement une mesure de levure et une d'eau, sans matière animale. Dans un cinquième, à ces deux substances, on ajouta du sucre.

Au bout de deux jours, le gaz qui s'était développé dans les cinq verres fut introduit dans un tube gradué, pour être mesuré. Sa quantité était bien inférieure à celle de la levure et de l'eau contenues dans les verres. Le premier de ceux-ci en donna trois mesures; le second, une; le troisième, quatre; le quatrième, 0,25, et le cinquième, plus de 200.

Ainsi, même après qu'un chien a été nourri uniquement de viande, ses liquides et surtout son sang peuvent développer un peu de gaz avec la levure. Cependant, la quantité qui s'en développa dans ce cas était bien moins considérable que quand l'animal avait été nourri avec de l'amidon.

Exp. XVIIe.—*Sur la digestion de l'amidon* (1). — Pendant trois jours, un chien mangea, le matin à six heures, puis à midi, et enfin le soir vers six heures, quelques onces, chaque fois, d'amidon bouilli dans l'eau. Le quatrième, on le tua vers dix heures : quatre heures auparavant, il avait encore mangé quatre onces d'amidon. Les vaisseaux lymphatiques de l'intestin grêle étaient pleins de chyle blanc. Un liquide semblable se trouvait aussi dans le canal thoracique. Ce chyle se coagula en une masse blanche et peu consistante, que la teinture d'iode ne colorait pas en bleu.

A. L'estomac contenait plus d'une once d'un liquide blanc-grisâtre, dans lequel on apercevait encore quelques petits grumeaux d'amidon non dissous. La teinture de tournesol était rougie par ce liquide, dans lequel celle d'iode faisait naître une légère teinte bleue.

B. Il y avait, dans le duodénum, un liquide blanchâtre, mêlé avec une grande quantité de bile. La teinture de tour-

---

(1) Cette expérience a été faite depuis l'envoi de notre mémoire.

nesol fut encore rougie un peu par cette liqueur ; mais celle d'iode ne la colora nullement en bleu.

C. Les parois du reste de l'intestin grêle étaient à peine un peu humides , et la bile n'avait pas pénétré jusque-là. La teinture de tournesol n'y fut que faiblement rougie.

D. Le cœcum était entièrement rempli d'une bouillie d'un brun verdâtre , qui, aussi bien que la membrane interne du viscère , rougit le tournesol , sans altérer la teinture d'iode.

E. Le rectum entier contenait des excrémens solides , secs, moulés , et d'un jaune brunâtre , qui ne se coloraient point en bleu par la teinture d'iode.

Le contenu de l'estomac, étendu d'eau , et filtré , donna une liqueur d'un jaune pâle, que l'iode ne colora nullement en bleu. Après avoir évaporé cette dernière, on obtint du résidu , par le moyen de l'alcool , un extrait poisseux , d'un jaune brunâtre , d'une saveur sucrée , analogue à celle du suc de réglisse , qui passa à la fermentation avec la levure. Le contenu de l'intestin grêle se comporta absolument de la même manière.

Cette expérience confirme que l'amidon dissous par le suc gastrique ne conserve plus dans le canal intestinal la propriété de colorer la teinture d'iode en bleu , et qu'il s'y trouve, du moins en grande partie , converti en sucre.

Exp. xviiie. — *Sur la digestion du gluten.* — Un chien adulte, de moyenne taille , fut nourri pendant plusieurs jours avec du gluten frais , retiré de la farine d'épeautre. Le jour de sa mort, on lui donna encore une quantité considérable de cette substance, à sept heures du matin. Vers midi, il fut tué.

A. L'estomac contenait , 1°. du gluten encore peu altéré , d'un blanc-gris-rougeâtre, et un peu tremblant, comme celui sur lequel de l'acide acétique a agi ; 2°. un liquide aqueux, qui rougissait très-fortement la teinture de tournesol. Le tout exhalait une odeur répugnante, semblable à celle de pourri. La liqueur filtrée était très-fluide , d'un jaune très-pâle , et très-légèrement trouble.

B. On trouva , dans le duodénum, un mélange de mucus blanc, transparent, gélatineux , homogène , avec un liquide épais et jaune. On n'y découvrait plus aucune trace de gluten. Cette masse donna, par la filtration, un liquide clair et médiocrement jaune.

C. Il y avait dans la première moitié du reste de l'intestin grêle de grosses masses muqueuses colorées en rouge (en quelque sorte sanglantes), en brunâtre et en blanc, épaisses et transparentes, sans aucune trace de gluten, avec un liquide jaune. La liqueur filtrée était d'un jaune brunâtre et claire.

D. La seconde moitié de l'intestin grêle contenait un mélange de flocons semblables, d'un blanc rougeâtre et jaunâtre, mais moins denses que les précédens, de flocons excrémentitiels d'un brun jaunâtre, et d'un liquide jaunâtre. La liqueur filtrée était d'un brun jaunâtre et un peu trouble.

E. Le cœcum était rempli d'une bouillie excrémentitielle brune et assez homogène. On délaya cette bouillie dans l'eau, et on filtra. Il resta sur le filtre une petite quantité de matière jaune-brunâtre, mêlée de quelques flocons muqueux blancs. La liqueur qui le traversa était d'un jaune pâle et claire.

F. Les excrémens contenus dans le reste du gros intestin étaient bruns et très-fermes. On les broya avec de l'eau, puis on les mit sur le filtre. La liqueur qui passa était d'un brun jaunâtre et claire. Une portion de ce liquide, comme aussi des autres liqueurs filtrées du canal intestinal, fut essayée par les réactifs. (*Voyez* la table ci-après.)

La coloration remarquable en rouge, qui résulta du mélange de ce liquide avec un grand nombre de réactifs acides, nous engagea à tenter d'obtenir, dans son état de pureté, la matière particulière que produisait ce phénomène. Dans cette vue, on évapora à siccité une partie de la liqueur filtrée, et l'on traita le résidu par l'alcool bouillant.

a. La partie non soluble dans l'alcool se dessécha sur le filtre en une pellicule d'un brun foncé. Cette pellicule se dissolvait en partie dans l'acide hydro-chlorique, en lui communiquant une couleur d'un rouge brunâtre pâle. Elle colorait l'acide nitrique en jaune pâle. Elle se résolvait dans l'ammoniaque en un liquide jaune brunâtre, mêlé d'une poudre blanche. Elle se comportait de la même manière avec la potasse.

b. La dissolution alcoolique, qui était d'un blanc jaunâtre, déposa, par l'évaporation, une matière oléo-résineuse. Le reste du liquide, étendu d'eau, donna des précipités bruns par l'acide hydro-chlorique, l'acide nitrique, le nitrate de plomb, le per-chlorure de mercure, le nitrate d'argent et la teinture de noix de galle; mais on ne remarqua aucune trace de coloration en rouge produite par ces réactifs.

G. Le chyle du canal thoracique était fort peu coloré en rouge et très-transparent. Il se partagea, par la coagulation, en un caillot demi-transparent, qui se dessécha lui-même sous la forme d'une membrane translucide et jaunâtre, et en une sérosité presque parfaitement claire, d'un blanc rougeâtre pâle, qui se troubla fortement par la chaleur, sans cependant cesser d'être fluide, et qui abandonna à l'éther une huile grasse, d'un jaune pâle et d'une odeur désagréable.

H. Le sang des veines caves donna un caillot ferme et un sérum presque clair, d'un jaune très-pâle; ce sérum, soumis à l'ébullition, se prit tellement en flocons blancs, qu'en renversant le vase il ne s'en écoulait que peu de liquide; cependant les flocons ne formaient pas un caillot cohérent. L'éther, agité avec le sérum, puis évaporé, laissa une graisse fluide, d'un jaune pâle, et d'une odeur désagréable.

RÉACTIONS DES LIQUEURS FILTRÉES DU CANAL INTESTINAL.

RÉACTIFS.	ESTOMAC.	DUODÉNUM.	INTESTIN GRÊLE.		COECUM.	GROS INTESTIN.
			première moitié.	seconde moitié.		
Ébullition··········	Trouble considérable, insoluble dans le vinaigre.	Trouble considérab., insoluble dans le vinaigre.	Trouble médiocre.	o	Trouble considérable.	Trouble médiocre, grande quantité de gr. flocons jaunes.
Chlore··············	Trouble très-léger.	Grande quantité de grands flocons blancs.	Trouble considérable, d'un blanc brunâtre.	Trouble léger.	Liqueur claire, rosée.	Petite quantité de petits floc. jaunâtres, liqueur rosée.
Acide hydro-chlorique, et acide nitrique.··········	o	Id.	Trouble considérable, d'un blanc jaunâtre.	Trouble très-léger.	Trouble considérable, liqueur rougeâtre.	Grande quantité de gr. floc. d'un blanc jaunâtre, liqueur rosée.
Alun.··········	Trouble très-léger.	Id.	Id.	Id.	o	Léger trouble jaunâtre.
Chlorure d'étain····	Grande quant. de gr. flocons caséeux blancs.	Très-grande quantité de très-gr. flocons caséeux blancs.	Magma peu épais, blanc jaunâtre.	Trouble considérable.	Trouble méd., blanc, liqueur d'un rose pâle.	Grande quant. de gr. flocons blancs, liqueur rougeâtre.
Nitrate de plomb···	··················	Id.	Magma peu épais, blanc brunâtre.	Trouble médiocre.	Léger trouble blanc jaunâtre.	Grande quant. de gr. flocons d'un blanc jaunâtre.
Per-chlorure de fer·	La liqueur prend une teinte plus foncée.	Quantité médioc. de flocons médiocres d'un blanc jaunâtre.	Quant. médiocre de grands floc. d'un blanc brunâtre.	Trouble léger.	Liqueur claire, d'un rouge jaunâtre pâle.	Quant. méd. de floc. médioc. d'un blanc brunâtre, liqueur d'un rouge brunât.
Per-chlorure de mercure ·············	Grande quantité de gr. flocons blancs.	Grande quantité de grands floc. d'un blanc brunâtre.	Quantité médioc. de petits flocons d'un blanc brunâtre.	Trouble médiocre.	Léger trouble blanc, liqueur rosée.	Quant. méd. de floc. méd. d'un blanc jaun., liq. rosée.
Nitrate d'argent···	Très-grande quantité de grands flocons blancs.	Grande quantité de grands floc. d'un blanc jaunâtre.	Grande quantité de grands floc. d'un blanc brunâtre.	Id.	Trouble léger.	Quant. méd. de floc. médioc. d'un blanc jaunâtre.
Vinaigre distillé···	··················	Grande quantité de gr. flocons blancs.	Trouble consid., d'un blanc jaunâtre.	Léger trouble.	Léger trouble jaunâtre.	o
Teinture de noix de galle ··········	Très-grande quantité de très-gr. flocons d'un blanc brunât.	Grande quantité de gr. flocons d'un brun jaunâtre.	Grande quant. de gr. flocons d'un brun jaunâtre.	Id.	Quantité médioc. de flocons médiocres.	Quantité médioc. de flocons méd. d'un blanc brunâtre.
Teinture de tournesol ·············	Légère coloration en rouge.	Légère coloration en rouge.	Tr.-légère coloration en rouge.	Neutre.	Neutre.	Neutre.

II. *Chiens nourris avec des alimens composés.* — *Exp.* xixe.
— *Sur la digestion du lait.* — A sept heures du matin, nous
donnâmes, à un petit chien qui jeûnait depuis vingt heures,
une chopine de lait de vache, dont il prit les deux tiers. Au
bout de quatre heures, on le tua.

Du canal thoracique, qui fut sur-le-champ mis à découvert et lié, coula en abondance un chyle semblable à du lait
pour la couleur, et qui ne tarda pas à se coaguler. Les vaisseaux lymphatiques du canal intestinal étaient également
remplis d'un chyle blanc.

A. On trouva dans l'estomac la partie caséeuse du lait,
pelotonnée en une masse qui pesait 30 grammes. Il y avait,
en outre, 15 grammes d'un liquide muqueux blanc, qui
rougissait le tournesol avec force. Ce liquide, après avoir été
filtré, parut sans couleur et clair. Le caséum était un peu ramolli à la surface, et il avait une consistance pultacée.

B. Le duodénum contenait 4 grammes d'une masse pultacée jaune. Cette masse fut filtrée avec de l'eau. Il resta sur
le filtre un peu de mucus translucide, jaune verdâtre et blanchâtre, qui ne rougissait pas sensiblement le papier de tournesol. La liqueur filtrée était d'un jaune très-pâle et claire.

C. Il y avait, dans la première moitié du reste de l'intestin grêle, 15 grammes de masses muqueuses, d'un blanc rougeâtre, avec un peu de liquide jaune. La masse fut étendue
d'eau et filtrée. Il resta sur le filtre du mucus translucide,
blanc, et de petites masses caséeuses, opaques et blanches,
qui rougissaient sensiblement le tournesol. La liqueur filtrée
était d'un jaune rougeâtre très-pâle et faiblement trouble.

D. La seconde moitié de l'intestin grêle contenait 8
grammes de masses muqueuses, jaunes et translucides, avec
un peu de liquide transparent et orangé. De plus on enleva
8 grammes d'un mucus rougeâtre en râclant les parois de
l'intestin. Cette matière muqueuse ne rougissait pas le papier
de tournesol. Ayant été délayée dans de l'eau et filtrée, elle
donna une liqueur d'un jaune pâle et assez trouble.

E. On trouva dans le cœcum et dans le reste du gros intestin 2 grammes d'une masse orangée, composée de petits
flocons coagulés et entremêlés d'un peu de mucus jaune.

14

Après la filtration avec de l'eau, il resta sur le filtre une faible quantité de matière d'un jaune-brunâtre, en partie muqueuse et en partie pulvérulente. La liqueur, filtrée et très-étendue d'eau, était d'un jaune très-pâle et très-légèrement troublée.

F. Le chyle était fortement troublé en blanc. 3,19 grammes de ce fluide, mis dans un entonnoir, après leur coagulation, y laissèrent 0,08 gr. de caillot frais (2,5 pour cent), qui était d'un rouge pâle et transparent. Le sérum qui s'écoula représentait un lait très-blanc et opaque; il ramenait au bleu la teinture de tournesol rougie.

RÉACTIONS DES LIQUEURS FILTRÉES DU CANAL INTESTINAL.

RÉACTIFS.	ESTOMAC.	DUODÉNUM.	INTESTIN GRÊLE.		GROS INTESTIN.
			première moitié.	seconde moitié.	
Ébullition............	.... o	Léger trouble.	.... o	Trouble très-léger.	.... o ....
Chlore............	Trouble médiocre, blanc.	Trouble considérable blanc.	Léger trouble fleur de pêcher.	Léger trouble fleur de pêcher.	.... o ....
Acide nitrique.....	Liqueur claire, jaune.	Trouble médiocre blanc.	Trouble léger jaunâtre.	.... o	.... o ....
Per-chlorure de mercure........	Léger trouble blanc.	Léger trouble d'un rose pâle.	Léger trouble blanc.	Léger trouble d'un rose pâle.	.... o ....
Alcool........	.... o	Très-léger trouble blanc.	.... o	.... o	.... o ....
Teinture de noix de galle........	Très-grande quantité de flocons médiocres d'un blanc brunâtre.	Quantité médiocre de flocons médiocres d'un blanc brunâtre.	Très-petite quantité de petits flocons d'un blanc brunâtre.	Très-petite quantité de petits flocons d'un blanc brunâtre.	Trouble léger.
Teinture de tournesol............	Coloration très-forte en rouge.	Coloration très-légère en rouge.	Coloration légère en rouge.	.... o	.... o ....

Le cyanure de fer et de potassium ne précipita les liqueurs ni avant ni après l'ébullition.

Exp. xxe (1). — *Sur la digestion du lait.* — Nous donnâmes à un chien de moyenne taille, qui n'avait ni mangé ni bu depuis vingt et une heures, une demi-chopine de lait, mêlée avec une égale quantité d'eau, afin de nous assurer si le lait était absorbé dans l'estomac. Vingt-cinq minutes après, l'animal fut mis à mort.

Les vaisseaux lymphatiques de l'estomac étaient gorgés d'un fluide aqueux semblable au sérum du lait. Le canal thoracique contenait un liquide analogue. Le sang recueilli dans la veine porte, et qui se coagula rapidement, ne renfermait pas beaucoup de sérosité.

L'estomac fut lié au-dessous du pylore ; il contenait une demi-chopine de liquide. La partie caséeuse du lait était coagulée, et le liquide réagissait fortement à la manière des acides.

L'intestin grêle était vide, à l'exception d'un peu de bile qu'il contenait ; il n'y avait du moins pénétré aucune parcelle de matière caséeuse. La portion moyenne et la dernière portion de cet intestin offraient quelques flocons jaunâtres, formant un commencement d'excrémens.

Ainsi, dans cette expérience, la moitié du liquide avalé avait été absorbée, durant un laps de temps fort court, par les vaisseaux lymphatiques de l'estomac et peut-être aussi du canal intestinal.

Exp. xxie. — *Sur la digestion du bœuf cru* (2). — Le matin, vers huit heures, nous donnâmes à un chien qui était à jeun, un quarteron de bœuf cru, coupé en cinq morceaux allongés. L'animal fut tué et ouvert à midi environ. Les vaisseaux lymphatiques de l'intestin grêle étaient remplis d'un chyle blanc. Ils se vidèrent sous nos yeux, dans l'espace de dix minutes, et parurent ensuite transparens.

L'estomac était très-distendu, et embrassait la viande contenue dans son intérieur. Celle-ci avait une teinte brune foncée à l'extérieur. Sa couleur rouge avait disparu, surtout dans

---

(1) Cette expérience a été faite depuis la présentation de notre travail à l'Institut.

(2) Il en est de cette expérience comme de la précédente.

les points qui s'étaient trouvés en contact avec les parois de l'estomac, moins dans les surfaces tournées vers l'intérieur. On détachait des morceaux de viande une masse pultacée brune, qui ressemblait presque à de la gélatine. Dans leur intérieur, la viande n'avait encore éprouvé aucun changement, et l'on y distinguait clairement les fibres musculaires, avec leur couleur rouge. La viande et la très-petite quantité de liquide brunâtre qui existait près du pylore, rougissaient tous deux la teinture de tournesol avec beaucoup de force.

Le duodénum contenait un liquide brun pâle, mêlé de bile et extrêmement consistant, qui réagissait un peu à la manière des acides. Dans la première moitié de la portion suivante de l'intestin grêle, le liquide, qui rougissait encore faiblement le tournesol, était chargé de petits flocons d'un brun verdâtre. Ces flocons, en se rapprochant de l'extrémité de l'intestin grêle, devenaient peu à peu plus grands, plus consistans, plus muqueux, et prenaient une couleur verte noirâtre ; ils ne se comportaient plus à la manière des acides. Composés de la matière colorante altérée de la substance musculaire, unie avec la résine, la graisse et le principe colorant de la bile, ils représentaient d'une manière manifeste le commencement des excrémens.

On trouva dans le cœcum une substance analogue à celle qui existait dans la dernière portion de l'intestin grêle. Cette substance répandait une mauvaise odeur, et rougissait un peu le tournesol. Le reste du gros intestin contenait une matière d'un brun noirâtre, consistante et moulée.

Exp. xxiie. — *Sur la digestion du bœuf bouilli.* — Un chien de moyenne taille mangea une demi-livre de bœuf bouilli, entre-lardé et coupé en morceaux. Quatre heures après il fut tué.

A l'ouverture du bas-ventre, on aperçut les vaisseaux lymphatiques de l'intestin grêle remplis de chyle blanc.

L'estomac, encore bien rempli, s'appliquait exactement sur son contenu, et présentait çà et là de faibles resserremens. La viande qu'il renfermait, était, à l'exception de quelques morceaux, que l'animal avait avalés entiers, convertie en un chyle gris brunâtre, dont la plus grande quantité se trouvait auprès du pylore. Les morceaux encore entiers étaient ramollis à la surface, et l'on pouvait en détacher une matière d'un gris brunâtre. Dans l'intérieur, où le suc gastrique n'avait point encore pénétré, ils n'étaient nullement altérés, et l'on y distinguait sans peine les fibres musculaires, endurcies par la coction, dont il ne restait, au contraire, aucune trace à l'extérieur. On voyait aussi çà et là de petites masses de graisse. Le chyme avait une odeur aigre, et rougissait fortement la teinture de tournesol. Cette même teinture, versée goutte à goutte sur la membrane muqueuse de l'estomac, rougit également sur-le-champ.

Le duodénum contenait un liquide blanc jaunâtre, avec des flocons blancs, de consistance muqueuse, et rougissait faiblement la teinture de tournesol. Les flocons blancs diminuaient de plus en plus en se rapprochant de la seconde moitié de l'intestin grêle, dans la dernière portion duquel ils disparaissaient enfin totalement. Celle-ci ne contenait qu'une matière muqueuse d'un brun jaunâtre, qui ne rougissait plus le tournesol, et qui exhalait une odeur désagréable.

On trouva dans le cœcum des excrémens liquides, d'un brun jaunâtre, qui rougissaient un peu le tournesol.

Vers le rectum, les excrémens devenaient plus consistans, plus secs, et d'un brun plus foncé ; ils n'agissaient plus sur le tournesol.

Exp. XXIIIe.—*Sur la digestion du bœuf et du pain blanc.*—Nous donnâmes à un chien-loup de moyenne taille plus d'une demi-livre de bœuf bouilli et un petit pain blanc. Au bout de quatre heures, on l'étrangla.

L'estomac contenait des morceaux de viande, de cartilage, de graisse et de pain, ramollis à la surface. Il y avait, aux alentours du pylore, une bouillie homogène, d'un blanc grisâtre, qui répandait une odeur très-aigre, et rougissait fortement le tournesol.

On trouva, dans le duodénum, beaucoup de chyme mêlé avec de la bile et des flocons blancs muqueux, qui rougissait moins le tournesol que celui de l'estomac. Les flocons blancs diminuaient de plus en plus dans l'intestin grêle, à mesure qu'on s'approchait du cœcum. Ce fut dans sa dernière portion qu'on rencontra les premières traces d'excrémens liquides et d'un jaune brunâtre.

Il y avait, dans le cœcum, des excrémens liquides, d'une odeur fétide, qui rougissaient faiblement le tournesol.

On retira du canal thoracique une assez grande quantité de chyle blanc, qui ne tarda pas à se coaguler. Après qu'on l'eut évaporé à siccité, et traité ensuite par l'acide nitrique affaibli, il s'en dégagea le lendemain une graisse très-fusible.

Distillation du contenu de l'estomac. — Les alimens que contenait l'estomac furent exprimés dans un morceau de linge. On distilla au bain-marie le liquide trouble et acide qui passa. Le produit de la distillation était clair et incolore; il exhalait une légère odeur d'empyreume, et rougissait presqu'autant le tournesol qu'auparavant. Afin de fixer l'acide, on fit digérer le produit avec de l'oxide de plomb, puis on le filtra. La liqueur filtrée, qui tenait du plomb en dissolution, fut évaporée à siccité; elle ne laissa qu'une très-petite quantité d'un sel blanc. Celui-ci, sur lequel on versa une goutte d'acide phosphorique, répandit une odeur pénétrante et désagréable d'acide butyrique, et les vapeurs qui se dégagèrent produisirent un nuage blanc avec l'ammoniaque.

Le résidu de la distillation avait une consistance syrupeuse, et rougissait fortement le tournesol, ce qui provenait peut-être d'un acide non volatil. On le traita par l'alcool, puis on filtra la liqueur et on l'évapora. Il resta une masse gommeuse, qui se dissolvait dans l'eau, en laissant de la graisse. La dissolution filtrée rougissait le tournesol. Elle fut bouillie avec de l'oxide de zinc, puis filtrée et évaporée. Mais il ne s'en sépara pas de cristaux, même après un laps de quinze jours, et il resta un syrop épais, brun, qui était probablement une combinaison d'acide acétique avec l'oxide de zinc et avec une matière animale.

Exp. XXIVe. — *Sur la digestion des os.* —Un chien mâle, de moyenne taille, mangea, à trois heures du soir, six onces d'os provenant de pieds de veau bouillis, et les dévora avec avidité. Une pareille portion lui fut encore donnée le lendemain matin à sept heures. A onze heures, on le mit à mort.

Le chyle du canal thoracique était d'un beau blanc de lait ; il s'écoula en abondance, et se coagula sur-le-champ, en rougissant un peu. Les vaisseaux lymphatiques de l'intestin grêle étaient également remplis d'un chyle blanc.

L'estomac était encore très-distendu par les os grossièrement triturés, sur les faces articulaires desquels on apercevait des portions de cartilage. Le poids total de ces os s'élevait à 164 grammes. Leurs bords et leurs angles, comme aussi ceux des cartilages, étaient un peu ramollis. L'estomac contenait, en outre, 93 grammes d'un liquide blanc grisâtre et trouble, qui rougissait le tournesol avec force. Ce liquide laissa déposer quelques flocons, et une sorte de crême blanche se forma à sa surface. Après qu'il eut été filtré, on lui trouva une couleur jaune-pâle. On le partagea en deux portions, dont l'une fut traitée par les réactifs, et l'autre distillée.

Il y avait, dans le duodénum, un liquide muqueux, pultacé, d'un blanc jaunâtre et rougeâtre, entremêlé de petits fragmens d'os. Étendu d'eau et filtré, il laissa sur le papier un mucus blanc et opaque, avec quelques petites parcelles d'os. La masse se dissolvait en partie dans l'acide hydro-chlorique, et la dissolution fut précipitée abondamment par l'ammoniaque, après quoi l'oxalate de potasse y fit encore naître un précipité médiocre. La liqueur filtrée était d'un jaune pâle, un peu plus foncée que celle qui provenait de l'estomac.

Le reste de l'intestin grêle contenait un mélange pultacé de mucus consistant, d'un blanc rougeâtre sale, et d'une matière terreuse, d'un blanc sale. Ce mélange fut étendu d'eau et filtré. Il resta sur le filtre une matière peu muqueuse et presqu'entièrement terreuse, dont la couleur était d'un gris blanchâtre dans l'état humide, et d'un blanc sale dans l'état sec. Cette matière se dissolvait en grande partie dans l'acide hydro-chlorique, en faisant fortement effervescence. La dissolution était précipitée si abondamment par l'ammoniaque, qu'elle devenait un peu épaisse, et après qu'elle avait été filtrée, l'oxalate de potasse y produisait encore un précipité considérable. C'était la partie terreuse des os. Le liquide filtré était un peu moins jaune que celui qui provenait du duodénum.

On trouva dans le cœcum un mélange semblable à celui qui existait dans la seconde moitié de l'intestin grêle ; seulement, il était plus intime, plus pâteux, et d'un gris blanc brunâtre. On le délaya dans de l'eau, qui fut ensuite filtrée. Il resta sur le filtre une matière qui se comportait, avec l'acide hydro-chlorique et les autres réactifs, de la même manière que celle qui avait été tirée de la seconde moitié de l'intestin grêle. La liqueur filtrée était d'un jaune un peu plus brunâtre que celle qui provenait de cette dernière.

Le contenu du rectum ressemblait à celui du cœcum ; seulement il était plus consistant et plus terreux. Son poids s'élevait à vingt-quatre grains. Après avoir été broyé avec de l'eau et filtré, il laissa un résidu qui se comporta avec l'acide hydro-chlorique et les autres réactifs de la même manière absolument que celui qui provenait du cœcum, dont il ne différait qu'en ce qu'il était d'un jaune brunâtre plus foncé. La liqueur filtrée était d'un jaune brunâtre, comme celle qui provenait du cœcum, et fortement trouble ; elle déposait un sédiment blanc-brunâtre.

Le chyle était blanc, tirant un peu sur le rougeâtre, et crémeux. Il se coagulait complètement, et se prenait en une masse très-solide.

Le sang de l'artère circonflexe iliaque ne se coagula pas d'une manière bien ferme ; le caillot était mou et gélatineux, et le sérum d'un rouge pâle.

Distillation du liquide de l'estomac. — La liqueur filtrée fut distillée au bain-marie. Le produit rougissait faiblement le tournesol. On le fit digérer avec du carbonate de baryte, puis on filtra le tout, et on l'évapora. Il resta une matière cristalline d'un blanc jaunâtre, formée en partie d'aiguilles et en partie de cristaux grenus, qui se dissolvait facilement dans l'eau. La dissolution dégageait, par l'acide sulfurique, une odeur acide pure, sans aucune trace de celle de l'acide butyrique. Le per-chlorure de fer, assez étendu pour qu'il parût presqu'incolore, était fortement teint par elle en jaune-rougeâtre, et elle produisait, avec le nitrate d'argent, un abondant précipité blanc, caséeux, insoluble dans l'acide nitrique.

Par conséquent, le liquide de l'estomac contenait de l'acide hydro-chlorique et de l'acide acétique, à l'état de liberté.

Distillation des liquides filtrés du duodénum et du reste de l'intestin grêle, mélés ensemble. — Comme ils ne renfermaient pas d'acide libre, ou du moins qu'ils n'en contenaient que fort peu, nous les distillâmes avec de l'acide phosphorique. Le produit, saturé avec du carbonate de baryte, filtré et évaporé, laissa un extrait transparent et presque sans couleur. La dissolution de cet extrait imprégnait les doigts d'une odeur pénétrante d'acide butyrique, colorait fortement en rouge le per-chlorure de fer très-étendu d'eau, et troublait bien faiblement le nitrate d'argent.

Par conséquent c'était un grande quantité d'acides acétique et butyrique, avec très-peu d'acide hydro-chlorique, qu'on avait obtenue des liquides filtrés du duodénum et du reste de l'intestin grêle, en les distillant avec de l'acide phosphorique.

RÉACTIFS.	ESTOMAC.	DUODÉNUM.	RESTE de l'intestin grêle.	COECUM.	RECTUM.
Ebullition.........	Léger trouble blanc, n'augmentant pas par le cyanure de fer et de potassium.	Très-grande quantité de très-grands flocons blancs.	o	o	o
Chlore...........	Quantité médiocre de très-grands flocons blancs.	Très-grande quantité de flocons médiocres, couleur fleur de pêcher ; liqueur sans couleur.	o	o	o
Acide nitrique.....	Trouble très-léger.	Grande quantité de grands flocons jaunes.	Liqueur claire, jaune.	Liqueur claire, jaune.	Très-petite quantité de très-petits flocons fleur de pêcher ; liqueur sans couleur.
Ammoniaque......	Grande quantité de grands flocons blancs.	Petite quantité de flocons médiocres blancs.	o	o	o
Nitrate de plomb...	Idem............	Très-grande quantité de très-gr. flocons caséeux, blancs.	Quantité médiocre de flocons médiocres blancs.	Quantité médiocre de flocons médiocres blancs.	Quantité médiocre de flocons médiocres blancs.
Per-chlorure de mercure...........	Idem............	Idem...........	Petite quantité de petits flocons blancs.	Petite quantité de petits flocons rougeâtres.	Petite quantité de petits flocons rougeâtres.
Oxalate de potasse..	Précipité considérable blanc.	Précipité considérable blanc.	Très-léger précipité blanc.	Très-léger précipité blanc.	Très-léger précipité blanc.
Alcool...........	Quantité médiocre de flocons médiocres blancs.	Grande quantité de flocons médiocres blancs.	Trouble considérable blanc.	Trouble considérable blanc.	Trouble léger.
Teinture de tournesol..............	Forte coloration en rouge.	Très-légère coloration en rouge.	o	o	o

Exp. xxve. — *Sur la digestion des os et des cartilages.*
— Un grand chien de boucher, qui était à jeun depuis vingt-
quatre heures, mangea, le matin, à trois heures, une livre
d'os de veau, auxquels adhéraient encore quelques fragmens de cartilages. Il les dévora avec avidité, et fut **tué** vers
midi.

L'estomac contenait, 1°. 250 grammes de cartilages et
d'os grossièrement broyés, dont les bords et les coins étaient
ramollis et dissous de distance en distance ; 2°. 16 grammes
d'un liquide blanc sale, filant et savoneux au toucher, que
troublaient des flocons brunâtres. A la surface de ce liquide
nageaient des gouttes de graisse fluide, provenant vraisemblablement de la moelle des os, fondue par la chaleur de
l'estomac. Le liquide rougissait médiocrement le tournesol.
Il se troublait un peu par l'ammoniaque, et ensuite davantage par l'oxalate de potasse. La bile de l'animal n'y faisait
naître de trouble ni à froid, ni à chaud.

Le premier tiers de l'intestin grêle ne contenait que 32
grammes d'un mucus blanc jaunâtre, floconneux, et adhérent aux parois du vase, dans lequel on apercevait quelques
petites masses muqueuses plus fermes et d'un jaune brunâtre
(provenant du mucus concrété de la vésicule du fiel), avec
une très-petite quantité d'un liquide, jaune brunâtre et ca-
ché dans le mucus, qui rougissait légèrement le tournesol.

On trouva dans le second tiers de l'intestin grêle 32 gram.
d'un mucus blanc jaunâtre, comme celui du **premier, mais**
composé d'un plus grand nombre de masses d'un jaune brunâtre plus foncé, et d'un liquide jaune brunâtre, plus
trouble, qui rougissait médiocrement le tournesol.

Il y avait dans le troisième tiers de l'intestin grêle,
1°. 46 grammes de grandes masses muqueuses d'un jaune
brunâtre, compactes et fibreuses ; 2°. 46 grammes d'un liquide
jaune brunâtre foncé, un peu trouble et légèrement écumeux, qui rougissait fort peu ou même ne rougissait **pas du**
tout le tournesol.

Le cœcum contenait seulement 2 grammes d'un liquide
transparent, brun jaunâtre, et semblable à de la bile, avec
quelques flocons muqueux bruns. Filtré, ce liquide était

d'un jaune brunâtre vif. Il paraissait rougir le tournesol, autant du moins qu'il était permis d'en juger à travers sa couleur foncée. Il donnait un précipité jaune abondant par l'acide nitrique, et lorsqu'on employait davantage de ce dernier, on obtenait un liquide trouble, d'abord verd, ensuite bleu.

Mucus du second tiers de l'intestin grêle. — On chercha à purifier autant que possible le mucus blanc, en le lavant avec de l'eau froide et enlevant les masses muqueuses brunâtres. Ensuite on le fit digérer, à une chaleur très-modérée, sur le bain-marie, avec les substances suivantes (la digestion se fit cependant à froid avec l'ammoniaque) : — Ammoniaque ; le mucus était légèrement gonflé, mais peu dissous ; la liqueur était trouble, et elle le devint encore davantage par l'addition de l'acide hydro-chlorique. — Carbonate de potasse ; le mucus s'était dissous en grande partie, à l'exception de quelques flocons placés au fond du vase, et d'une épaisse crême blanche (graisse?) ; l'acide hydro-chlorique produisait un précipité abondant dans la liqueur. — Acide hydro-chlorique ; le mucus s'y réduisit, à l'exception d'un petit nombre de flocons, en une crême blanche très-fine ; la liqueur était incolore et claire ; elle se troublait très-faiblement par la teinture de noix de galle. — Acide nitrique faible ; le mucus ne changea presque pas ; le liquide ne se troublait ni par la teinture de noix de galle, ni par le cyanure de fer et de potassium. — Vinaigre distillé ; le mucus n'éprouva aucun changement ; la liqueur, incolore, se troublait très-faiblement par la teinture de noix de galle, et ne le faisait pas sensiblement par le cyanure de fer et de potassium. — Alcool ; mis en ébullition avec le mucus et filtré bouillant, il déposa des flocons nombreux de graisse en se refroidissant ; ces flocons, recueillis sur un filtre et séchés, représentaient une poudre blanche, douce au toucher, qui n'entrait pas en fusion à une température de cent degrés, et dont la dissolution dans l'alcool chaud ne rougissait point le tournesol, mais se troublait par l'addition de l'eau : il fallait que ce fût quelque substance analogue à la choléstérine.

On obtint, par la combustion de ce mucus, beaucoup de cendre composée d'une petite quantité de chlorure et de carbonate alcalins, avec une grande quantité de phosphate et de carbonate calcaires.

Mucus du dernier tiers de l'intestin grêle. — Comme le dernier tiers de l'intestin grêle contenait des masses muqueuses de nature particulière, qui différaient du mucus intestinal ordinaire par leur couleur brune jaunâtre, leur opacité et leur consistance plus considérable, de sorte qu'on pouvait les croire dues au mucus de la vésicule du fiel, nous cherchâmes à connaître la différence qui existait entre ces masses muqueuses et celles qui formaient la plus grande partie du contenu du premier tiers, et qui d'ailleurs se trouvaient mêlées aussi avec quelques masses brunes. En conséquence, après avoir bien lavé le mucus du dernier tiers de l'intestin grêle, nous le traitâmes par les mêmes réactifs que celui du premier tiers. — Ammoniaque ; le mucus ne se gonflait pas, cependant il devenait d'un jaune plus pâle ; le liquide était de la même teinte et clair ; il ne se troublait que faiblement par l'acide hydro-chlorique. — Carbonate de potasse ; une grande quantité de matière terreuse d'un blanc sale et un peu d'une substance floconneuse restèrent sans se dissoudre ; le liquide était vert d'olive ; l'acide hydro-chlorique le troublait en vert, et le nitrique lui donnait un aspect laiteux ; ce dernier, versé en plus grande quantité, le rendait un peu plus clair et rougeâtre. — Acide hydro-chlorique ; le mucus se prenait en une masse plus ferme, et se colorait en vert vif ; l'acide était clair, et se troublait considérablement par la teinture de noix de galle. — Acide nitrique faible ; le mucus se réunissait en une masse cohérente, d'un brun grisâtre ; la liqueur, d'un jaune pâle, était précipitée par la teinture de noix de galle, mais ne l'était pas par le cyanure de fer et de potassium. — Vinaigre distillé ; il se colorait en jaune pâle, avec le mucus ; ensuite il se troublait légèrement par la teinture de noix de galle, et non par le cyanure de fer et de potassium. — Alcool bouillant ; il se colorait en jaune brunâtre, ne se troublait ni par le refroidissement, ni par l'addition de l'eau, et prenait, quand on y versait de l'acide nitrique, une teinte d'abord verdâtre, puis bleuâtre.

Soumis à la combustion, ce mucus laissait encore plus de cendre que celui du premier tiers de l'intestin grêle. Cette cendre était d'un blanc-brunâtre. Elle contenait des traces de carbonate et de sulfate alcalins, surtout beaucoup de phosphate et de carbonate calcaires, et un peu d'oxide de fer.

Par conséquent le mucus du dernier tiers de l'intestin grêle diffère de celui du premier tiers, tant parce qu'il se dissout un peu plus facilement dans les acides, qu'à raison du principe colorant de la bile, qui l'accompagne.

Exp. XXVIe. — *Sur la digestion du pain d'épeautre et du blanc d'œuf liquide.* — Un morceau de pain d'épeautre fut donné à un chien basset de moyenne taille, le matin, à six heures. Vers neuf heures on présenta à cet animal le blanc liquide de quatre œufs de poule, avec un peu de lard grillé, afin de l'exciter à manger, parce qu'il refusait de prendre l'albumine pure. Lorsqu'il eut tout avalé, on le tua, vers onze heures et demie.

L'estomac ne contenait que quelques petits morceaux de pain presque entièrement ramollis et dissous. L'albumine avait disparu, à l'exception de quelques flocons légèrement coagulés, qu'on apercevait çà et là. On trouva aussi, dans le viscère, un morceau de vessie de cochon, que l'animal avait probablement avalé, à l'état sec, quelques jours avant l'expérience. Ce morceau était peu ramolli. Une masse liquide, et d'un blanc grisâtre, occupait principalement la région du pylore; elle avait une odeur aigre, et rougissait avec beaucoup de force la teinture de tournesol.

Il y avait dans le duodénum une masse pultacée, d'un blanc grisâtre, qui rougissait le tournesol. C'était du mucus, mêlé avec de la bile.

On trouva dans l'intestin grêle des flocons muqueux blanchâtres, nageant dans une matière demi-fluide et d'un brun jaunâtre qui rougissait faiblement le tournesol. Le contenu était devenu plus brunâtre et plus consistant dans la dernière moitié de l'intestin.

Le cœcum était rempli d'une bouillie excrémentitielle brune et fétide, qui rougissait très-faiblement le tournesol.

Le gros intestin contenait des excrémens d'un brun foncé et assez fluides.

Le canal thoracique était rempli d'un chyle blanchâtre.

Exp. xxviie. — *Sur la digestion du riz et des pommes de terre.* — Un matin, à sept heures, on donna du riz cuit dans du lait et des pommes de terre bouillies dans de l'eau à un chien lévrier, qui fut mis à mort cinq heures après.

Il y avait dans l'estomac une quantité considérable de riz, qui était ramolli et converti en une bouillie liquide, au milieu de laquelle on distinguait encore quelques grains. Les fragmens de pommes de terre, également en grand nombre, n'étaient ramollis qu'à la surface, et n'avaient éprouvé aucun changement dans leur intérieur. On aperçut, dans la portion pylorique de l'estomac, une bouillie d'un blanc grisâtre, un peu jaunâtre, qui répandait une odeur aigre et rougissait le tournesol.

La première moitié de l'intestin grêle contenait une masse muqueuse blanchâtre, mêlée de bile, dans laquelle on n'apercevait aucune trace de grains de riz, quoiqu'on y distinguât encore de petits morceaux de pommes de terre ramollies. La masse rougissait faiblement le tournesol.

On trouva dans la seconde moitié de l'intestin grêle une masse plus consistante et plus jaune, qui ne rougissait pas le tournesol, et dans laquelle on distinguait encore quelques petits fragmens de pommes de terre.

Le cœcum contenait des excrémens d'un jaune brunâtre, qui n'étaient pas très-consistans, et qui ne répandaient point d'odeur fétide. A peine y existait-il encore des traces de fragmens de pommes de terre, qui étaient tout-à-fait ramollies. La masse rougissait très-légèrement le tournesol.

La masse devenait peu-à-peu plus consistante et moulée dans le gros intestin.

B. Expériences sur des chats. — Nous fîmes aussi quelques expériences sur la digestion des chats, afin d'avoir des points de comparaison.

Exp. XXVIIIe. — *Sur la digestion du pain de seigle et du lait*. — Un chat, qui n'avait rien pris depuis quinze heures, mangea en abondance du pain de seigle avec du lait, et fut tué quatre heures après.

A l'ouverture de la cavité abdominale, nous vîmes l'estomac se contracter et se dilater partiellement. Ces mouvemens avaient lieu d'une manière lente et onduleuse. Ils se dirigeaient du cardia au pylore, où ils étaient le plus vifs. Le mouvement péristaltique du canal intestinal était également fort sensible. Les vaisseaux absorbans de l'intestin grêle contenaient beaucoup de chyle blanc.

L'estomac était encore plein, et ses parois contractées sur la masse qu'il contenait. Le pain, qui s'y trouvait en quantité considérable, était très-ramolli à l'extérieur, mais n'avait presque pas éprouvé de changement à l'intérieur, là où le suc gastrique n'avait point agi sur lui. On ne voyait que çà et là des flocons coagulés et blanchâtres du lait mangé par l'animal. Les alimens contenus dans le grand cul-de-sac de l'estomac et aux environs du cardia, étaient beaucoup moins ramollis et altérés que ceux qui avoisinaient le pylore. Ici on découvrait une bouillie fluide, d'un blanc grisâtre. Le contenu du viscère avait une odeur aigre, et rougissait très-fortement le tournesol. Cette teinture, versée goutte à goutte sur la membrane muqueuse de l'estomac, se colorait également en rouge.

Le duodénum contenait une grande quantité de chyme fluide, mêlé de bile, qui rougissait le tournesol, moins cependant que ne faisait le contenu de l'estomac.

On trouva dans la portion suivante de l'intestin grêle un chyme, mêlé de bile, avec un grand nombre de petits flocons très-cohérens. Ici encore la teinture de tournesol fut un peu colorée en rouge.

Le contenu de la dernière moitié de l'intestin grêle était plus consistant et plus jaune. On n'y apercevait plus de flocons blanchâtres. Au voisinage de l'union de l'intestin grêle avec le cœcum, il y avait de petites masses molles et jaunes, commencement d'excrémens. La teinture de tournesol ne fut plus rougie.

Le cœcum et la première moitié du gros intestin contenaient une bouillie d'un brun jaunâtre, excrément liquide, qui répandait une odeur rebutante et légèrement aigre, et rougissait la teinture de tournesol avec force.

Il y avait, dans la dernière moitié du gros intestin, des excrémens assez consistans et d'une mauvaise odeur.

La vésicule biliaire renfermait peu de bile. Celle-ci filait entre les doigts.

Exp. xxixe. — *Sur la digestion du bœuf bouilli.* — Un chat fut nourri pendant deux jours de suite avec du bœuf bouilli, entre-mêlé de graisse, de tendons et de quelques cartilages. Quatre heures avant de le tuer, on lui donna encore, le matin, une quantité considérable de cette nourriture.

Les parois de l'estomac, encore très-rempli, étaient resserrées sur les alimens. Les mouvemens péristaltiques du viscère étaient vifs, principalement à son extrémité pylorique. Çà et là ses contractions se fesaient dans le sens transversal et dans le sens longitudinal. Après l'avoir ouvert, on y trouva un grand nombre de petits morceaux de viande, de graisse et de cartilage. Toutes ces parties étaient ramollies à la surface, sur laquelle le suc gastrique avait pu agir, tandis qu'elles n'avaient subi presque aucun changement dans leur intérieur. Le contenu était moins ramolli dans le grand cul-de-sac qu'à la partie moyenne. Il y avait du chyme pultacé et d'un blanc grisâtre à l'extrémité pylorique. Le contenu de l'estomac colorait très-fortement la teinture de tournesol en rouge.

Le duodénum offrait, dans son intérieur, un liquide d'un gris blanchâtre, mêlé de bile, qui contenait de petits flocons blanchâtres. Le tournesol fut rougi, moins cependant que dans l'estomac.

Le contenu de la première moitié du reste de l'intestin grêle présentait la même apparence, et en descendant il rougissait le tournesol d'une manière peu sensible. Mêlé avec de l'eau, il formait une émulsion blanchâtre.

Les flocons blanchâtres disparaissaient dans la dernière moitié de l'intestin grêle, où l'on voyait paraître une masse muqueuse jaune, qui renfermait de petites masses d'excrémens bruns-verdâtres, composés de mucus intestinal condensé, avec de la bile, des fibres tendineuses et de petites parcelles de cartilages. Cette substance ne rougissait plus le tournesol, et, mêlée avec de l'eau, elle ne formait pas d'émulsion blanchâtre.

Le cœcum et le haut du gros intestin étaient remplis d'une bouillie excrémentitielle peu épaisse, fétide et d'un brun grisâtre, qui rougissait à peine le tournesol.

Les excrémens étaient secs et moulés dans le rectum. Ils y répandaient une odeur très-désagréable, et ne rougissaient pas du tout le tournesol.

On ne trouva qu'une petite quantité de bile dans le vésicule.

Les lymphatiques de l'intestin grêle étaient remplis de chyle blanc, tandis que ceux du cœcum et du gros intestin ne contenaient qu'une sérosité jaune, claire et transparente.

Le canal thoracique contenait du chyle blanc.

On aperçut des stries de chyle dans le sang de la veine sous-clavière gauche et dans celui de la veine cave supérieure.

C. Expériences sur l'action dissolvante que le suc gastrique exerce sur les alimens hors de l'estomac. — Afin de connaître l'influence que le suc gastrique exerce sur les alimens hors de l'estomac, on tua des chiens quelque temps après qu'ils eurent mangé, et on recueillit les liquides contenus dans le viscère. Ces liquides furent ensuite versés sur diverses substances alimentaires, et l'on échauffa le mélange.

Exp. XXXe. — *Avec le suc gastrique d'un chien qui avait mangé du blanc d'œuf durci.* — Un chien fut tué deux heures après qu'il eut mangé du blanc d'œuf durci. L'albumine, grossièrement réduite en morceaux, était ramollie à l'extérieur, et rougissait le tournesol, comme dans les expériences antécédentes. Le contenu de l'estomac fut mis dans un linge, et exprimé. Le suc gastrique qui s'en écoula, et qui s'élevait à vingt grammes environ, était un liquide trouble et d'un blanc rougeâtre. On le partagea en deux portions. Alors : 1°. une des portions fut placée dans un verre avec à peu près trois grammes de bœuf bouilli ; 2°. l'autre fut mêlée avec un cube de pain bis, sans croûte ; 3°. on mit dans un troisième vase une égale quantité de viande, tellement enveloppée dans l'estomac , qu'elle était en contact avec sa face interne ; 4°. on agit de même avec du pain et une pièce de l'estomac ; 5°. un troisième morceau d'estomac fut plongé dans du lait ; 6°. on mit un morceau de viande pareil au précédent dans de l'eau ; 7°. enfin, on plongea un morceau de pain semblable au premier dans de l'eau. Les sept vases furent placés dans une tasse pleine d'eau , dont on fit en sorte de tenir la température entre 30 et 40 degrés *C.*, pendant huit heures. Ce laps de temps écoulé , on trouva ce qui suit :

La viande du premier vase était convertie , à la surface, en une bouillie d'un blanc rougeâtre , très-molle , et facile à racler. Celle du troisième n'offrait pas d'enduit semblable ; tout au plus était-elle un peu plus molle que celle du sixième , qui se trouvait dans de l'eau pure. Cette dernière était dure , tenace , et l'on n'en pouvait rien détacher en la raclant. Le pain du second vase était converti en une masse blanchâtre et molle , facile à racler. Celui du quatrième était presqu'autant ramolli. Celui du septième était bien devenu également plus blanc et plus mou , mais il ne paraissait pas l'être autant que celui du second vase. Le lait du cinquième était resté parfaitement liquide , et avait seulement produit quelques pellicules.

Exp. xxxie. — *Avec le suc gastrique d'un chien qui avait mangé des os.* — On donna en abondance des os et des cartilages à un chien qui avait jeûné pendant une journée , et que l'on tua une heure et demie après. L'estomac était encore rempli d'os , et il contenait une grande quantité d'un liquide blanchâtre et trouble. On mit le contenu de ce viscère sur un morceau de toile , pour en exprimer le fluide , dont on obtint de cette manière près de soixante - deux grammes.

Alors on mit dans de petits verres couverts d'une plaque de verre : 1°. du suc gastrique et du bœuf cru ; 2°. du suc gastrique et du blanc d'œuf durci ; 3°. de l'eau et du bœuf ; 4°. de l'eau et du blanc d'œuf ; 5°. de l'eau, dix gouttes de vinaigre distillé et du bœuf ; 6°. de l'eau , dix gouttes de vinaigre distillé et du blanc d'œuf. On observa partout les mêmes proportions à-peu-près , et l'on plaça les verres dans un vase rempli d'eau, qui fut maintenu à la température de 30 à 40 degrés C. Comme l'action n'était pas encore bien sensible au bout de quatre heures, nous prolongeâmes l'expérience pendant six autres heures, au bout desquelles nous trouvâmes le résultat suivant.

La viande du premier vase était très-ramollie à la surface, de manière qu'en la raclant on pouvait en détacher une matière semblable à de la bouillie ; en même temps elle avait pris une teinte d'un rouge pâle. Le blanc d'œuf était.également ramolli à la surface, de sorte qu'on pouvait facilement en détacher quelque chose en le raclant, et il ressemblait à-peu-près à celui qu'on avait trouvé dans l'estomac du chien nourri avec du blanc d'œuf cuit. La viande du troisième vase était blanchâtre et ferme. Le blanc d'œuf du quatrième était également dur. Les substances contenues dans les deux autres vases n'offraient non plus aucune trace de ramollissement.

Il est évident que l'action de ce fluide gastrique sur les alimens ne pouvait être aussi marquée qu'elle l'est dans l'estomac lui-même, et cela par les motifs suivans.

1°. Parce que le suc gastrique dont on s'était servi contenait déjà des alimens qu'il avait dissous, de sorte que sa propriété dissolvante était déjà en partie saturée ou neutralisée ;

2°. Parce qu'on ne pouvait pas ajouter continuellement du suc gastrique nouveau aux alimens, comme il arrive pendant la digestion, durant laquelle les portions de substance alimentaire dissoutes par le suc gastrique passent avec lui dans le duodénum, sous la forme de chyme, tandis que les vaisseaux de la membrane muqueuse de l'estomac, qui est stimulée, sécrètent sans cesse de nouveau suc.

D. Expériences sur des chevaux. — *Exp.* XXXIIe. — *Sur la digestion de l'amidon bouilli.* — On donna pendant trois jours de l'amidon bouilli à un cheval, qui en mangea deux livres chaque jour. Comme l'animal ne témoignait d'abord aucune envie de manger cette nourriture inaccoutumée, nous ajoutâmes du chlorure de sodium à l'amidon, et nous délayâmes le tout dans de l'eau, ce qui détermina le cheval à consommer la quantité qu'on lui présentait. Le quatrième jour, à sept heures et demie du matin, on lui donna encore une livre d'amidon bouilli dans de l'eau et assaisonné avec du sel. A midi il fut assommé.

Après l'ouverture de la cavité abdominale, on remarqua que les vaisseaux lymphatiques de l'intestin grêle étaient remplis d'un liquide presque aussi clair que de l'eau. Ceux de la rate en contenaient un rougeâtre. Après avoir lié et piqué le canal thoracique, on recueillit un chyle presque entièrement rouge de sang, qui se coagula promptement.

A. L'estomac contenait un liquide jaune, assez clair et un peu muqueux, que surnageait une écume muqueuse, et dans lequel se trouvaient quelques morceaux d'amidon non encore dissous. Ces morceaux se teignirent en bleu par l'iode. La liqueur filtrée était d'un jaune pâle, presque parfaitement claire.

On évapora une partie de ce liquide filtré. Il resta un résidu jaune-brunâtre, transparent, mou et semblable à de la gomme, qu'on traita par l'alcool. La portion insoluble dans ce réactif ne se colorait point en bleu par l'iode, non plus que par l'addition de l'acide nitrique. La dissolution alcoolique laissa précipiter, par le refroidissement, quelque chose de blanc, qui était soluble dans l'eau, et qui répandait une odeur de caramel pendant l'ébullition, mais ne développait pas d'acide carbonique avec la levure, et se composait en grande partie de chlorure de sodium. Le reste du liquide alcoolique ayant été évaporé, laissa un résidu brun, qui avait une saveur, non pas douce, mais amère et salée, contenait beaucoup de cristaux de chlorure de sodium, et se réduisait à l'air en un sirop brun. Ce résidu fut traité par la levure, pour reconnaître s'il contenait du sucre (*V*. plus bas).

B. Il y avait dans le duodénum un mélange d'une petite quantité de liquide avec beaucoup de grumeaux muqueux épais, mous, jaunes, et quelques morceaux d'empois. Le fluide obtenu par la filtration était d'un jaune pâle et légèrement trouble.

Une partie de cette liqueur ayant été évaporée, elle laissa un extrait brun, avec des grains cristallins (de chlorure de sodium). Cet extrait se dissolvait presque en totalité dans l'alcool chaud. Le liquide alcoolique filtré, qui avait une couleur brune rougeâtre foncée, laissa déposer, en se refroidissant, une matière brune qui, en brûlant, ne répandait pas tant l'odeur du caramel que celle de la corne brûlée, se dissolvait facilement dans l'eau, et ne subissait pas la fermentation quand on la mêlait avec de la levure. Le reste du liquide alcoolique fut évaporé à siccité, et le résidu traité par la levure (*Voy.* plus bas).

C. Nous trouvâmes dans la première moitié du reste de l'intestin grêle, un liquide jaune, avec beaucoup de gros flocons muqueux d'un blanc jaunâtre. La liqueur filtrée était d'un jaune plus foncé que celle provenant du duodénum, et d'une consistance visqueuse.

Une partie de cette liqueur fut évaporée, opération durant laquelle elle se colora en vert. Il resta une masse extractive, d'un brun jaunâtre et grenue. L'alcool qu'on fit bouillir sur cette masse, et qu'on filtra ensuite, était brun : il laissa précipiter des cristaux incolores par le refroidissement.

Ces cristaux furent dissous dans l'eau, afin de les obtenir mieux formés par l'évaporation. Mais il ne s'en forma que d'autres grumeleux, blancs et opaques, semblables à du sucre mou. Une partie, chauffée dans un tube de verre, entra en fusion, et répandit un nuage de vapeurs qui exhalaient l'odeur de la corne brûlée et du cacao grillé. Ces vapeurs se condensèrent, pour la plus grande partie, en un sublimé cristallin blanc jaunâtre, mais donnèrent aussi un peu d'un liquide aqueux, qui sentait fortement l'ammoniaque. Il resta dans le tube un peu de charbon. La saveur des cristaux était piquante, un peu amère et légèrement excrémentitielle. Ils ne rougissaient pas le tournesol. Ils ne se dissolvaient point dans l'alcool absolu, mais se dissolvaient facilement dans l'alcool de 36 degrés *B.* à chaud, et peu dans le même véhicule à froid. La solution alcoolique chaude laissait précipiter par le refroidissement une sorte de pellicule cristalline, tandis que l'alcool conservait en dissolution une matière brune, qui, par le chlore, prenait une teinte vive de fleur de pêcher. Les cristaux ainsi purifiés se dissolvaient aisément dans l'eau. La dissolution était incolore. Elle se troublait faiblement (sans doute à cause d'une petite quantité de chlorure de sodium qu'elle contenait) par le protonitrate de mercure et le nitrate d'argent, mais n'exerçait aucune action sur l'iode, le chlore, le nitrate de plomb, le perchlorure de mercure, celui de fer et la teinture de noix de galle. La levure ne la déterminait pas non plus à entrer en fermentation.

Nous avions une trop petite quantité de cette matière particulière pour pouvoir la soumettre à un examen ultérieur. Comme elle est très-azotée, elle ne provient pas de l'amidon, mais doit appartenir à quelque liquide secrété, probablement à la bile.

Le reste de la liqueur alcoolique, de laquelle cette matière cristalline s'était précipitée, fut évaporé à siccité, puis traité par la levure, afin de reconnaître s'il contenait du sucre.

D. La seconde moitié du reste de l'intestin grêle fournit un liquide d'un jaune brunâtre, avec une petite quantité de flocons d'un blanc jaunâtre. La liqueur filtrée était claire et d'un jaune plus pâle que celle qu'on obtint de la portion précédente du même intestin.

Cette liqueur se colora en vert pendant l'évaporation. Le résidu fut un extrait assez ferme, translucide, verdâtre à l'extérieur et brun à l'intérieur. Cet extrait, traité par l'alcool bouillant, donna une liqueur d'un vert d'olive pâle, après la filtration, qui précipita, en se refroidissant, un grand nombre de flocons d'un vert jaunâtre. Ces flocons étaient assez solubles dans l'eau. Le reste de la liqueur alcoolique fut évaporé, pour être ensuite mêlé avec de la levure.

E. Le cœcum contenait un liquide trouble, d'un jaune brunâtre pâle, mêlé de mucus et de balles d'avoine, qui devaient se trouver déjà depuis plusieurs jours dans le viscère, puisque l'animal n'avait pas mangé un seul grain d'avoine pendant les quatre derniers jours. La liqueur qu'on obtint par la filtration était d'un jaune brunâtre et claire. On se contenta de l'essayer par les réactifs.

F. Le chyle du canal thoracique était très-rouge, comme du sang pâle. Il se partagea, par la coagulation, 1°. en un caillot très-considérable et ferme, qui était écarlate du côté exposé à l'air, et d'un rouge foncé dans le reste de son étendue ; 2°. en un sérum d'un jaune brunâtre, parfaitement clair, que l'on évapora et qu'on traita ensuite par l'alcool, afin d'aller à la recherche du sucre qu'il pouvait contenir.

G. Le sang de l'artère épigastrique donna un coagulum recouvert d'une croûte inflammatoire épaisse ; le sérum était jaune, sans être trouble.

H. Le sang des vaisseaux de la cavité thoracique avait le sérum d'un jaune rougeâtre.

Les sérosités de ces deux sangs furent évaporées ensemble, et le résidu traité par l'alcool, afin de découvrir le sucre qui pouvait s'y trouver contenu.

Recherche du sucre. Les liqueurs filtrées de l'estomac, du duodénum, de la première et de la seconde moitiés de l'intestin grêle, et le sérum du sang de l'artère épigastrique et des vaisseaux thoraciques furent, comme nous l'avons déjà dit, évaporés à siccité, après quoi l'on fit bouillir le résidu avec de l'alcool. La liqueur alcoolique filtrée laissa déposer une matière en se refroidissant, surtout dans les portions provenant des liquides de l'estomac, du duodénum et des deux moitiés de l'intestin grêle. Le reste de cette liqueur alcoolique fut évaporé à siccité. Les résidus que l'on obtint, et les matières qui s'étaient précipitées pendant le refroidissement de l'alcool furent mis, chacun à part, dans un verre rempli de mercure et renversé, et à chacun l'on ajouta une petite quantité de levure de bière bien lavée, avec une quantité double d'eau. De plus on introduisit dans un autre verre de la levure et de l'eau seules, et dans un dernier de la levure, de l'eau et du sucre.

Au bout de vingt-quatre heures on n'apercevait pas la moindre trace de développement de gaz dans ces verres, le dernier excepté, qui ne tarda pas à s'en remplir. Par conséquent l'amidon mangé par le cheval paraît ne pas être converti en sucre fermentescible, observation qui ne s'accorde pas avec celle qui a été faite sur le chien, à moins que la différence ne provienne de ce que le cheval fut tué seulement quatre heures et demie après son dernier repas.

RÉACTIFS.	ESTOMAC.	DUODÉNUM.	INTESTIN GRÊLE. première moitié.	INTESTIN GRÊLE. seconde moitié.	CŒCUM.
Ebullition	Très-léger trouble.	Trouble considérable, insoluble dans le vinaigre.	Léger trouble.	Très-léger trouble.	Très-léger trouble.
Chlore	Trouble léger.	Quantité médiocre de flocons médiocres roses.	Quantité médiocre de flocons médiocres jaunes.	Liqueur claire, décolorée.	Très-léger trouble blanc.
Acide hydro-chlorique	Très-léger trouble.	Léger trouble blanc.	Grande quantité de gr. floc. jaunes.	Coagulum jaune.	Très-petite quantité de très-petits floc.; liqueur rose.
Acide nitrique	Idem.	Petite quantité de petits flocons d'un blanc verd jaunâtre.	Grande quantité de gr. floc. d'un blanc verdâtre.	Léger trouble blanc.	Très-léger trouble blanc.
Potasse	Grand dégagement d'ammoniaque.	Grand dégagement d'ammoniaque.	Grand dégagement d'ammoniaque.	Grand dégagement d'ammoniaque.	Grand dégagement d'ammoniaque.
Eau de chaux	o	Trouble médiocre, blanc.	Grande quantité de flocons médiocres jaunes.	Grande quantité de grands flocons blancs.	Grande quantité de grands flocons blancs.
Alun avec chlorure de sodium	o	Très-grande quantité de grands flocons blancs.	Grande quantité de très-gr. flocons jaunes.	Quantité médiocre de flocons médiocres jaunes.	Grande quantité de gr. flocons blancs; liqueur rose.
Chlorure d'étain	Trouble médiocre blanc.	Idem.	Magma peu épais, d'un blanc jaunâtre.	Magma peu épais, d'un blanc jaunâtre.	Idem.
Nitrate de plomb	Grande quantité de grands flocons blancs.	Grande quantité de grands flocons blancs.	Idem.	Idem.	Grande quant. de gr. floc. roses; liqueur décolorée.
Per-chlorure de fer	Trouble très-léger d'un blanc jaunâtre.	Grande quantité de très-petits flocons jaunâtres.	Grande quantité de grands flocons d'un blanc verdâtre.	Petite quantité de petits flocons verdâtres.	Petite quant. de petits floc. jaunâtres; liqueur d'un jaune brun.
Sulfate de cuivre	Trouble très-léger.	Grande quant. de très-petits floc. d'un bleu verdâtre.	Grande quantité de grands flocons jaunes.	Coagulum d'un blanc verdâtre.	Grande quantité de gr. floc. roses; liqueur jaunâtre.
Proto-nitrate de mercure	Magma peu épais blanc.	Magma peu épais, d'un blanc grisâtre.	Magma peu épais blanc; liqueur brunâtre.	Coagulum d'un blanc jaunâtre.	Grande quantité de très-gr. flocons fleur de pêcher; liqueur décolorée.
Per-chlorure de mercure	o	Petite quantité de petits flocons blancs.	Petite quantité de petits flocons blancs.	Grande quantité de grands flocons d'un blanc sale.	Précipité peu considérable, rougeâtre; liqueur rose.
Nitrate d'argent	Coagulum blanc.	Coagulum blanc.	Coagulum blanc; liqueur jaune.	Coagulum blanc.	Quantité méd. de floc. méd. jaunâtres; liqueur rose.
Acide oxalique	Trouble considérable blanc.	Petite quantité de petits flocons blancs.	Grande quantité de grands flocons caséeux jaunes.	Coagulum jaune.	Petite quant. de petits floc. jaunâtres; liqueur couleur de chair.
Vinaigre distillé	Petite quantité de petits flocons tendres, blancs.	Petite quantité de petits flocons tendres, blancs.	Grande quantité de grands flocons blancs; liqueur jaune.	Très-petite quant. de flocons médiocres blancs.	Petite quantité de flocons et aiguilles blanches; liqueur jaunâtre.
Teinture de noix de galle	Grande quantité de gr. floc. d'un blanc brunâtre.	Grande quantité de grands flocons d'un jaune brun.	Grande quantité de grands flocons d'un jaune brun.	Quantité médiocre de floc. d'un blanc brunâtre.	Grande quantité de grands floc. fleur de pêcher.
Teinture de tournesol	Très-faible coloration en rouge.	Neutre.	Très-faible coloration en rouge.	Neutre.	Très-faible coloration en rouge.

L'iode aqueux ne produisait, dans toutes ces liqueurs filtrées, ni coloration en bleu ni aucun autre changement quelconque, même lorsqu'on venait encore à y ajouter de l'acide sulfurique ou de l'acide nitrique. Aucune de ces liqueurs ne donna non plus de précipité par le cyanure de fer et de potassium.

Exp. xxxiiie. — *Sur la digestion de l'avoine.* — Un cheval âgé, de moyenne taille, mais bien portant et gras, fut nourri avec de l'avoine en abondance. Un matin, à sept heures, on lui donna sa ration accoutumée, et vers une heure on le tua.

A. L'estomac contenait une bouillie très-épaisse, composée de balles d'avoine, de grains d'avoine encore peu altérés, de particules farineuses et de liquide. Cette bouillie avait une forte odeur d'aigre, en même temps que celle d'écurie. Elle rougissait fortement la teinture de tournesol. On eut beau la laisser reposer pendant quelque temps, aucun liquide ne s'éleva à sa surface.

100 parties de cette bouillie, exprimées autant que possible entre les mains, en donnèrent 62,6 de marc, et 37,4 de liquide.

a. Le marc était une masse farineuse et fibreuse, d'un gris-jaunâtre, qui se colorait en violet par l'iode, qui formait empois avec l'eau chaude, et dont les infusions alcoolique, acétique et potassée présentèrent les réactions marquées sur la *table I.*

b. Le liquide exprimé fut filtré. La liqueur filtrée était d'un jaune brunâtre pâle et un peu trouble. Elle prenait une couleur plus foncée à l'air, et en acquiérait bientôt une beaucoup plus sombre que celle des autres liqueurs filtrées. Mêlée avec de l'eau sucrée, elle ne donna aucun signe de fermentation. Une portion de cette liqueur fut distillée, une seconde essayée par les réactifs (*table II*), une troisième incinérée (*table III*), et une quatrième analysée par la voie humide.

B. On trouva dans le duodénum une bouillie demi-fluide, d'un gris jaune brunâtre, et d'une odeur fort aigre, qui rougissait le tournesol. Cette bouillie se partagea, au bout d'un laps de temps très-court, en un dépôt qui faisait environ les neuf dixièmes du tout, et en un lait d'un blanc jaune grisâtre, qui surnageait, et faisait à-peu-près un dixième. On exprima le tout dans un morceau de linge. La proportion du marc au liquide exprimé se trouva être alors de 10,16.

a. Le marc consistait en balles d'avoine et en parties farineuses. Bouilli dans de l'eau, il forma de l'empois, et fut coloré en bleu par l'iode.

b. Le liquide exprimé était un lait d'un blanc gris jaunâtre, dont on obtint, par la filtration, une liqueur jaune, plus pâle que celle qui provenait de l'estomac.

C. Le contenu du premier tiers du reste de l'intestin grêle était encore plus liquide que celui du duodénum, et ressemblait à de la soupe fort claire. Ayant été laissé en repos, il déposa un sédiment, qui formait environ le huitième de la masse totale. Un développement lent de gaz fit élever à sa surface une multitude de flocons muqueux d'un blanc jaunâtre, de filamens et de balles d'avoine, constituant une crême gélatineuse et tremblante, qui formait le huitième du tout.

a. On enleva cette crême, et on l'exprima. Le marc, traité par l'eau bouillante, ne prit pas la consistance de l'empois, mais forma une bouillie diffluente, que l'iode colorait cependant en violet. Lorsqu'on le brûlait, il répandait l'odeur du pain brûlé. Mêlé avec du sucre, il ne produisait pas de fermentation.

b. Le sédiment, qui consistait en flocons muqueux tremblans, avec quelques balles d'avoine, ayant été débarrassé, par l'expression, du liquide qu'il contenait, se comporta, avec l'eau bouillante, comme la crême dont nous venons de parler.

c. Le liquide séparé de ces parties solides, et qui formait à-peu-près les trois quarts du tout, fut filtré. La liqueur qui passa était parfaitement claire et jaune, mais un peu plus foncée que celle provenant du duodénum, et un peu plus claire que la suivante.

D. La masse que l'on rencontra dans le second tiers de l'intestin grêle était aussi liquide que celle qui existait dans le premier tiers. Cependant elle contenait des flocons en plus grande quantité et moins compactes. Quant à ces flocons, il leur arriva également de se déposer en partie au fond du vase, en partie aussi de monter d'abord à la surface, à cause des bulles de gaz qui se dégageaient; mais au bout de dix-huit heures, ils étaient tous précipités, et le dépôt faisait alors les deux cinquièmes de la masse totale.

a. Le sédiment consistait en une grande quantité de flocons muqueux, d'un jaune gris pâle, qui formaient, par leur réunion, une sorte de masse gélatineuse, contenant peu de balles d'avoine, sans farine. Lorsqu'on le fit bouillir avec de l'eau, il ne produisit pas un véritable empois ; les flocons s'aglutinèrent davantage, et quand on les délaya ensuite dans de l'eau, ils formèrent avec elle une bouillie diffluente, à laquelle l'iode communiquait cependant encore une couleur violette.

b. Le liquide trouble et d'un jaune brunâtre, qui surnageait le sédiment, fut passé au filtre. La liqueur filtrée était claire, et d'un jaune pâle un peu plus foncé que celle provenant du duodénum et du premier tiers de l'intestin grêle.

E. La masse contenue dans le troisième tiers de l'intestin grêle était un peu plus consistante que celle des deux autres tiers, mais moins que celle du duodénum. Comme il ne s'y développa pas de gaz, les flocons se précipitèrent tous au fond du vase, et, au bout de dix-huit heures, le sédiment faisait le tiers de la masse totale.

a. Le sédiment exprimé consistait en balles d'avoine et en flocons muqueux d'un jaune verdâtre, qui formaient une masse moins gélatineuse et moins tremblante que celle produite par les flocons du second tiers de l'intestin grêle. Traité par l'eau bouillante, ce sédiment ne donnait pas d'empois. Cependant la solution d'iode y faisait naître encore de nombreux points bleus.

La *table I* indique les réactions de ce sédiment exprimé, comme aussi celles des sédimens provenant de l'estomac, du duodénum et des deux premiers tiers de l'intestin grêle, avec l'alcool, le vinaigre et la potasse.

b. La liqueur filtrée était claire, d'un jaune brunâtre pâle, et plus foncée que celle provenant du second tiers de l'intestin grêle.

F. L'eau froide même dans laquelle on lava le cœcum, rougissait la teinture de tournesol. Cet intestin contenait une bouillie brune et liquide, dont l'odeur n'était plus acide, mais sensiblement excrémentitielle. Cette bouillie ayant été exprimée, elle se partagea en marc et en une liqueur : le premier en formait à-peu-près le tiers, et la seconde les deux tiers.

a. Le marc consistait presque uniquement en balles d'avoine d'un brun pâle. L'iode ne le colorait point en bleu. On le fit bouillir avec de l'alcool, et on obtint une liqueur d'un brun verdâtre pâle, précipitable par la teinture de noix de galle. En mêlant cette liqueur avec de l'eau, et l'évaporant, il se sépara une résine d'un vert brunâtre, qui était encore molle et demi-onctueuse au bout de plusieurs semaines.

Cette résine se fondait entièrement à la chaleur ; elle brûlait ensuite, en se boursoufflant un peu, avec une flamme vive. L'alcool la dissolvait, à l'exception de quelques flocons foncés. La dissolution avait une couleur verte brunâtre foncée, et l'eau en précipitait abondamment des flocons d'un vert pâle. La potasse chaude ne dissolvait la résine qu'imparfaitement, et la liqueur était d'un brun verdâtre. Elle ne communiquait qu'une légère teinte brunâtre à l'eau bouillante. L'ébullition avec le carbonate de baryte ne la rendait pas soluble dans l'eau.

Le liquide aqueux duquel cette résine s'était séparée, contenait encore une matière brune, précipitable par les acides minéraux, ainsi que par la plupart des sels métalliques pesans, et donnant surtout un précipité considérable par la teinture de noix de galle.

b. Le liquide obtenu par expression était brun et trouble. Après avoir été filtré, il était limpide et d'un brun clair.

G. Le rectum, à l'endroit où il pénètre dans le bassin, contenait une bouillie épaisse, exhalant l'odeur d'excrément, et d'un brun plus foncé que celle qui se trouvait dans le cœcum. Cette bouillie, soumise à la pression, se convertit en un marc et un liquide, formant le premier les deux tiers, et le second un tiers de la masse totale.

a. Le marc consistait presque entièrement en balles d'avoine d'un brun verdâtre. Il ne se colorait point en bleu par l'iode, et fournissait, après avoir été mis en digestion dans de l'eau, une liqueur d'un brun foncé. L'alcool qu'on fit digérer avec lui, procura une teinture qui était d'un brun verdâtre encore plus foncé que celle provenant du cœcum, et de laquelle on obtint, en la faisant évaporer avec de l'eau, une résine d'un brun verdâtre. Cette résine avait les mêmes propriétés que celle qu'on avait tirée du cœcum ; seulement, lorsqu'on la faisait chauffer, elle répandait une odeur excrémentitielle plus désagréable. Il est probable qu'on doit la considérer, ainsi que la précédente, comme un mélange de résine biliaire, de graisse et d'une substance douée d'odeur excrémentitielle (peut-être une huile volatile) ; d'où il suit que la partie résineuse de la bile est expulsée, du moins en partie, avec les excrémens.

b. Le liquide obtenu par expression, était limpide, après avoir été filtré, et présentait la couleur du per-chlorure de fer concentré.

Cette liqueur filtrée fut, de même que celles qui avaient été obtenues de l'estomac, du duodénum, des trois portions de l'intestin grêle et du cœcum, en partie essayée par les réactifs (*table II*), et en partie analysée par la voie humide. Quelques-unes de ces liqueurs filtrées furent aussi réduites en cendres (*table III*).

H. Le chyle des vaisseaux absorbans de l'intestin grêle qui n'avait encore traversé qu'une seule série de glandes, était d'un blanc jaunâtre, avec un très-faible mélange de rougeâtre. Au bout même d'une demi-heure, il n'était point encore coagulé. En y versant de l'acide hydro-sulfurique, sa teinte rougeâtre se convertit en une autre verdâtre.

I. Le chyle du canal thoracique se présentait sous l'aspect d'un lait blanc rougeâtre, qui se coagulait en quelques minutes. Le caillot, d'abord pâle, prenait une couleur rouge de cinnabre en se condensant davantage. Le sérum ressemblait à un lait d'un blanc rouge jaunâtre, et en tout au chyle des vaisseaux absorbans de l'intestin grêle. Au bout de quelque temps il déposait du cruor, sous la forme d'une poudre fine.

Le chyle, abandonné à lui-même sur un entonnoir, pendant quatre heures, et remué souvent, se partageait en caillot et en sérum. Ceux-ci furent évaporés (1) tous deux, afin de connaître la proportion des parties solides qu'ils contenaient.

	dans 59,8 gr.	dans 100.		dans 59,8 gr.	dans 100.
Caillot frais·	1,8	3,01	Caillot sec·	0,47	0,78
Sérum frais..	58,0	96,99	Sérum sec·	4,42	7,39
			Eau.	54,91	91,83
	59,8	100,00		59,80	100,00

Rapport du caillot sec au sérum sec. = 9,6 : 90,4
Rapport du caillot sec au caillot frais. = 26 : 100.
Rapport du sérum sec au sérum frais. = 7,6 : 100.

a. Le caillot sec se ramollit, quand on le fit digérer dans du vinaigre distillé, mais sans s'y dissoudre d'une manière sensible. L'alcool, bouilli avec ce caillot sec, laissa, après avoir été évaporé, beaucoup de gouttes d'huile d'un brun jaunâtre.

b. Voici quelles furent les réactions du sérum frais :

Il laissa dégager un peu d'ammoniaque par la potasse. Ayant été agité avec de l'éther dépouillé d'alcool, il ne se coagula pas, et devint presque parfaitement limpide, avec une teinte jaune pâle. L'éther était incolore, et il s'y déposa quelques flocons de graisse déliés et blancs. Soumis à l'évaporation, il laissa beaucoup de graisse, qui, par le refroidissement, se partagea en grains cristallins blancs et en une huile d'une fluidité permanente.

Analyse du sérum du chyle.—23,7 grammes de sérum frais laissèrent, après l'évaporation, 1,81 grammes de résidu sec. Ce dernier était brun jaunâtre, trouble, translucide, cassant et un peu gras. On le coupa avec des ciseaux, et on le fit bouillir à plusieurs reprises, d'abord avec de l'alcool à 36 degrés, puis avec de l'alcool absolu, parce que la graisse que le premier déposait pendant la filtration, obstruait bientôt le filtre. Les décoctions faites avec l'acool absolu furent séparées des premières.

---

(1) On ne fit évaporer qu'une portion du sérum, d'après laquelle on calcula combien le tout aurait fourni du résidu sec.

I. Les dernières décoctions alcooliques étaient incolores. Elles laissèrent 0,115 gr. de graisse jaune.

II. Les premières étaient d'un jaune pâle. Elles laissèrent 0,57 gr. d'un résidu jaune-brunâtre, translucide, ayant l'aspect gras et l'odeur de la graisse, qui se liquéfiait en grande partie à la chaleur. Traité par l'eau, ce résidu laissa à son tour 0,28 gr. d'une graisse brune. La dissolution aqueuse se convertit presque entièrement, par l'évaporation, en octaèdres réguliers et brunâtres.

Une partie de cet extrait fut dissoute dans l'eau : elle dégageait fort peu d'ammoniaque par la potasse, n'exerçait aucune action sur les couleurs végétales, et se troublait par la teinture de noix de galle. Une autre, que l'on brûla, répandit l'odeur de la colle brûlée ; elle laissa un charbon difficile à incinérer ; la cendre se composait de carbonate et d'une grande quantité de chlorure alcalin, qui produisait un très-faible précipité avec la dissolution de platine.

III. La masse épuisée par l'alcool fut bouillie dans de l'eau.

1. La décoction aqueuse était d'un jaune très-pâle. Elle laissa 0,05 gr. d'une matière blanche, opaque, terreuse et sentant la colle forte.

Une partie de cette matière fut dissoute dans l'eau ; quelques flocons blancs résistèrent à l'action du liquide. La dissolution était d'un jaune pâle, colorait en bleu la teinture de tournesol rougie, troublait très-faiblement le per-chlorure de mercure et l'eau de baryte, donnait, avec le sous-acétate de plomb, beaucoup de petits flocons blancs qui se dissolvaient facilement dans l'acide nitrique, et n'agissait point sur l'acide sulfurique, la dissolution d'argent, l'alcool, ni la teinture de noix de galle (ce qui tenait peut-être à sa très-petite quantité).

Une autre portion fut brûlée. Elle exhala une odeur empyreumatique et faiblement animale, et laissa une cendre blanche, qui se composait de carbonate de soude, avec fort peu de phosphate.

2. Ce qui était insoluble dans l'alcool et dans l'eau pesait 1,05 gr., après avoir été desséché. C'était une substance d'un brun jaunâtre et translucide, qui donna 0,05 gr. d'une

cendre grise-brunâtre, contenant des traces de carbonate et de sulfate (point de chlorure ni de phosphate) alcalins, une quantité médiocre de phosphate calcaire et beaucoup de carbonate de chaux.

En conséquence le sérum évaporé du chyle contenait :

	dans 1,81 grammes,	dans 100;
Graisse jaune..................	0,115	6,35
Graisse brune..................	0,280	15,47
Osmazôme, acétate de soude, beaucoup de chlorure de sodium, et une matière, vraisemblablement animale, qui avait déterminé ce dernier à cristalliser en octaèdres..............	0,290	16,02
Matière salivaire, avec du carbonate et très-peu de phosphate de soude...........................	0,050	2,76
Albumine, dont la cendre contenait principalement du carbonate et un peu de phosphate calcaire........	1,050	58,01
	1,785	98,61

K. La lymphe des vaisseaux lymphatiques de la rate était d'un rouge vif. Au bout de quelques minutes, elle déposait une pellicule écarlate foncée au fond du vase. Cependant le sérum restait encore rouge, et il conservait même cette teinte dix-huit heures après.

Le sérum se coagulait par l'ébullition. Une partie, que l'on étendit d'eau, fut précipitée par l'acide nitrique et par le per-chlorure de mercure.

L. Le liquide des capsules surrénales était d'un rouge foncé et très-consistant. Il se coagula au bout d'environ dix minutes.

a. Le caillot était d'un rouge foncé et très-mou. Il paraissait contenir plutôt du cruor que de la fibrine.

2,69 gr. de ce caillot frais laissèrent 1,06 gr. de résidu, après l'exsiccation ($=$ 39,4 pour cent). Le résidu sec était d'un noir brunâtre, luisant à la surface, cassant et terne dans sa cassure. Il donna 0,01 gr. d'une cendre rouge brunâtre et meuble.

b. Le sérum était d'un rouge vif et translucide. Après avoir déposé encore beaucoup de cruor, dans l'espace de dix-huit heures, il se trouva d'un jaune assez pur et clair. Étant chauffé, il se prenait en une masse d'un gris sale, de même que tout autre sérum de sang.

4,57 gr. de ce sérum laissèrent, après avoir été évaporés, 0,63 (= 13,78 pour cent) d'une masse sèche, qui était d'un brun rouge foncé et transparente sur les bords.

Distillation des liqueurs filtrées du canal intestinal, depuis l'estomac jusqu'au rectum. — Toutes les liqueurs filtrées furent, chacune séparément, évaporées à siccité au bain-marie. Elles se troublèrent pendant l'évaporation, et celles provenant de l'estomac, du duodénum et des deux premiers tiers de l'intestin grêle se couvrirent d'une pellicule blanchâtre, qui cependant était peu épaisse dans la dernière portion, et qui manquait dans les autres liqueurs filtrées, tandis qu'en revanche celles-ci, et celle provenant de la seconde portion de l'intestin grêle, se remplirent de flocons d'un blanc grisâtre. Les résidus des liqueurs de l'estomac, du duodénum et du premier tiers de l'intestin grêle étaient d'un brun foncé, transparens, cassans à froid, mous et filans à chaud, et exhalaient une odeur douceâtre, désagréable. Les résidus des deux derniers tiers de l'intestin grêle, du cœcum et du rectum se comportaient de la même manière, à cette seule différence près qu'ils se ramollissaient moins au chaud.

Tous ces résidus furent mêlés avec un peu d'eau chaude, pour les rendre à demi fluides. On les introduisit ensuite dans un matras, on versa de l'alcool par-dessus, on chauffa plusieurs fois la masse avec de l'alcool à 36 degrés R, et on filtra.

La liqueur alcoolique faible obtenue de cette manière fut évaporée à siccité. Le résidu était, pour les portions provenant de l'estomac, du duodénum et des deux premiers tiers de l'intestin grêle, d'un brun foncé, translucide, et d'une odeur douceâtre, désagréable; il devint humide en restant à l'air. Pour le dernier tiers de l'intestin grêle, le cœcum et le rectum, il était semblable, et seulement un peu plus solide. Nous épuisâmes tous ces résidus par de l'alcool bouillant à 36 degrés.

1. La liqueur alcoolique plus forte donna, par l'évaporation, un résidu extractiforme semblable. Ce résidu fut délayé avec un peu d'eau, et agité, dans un vase fermé, avec de l'éther, que l'on décanta et renouvela souvent.

A. Le liquide éthéré donna un résidu brun, translucide et poisseux. Ce résidu fut traité par l'eau.

a. Ce qui ne se dissolvit pas dans l'eau consistait en une résine brune, qui, dans la plupart des liqueurs filtrées, était tenace et translucide. La résine du duodénum entrait en fusion à la chaleur, et brûlait ensuite avec une flamme vive, en répandant l'odeur de la graisse; elle se dissolvait facilement dans l'alcool, et en était précipitée par l'eau. La résine du cœcum et du rectum était d'un vert brunâtre. La liqueur éthérée fournie par le contenu de ces deux intestins avait offert également une couleur verte. Toutes ces matières résineuses étaient indubitablement de la résine biliaire, en partie mêlée avec la graisse et le principe colorant de la bile.

b. L'eau avait enlevé un peu d'acide à l'extrait éthéré des liqueurs filtrées de l'estomac, du duodénum et des trois tiers de l'intestin grêle, mais n'avait rien pris à celui des liqueurs du cœcum et du rectum. Les portions provenant de l'estomac et du duodénum étaient celles qui contenaient le plus de cet acide, dont la quantité allait ensuite en diminuant, et devenait extrêmement faible dans la liqueur provenant du dernier tiers de l'intestin grêle. L'extrait aqueux acide était, dans la portion appartenant au duodénum, d'un jaune brunâtre et translucide; il contenait quelque chose de grenu, et rougissait fortement le tournesol. On pourrait le considérer comme de l'acide acétique rendu impur par une matière animale.

B. La portion insoluble dans l'éther de l'extrait alcoolique le plus fort fut essayée par les réactifs (table IV, *a*). Comme on trouva de cette manière qu'il y avait de l'acide libre partout, excepté dans la portion provenant du rectum, nous employâmes différens moyens pour connaître la nature de cet acide, mais sans arriver à des résultats parfaitement satisfaisans.

On se servit pour cela de la matière fournie par les liqueurs filtrées du duodénum. Cette matière avait une saveur douceâtre, acidule et un peu empyreumatique (quoique tous les essais auxquels on la soumit eussent été faits au bain-marie). Elle se dissolvait complètement dans une plus grande quantité d'eau, à laquelle elle communiquait une couleur brune foncée.

a. On fit digérer une partie de cette matière avec du carbonate de chaux et de l'eau, puis on filtra. Le résidu, recueilli sur le filtre, ayant été dissous dans l'acide hydrochlorique, ne donna pas de précipité par l'ammoniaque. En conséquence, l'extrait ne contenait pas d'acide phosphorique, d'acide oxalique, d'acide tartarique, ni aucun autre acide formant avec la chaux un sel difficilement soluble dans l'eau. La liqueur filtrée fut évaporée à siccité, et le résidu traité par l'alcool. Celui-ci ne laissa qu'un peu de matière extractive oxidée, avec une autre matière saline, qui, dissoute dans l'eau et évaporée, laissa un vernis non cristallin, lequel répandit, quand on versa dessus de l'acide sulfurique, quelques vapeurs acides (acétate de chaux impur?). La liqueur alcoolique donna, par l'évaporation, quelques cristaux transparens, bien prononcés, et enveloppés d'une masse brune. En dissolvant cette masse dans l'eau, précipitant la chaux au moyen de l'acide oxalique versé avec précaution dans la liqueur, filtrant, saturant le liquide filtré avec de l'oxide de zinc, et évaporant, on obtenait une masse brune, avec des grains cristallins sans forme appréciable.

b. On ne réussit pas davantage à découvrir un acide particulier en précipitant l'extrait dissous dans l'eau par le sous-acétate de plomb, et examinant non-seulement le précipité, mais encore le liquide qui le surnageait. On peut admettre, comme une chose très-probable, que l'acide libre de cet extrait, de même que celui des extraits provenant de l'estomac, des trois tiers de l'intestin grêle et du cœcum, était de l'acide lactique, c'est-à-dire de l'acide acétique uni avec une matière animale.

2. La portion de l'extrait alcoolique faible non soluble dans de l'alcool plus fort fut traitée par l'eau ; celle qui provenait de l'estomac, du duodénum et du premier tiers de l'intestin grêle, s'y dissolvit en grande partie ; la dissolution de celle qui avait été fournie par les deux derniers tiers de l'intestin grêle et par le cœcum fut complète.

A. La dissolution aqueuse donna, par l'évaporation, un extrait brun foncé, brillant, cassant, toutefois difficile à écraser, beaucoup plus facile à dessécher que celui qui provenait de la liqueur alcoolique forte, restant cassant lorsqu'on le chauffait, et ayant une odeur très-faible. Les réactions de cet extrait sont indiquées sur la table iv, *b*. A la distillation sèche, celui de l'estomac donna un liquide neutre, duquel la potasse, l'ammoniaque et l'acide sulfurique dégagèrent un acide volatil. Ceux des trois tiers de l'intestin grêle, du cœcum et du rectum se comportèrent de même, à cela près seulement que les liquides qu'ils fournirent à la distillation ramenaient tous au bleu la couleur rougie du tournesol. La cendre de ces extraits contenait du carbonate et du phosphate de chaux, avec du carbonate de soude, du chlorure de sodium, et aussi un peu de phosphate de soude. Ce dernier sel se rencontra sur-tout en si grande quantité dans les extraits provenant du cœcum et du rectum, qu'il cristallisa par le refroidissement de la dissolution dans l'eau chaude.

Une partie de l'extrait provenant du duodénum fut dissoute dans l'eau, et agitée avec une égale quantité d'éther. Les deux liquides se confondirent en une masse épaisse, gélatineuse, à peine encore un peu fluide, de laquelle il ne se sépara pas d'éther. Après qu'on eut ajouté davantage d'éther, il se sépara par le repos une partie de ce dernier, qui ne laissa cependant aucun résidu lorsqu'on vint à l'évaporer.

B. La portion insoluble dans l'eau des liqueurs filtrées de l'estomac, du duodénum et du premier tiers de l'intestin grêle, représentait une poudre brune, qui se dissolvait dans l'ammoniaque liquide et la potasse, et qu'on doit considérer comme une sorte de matière extractive oxidée.

II. La partie insoluble dans l'alcool faible des liqueurs intestinales filtrées et évaporées, fut épuisée par l'eau chaude.

1. La dissolution aqueùse donna , par l'évaporation , un extrait brun et dur, dont les réactions sont marquées sur la table IV, *c*. L'extrait de la liqueur filtrée de l'estomac fournit, à la distillation sèche , un liquide neutre. Celui des trois tiers de l'intestin grêle, du cœcum et du rectum, en donna un alcalin. Tous ces liquides exhalèrent une odeur aigre par l'acide sulfurique. Les cendres des extraits contenaient du phosphate de chaux , avec du carbonate et du phosphate de soude.

2. La proportion insoluble dans l'eau était une matière brune et cassante. Celle qu'on obtint des liqueurs filtrées de l'estomac, du duodénum et des trois tiers de l'intestin grêle fut mise en digestion avec de l'ammoniaque, qui en dissolvit une partie. Le résidu obtenu par l'évaporation de cette dernière liqueur donna , à la distillation sèche, du carbonate d'ammoniaque. La portion non soluble dans l'ammoniaque contenait principalement du phosphate de chaux, avec une matière animale (albumine).

(TABLE I.)

RÉACTIONS DU MARC EXPRIMÉ DES MATIÈRES CONTENUES DANS LE CANAL INTESTINAL AVEC L'ALCOOL, LE VINAIGRE DISTILLÉ ET LA DISSOLUTION DE POTASSE, ET RÉACTIONS DES EXTRAITS OBTENUS AINSI :

RÉACTIFS.	ESTOMAC.	DUODÉNUM.	INTESTIN GRÊLE.			
			premier tiers.		second tiers.	dernier tiers.
			partie qui s'est soulevée.	partie qui s'est déposée.		
1°. TEINTURE ALCOOLIQUE.						
Eau versée dans la teinture.	Quantité médiocre de floc. médioc. d'un blanc jaunâtre.	Quantité médiocre de flocons médiocres blancs.	Quantité médiocre de flocons médiocres blancs.	Quantité médiocre de flocons médiocres blancs.	Trouble très-léger.	o
Acide sulfurique.	Léger trouble; liqueur verdâtre.	Léger trouble; liqueur verdâtre.	Léger trouble; liqueur verdâtre.	Léger trouble; liqueur verdâtre.	Léger trouble; liqueur verdâtre.	Trouble très-léger, jaunâtre.
Chlorure d'étain.	Grande quantité de grands flocons d'un blanc jaunâtre.	Grande quantité de grands flocons d'un blanc jaunâtre.	Grande quantité de grands flocons blancs.	Grande quantité de grands flocons blancs.	Grande quantité de grands flocons blancs.	Quantité médiocre de flocons médiocres blancs.
Per-chlorure de mercure.	Grande quantité de grands flocons blancs.	Grande quantité de grands flocons blancs.	Id.	Id.	Id.	o
Teinture de noix de galle.	Grande quantité de grands flocons d'un jaune brun.	Grande quantité de grands flocons d'un jaune brun.	Grande quantité de grands flocons d'un jaune brun.	Grande quantité de grands flocons d'un jaune brun.	o	o
2°. TEINTURE ACÉTIQUE.						
Iode.	Liqueur claire violette.	Liqueur claire violette.	o	o	Liqueur claire violette.	Liqueur claire violette.
Sous-acétate de plomb.	Petite quantité de petits flocons blancs.	Trouble méd., d'un blanc jaunâtre.	Trouble considérable.	Trouble considérable.	Grande quant. de gr. flocons blancs.	Grande quantité de gr. flocons blancs.
Teinture de noix de galle.	Quantité médioc. de floc. disparaissant par la chaleur.	Quantité médioc. de floc. disparaissant par la chaleur.	Quantité médioc. de floc. disparaissant par la chaleur.	Quantité médioc. de floc. disparaissant par la chaleur.	Quantité médioc. de floc. disparaissant par la chaleur.	Trouble médiocre, disparaissant par la chaleur.

3°. TRAITEMENT PAR LA POTASSE LIQUIDE ÉTENDUE.

Le résidu solide se gonfla, dans le cours de l'opération, en une masse gélatineuse. La filtration s'opéra avec lenteur. Les liqueurs filtrées étaient limpides et d'un brun clair. Celles des portions de l'intestin grêle avaient une teinte plus foncée.

RÉACTIFS.	ESTOMAC.	DUODÉNUM.	partie qui s'est soulevée.	partie qui s'est déposée.	second tiers.	dernier tiers.
Acide nitrique.	Très-petite quant. de très-pet. floc. d'un blanc jaunâtre.	Petite quantité de petits flocons d'un blanc jaunâtre.	Quantité médiocre de flocons médiocres jaunâtres.	Grande quantité de grands flocons jaunâtres.	Grande quantité de grands flocons jaunâtres.	Liqueur claire, jaune.
Vinaigre distillé.	Léger trouble blanc.	Très-léger trouble blanc.	Trouble considérable blanc.	Trouble considérable blanc.	Léger trouble blanc.	Très-léger trouble blanc.
Vinaigre distillé et iode.	Liqueur violette.	Liqueur violette.	Liqueur violette.	Liqueur violette.	Liqueur violette.	Liqueur violette.
Vinaigre distillé et chlorure d'étain.	Très-grande quantité de très-grands flocons blancs.	Très-grande quantité de très-grands flocons blancs.	Très-grande quantité de très-grands flocons blancs.	Très-grande quantité de très-grands flocons blancs.	Très-grande quantité de très-grands flocons blancs.	Très-grande quantité de très-grands flocons blancs.
Vinaigre distillé et per-chlorure de mercure.	Petite quantité de petits flocons d'un blanc brunâtre.	Très-petite quantité de petits floc. d'un blanc jaunâtre.	Quantité médiocre de floc. méd. d'un blanc jaunâtre.	Grande quant. de gr. flocons d'un blanc jaunâtre.	Petite quantité de petits flocons d'un blanc jaunâtre.	Très-petite quant. de très pet. floc. d'un blanc jaunâtre.
Vinaigre distillé et teinture de noix de galle.	Très-grande quantité de très-grands flocons ne disparaissant pas par la chaleur.	Très-grande quantité de très-gr. flocons ne disparaissant pas par la chaleur.	Très-grande quantité de très-grands flocons ne disparaissant pas par la chaleur.	Très-grande quantité de très-grands flocons ne disparaissant pas par la chaleur.	Très-grande quantité de très-grands flocons ne disparaissant pas par la chaleur.	Très-grande quantité de très-grands flocons ne disparaissant pas par la chaleur.

Si l'on en juge d'après les réactions avec le per-chlorure de mercure et la teinture de noix de galle, l'alcool avait extrait de tous les résidus une matière animale, peut-être de la gliadine. Il se trouvait de l'amidon dans tous ces résidus, même dans ceux du rectum, comme le prouvent les réactions de l'extrait alcoolique et de celui qu'on obtint par la potasse.

RÉACTIFS.	ESTOMAC.	DUODÉNUM.	INTESTIN GRÊLE. premier tiers.	INTESTIN GRÊLE. second tiers.	INTESTIN GRÊLE. troisième tiers.	CŒCUM.	RECTUM.
Ebullition.........	Trouble très-considérable, presque entièrement soluble dans le vinaigre.	Touble médiocre, diminuant par le vinaigre.	Grande quantité de grands flocons insolubles dans le vinaigre.	Grande quantité de grands flocons insolubles dans le vinaigre.	Quantité médiocre de flocons médioc. insolubles dans le vinaigre.	Grande quantité de grands floc. bruns.	Très-grande quantité de très-grands flocons bruns.
Iode.	o	o	o	o	o	o	o
Acide nitrique.....	Trouble très-léger.	Trouble très-léger.	Trouble médiocre.	Trouble médiocre.	Trouble médiocre.	Trouble médiocre.	Grande quantité de gr. flocons bruns.
Eau de baryte.....	Grande quantité de grands flocons d'un blanc brunâtre.	Grande quantité de grands flocons d'un blanc jaunâtre.	Grande quantité de grands flocons d'un blanc jaunâtre.	Grande quantité de grands flocons d'un blanc jaunâtre.	Grande quantité de grands flocons d'un blanc jaunâtre.	Grande quantité de grands flocons d'un brun clair.	Très-grande quantité de gr. flocons d'un brun clair.
Alun..........	Trouble considérable blanc.	Trouble médiocre blanc.	Trouble très-léger.	o	o	Trouble considérable d'un brun clair.	Grande quantité de grands floc. d'un brun clair.
Chlorure d'étain...	Grande quantité de grands flocons d'un blanc jaunâtre.	Grande quantité de grands flocons d'un blanc jaunâtre.	Grande quantité de grands flocons d'un blanc jaunâtre.	Grande quantité de grands flocons d'un blanc jaunâtre.	Grande quantité de grands flocons d'un blanc jaunâtre.	Quantité médiocre de grands flocons d'un blanc brunâtre.	Grande quantité de grands floc. d'un jaune brunâtre.
Acétate de plomb neutre..........	Très-grande quantité de très-grands flocons blancs.	Très-grande quantité de très-grands flocons blancs.	Très-grande quantité de très-grands flocons blancs.	Très-grande quantité de très-grands flocons blancs.	Très-grande quantité de très-grands flocons blancs.	Grande quantité de grands flocons d'un blanc brunâtre.	Magma peu épais, d'un jaune brunâtre.
Per-chlorure de fer.	Grande quantité de gr. floc. d'u.. blanc brun verdâtre.	Trouble très-léger.	Trouble très-léger.	Liqueur claire, verdâtre.	Liqueur claire, verdâtre.	Petite quantité de petits flocons d'un brun clair ; liqueur verdâtre.	Grande quantité de gr. flocons d'un brun verdâtre.
Sulfate de cuivre...	Trouble léger verdâtre.	Très-léger trouble verdâtre.	Trouble médiocre, d'un vert bleuâtre.	Trouble médiocre, d'un vert bleuâtre.	Trouble considérable verdâtre.	Quantité médiocre de flocons médiocres d'un vert sale.	Grande quantité de grands floc. d'un brun clair.
Proto-nitrate de mercure...........	Grande quantité de grands flocons d'un blanc jaunâtre.	Grande quantité de grands flocons blancs.	Grande quantité de grands flocons d'un blanc brunâtre.	Grande quantité de grands flocons d'un blanc brunâtre.	Grande quantité de grands flocons d'un blanc brunâtre.	Grande quantité de grands flocons d'un blanc brunâtre.	Très-gr. quantité de très-gr. floc. d'un blanc brunâtre.
Per-chlorure de mercure	Trouble considérable, d'un blanc jaunâtre.	Trouble considérable, d'un blanc jaunâtre.	Trouble considérable, d'un blanc jaunâtre.	Trouble considérable, d'un blanc jaunâtre.	Trouble considérable, d'un blanc jaunâtre.	Léger trouble d'un blanc brunâtre.	Très-léger trouble d'un brun clair.
Vinaigre distillé...	Tr.-léger trouble (?).	o	Léger trouble.	Léger trouble.	Très-léger trouble.	Très-léger trouble.	Très-léger trouble.
Alcool...........	Quantité médiocre de flocons médiocres d'un blanc jaunâtre.	Quantité médiocre de flocons médiocres d'un blanc jaunâtre.	Quantité médiocre de flocons médiocres d'un blanc jaunâtre.	Quantité médiocre de flocons médiocres d'un blanc jaunâtre.	Quantité médiocre de flocons médiocres d'un blanc jaunâtre.	Quantité médiocre de flocons médiocres, d'un blanc jaunâtre.	Quant. médiocre de floc. médioc. d'un brun clair.
Teinture de noix de galle..........	Grande quantité de grands flocons d'un blanc brun rougeâtre.	Grande quantité de grands flocons d'un blanc brun rougeâtre.	Grande quantité de grands flocons d'un blanc brun rougeâtre.	Grande quantité de grands flocons d'un blanc brun rougeâtre.	Quantité médiocre de flocons médiocres d'un blanc brun rougeâtre.	Très-petite quantité de petits flocons d'un brun clair.	Quantité considér. de petits flocons bruns.
Teinture de tournesol..........	Coloration médiocre en rouge.	Coloration médiocre en rouge.	Coloration médiocre en rouge.	Coloration médiocre en rouge.	Coloration médiocre en rouge.	Coloration médiocre en rouge.	Coloration médiocre en rouge.

Par conséquent toutes les liqueurs filtrées contenaient une matière albumineuse coagulable par la chaleur. Il n'y avait pas d'amidon non altéré, puisque l'iode ne fit pas une couleur bleue. Toutes contenaient un acide libre. Les précipitations par les acides, les sels métalliques, l'alcool et la teinture de noix de galle doivent être attribuées en partie à une matière animale et à du gluten, en partie à de l'amidon.

(TABLE III.)

INCINÉRATION DES LIQUEURS FILTRÉES DE L'ESTOMAC, DES DEUX PREMIERS TIERS DE L'INTESTIN GRÊLE (CELLES-CI MÊLÉES ENSEMBLE) ET DU RECTUM.

	ESTOMAC.	DEUX PREMIERS TIERS de L'INTESTIN GRÊLE.	RECTUM.
100 parties de liqueur donnèrent en cendres............	0,766	0,635	
Ces cendres contenaient en parties solubles dans l'eau····	0,312	0,556	
Et en parties insolubles dans l'eau..................	0,454	0,079	

RÉACTIONS DE LA PORTION DES CENDRES SOLUBLE DANS L'EAU.

	ESTOMAC.	DEUX PREMIERS TIERS de L'INTESTIN GRÊLE.	RECTUM.
Teinture de tournesol rougie.....................	o	Coloration très-forte en bleu.	Forte coloration en bleu.
Chlorure de calcium, acide hydro-chlorique, ammoniaque·	o	Très-grande quantité de flocons.	Grande quantité de flocons.
Chlorure acide de barium......................	Léger précipité.	Léger précipité.	Léger précipité.
Nitrate acide d'argent......................	Très-grande quantité de flocons.	Quantité médiocre de flocons.	Quantité médiocre de flocons.
Chlorure de platine......................	Précipité considérable.	Précipité considérable.	Précipité considérable.
Calcination avec l'acide sulfurique et cristallisation.......	Sulfate de soude.	Sulfate de soude.	Sulfate de soude.

La portion non-soluble dans l'eau se dissolvit avec effervescence dans l'acide hydro-chlorique.

RÉACTIONS DE CETTE DISSOLUTION.

	ESTOMAC.	DEUX PREMIERS TIERS de L'INTESTIN GRÊLE.	RECTUM.
Ammoniaque......................	Très-grande quantité de flocons.	Très-grande quantité de flocons.	Très-grande quantité de flocons.
Ensuite oxalate de potasse......................	Léger précipité.	Léger précipité.	Léger précipité.

En calcinant la portion des cendres non soluble dans l'eau avec l'acide sulfurique, et traitant le résidu par de l'alcool très-faible, celui-ci se chargeait de sulfate de magnésie.

Par conséquent, il y avait du carbonate et du phosphate de soude (excepté dans l'estomac), un peu de sulfate de soude, et beaucoup de chlorures de sodium et de potassium, avec beaucoup de phosphate de chaux, peu de carbonate calcaire, et une petite quantité de magnésie.

Donc c'était le fluide stomacal qui contenait le plus de sels calcaires, provenant sans doute, en grande partie, de l'avoine. Dans les deux premiers tiers de l'intestin grêle, les sels solubles avaient augmenté considérablement, par l'addition des liquides intestinaux. La liqueur stomacale n'offrit pas de phosphate de soude, qui existait abondamment dans celle des deux premiers tiers de l'intestin grêle et dans celle du rectum, et qu'on doit attribuer à la bile, ainsi qu'aux autres sécrétions. Il en est de même du carbonate de soude, qui peut bien avoir existé, dans les sécrétions, à l'état d'acétate.

RÉACTIFS.	ESTOMAC.	DUODÉNUM.	INTESTIN GRÊLE.			COECUM.	RECTUM.
			premier tiers.	second tiers.	dernier tiers.		
a. Réactions de la partie soluble dans l'alcool fort, et non dans l'éther, après sa dissolution dans l'eau.							
Acide sulfurique	Odeur acide.	Odeur acide.	Odeur acide.	Odeur acide.	Odeur acide.	Odeur acide désagréable.	Odeur acide désagréable.
Acide nitrique	Petite quantité de petits flocons bruns.	o	Petite quantité de petits flocons bruns.	Grande quantité de grands flocons bruns.	Grande quantité de grands flocons bruns.	Petite quantité de petits flocons bruns.	Petite quantité de petits flocons bruns.
Potasse	Dégagement très-considérable d'ammoniaque.	Dégagement très-considérable d'ammoniaque.	Dégagement très-considérable d'ammoniaque.	Dégagement très-considérable d'ammoniaque.	Dégagement très-considérable d'ammoniaque.	Dégagement très-considérable d'ammoniaque.	Dégagement très-considérable d'ammoniaque.
Eau de baryte	Quantité médiocre de flocons médiocres bruns.	Léger trouble.	Léger trouble.	o	Grande quantité de grands flocons bruns.	Léger trouble.	Léger trouble.
Alun	Grande quantité de grands flocons bruns.	o	Grande quantité de grands flocons bruns.	Grande quantité de grands flocons bruns.	Grande quantité de grands flocons bruns.	Quantité médiocre de flocons médiocres d'un brun clair.	Petite quantité de petits flocons d'un brun clair.
Chlorure d'étain	Grande quantité de grands flocons d'un brun clair.	Quantité médiocre de flocons médiocres d'un brun clair.	Grande quantité de grands floc. d'un brun clair.	Grande quantité de grands floc. d'un brun clair.	Magma peu épais, floconneux, d'un brun clair.	Petite quantité de petits flocons d'un brun clair.	Id.
Sous-acétate de plomb	Magma peu épais, floconneux, d'un brun clair.	Magma peu épais, floconneux, d'un brun clair.	Magma peu épais, floconneux, d'un brun clair.	Magma peu épais, floconneux, d'un brun clair.	Id.	Magma peu épais, floconneux, d'un brun clair.	Magma peu épais, floconneux, d'un brun clair.
Per-chlorure de fer	Magma peu épais, floconneux, d'un brun foncé.	Liqueur claire, d'un brun foncé.	Grande quantité de petits floc. bruns.	Liqueur claire, d'un brun foncé.	Magma peu épais, floconneux, d'un brun foncé.	o	Petite quantité de petits flocons d'un brun clair.
Per-chlorure de mercure	Quantité médiocre de flocons médiocres bruns.	Quantité médiocre de flocons médiocres bruns.	Quantité médiocre de petits flocons d'un brun foncé.	o	Quantité médiocre de flocons médiocres, bruns.	o	Id.
Teinture de noix de galle	Quantité médiocre de flocons médiocres, gluans, bruns.	Quantité médiocre de flocons médiocres, gluans, bruns.	Très-grande quantité de très-grands flocons d'un brun clair.	Très-grande quantité de très-grands flocons d'un brun foncé.	Très-grande quantité de très-grands flocons d'un brun foncé.	Petite quantité de petits flocons d'un brun clair.	Id.
Teinture de tournesol	Forte coloration en rouge.	Coloration médiocre en rouge.	Faible coloration en rouge.	Faible coloration en rouge.	Faible coloration en rouge.	Faible coloration en rouge.	Neutre.
b. Réactions de la partie soluble dans l'alcool faible, et non dans l'alcool fort, après sa dissolution dans l'eau.							
Acide nitrique	Grande quantité de grands floc. d'un brun clair.	o	Grande quantité de grands floc. d'un brun clair.	Grande quantité de grands flocons d'un brun clair.	Grande quantité de grands flocons d'un brun clair.	Petite quantité de petits flocons bruns.	Grande quantité de grands flocons d'un brun clair.
Eau de baryte	Id.	Trouble considér. d'un brun clair.	Trouble considérable brun.	Trouble très-considérable brun.	Grande quantité de grands flocons bruns.	Id.	Id.

RÉACTIFS.	ESTOMAC.	DUODÉNUM.	INTESTIN GRÊLE. premier tiers.	second tiers.	dernier tiers.	COECUM.	RECTUM.
Chlorure d'étain...	Petite quantité de petits flocons d'un brun clair.	Grande quantité de grands floc. d'un brun clair.	Grande quantité de grands flocons bruns.	Magma peu épais, floconneux, brun.	Magma peu épais, floconneux, brun.	Très-grande quantité de grands flocons d'un brun clair.	....
Sous - acétate de plomb..........	Magma peu épais, floconneux, d'un brun clair.	Magma peu épais, floconneux, d'un brun clair.	Magma peu épais, floconneux, d'un brun clair.	Magma peu épais, floconneux, d'un brun clair.	Magma peu épais, floconneux, d'un brun clair.	Id	Très-grande quantité de très-grands flocons d'un brun clair.
Per-chlorure de fer.	Grande quantité de grands flocons bruns.	o	Quantité médiocre de grands flocons bruns.	Magma peu épais, floconneux, d'un brun foncé.	Magma peu épais, floconneux, d'un brun foncé.	Grande quantité de flocons médiocres bruns.	Grande quantité de grands flocons bruns.
Per-chlorure de mercure........	Petite quantité de petits flocons d'un brun clair.	o	o	o	Trouble très-léger.	o	Trouble léger, d'un brun clair.
Teinture de noix de galle.........	Grande quantité de grands floc. d'un brun clair.	Grande quantité de grands floc. d'un brun clair.	Très-grande quantité de très-grands flocons d'un brun foncé.	o	Très-grande quantité de petits flocons d'un brun foncé.	o	o
Teinture de tournesol..........	o	....	....	....	o	....	....

c. *Réactions de la portion non soluble dans l'alcool faible, mais soluble dans l'eau.*

RÉACTIFS.	ESTOMAC.	DUODÉNUM.	INTESTIN GRÊLE. premier tiers.	second tiers.	dernier tiers.	COECUM.	RECTUM.
Acide nitrique.....	o	o	o	o	Grande quantité de grands flocons bruns.	Petite quantité de grands flocons bruns.	Petite quantité de petits flocons d'un brun clair.
Eau de baryte.....	Grande quantité de petits flocons d'un brun clair.	Petite quantité de petits flocons d'un brun clair.	Grande quantité de grands flocons d'un brun clair.	Quantité médiocre de flocons médiocres d'un brun clair.	Très-grande quantité de très-grands flocons d'un brun clair.	Très-grande quantité de très-grands flocons d'un brun clair.	Petite quantité de flocons médiocres d'un brun clair.
Chlorure d'étain...	Magma peu épais, floconneux, d'un brun clair.	Magma peu épais, floconneux, d'un brun clair.	Magma peu épais, floconneux, d'un brun clair.	Magma peu épais, floconneux, d'un brun clair.	Magma épais, floconneux, d'un brun clair.	Magma épais, floconneux, d'un brun clair.	Grande quantité de très-petits flocons d'un blanc brunâtre.
Sous - acétate de plomb..........	Magma épais, floconneux, d'un brun clair.	Magma épais, floconneux, d'un brun clair.	Magma épais, floconneux, d'un brun clair.	Magma épais, floconneux, d'un brun clair.	Magma peu épais, floconneux, d'un brun clair.	Magma peu épais, floconneux, d'un brun clair.	Grande quantité de grands floc. d'un blanc brunâtre.
Per-chlorure de fer..	o	Grande quantité de grands flocons bruns.	Petite quantité de petits flocons bruns.	Quantité médiocre de flocons médiocres bruns.	Quantité médiocre de flocons médiocres bruns.	Quantité médiocre de grands flocons d'un brun clair.	Petite quantité de petits flocons bruns.
Per-chlorure de mercure........	Précipité très-léger, d'un brun clair.	Précipité très-léger, d'un brun clair.	Précipité très-léger, d'un brun clair.	Précipité très-léger, d'un brun clair.	Précipité très-léger, d'un brun clair.	Précipité très-léger, d'un brun clair.	Précipité très-léger, d'un brun clair.
Teinture de noix de galle..........	Très-grande quantité de très-petits flocons d'un brun clair.	Très-grande quantité de très-petits flocons d'un brun clair.	Très-grande quantité de très-petits flocons d'un brun clair.	Très-grande quantité de très-petits flocons d'un brun clair.	Très-grande quantité de très-petits flocons d'un brun clair.	Très-petite quantité de très-petits flocons.	Trouble léger.

(TABLE V.)

RÉSUMÉ DES ANALYSES DE LA PORTION LIQUIDE DU CONTENU DU CANAL INTESTINAL.

	ESTOMAC.	DUODÉNUM.	INTESTIN GRÊLE.			COECUM.	RECTUM.
			premier tiers.	second tiers.	dernier tiers.		
Quantité absolue, en grammes, des liquides filtrés sur lesquels on opéra··········	345	190	627	809	570	331	54
Résidu sec de 100 parties de liquide··········	4,93	5,39	3,14	2,51	3,505	2,08	3,67

100 *parties du résidu sec contenaient :*

	ESTOMAC.	DUODÉNUM.	INTESTIN GRÊLE.			COECUM.	RECTUM.
			premier tiers.	second tiers.	dernier tiers.		
Parties solubles dans l'alcool fort. { Acide········· { Résine·········	1,56	0,53 / 0,26	0,25	0,63	des traces. / 0,15	0 / 1,44	0 / 1,50
Parties solubles dans l'alcool fort et non dans l'éther (acide acétique libre (excepté dans le rectum), acétate de soude, matière brune, tenace, analogue à l'osmazôme, et contenant peut-être du sucre)··	61,56	44,61	67,25	52,97	77,60	67,36	
Parties solubles dans l'alcool faible, et non dans l'alcool fort (chlorure de sodium, matière brune, azotée, contenant peut-être de la matière salivaire et de la gomme d'amidon)··········	5,63	10,80	5,08	6,30		6,40	83,50
Matière devenue insoluble (une espèce de matière extractive azotée)··········					7,10		
		0,66	9,14	14,53		0	
Parties solubles dans l'eau et non dans l'alcool faible (phosphate et acétate de soude, matière brune, azotée, cassante, contenant peut-être de la matière salivaire et de la gomme d'amidon)········	19,63	16,32	12,44	1,594	7,40	11,68	11,00
Parties insolubles dans l'eau et l'alcool (phosphate de chaux, matière extractive azotée, albumine coagulée)··········	11,00	7,11	5,03	7,06	3,10	13,12	2,00
	99,38	80,29	99,19	97,43	95,35	100,00	98,00

La perte considérable qu'on éprouva dans l'analyse du liquide obtenu du duodénum provient vraisemblablement de ce que le résidu de l'évaporation n'était pas encore parfaitement sec quand on le pesa.

Exp. xxxive. — *Sur la digestion de l'avoine.* — On fit, pendant plusieurs jours, manger copieusement de l'avoine à un vieux cheval de moyenne taille , bien nourri et bien portant. Le dernier jour cet animal reçut sa ration ordinaire à six heures du matin , et à onze heures on le tua d'un coup de couteau au défaut de l'épaule.

A. L'estomac contenait plus de 5oo grammes d'un liquide jaune brunâtre clair, d'une désagréable odeur acide, et fortement troublé par des balles d'avoine , des particules farineuses et des flocons de mucus. Pendant la nuit , ce liquide se sépara en deux couches à-peu-près égales , dont l'inférieure , composée des parties solides , était d'un blanc brunâtre et un peu épaisse , tandis que la supérieure était assez fluide et transparente.

Une partie du contenu entier de l'estomac fut distillée , une autre soumise à l'analyse , et une troisième essayée par les réactifs , après avoir été filtrée.

B. On trouva dans la partie supérieure de l'intestin grêle un liquide un peu laiteux , mais cependant translucide , qui contenait une grande quantité de flocons blanchâtres , avec des balles d'avoine. Il donna , par la filtration , une liqueur d'un brun-clair, semblable à de la bière limpide.

Une partie de cette liqueur fut essayée par les réactifs. Une autre fut évaporée, opération pendant laquelle il se sépara de grands flocons blancs , et se dégagea une odeur douceâtre , désagréable. Le résidu s'élevait à 4,74 pour cent de la liqueur : il avait l'aspect d'un extrait, et se ramollissait à la chaleur ; il était d'un brun foncé et opaque ; il répandait une odeur nauséabonde.

C. On tira de la portion moyenne de l'intestin grêle un liquide trouble, d'une odeur désagréable très-faible, et qui contenait moins de flocons blancs que le précédent , mais beaucoup de balles d'avoine. La liqueur obtenue par filtration était d'un brun jaunâtre clair, et limpide comme de la bière ; seulement elle tirait un peu sur le verdâtre. Elle fournit, à l'évaporation, 2,24 pour cent d'un résidu semblable à celui de la portion précédente. Une partie de cette liqueur fut incinérée , ce qui s'opéra difficilement. La dissolution aqueuse des cendres contenait du carbonate , du phosphate et du chlorure alcalins, sans sulfate. La dissolution de platine indiqua la présence de beaucoup de potasse , et la calcination avec l'acide sulfurique, suivie de la cristallisation, celle d'une grande quantité de soude.

D. Il y avait dans la dernière portion de l'intestin grêle un liquide jaunâtre , avec des balles d'avoine. La liqueur qu'on en obtint par la filtration , ressemblait aux deux précédentes pour la couleur. Ayant été évaporée , elle laissa 1,8 pour cent d'un résidu qui était d'un brun plus foncé que celui des deux liqueurs précédentes. Ce résidu se ramollissait également un peu par la chaleur , et il n'exhalait pas une odeur aussi désagréable que celle des deux précédens.

E. Le contenu du cœcum était une masse excrémentitielle brune , dans laquelle se trouvaient des balles d'avoine. Il fut exprimé, et donna ainsi un liquide qui , après avoir été filtré , avait une couleur brune foncée, comme du café, surtout lorsqu'on l'eut laissé exposé à l'air pendant quelque temps. A l'évaporation, ce liquide laissa 3,13 pour cent de résidu. Celui-ci était un peu mou , d'un brun noirâtre , plus foncé en couleur , plus opaque et moins odorant que les trois précédens.

F. Le chyle , recueilli dans les vaisseaux lymphatiques de l'intestin grêle , avant son passage à travers les glandes , avait une couleur blanche. Il ne rougissait pas à l'air , et ne se coagulait que d'une manière incomplète, de sorte que, mis dans un entonnoir à demi bouché par un tube de verre, il laissa , au lieu de caillot, une simple membrane jaunâtre et transparente , à peine perceptible. Le sérum qui s'écoula était un lait blanc. 3,10 grammes de ce lait laissèrent à l'évaporation 0,40 gr. d'un résidu blanc-jaunâtre, qui s'humectait à l'air. *Voyez* plus bas l'analyse de ce résidu.

G. Le chyle , tiré des vaisseaux lymphatiques de l'intestin grêle , après son passage à travers une série de glandes , fut partagé en deux portions recueillies , l'une la première , et l'autre la seconde. Toutes deux étaient d'un rouge-clair, et elles se coagulèrent complètement. 61,78 grammes de la première , placés sur un entonnoir garni d'un tube de verre , se convertirent en 1,39 gr. de caillot frais, qui donna 0,23 gr. de résidu sec, et 58,85 gr. de sérum, dont on obtint 2,90 gr. de résidu solide par l'évaporation. 60,79 gr. de la seconde donnèrent 0,70 gr. de caillot frais, 0,15 gr. de caillot sec, 56,52 gr. de sérum frais, et 2,77 gr. de sérum sec. Le caillot frais était, dans l'une et l'autre, d'un rouge-écarlate pâle. Le caillot sec se ramollissait dans le vinaigre chaud, et le colorait en jaune, ce vinaigre laissait, par l'évaporation, une pellicule jaunâtre, transparente et non soluble dans l'eau. Ensuite l'alcool bouillant enlevait au caillot une graisse inodore, d'un jaune-brunâtre, ayant la consistance de la térébenthine. La cendre du caillot des deux portions était composée de carbonate et de phosphate de chaux, avec un peu d'oxide de fer.

Le sérum frais des deux portions représentait un lait d'un blanc-rougeâtre. Lorsqu'on le fit chauffer, il se coagula complètement en une masse blanchâtre, qui était couverte d'une pellicule jaune-verdâtre. Le résidu sec était brun et jaune en dedans, verdâtre à la surface, gras au toucher et déliquescent à l'air. *Voyez* plus bas l'analyse de ce sérum sec.

H. Le chyle du canal thoracique était d'un rouge clair, et se coagulait complètement. 56,5 gr., mis sur un entonnoir, donnèrent 0,60 gr. de caillot frais, qui était d'un rouge écarlate pâle, et qui fournit 0,11 gr. de caillot sec. Celui-ci se comporta, à l'égard du vinaigre, de la même manière que celui du chyle précédent. Il abandonna une huile épaisse et d'un brun clair à l'alcool. Sa cendre contenait les mêmes substances que celles du précédent.

Les 52,87 gr. de sérum qu'on obtint des 56,5 gr. de chyle, représentaient également un lait blanc rougeâtre, qui était néanmoins un peu plus clair que celui du chyle précédent. En le chauffant, il se prenait en une gelée presque transparente, qui était couverte d'une pellicule. Le résidu sec du sérum s'élevait à 1,61 gr., et ressemblait à celui du sérum précédent, à cela près qu'il était plus translucide. *Voyez* plus bas son analyse.

I. La lymphe des vaisseaux lymphatiques du gros intestin était d'un jaune pâle, et transparente. Elle se coagulait d'une manière incomplète ; car, au lieu de caillot, il s'en séparait une matière floconneuse blanche. 1,22 gr. de ce liquide, évaporés avec les flocons, donnèrent 0,95 gr. d'une pellicule jaune, pâle et demi-transparente. *Voyez* l'analyse plus bas.

K. La lymphe des vaisseaux lymphatiques du bassin était rouge. 15,8 gr. de ce liquide donnèrent 0,08 gr. de caillot frais et 15,48 gr. de sérum. Le premier était d'un rouge écarlate plus foncé et plus transparent que celui du chyle provenant des lymphatiques de l'intestin grêle après son passage à travers les glandes. Il donna 0,02 gr. de caillot sec. Ce dernier se comporta, avec le vinaigre, de la même manière que celui des lymphatiques dont il vient d'être parlé, abandonna à l'alcool chaud une très-petite quantité d'une matière blanche, de nature probablement grasse, et laissa une trace de cendres qui contenaient des sels calcaires. Les 15,48 gr. de sérum donnèrent 0,48 gr. de résidu sec, qui représentait une pellicule brune et transparente. *Voyez* l'analyse plus bas.

L. La liqueur du péritoine était un fluide d'un jaune brunâtre, légèrement trouble et un peu épais, qui ne se coagulait pas. 15,11 gr. de ce liquide laissèrent 0,36 gr. de résidu sec, sous la forme d'une pellicule d'un brun-jaunâtre, transparente et non grasse au toucher. *Voyez* l'analyse plus loin.

On trouve, dans la table II, l'exposé comparatif des quantités en poids de caillot et de sérum, tant sec que frais, qui furent fournies par ces sept dernières liqueurs.

Distillation du contenu de l'estomac. — On mit dans une cornue une partie du contenu entier et non filtré de l'estomac, et on le distilla jusqu'à siccité. Le résidu sec s'élevait à 17,9 pour cent de la masse totale.

Le liquide accumulé dans le récipient était clair ; il exhalait une odeur nauséabonde, semblable à celle que répand ordinairement le liquide expulsé par le vomissement, et rougissait très-faiblement le tournesol. On le satura en le faisant digérer avec de l'oxide de plomb, puis on le filtra et on l'évapora. Il resta un résidu jaune, semblable à de la gomme, et non cristallin. Ce résidu se dissolvait dans l'eau, en laissant une poudre blanche (probablement un sous-sel, car il se peut que de l'acide se soit dissipé pendant l'évaporation). La dissolution communiquait aux doigts une odeur extrêmement pénétrante d'acide butyrique. Elle donnait, par le nitrate d'argent, un léger trouble que l'addition de l'acide nitrique faisait disparaître complètement. Distillée avec de l'acide sulfurique étendu, elle donnait un liquide aqueux qui rougissait fortement le tournesol, n'agissait ni sur la dissolution d'argent, ni sur le per-chlorure de fer, et possédait l'odeur pénétrante de l'acide butyrique. Ce fut probablement la trop grande raréfaction de cet acide qui l'empêcha de se séparer en gouttes huileuses. Il est possible qu'un peu d'acide acétique se trouvât aussi mêlé avec lui.

Analyse du contenu de l'estomac (1).—Le liquide trouble fut mis sur un filtre.

1. Le résidu, sur le filtre, après avoir été bien lavé et séché, représentait une poudre meuble, blanche, grise à la surface, insipide et mêlée de balles d'avoine. Chauffé, tandis qu'il était encore humide, il devenait plus ferme et plus pâteux. A une chaleur plus forte, il se boursoufflait, se charbonnait, et finissait par s'enflammer. Le charbon était difficile à incinérer.

Le résidu humide, traité par l'eau bouillante, donnait un empois, que l'iode colorait en bleu.

On fit passer ce résidu sec à travers un sac, dans lequel restèrent les balles et autres parties grossières. La poudre qui traversa le sac, réduite en pâte avec de l'eau, et pétrie dans un linge jusqu'à ce que l'eau cessât de devenir laiteuse, ne laissa que du son et point de gluten.

II. La liqueur filtrée était d'un jaune brunâtre clair, un peu opaline. Elle avait une saveur aigrelette et très-salée.

____

(1) Nous sommes redevable à notre savant collègue, M. le professeur Geiger, de cette analyse, qui fut faite trente-six heures après la mort de l'animal.

Déjà elle exhalait un peu l'odeur de pourri. Elle était légèrement épaisse, et avait une pesanteur spécifique de
1,028. On en évapora quatre onces à siccité; pendant l'opération, il se forma une pellicule grisâtre, et se dégagea
une odeur acide, piquante. Le résidu pesait 121 gr. (=6,30
pour cent). Il était brun foncé, presque opaque et déliquescent. On le fit bouillir avec de l'alcool dont la pesanteur
spécifique était de 0,848 : on laissa la liqueur trouble se refroidir, et déposer des flocons d'un brun clair, après quoi
on la filtra.

1. La liqueur filtrée déposa encore un sédiment brun par
le repos. C'est pourquoi on la filtra de nouveau.

A. Le liquide filtré fut évaporé. Le résidu fut difficile à
dessécher. Après l'avoir été autant que possible, il pesait
90 grains. Il était d'un brun foncé, presque noir et opaque,
et s'humectait à l'air. On le fit bouillir trois fois avec de
l'alcool ayant une pesanteur spécifique de 0,800, mais
avec l'attention de ne décanter le liquide qu'après le refroidissement, parce qu'il se troublait en perdant son calorique.
La masse s'agglomérait, et restait en grande partie sans se
dissoudre.

a. La dissolution alcoolique était d'un brun jaunâtre. A
l'évaporation, elle déposa beaucoup de cristaux de chlorure
de sodium, pesant plus de 2 grains. Tout le résidu de l'évaporation fut traité, à deux reprises différentes, avec une
once d'éther.

α. La dissolution éthérée, qui était d'un jaune clair,
laissa, après avoir été évaporée, 10 grains de résidu jaune-
brunâtre, ayant une saveur très-acide. Ce résidu fut traité
par l'eau.

aa. La liqueur aqueuse filtrée fut saturée avec du carbonate de chaux. Celui-ci se dissolvit d'abord entièrement,
avec effervescence. Une plus grande quantité de carbonate
fit naître un précipité blanc, d'avec lequel on sépara le
liquide.

αα. Le liquide filtré avait une saveur salée et amère. Il
rougissait encore un peu le tournesol, et ne troublait pas
l'eau de chaux. On le mêla avec un peu de lait de chaux, et

ón le filtra après l'avoir laissé exposé à l'air pendant quarante-huit heures.

aaa. La liqueur filtrée fut décomposée avec précaution
par le moyen de l'acide oxalique , jusqu'à ce que toute la
chaux eût été précipitée ; alors on la filtra , et on la soumit
à l'évaporation , vers la fin de laquelle se dégagea une vapeur fort acide , dont l'odeur ressemblait de loin à celle
de la fenaison , et qui formait un nuage avec l'ammoniaque.
Le résidu, qui s'élevait à 0,5 grains, était syrupeux et transparent ; il avait une saveur fort acide , et attirait évidemment l'humidité de l'air.

bbb. Le résidu de chaux pure . sur le filtre, était d'un
blanc-grisâtre ; il ne noircit point, et n'éprouva absolument
aucun changement sous l'influence de la chaleur.

ββ. Le résidu de carbonate calcaire, sur le filtre , se dissolvait complètement, avec effervescence, dans l'acide hydro-
chlorique , et l'ammoniaque ne faisait naître qu'un vestige
de précipité dans cette dissolution.

.bb. La partie insoluble dans l'eau de l'extrait éthéré consistait en un grain de résine , d'un gris foncé, d'une saveur
amère et nauséabonde , qui, après être devenue onctueuse
par la chaleur , se fondait partiellement en huile , et se car-
bonisait sans s'enflammer.

β. La partie insoluble dans l'éther était d'un brun foncé,
et contenait beaucoup de cristaux. On la traita par l'eau , qui
en laissa une partie sans la dissoudre.

aa. La dissolution aqueuse laissa 12 grains d'extrait, après
avoir été évaporée. Cet extrait avait une saveur très-salée et un
peu amère. Il rougissait la teinture de tournesol, ne tardait pas
à se couvrir de moisissure , précipitait abondamment le sous-
acétate de plomb, le per-chlorure de mercure et la teinture
de noix de galle, et ne fermentait pas avec la levure de bière.

bb. La portion insoluble dans l'eau se composait d'un demi-grain de résine cassante , pulvérulente et facile à dissoudre dans l'éther.

b. La portion insoluble dans l'alcool dont la pesanteur
spécifique était de 0,800, fut bouillie avec d'autre alcool pesant 0,848.

α. La dissolution alcoolique laissa, après avoir été évaporée, 20 grains d'un extrait brun foncé, translucide, mêlé de beaucoup de cristaux salins. Cet extrait avait une saveur très-salée et un peu amère. Il attirait légèrement l'humidité de l'air, rougissait le tournesol, et formait avec l'eau une dissolution un peu trouble, que la teinture de noix de galle et le per-chlorure de mercure troublaient, et que le nitrate d'argent précipitait abondamment.

β. La portion insoluble dans l'alcool pesant 0,848, fut chauffée avec un mélange de parties égales d'eau et d'alcool. Elle s'y dissolvit tout entière, mais une portion considérable s'en précipita par le refroidissement, après lequel on filtra la liqueur.

aa. La liqueur filtrée, évaporée jusqu'à consistance de miel, laissa 30 grains d'extrait. Celui-ci était d'un brun foncé. Il avait une saveur fade, amarescente et un peu salée, se dissolvait facilement dans l'eau, et ne rougissait pas le tournesol. Sa dissolution aqueuse était troublée par l'alcool en excès ; elle précipitait abondamment le sous-acétate de plomb et la teinture de noix de galle, troublait un peu le nitrate d'argent, mais n'altérait en rien le per-chlorure de mercure.

bb. La matière qui s'était séparée par le refroidissement, s'élevait à 10 grains. Elle était presque noire, se ramollissait par la chaleur, ne se dissolvait ni dans l'eau, ni dans l'alcool froid, mais colorait ce dernier à chaud, de manière qu'il se troublait en se refroidissant.

B. Le sédiment brun s'élevait à 11,5 grains. Il était insipide, et se dissolvait dans l'eau, à l'exception d'un demi-grain de flocons. Ces derniers se comportaient comme ceux de 2, *B*, et la portion soluble comme la matière 2, *A*.

2. Les flocons qui s'étaient séparés en traitant la masse primitive par l'alcool, furent lavés avec de l'alcool, puis pressés entre deux feuilles de papier Joseph, et séchés. Ils pesaient 22 grains, et étaient d'un brun foncé, brillans dans leur cassure, insipides et inaltérables à l'air. On les fit dissoudre dans l'eau, et on filtra la liqueur.

A. La liqueur aqueuse filtrée était d'un brun foncé. Elle

laissa , à l'évaporation , 13,5 grains d'une masse brune foncée , brillante dans sa cassure , insipide , se troublant avec
la noix de galle , et se troublant peu , au bout de quelque temps seulement, avec la liqueur siliceuse et le perchlorure de mercure.

B. Les flocons insolubles, recueillis sur un filtre et séchés,
pesaient 9,5 grains. Ils étaient d'un gris blanchâtre et terreux au toucher. Ils ne se dissolvaient qu'avec lenteur , et
d'une manière incomplète , dans l'acide hydro-chlorique ,
qu'ils coloraient en brunâtre , laissant un résidu gélatineux.
A la chaleur ils devenaient noirs , sans changer de forme.
Dans le même temps ils exhalaient l'odeur de la corne brûlée , et dégageaient de l'ammoniaque. La cendre faisait exactement la moitié de leur poids. Elle était fusible , et contenait entr'autres de la magnésie.

En conséquence le résidu sec de la liqueur filtrée contenait :

	dans 121 grains ;	dans 100 ;
Résine soluble dans l'éther..........	11	0,82
Résine insoluble dans l'éther........	0,5	0,41
Acide (vraisemblablement acétique), extrait par l'éther................	9,0	7,44
Matière extractive soluble dans l'alcool fort, avec des sels et des acides....	12	9,92
Matière extractive soluble dans l'alcool faible, avec des sels et des acides...	20	16,53
Matière extractive oxidée..............	10	8,25
Matière gommeuse soluble dans l'alcool très-faible seulement..............	30	
Matière gommeuse à peine soluble dans l'alcool........................	11	54,5 44,63
Matière gommeuse insoluble dans l'alcool............................	13,5	
Albumine avec sels terreux..........	10,	8,25
	116	96,25

Analyse du sérum évaporé des différens chyles (savoir :

celui qui provenait des lymphatiques de l'intestin grêle , et n'avait pas encore traversé les glandes ; la première et la seconde portions de celui des mêmes vaisseaux , après son passage à travers les glandes ; et celui du canal thoracique), *de celui de la lymphe des vaisseaux du bassin , de la lymphe des vaisseaux du gros intestin , évaporée sans qu'on eût enlevé le caillot imparfait , et de la liqueur péritonéale , évaporée tout entière.*

Tous ces résidus secs, qui avaient été obtenus par l'évaporation , et qui ont été déjà décrits , furent épuisés d'abord par l'alcool bouillant.

I. La liqueur alcoolique filtrée du premier, du second et du troisième était jaune ; par le refroidissement elle se troublait, et il s'en séparait une huile jaune. Celle du quatrième était jaune; en refroidissant elle ne se troublait pas, et ne laissait déposer qu'un petit nombre de flocons. Celles du cinquième, du sixième et du septième ne se troublaient pas non plus ; celle du cinquième était d'un jaune pâle , et celles du sixième et du septième presque sans couleur. En évaporant ces liqueurs alcooliques , on obtint un résidu qui était , pour les trois premières , d'un jaune-brunâtre , très-gras , visqueux et fusible à la chaleur ; pour la quatrième , jaune , celluleux et peu gras ; pour la cinquième et la sixième, sous la forme d'une pellicule non grasse , avec des traces de cristaux ; enfin pour la septième, une pellicule non grasse , d'un jaune brunâtre et demi-transparente. Tous ces nouveaux résidus furent traités par l'eau.

1. La portion insoluble dans l'eau était, pour les trois premiers , une graisse jaune brunâtre et peu coulante ; pour le quatrième , une graisse blanche , ayant la consistance de la crème (le cinquième ne laissa rien d'insoluble dans l'eau) ; pour le sixième , très-peu de flocons blancs qui ne paraissaient point être de nature grasse ; et pour le septième une très-petite quantité de flocons blancs et gras.

2. La portion soluble dans l'eau du premier résidu ne ramenait pas au bleu la couleur rougie du tournesol, et était précipitée par la teinture de noix de galle. Sa cendre consistait en une grande quantité de carbonate de soude et de

chlorure de sodium, avec un peu de sulfate et de phosphate.

La dissolution aqueuse du second et du troisième résidus donnèrent, par l'évaporation, un extrait jaune-brunâtre, avec des cristaux que l'on reconnut être, dans le second, des octaèdres de chlorure de sodium; la liqueur ne colorait pas en bleu le tournesol rougi, ou du moins ne le faisait que très-peu; elle était précipitée par la teinture de noix de galle, et non par le chlore; évaporée et brulée, elle exhalait une odeur d'empyreume animal, et laissait la même cendre que l'extrait du premier résidu.

La portion soluble dans l'eau du quatrième résidu donna un extrait jaune-brunâtre et déliquescent, avec de très-petits cristaux qui paraissaient être cubes. Cet extrait, dissous dans l'eau, se comporta comme ceux du second et du troisième résidus. Sa cendre contenait aussi les mêmes sels; seulement on n'y découvrit pas de phosphate de soude.

La portion soluble dans l'eau du cinquième résidu était en trop petite quantité pour qu'on pût l'examiner. Du reste on y reconnut aussi beaucoup de chlorure de sodium.

Celle du sixième résidu ne colorait pas en bleu le tournesol rougi; la teinture de tournesol la précipitait, effet que ne produisait point le chlore; elle donnait à l'incinération les mêmes sels que celle du premier résidu.

Enfin celle du septième résidu donna un extrait jaune-brunâtre, avec quelques cristaux. Cet extrait colorait très-légèrement en bleu la teinture de tournesol rougi. Il était précipité par la teinture de noix de galle, mais ne l'était pas par le chlore. Sa cendre se composait de chlorure de sodium et de carbonate de soude.

II. La matière épuisée par l'alcool fut traitée de nouveau par l'eau.

1. L'extrait aqueux qu'on obtint ainsi se comporta de la manière suivante. Pour le premier résidu, sa petite quantité ne permit pas d'essayer autre chose que l'incinération, laquelle donna seulement du sulfate et peu de carbonate de soude. Pour le second et le troisième, l'extrait aqueux était d'un jaune brunâtre, translucide, un peu grenu; il colorait

faiblement en bleu le tournesol rougi , donnait un précipité abondant avec le sous-acétate de plomb , en fournissait de médiocres avec la teinture de noix de galle et le chlore , et n'en donnait pas de sensible avec le per-chlorure de mercure ; en brûlant, il exhala l'odeur d'empyreume animal , et laissa beaucoup de carbonate de soude , avec des traces de phosphate et de chlorure. Pour le quatrième résidu , l'extrait aqueux était brun-jaunâtre et opaque ; il ramenait fortement au bleu la teinture de tournesol rougie , et était précipité fort abondamment par le sous-acétate de plomb , modérément par le per-chlorure de mercure et (quand l'alcali libre avait été saturé au moyen du vinaigre) par la teinture de noix de galle ; sa cendre ressemblait à celle du second et du troisième résidus. Le cinquième résidu était en trop petite quantité pour qu'on pût en faire un extrait aqueux. Pour le sixième , cet extrait était jaune-brunâtre ; il colorait vivement en bleu le tournesol rougi, donnait un fort précipité par le sous-acétate de plomb , en donnait un médiocre par le chlore et la teinture de noix de galle , et ne se troublait pas par le per-chlorure de mercure ; sa cendre ressemblait à celle du second et du troisième résidus. Enfin, pour le septième , l'extrait aqueux était jaune-brunâtre, translucide, dur et cassant ; il réagissait de même que le précédent ; sa cendre contenait du carbonate de soude , avec un peu de chlorure de sodium.

2. La matière traitée par l'alcool et par l'eau avait les propriétés suivantes. La cendre de celle du premier résidu était d'un brun clair, et composée d'une grande quantité de phosphate calcaire, avec peu de carbonate de chaux , et des traces seulement d'oxide de fer, de carbonate de soude , de sulfate de soude et de chlorure de sodium. La matière insoluble du second, du troisième et du quatrième résidus était, après la dessiccation, d'un brun jaunâtre , translucide et cassante : elle donna une cendre qui contenait beaucoup de carbonate calcaire, avec une très-petite quantité de phosphate de chaux , d'oxide de fer, de carbonate de soude et de chlorure de sodium. Le reste du cinquième résidu ne fut pas examiné. Celui du sixième était brun, translucide et cas-

sant; il donna une cendre contenant beaucoup de carbonate et de phosphate calcaires, une grande quantité de carbonate et de sulfate de soude, et un atome de fer. La cendre de celui du septième contenait beaucoup de phosphate calcaire et de sulfate de soude, peu de sulfate de soude et de chlorure de sodium, et très-peu de phosphate calcaire et d'oxide de fer. La *table II* offre le rapprochement de ces diverses analyses.

Incinération de la première portion du chyle provenant des vaisseaux lymphatiques de l'intestin grêle, après son passage à travers les glandes. — 8,99 grammes de chyle furent évaporés à siccité, au bain-marie, dans un creuset de platine. Le résidu pesait 0,56 gr. ($= 6,23$ pour cent). Il laissa 0,13 gr. ($= 1,45$ pour cent du chyle frais, ou 23,2 du chyle sec) de cendres.

I. La portion de ces cendres soluble dans l'eau faisait effervescence avec les acides, ramenait au bleu la couleur du tournesol rougi, précipitait le nitrate acide de mercure, et n'éprouvait aucune action de la part de l'hydro-chlorate de chaux, de l'acide hydro-chlorique, de l'ammoniaque, ni du chlorure acide de barium. Par la dissolution de platine, elle ne donnait qu'au bout d'un assez long laps de temps un petit nombre de cristaux. Calcinée avec l'acide sulfurique, elle donnait du sulfate de soude, en beaux cristaux.

II. La portion insoluble dans l'eau fut dissoute dans l'acide nitrique. La dissolution fut précipitée par l'ammoniaque, et ensuite par le carbonate de potasse. Le précipité produit par l'ammoniaque ne fut pas coloré en noir par l'acide hydro-sulfurique; en conséquence, il ne contenait pas de fer, ou n'en contenait que très-peu. On n'alla point à la recherche de la magnésie.

Ainsi la cendre du chyle contenait du carbonate de soude, du chlorure de sodium (avec un peu de potasse), du carbonate et du phosphate de chaux.

(TABLE I.)

APERÇU DES PROPORTIONS RESPECTIVES DES DIVERSES PARTIES DU CHYLE, DE LA LYMPHE ET DE LA LIQUEUR PÉRITONÉALE.

		CHYLE				LYMPHE DES VAISSEAUX		LIQUEUR
		DES LYMPHATIQUES DE L'INTESTIN GRÊLE.			Du canal thoracique.	Du bassin.	Du gros intestin.	péritonéale.
		Avant son passage à travers les glandes.	Après son passage à travers les glandes.					
			prem. portion.	seconde portion.				
100 parties de liquide se séparèrent, par la coagulation, en	Caillot frais.	.....	2,25	1,15	1,06	Quant. très-pet. indéterminée.	0,506	Pas de caillot.
	Sérum frais.	.....	97,75	98,65	98,94	} 4,10	99,49	.....
100 parties de liquide contenaient en	Caillot sec.	.....	0,37	0,25	0,19		0,13	.....
	Sérum sec.	.....	4,82	4,84	3,02		3,10	.....
	Eau.	.....	94,81	94,91	96,79	95,90	96,77	.....
100 parties de liquide desséché contenaient donc.	Caillot sec.	.....	7,17	4,85	6,07	.....	3,92	.....
	Sérum sec.	.....	92,83	95,15	93,93	.....	96,08	.....
100 parties de caillot frais donnèrent, en caillot sec.		.....	16,5	21,4	18,33	.....	25,00	.....
100 parties de sérum frais donnent, en sérum sec.		12,90	4,93	4,90	3,04	.....	3,10	2,38

100 parties de sérum évaporé à siccité contenaient :

	Avant son passage.	prem. portion.	seconde portion.	Du canal thoracique.	Du bassin.	Du gros intestin.	péritonéale.
Graisse	} 67,50	26,21	24,91	} 30,44	} 0	} 31,25	33,34
Parties solubles dans l'alcool et l'eau (osmazôme, acétate de soude et chlorure de sodium).		17,59	17,33		40		8,33
Parties solubles dans l'eau et non dans l'alcool (matière analogue à la salivaire, carbonate et phosphate de soude).	2,50	3,45	2,17	3,11	60	8,33	8,33
Albumine coagulée.	27,50	50,69	49,82	63,98		47,92	41,67
	97,50	97,94	94,23	97,53	100	87,50	83,34

RÉACTIONS DES LIQUEURS FILTRÉES DU CANAL INTESTINAL.

RÉACTIFS.	ESTOMAC.	INTESTIN GRÊLE.			COECUM.
		premier tiers.	second tiers.	dernier tiers.	
Ebullition.	Trouble médioc. blanc.	Quantité médiocre de grands floc. blancs.	Léger trouble.	.....	.....
Acide sulfurique.	.....	Léger trouble; odeur acide désagréable.	Très-léger trouble; odeur acide désagréable.	Liqueur claire; odeur acide désagréable.	Trouble considérable brun; odeur acide très-désagréable.
Acide hydro-chlorique ou acide nitrique.	.....	Petite quantité de petits flocons blancs.	Trouble très-léger.	Trouble léger.	Quantité médiocre de flocons médiocres bruns.
Potasse.	.....	Trouble très-considérable; dégagement méd. d'ammoniaq.	Trouble très-considérable; dégagement méd. d'ammoniaq.	Liqueur claire; dégagement médiocre d'ammoniaque.	Liqueur claire; dégagement médiocre d'ammoniaque.
Eau de baryte.	.....	Trouble considérable, d'un blanc jaunâtre.	Trouble médiocre, d'un blanc jaunâtre.	Quantité médiocre de flocons médiocres, d'un blanc sale.	Grande quantité de grands flocons bruns.
Sous-acétate de plomb.	.....	Très-grande quantité de très-grands flocons blancs.	Très-grande quantité de très-grands flocons blancs.	Très-grande quantité de très-grands flocons blancs.	Très-grande quantité de très-grands flocons bruns.
Per-chlorure de fer.	.....	Quantité médiocre de flocons médiocres d'un blanc jaunâtre.	.....0.....	Léger trouble.	Id.
Per-chlorure de mercure.	Trouble médiocre.	Petite quantité de petits flocons blancs.	Trouble très-léger.	Trouble léger, d'un blanc rougeâtre.	Trouble très-léger.
Vinaigre distillé.	.....	Id.	Id.	Trouble léger.	Trouble léger.
Alcool.	Trouble considérable.	Petite quantité de petits flocons.	Id.	Id.	0
Teinture de noix de galle.	Grande quantité de grands flocons gris.	Grande quant. de gr. floc. d'un blanc brun.	Petite quantité de flocons d'un gris brun.	Trouble léger brun.	Très-léger trouble.
Teinture de tournesol.	Coloration en rouge.	Coloration en rouge.	Coloration en rouge.	Coloration en rouge.	Coloration en rouge.

Exp. xxxve. *Sur le chyle du cheval.* — L'action des divers gaz sur le chyle n'ayant pas encore été étudiée, nous désirâmes de la connaître. En conséquence, un cheval fut nourri copieusement d'avoine et de foin. Cinq heures après son repas on le tua, et l'on mit à découvert, puis on lia le canal thoracique, qui regorgeait de chyle blanc rougeâtre. Les vaisseaux lymphatiques de la première moitié de l'intestin grêle étaient remplis d'un chyle blanc. Ceux de la rate contenaient un liquide d'un rouge clair et coagulable.

A. Pour fermer tout passage à l'air, on appliqua sur le canal thoracique, plein de chyle, deux ligatures éloignées de trois pouces, on excisa ensuite la portion comprise entre les ligatures, on la lava bien avec de l'eau, pour enlever le sang qui y adhérait, et on la partagea encore, par le moyen d'une autre ligature, en deux portions, dont chacune contenait environ deux grammes de chyle. L'une de ces portions fut ouverte sous le mercure de la cuve pneumatique, de manière que le chyle, en s'élevant, se trouvât en contact avec le gaz contenu dans une cloche. On vit alors bien distinctement qu'à sa sortie même du canal thoracique, et avant d'être arrivé jusqu'au gaz, le chyle était déjà à-peu-près aussi rouge qu'il le fut ensuite, et que le contact des différens gaz ne fit que modifier diversement cette couleur rouge.

a. On fit monter une moitié du chyle dans du gaz oxigène, provenant uniquement des dernières portions de celui que du chlorate de potasse, chauffé dans une cornue, avait laissé dégager. Le chyle prit, dans ce gaz, une vive couleur de carmin, approchant du rouge-écarlate, et parut en même temps devenir plus translucide.

b. L'autre moitié du chyle fut mise en contact avec de l'azote, préparé au moyen du phosphore chauffé dans l'air. Ici sa couleur éprouva une modification inverse de la précédente ; car il s'y mêla un peu de bleu et de brun au rouge, de manière qu'il prit une teinte de cramoisi sale. En même temps il parut moins translucide et plus trouble.

Ces expériences prouvent :

1°. Que le chyle du canal thoracique a déjà, avant d'être

soumis à la respiration, sa couleur rouge, qui ne fait qu'être avivée par le gaz oxigène ;

2°. Que cette couleur rouge ne doit pas naissance (1) au contact du gaz azote, qui, du reste, influe également sur sa nuance.

B. Une autre portion du chyle provenant du même cheval, et tirée du canal thoracique, d'où elle avait été reçue dans un verre, fut, environ dix minutes après sa sortie du canal, et avant qu'elle ne fût coagulée, agitée, pendant quelque temps, avec les trois gaz suivans, sur le mercure, dans des vases gradués, et abandonnée ensuite pendant trois heures au repos, au milieu de ces mêmes gaz.

a. 80 mesures de chyle furent agitées avec 70 mesures de gaz oxigène préparé de la manière qui a été indiquée plus haut. Le liquide se colora vivement en rouge carminé. Par le repos, il laissa déposer des petits flocons de fibrine, qui paraissaient d'un rouge de carmin foncé sur le fond du vase, mais qui, plus haut, où ils étaient moins serrés les uns contre les autres, semblaient approcher davantage de la teinte rosée. Le sérum qui les surnageait était d'un blanc jaunâtre, et trouble comme du lait. Au bout de trois heures, cinq mesures de gaz oxigène avaient été absorbées.

b. 27 mesures de chyle, agitées avec 18 mesures de gaz azote, préparé comme il a été dit ci-dessus, devinrent d'un cramoisi sale. Lorsqu'on les laissa en repos, le cruor se précipita ; il était presque violet à sa partie la plus inférieure. Le sérum surnageant était plus jaune que le précédent, et aussi bien que lui trouble comme du lait. Au bout de trois heures, la quantité d'azote s'élevait encore à 18 mesures.

c. 18 mesures de chyle, agitées avec 41 mesures de gaz acide carbonique, offrirent les mêmes phénomènes de coloration que dans l'expérience précédente ; seulement le sérum était encore plus teint en jaune. Au bout de trois heures, onze mesures de gaz acide carbonique se trouvaient

____

(1) Comme le pense Bizio (dans Brugnatelli, *Giornale di fisica*, Dec. II, t. v, p. 459), lequel suppose que le chyle contient de l'*érythrogène*, qui se convertit en cruor en absorbant de l'azote.

absorbées. Si l'on agitait du chyle ainsi décoloré avec du gaz oxigène, il conservait la couleur produite par le gaz acide carbonique.

Nous n'osons pas décider si le mélange d'un peu d'acide phosphoreux avec le gaz azote, ne fut point ce qui lui permit de produire le même effet que le gaz acide carbonique.

Sous l'influence des gaz azote et acide carbonique, le sérum devient d'un jaune plus vif, et le cruor d'un rouge violet. C'est du mélange de ces deux couleurs que résulte la teinte de rouge foncé sale, qui fait le caractère du sang veineux.

E. EXPÉRIENCES SUR LES RUMINANS. — *Exp.* XXXVIe. — *Sur un veau qui avait tété.* — Voulant connaître les changemens que le lait subit dans l'estomac des animaux ruminans, nous fîmes tuer un veau qui tétait encore sa mère.

A. Le premier estomac contenait, avec une petite quantité de liquide aqueux, un peu de paille et quelques fragmens de coquilles d'œuf, que l'animal devait avoir trouvés dans l'étable.

B. Il y avait dans le second estomac très-peu de paille, beaucoup de coquilles d'œuf, et un peu de liquide aqueux.

C. On ne trouva dans le troisième qu'une petite quantité de lait caillé.

Chacun de ces trois estomacs fut lavé à part, et ce qu'il contenait, mêlé avec l'eau du lavage, fut consacré en partie à être essayé par les réactifs, et en partie à être distillé.

D. Le quatrième estomac contenait 1000 grammes de lait caillé, répandant une odeur aigre désagréable.

Cette masse entière fut distillée au bain-marie. Le reste de la caillette fut lavé avec de l'eau ; le liquide qu'on obtint de cette manière, et qui était gélatineux, muqueux, translucide, fut soumis, de son côté, à un examen ultérieur.

RÉACTIONS DES LIQUEURS FILTRÉES.

RÉACTIFS.	Premier estomac.	Second estomac.	Troisième estomac.	Eau de lavage du quatrième estomac.
Teinture de tournesol···	Légère coloration en rouge.	Forte coloration en rouge.	Coloration médiocre en rouge.	Forte coloration en rouge.
Per-chlorure de fer·····	o	o	o	o
Lait tiède····	o	Coagulum grumeleux..	o	Coagulum cohérent.

Le liquide du troisième estomac ne donna pas de coagulum, peut-être parce qu'il était trop étendu, circonstance qui explique peut-être aussi son peu d'action sur le tournesol.

Distillation des liqueurs filtrées. — La distillation de ces liqueurs fut faite au bain-marie. Le produit de celles provenant du premier et du second estomacs était blanchâtre et trouble. Celui de la liqueur du troisième contenait une très-grande quantité de flocons blancs. Celui de la liqueur du quatrième et celui de son eau de lavage étaient clairs.

Parmi ces produits, que l'on essaya par la teinture de tournesol, le premier était neutre, ainsi que le second; le troisième rougit très-faiblement la teinture, tandis que les deux derniers la rougirent avec force. La dissolution d'argent fut sans action sur eux tous.

On évapora la moitié de ces produits avec de l'acide hydrochlorique en excès. Aucun d'eux ne présenta la moindre trace de coloration en rouge pendant cette opération. Tous laissèrent de l'hydro-chlorate d'ammoniaque. Le premier fut celui qui en donna le plus. Le second et le troisième en fournirent peu. On n'en obtint des deux derniers que des atomes, mais sur lesquels il suffisait de verser de la potasse pour produire un dégagement sensible d'ammoniaque.

L'autre moitié de ces produits fut mise en digestion avec du carbonate de baryte, après quoi on filtra et on évapora.

Les résidus furent les suivans :

Pour le premier produit, une pellicule fort mince et d'un jaune très-pâle. Pour le second, une pellicule semblable à la précédente, seulement bien plus mince encore. Pour le troisième, une pellicule telle que la première. Pour le quatrième et pour le cinquième, un résidu assez abondant et blanc.

L'acide sulfurique, versé sur ces divers résidus, développa une faible trace d'odeur acide avec le premier, n'en fit naître aucune avec le second, et en dégagea, avec le troisième, une légèrement aigre; avec le quatrième, de même qu'avec le cinquième, il en produisit une très-forte d'acide butyrique.

La dissolution aqueuse des trois premiers n'éprouva aucune action de la part du per-chlorure de fer et du nitrate d'argent. Dans celle des deux derniers, le per-chlorure de fer produisit une grande quantité de flocons d'un brun-jaunâtre, solubles dans un excès d'acide hydro-chlorique, qui prenait une couleur jaune-pâle; le nitrate d'argent y fit naître une grande quantité de flocons blancs, solubles dans l'acide nitrique. L'acide sulfurique troublait médiocrement la première, très-peu les deux suivantes, et très-fort les deux dernières.

En conséquence, tous les produits contenaient de l'ammoniaque, avec un excès d'acide, excès plus sensible dans les deux derniers que dans tous les autres. Cet acide paraît être l'acétique, mêlé toutefois, dans les deux derniers produits, avec une grande quantité d'acide butyrique.

Exp. XXXVIIe. — *Sur un autre veau.* — Cet animal fut séparé le soir de la vache, tué le lendemain matin, et ouvert de suite.

A. Le premier estomac contenait un liquide jaune-pâle, avec de la paille, des feuilles, des poils, etc. La teinture de tournesol, versée sur la membrane interne, rougit d'une manière peu sensible, et pénétra rapidement dans le tissu de cette membrane.

B. Il n'y avait, dans le second estomac, qu'une très-petite quantité de matière caséeuse, qui rougissait notablement le tournesol.

C. Le troisième estomac renfermait, dans ses interstices,

beaucoup de masses caséeuses, qui rougissaient le tournesol avec plus de force encore que ne faisait la matière précédente.

D. On trouva dans le quatrième estomac environ 4000 grammes d'un mélange de liquide jaune-pâle avec des masses caséeuses, dont quelques-unes avaient un pouce et jusqu'à un pouce et demi de diamètre.

E. Le premier tiers de l'intestin grêle contenait une masse jaune, laiteuse, assez homogène, ayant la consistance de la crême.

F. Le contenu du second tiers de l'intestin grêle était semblable au précédent, mais d'un jaune plus foncé, plus consistant, écumeux et mêlé de flocons muqueux.

G. Celui du dernier tiers de l'intestin grêle était encore plus coulant que le précédent, d'un jaune orangé, muqueux, non écumeux.

H. La masse contenue dans le cœcum était encore plus diffluente et plus orangée que celle du dernier tiers de l'intestin grêle, et muqueuse.

I. Le colon contenait une bouillie molle, d'un jaune brunâtre, avec des flocons muqueux.

Examen de la partie insoluble dans l'eau du contenu des diverses portions du canal intestinal.—Le contenu de l'estomac et des intestins, à l'exception de celui du second estomac, qui était trop peu considérable pour qu'on s'y arrêtât, fut délayé dans de l'eau, puis filtré. La filtration s'opéra très-lentement, surtout pour les portions provenant des trois divisions de l'intestin grêle.

Examen des résidus qui restèrent sur le filtre. — Celui du premier estomac était très-peu considérable. On le laissa sécher sur le filtre, après quoi on le fit bouillir avec de l'alcool. La liqueur alcoolique filtrée était verte. En se refroidissant, elle fut troublée par de la graisse qui s'en sépara, et que l'on recueillit sur un filtre. Le reste de la liqueur, qui était verte, laissa, par l'évaporation, une très-grande quantité d'huile brune et peu coulante, sur laquelle se trouvait une couche mince de résine d'un vert d'émeraude (chlorophylle).

Le résidu du troisième estomac consistait en une matière

caséeuse, parfaitement semblable à la suivante, et dont on ne poussa pas l'examen plus loin.

Celui du quatrième estomac se composait de masses caséeuses très-solides. On en fit bouillir une partie avec de l'alcool, qui fut ensuite filtré bouillant. De la matière caséeuse resta sur le filtre. La liqueur filtrée devint, après le refroidissement, blanche et très-trouble, ce qui obligea à la filtrer de nouveau. Cette fois, il resta sur le filtre une graisse blanche, qui, redissoute dans l'alcool bouillant, se précipita, par le refroidissement, sous la forme de poudre, et non sous celle de cristaux. L'alcool, séparé de cette graisse au moyen de la filtration, laissa, après avoir été évaporé, un extrait brun-clair, translucide, brillant et tenace, qui exhalait l'odeur du beurre. L'eau dissolvait la plus grande partie de cet extrait, en prenant une teinte brune, et la liqueur précipitait abondamment la teinture de noix de galle, le per-chlorure de mercure et le nitrate de plomb; elle se troublait par l'acide hydro-chlorique, et n'agissait point sur l'acide nitrique, le per-chlorure de fer, le sulfate de cuivre, l'alun, la teinture de tournesol. La portion non soluble dans l'eau était probablement huileuse, autant que sa petite quantité nous permit d'en juger.

Une autre portion du résidu caséeux du quatrième estomac fut mise en digestion avec de l'eau et du carbonate de baryte, opération dans le cours de laquelle la masse se divisa un peu. La liqueur obtenue ensuite par filtration était incolore; elle avait la propriété remarquable de se troubler dès la température d'environ 30 degrés, et de redevenir claire en se refroidissant. Le carbonate de potasse, l'acide sulfurique et la calcination y indiquant la présence d'une grande abondance de baryte, on y ajouta une égale quantité d'alcool, qui en sépara quelques flocons blancs. La liqueur alcoolique fut précipitée par la teinture de noix de galle et par le carbonate de potasse. En conséquence, elle contenait non-seulement de la matière caséeuse, mais encore de la baryte. Les flocons précipités par l'alcool se gonflèrent dans l'eau, s'agglutinèrent, et se résolvirent presqu'entièrement, dans l'espace de vingt-quatre heures, en un liquide qui se troublait également dès qu'on le chauffait, puis redevenait clair en se refroidissant, et dans lequel l'emploi des moyens indiqués ci-dessus décela la présence de la baryte. Il fut donc impossible d'isoler le caséum pur au moyen du carbonate de baryte, parce que l'acide du coagulum formait un sel soluble avec la baryte (1).

Le résidu du premier tiers de l'intestin grêle était peu abondant, homogène, d'un blanc verdâtre, et couvert d'une couche de graisse blanche. L'alcool, qu'on fit bouillir avec lui, passa d'un jaune pâle à travers le filtre, et abandonna, par le refroidissement, une très-grande quantité de grands flocons. Ceux-ci, recueillis sur un filtre, parurent, après avoir été séchés, sous la forme d'une graisse blanche et pulvérulente, qui ne prit nullement l'aspect lamelleux, même après avoir été redissoute dans l'alcool chaud. La liqueur alcoolique filtrée laissa, après l'évaporation, un extrait trouble et jaune, avec des gouttes de graisse d'un brun clair, qui se figèrent par le refroidissement. L'eau dissolvait l'extrait. La dissolution exhalait une faible odeur animale, et se troublait légèrement par le nitrate de plomb, le per-chlorure de mercure et la teinture de noix de galle ; les acides hydro-chlorique et nitrique n'y produisaient pas de trouble.

Le résidu du second tiers de l'intestin grêle était, dans l'état humide, homogène, blanc-brunâtre et graisseux ; dans l'état sec, jaunâtre et translucide. Bouilli avec de l'alcool, il donna une liqueur d'un jaune pâle, de laquelle se séparèrent, par le refroidissement, des flocons graisseux blancs, beaucoup moins abondans que ceux du résidu précédent. Ces flocons, réunis sur un filtre, avaient un aspect terne et graisseux. La liqueur filtrée fut évaporée ; elle laissa une masse grasse, jaune et translucide. L'eau laissa, sans y toucher, la plus grande partie de cette masse sous la forme

---

(1) Une de nos expériences indique aussi la présence de la baryte dans le caséum obtenu par la méthode de Berzelius, c'est-à-dire en faisant digérer avec du carbonate de baryte le précipité produit par l'acide sulfurique versé dans le lait.

d'une graisse blanchâtre ; la dissolution aqueuse était trouble, ce qui empêcha d'en bien observer les réactions.

Le résidu du dernier tiers de l'intestin grêle présentait, dans l'état humide, des flocons jaunâtres homogènes, et dans l'état sec, une masse jaune-brunâtre. L'alcool qu'on fit bouillir avec cette masse, était d'un jaune pâle ; par le refroidissement, il déposa autant de flocons graisseux que celui du résidu précédent. Ces flocons, recueillis sur un filtre, se présentèrent sous la forme d'écailles minces et nacrées, qui n'entrèrent pas en fusion au bain-marie, et qui étaient, par conséquent, de la choléstérine. En évaporant la liqueur alcoolique filtrée, on obtint une masse jaune et translucide, dont l'eau laissa la plus grande partie, sans l'attaquer, sous la forme de flocons graisseux jaunes et opaques. La dissolution aqueuse, peu trouble, se troubla médiocrement par l'acide hydro-chlorique, l'acide nitrique, le nitrate de plomb, le per-chlorure de mercure et la teinture de noix de galle.

Le résidu du cœcum était une masse tenace, jaune-brunâtre, semblable aux excrémens de l'enfant, et mêlée de mucus et de fibres ligneuses. L'alcool bouillant ne lui enlevait pas sensiblement sa couleur. Il passait à travers le filtre teint en vert-brunâtre, abandonnait, par le refroidissement, autant de flocons graisseux que celui de la seconde portion de l'intestin grêle, consistant également presque tout entiers en choléstérine, et donnait à l'évaporation un extrait brun-foncé, qui, traité par l'eau, laissait une grande quantité de flocons huileux d'un brun foncé.

Le résidu du colon avait le même aspect que le précédent. Sa décoction alcoolique était verte. Elle ne se troublait pas d'une manière sensible par le refroidissement, et laissait, après avoir été évaporée, une masse stéaro-résineuse, brune et onctueuse. Cette masse fut agitée avec de l'alcool, que l'on décanta ensuite. La portion non dissoute était d'un brun verdâtre sale, et grasse au toucher. La liqueur alcoolique laissa, à l'évaporation, un résidu jaune et onctueux au toucher. Ce résidu se dissolvit dans l'eau, à l'exception de beaucoup de graisse.

D'après ces expériences, l'alcool enleva à la partie des divers contenus qui était restée sur le filtre après le délaiement dans l'eau et la filtration : dans le premier, de la chlorophylle, de la stéarine et de l'huile brune ; dans le quatrième, du suif, une matière animale, et peut-être un peu d'huile ; dans le cinquième, beaucoup de stéarine, une matière animale, et peut-être un peu d'huile ; dans le sixième, de la stéarine et une matière animale ; dans le septième, de la choléstérine, de la stéarine (?) et une matière animale ; dans le huitième, de la choléstérine, de la stéarine (?), de la résine biliaire (?), du principe colorant de la bile (?) et une matière animale ; dans le huitième, de la stéarine (?), de la résine biliaire (?), du principe colorant de la bile (?) et une matière animale.

Peut-être y avait-il aussi de l'acide stéarique, auquel on ne faisait point encore attention à l'époque de ces recherches.

Examen des liqueurs filtrées obtenues après avoir étendu d'eau les divers contenus. — La liqueur filtrée du premier estomac était d'un jaune pâle et claire. Une partie fut essayée par les réactifs (*Voyez* la table). L'autre fut distillée au bain-marie, jusqu'à ce qu'il ne restât plus qu'un faible résidu.

Ce dernier consistait : 1°. en un coagulum d'un blanc brunâtre, tirant sur le jaune, qui se gonfla un peu lorsqu'on le mit digérer avec du vinaigre, mais ne se dissolvit qu'en partie, de manière que le vinaigre était troublé fortement par la teinture de noix de galle, et faiblement par le cyanure de fer et de potassium (1) ; 2°. en un liquide limpide, d'un brun clair, qui rougissait le tournesol avec force, se troublait légèrement par l'acide nitrique, et donnait un précipité abondant par la teinture de noix de galle.

Le produit de la distillation était clair, exhalait une odeur d'empyreume animal, rougissait fortement le tournesol, et ne déterminait cependant pas la coagulation du lait. Cette dernière n'avait pas lieu non plus lorsque l'on faisait chauffer,

---

(1) Le coagulum que le vinaigre produit dans le lait se dissolvait aussi, par la digestion, dans un excès de vinaigre.

avec un peu de lait, le produit de la distillation uni au liquide qui était resté dans la cornue, même quand on mettait un grand excès de celui-ci. Le principe coagulant avait-il été détruit, ou bien était-il passé dans le caillot qui se forma pendant la distillation ?

La liqueur filtrée du troisième estomac, qui était incolore et claire, fut consacrée uniquement à des réactions.

Celle du quatrième estomac était d'un jaune pâle et presque parfaitement claire.

a. Une partie servit à des réactions.

b. Une autre partie fut employée à expérimenter son action coagulante sur le lait. Lorsqu'on mêlait du lait avec une petite quantité de la liqueur filtrée, et qu'on exposait le mélange à une chaleur modérée, d'environ 36 degrés, il s'opérait rapidement une coagulation complète, de sorte qu'on voyait se former un caillot gélatineux, parfaitement cohérent, tandis qu'il se séparait peu à peu un liquide clair. Cette propriété ne paraît pas tenir uniquement à des acides contenus dans la liqueur ; d'un côté, parce que ces acides s'y trouvent en très-petite quantité, et de l'autre, parce que d'autres acides produisent un coagulum tout-à-fait différent. Si l'on versait dans du lait de l'acide acétique, butyrique ou hydro-chlorique très-étendu, ou un mélange quelconque de ces acides, et qu'on chauffât le tout, on observait à la vérité le phénomène de la coagulation ; mais il fallait cependant que la quantité d'acide fût assez considérable, et le coagulum, au lieu d'être cohérent et gélatineux, ne consistait qu'en des grumeaux épais et caséeux.

c. Une troisième portion fut précipitée, au moyen de l'ébullition, par le vinaigre distillé. Le liquide séparé des flocons produisit encore un précipité abondant quand on y ajouta du per-chlorure de mercure. Il contenait donc encore une matière caséeuse. On remarqua aussi que les flocons produits par le vinaigre se redissolvaient, sous l'influence de la chaleur, dans un excès de ce réactif.

d. Une quatrième portion fut distillée au bain-marie.

Il resta dans la cornue un caillot brun-clair et un liquide limpide, d'un brun foncé. Le caillot agit sur le vinaigre comme celui qu'on avait obtenu du premier estomac. Le liquide rougissait très-fortement le tournesol, et la teinture de noix de galle y faisait naître un précipité fort abondant.

Le produit de la distillation était clair, et rougissait fortement le tournesol, moins toutefois que le liquide resté dans la cornue. Son odeur se rapprochait de celle du lait. Il n'avait pas le pouvoir de coaguler le lait chaud. Lorsqu'on le mêlait avec le liquide resté dans la cornue, pour régénérer en quelque sorte la liqueur primitive du quatrième estomac, il fallait une bien plus grande quantité de ce mélange pour opérer la coagulation du lait chaud, et le caillot n'était pas cohérent, mais formé seulement de petits grumeaux caséeux, détachés les uns des autres. Le principe coagulant particulier de la présure avait donc, comme dans la liqueur distillée du premier estomac, disparu après la distillation.

Le produit de la distillation de la liqueur filtrée du quatrième estomac fut mêlé avec celui de la liqueur filtrée du premier, et saturé par la digestion avec de l'oxide de plomb. La dissolution obtenue de cette manière parut, à l'évaporation, perdre un peu de son acide, et se changea ainsi en partie en un sel avec excès de base, car le résidu ne se redissolvait qu'en partie dans l'eau, et ce qui demeura insoluble dans ce véhicule, ayant été évaporé et distillé avec de l'acide phosphorique, donna un liquide aqueux et acide, dans lequel nageaient quelques gouttes d'huile incolore et claire, et qui exhalait une odeur de beurre très-pénétrante. Indépendamment de cet acide butyrique, la liqueur contenait encore de l'acide acétique; mais il n'y avait ni acide hydro-chlorique, ni acide sulfo-cyanique.

e. Une cinquième portion de la liqueur filtrée fut incinérée (*Voy*. plus bas).

La liqueur filtrée du premier tiers de l'intestin grêle était d'un jaune pâle, et trouble. (Ce trouble était-il dû à de la graisse?)

Une partie fut essayée par les réactifs. Le coagulum

qu'elle donna par l'ébullition, agissait sur le vinaigre de la même manière que celui du premier estomac.

Une autre partie fut incinérée.

La liqueur filtrée du second tiers de l'intestin grêle était claire, et un peu plus jaune que la précédente.

Celle du troisième tiers du même intestin était claire et encore plus jaune.

Celles du cœcum et du colon étaient claires et d'un jaune brunâtre.

Ces quatre dernières liqueurs furent en partie essayées par les réactifs et en partie incinérées.

Incinération des liqueurs filtrées obtenues après avoir délayé le contenu des divers portions du canal alimentaire dans l'eau. — On évapora à siccité et l'on incinéra dans un creuset de platine, 1°. le produit de la liqueur filtrée du quatrième estomac; 2°. celui des liqueurs filtrées des trois portions de l'intestin grêle, mêlées ensemble; 3°. celui de la liqueur filtrée du cœcum.

Voici quelles furent les réactions de la portion des cendres soluble dans l'eau.

RÉACTIFS.	4e. ESTOMAC.	INTESTIN GRÊLE.	CŒCUM.
Teinture de tournesol rougie...	Légère coloration en bleu.	Coloration médiocre en bleu.	Coloration médiocre en bleu.
Acide hydrochlorique à chaud........	Légère effervescence.	Légère effervescence.	Légère effervescence.
Chlorure de calcium, acide hydro-chlorique, ammoniaque..	Flocons médiocres.	Grands flocons.	o
Chlorure de barium.........	o	Léger précipité.	Léger précipité.
Nitrate acide d'argent......	Grands flocons.	Grands flocons.	Grands flocons.
Dissolution de platine.......	Précipité abondant.	Précipité abondant.	Précipité abondant.

La portion de ces cendres insoluble dans l'eau était bien plus considérable pour les trois divisions réunies de l'intestin grêle. On la fit dissoudre dans l'acide hydro-chlorique. La dissolution fut décomposée par l'ammoniaque, et le précipité ainsi obtenu mis en contact avec un mélange de cyanure de fer et potassium et de vinaigre, pour reconnaître s'il contenait du fer. Les liquides précipités par l'ammoniaque furent filtrés, puis décomposés par l'oxalate de potasse ; enfin on y rechercha la magnésie au moyen de la potasse pure.

RÉACTIFS.	4ᵉ. ESTOMAC.	INTESTIN GRÊLE.	COECUM.
Ammoniaque · · ·	Très - gr. quantité de flocons.	Quantité médiocre de flocons.	Petits flocons.
Cyanure de fer et de potassium, avec du vinaigre · · · · · · · · ·	Coloration médiocre en bleu.	Forte coloration en bleu.	Coloration médiocre en bleu.
Oxalate de potasse. · · · · · · ·	Trouble très-léger.	Trouble léger.	Trouble considérable.
Potasse. · · · · · · ·	o	o	o

La cendre provenant du quatrième estomac contenait donc beaucoup de chlorure, et médiocrement de phosphate et de carbonate, sans sulfate de potasse (ni de soude), beaucoup de phosphate calcaire, peu de carbonate de chaux, et un peu d'oxide de fer.

Celles qui provenaient de l'intestin grêle et du cœcum présentaient les mêmes principes constituans. Elles contenaient néanmoins encore un peu de sulfate alcalin. De plus, le phosphate calcaire s'y trouvait en moindre quantité (celui de soude avait disparu totalement dans la cendre provenant du cœcum), et la proportion de carbonate de chaux y était plus considérable.

RÉACTIFS.	1er ESTOMAC.	2e ESTOMAC.	3e ESTOMAC.	4e ESTOMAC.	INTESTIN GRÊLE.			COECUM.	COLON.
					première portion.	seconde portion.	troisième portion.		
Ebullition...	Coagulum.	....	....	Coagulum.	Magma peu épais.	Pet. quantité de petits flocons.	Léger troub.	Grande quantité de gr. flocons.	Trouble très-léger.
Acide sulfurique......	Léger troub.	Léger troub.	Trouble cons.	Trouble cons.	Trouble cons.	Trouble cons.	Trouble méd.	Léger trouble.	Id.
Acide nitriq.	Trouble cons.	....	Id.	Id.	Id.	Id.	Id.	Trouble méd.	Léger trouble.
Eau de chaux.	....				Trouble méd.	Trouble médiocre.	Id.	o	Trouble très-léger.
Chlorure d'étain......	....		Gr. quant. de de gr. floc. blancs.	Gr. quant. de gr. flocons blancs.	Gr. quant. de gr. flocons blancs.	Gr. quant. de grands floc. blancs.	Gr. quant. de gr. flocons blancs.	Gr. quant. de gr. flocons blancs.	Trouble médiocre.
Per-chlorure de fer....	Trouble considérable.	Léger trouble.	Id.	Id.	Trouble cons. blanc.	Trouble cons. blanc.	Trouble cons. blanc.	Gr. quant. de floc. méd.	o
Sulfate de cuivre....	Trouble médiocre.	Quant. méd. de flocons médiocres, bleuâtres.	Trouble cons. blanc bleuâtre.	Trouble cons. blanc bleuâtre.	Trouble cons. blanc bleuâtre.	Trouble cons. blanc bleuâtre.	Trouble cons. blanc bleuâtre.	Pet. quant. de pet. floc.	Léger troub.
Per-chlorure de mercure.	Trouble considérable.	Quant. méd. de flocons médiocres.	Très-grande quantité de très-gr. flocons blancs.	Très-gr. quantité de très-gr. flocons blancs.	Trouble cons. blanc.	Trouble cons. blanc.	Trouble médiocre.	Trouble méd.	Id.
Vinaigre distillé......	Très-léger trouble.	....	o	Léger troub.	Trouble méd.	Trouble médiocre.	Trouble considérable.	Trouble considérable.	Id.
Alcool......	Trouble considérable.	Léger troub.	....	Gr. quant. de gr. flocons.	Id.	Id.	Léger trouble.	Gr. quant. de gr. flocons	Id.
Teinture de noix de galle......	Grande quantité de gr. flocons.	Trouble considérable.	Magma peu épais, blanc.	Très-grande quant. de gr. flocons.	Gr. quant. de grands flocons.	Grande quantité de gr. flocons.	Quant. méd. de flocons médiocres.	Id.	Id.
Teinture de tournesol..	Colorat. médiocre en rouge.	Légère coloration en rouge.	Forte coloration en rouge.	Forte coloration en rouge.	Colorat. médiocre en rouge.	Colorat. médiocre en rouge.	Légère coloration en rouge.	Légère coloration en rouge.	o
Lait chaud...	Coagulation.	o	Coagulation.	Coagulation.	Coagulation.	Coagulation.	o	o	o

La liqueur du quatrième estomac fut celle qui coagula le lait avec le plus de rapidité et de la manière la plus complète. Le liquide séparé du caillot était incolore ; il donna un précipité abondant par l'acide sulfurique.

Exp. xxxviii. — *Sur deux bœufs qui avaient mangé du foin, de la paille et de l'épeautre.* — Nous avions le désir de faire aussi une expérience pour connaître les changemens que les alimens éprouvent chez les bœufs. Deux de ces animaux furent nourris pendant quelque temps avec du foin, de la paille hachée et de l'épeautre. On les fit manger pour la dernière fois huit heures avant de les assommer.

A. Le premier estomac contenait :

a. Une grande quantité de gaz qui exhalait une forte odeur d'acide hydro-sulfurique, et noircissait sur-le-champ le papier imbibé d'acétate de plomb. Ce phénomène fut observé chez les deux bœufs.

b. Une bouillie demi-fluide, composée de foin, de paille et d'épeautre mâchés, et d'un liquide aqueux, pesant plusieurs kilogrammes, qui répandait une odeur excrémentitielle. On mit cette bouillie dans un linge, pour en exprimer la partie liquide, qui était fort trouble et d'un vert d'olive sale.

Une partie de ce liquide fut soumise à la distillation. Une autre fut passée à travers un filtre. La liqueur filtrée, faiblement trouble, avait une couleur brune-verdâtre foncée. Elle se couvrit durant la nuit d'une pellicule graisseuse et chatoyante. On la divisa en deux portions, dont l'une fut incinérée, et l'autre examinée par les réactifs.

B. On trouva, dans le second estomac, une bouillie demi-fluide, comme celle du premier, et ayant aussi la même couleur, la même odeur. On l'exprima ; il ne resta que des brins de paille dans le linge, tandis qu'il passa une liqueur semblable à la précédente.

Cette liqueur fut en partie distillée et en partie filtrée. Le liquide filtré ressemblait à celui qu'on avait obtenu du premier estomac ; cependant il était plus trouble. Par le repos, il laissa déposer une portion de la matière qui le troublait. Durant la nuit, il se couvrit également d'une pellicule graisseuse et irisée.

C. Il n'y avait point de liquide dans le troisième estomac, mais une pâte solide, homogène, d'un vert d'olive foncé, qui était disposée en couches minces entre les nombreux feuillets du viscère.

Cette pâte fut délayée dans de l'eau, puis en partie distillée et en partie filtrée. Il resta sur le filtre des parcelles de foin, avec un peu de paille. La liqueur filtrée était médiocrement brune et claire.

D. Le quatrième estomac contenait une bouillie molle, **peu** diffluente, d'un jaune brunâtre, exhalant une odeur analogue à celle des matières qui se trouvaient dans les trois autres estomacs. Ayant été exprimée dans un linge, cette bouillie se partagea : 1°. en un marc composé d'une petite quantité de paille, de grains d'épeautre (dont quelques-uns étaient seulement ramollis, et fournissaient un lait blanc lorsqu'on les écrasait), et d'autres fibres d'un jaune brunâtre ; 2°. d'un liquide fort trouble et brun jaunâtre.

Ce dernier fut en partie distillé et en partie filtré. La liqueur filtrée était d'un brun encore plus clair que celle du troisième estomac, et également claire.

E. On retira du duodénum une bouillie d'un brun jaunâtre, semblable à celle du quatrième estomac, même pour l'odeur, mais plus fluide. Cette bouillie, exprimée à travers un linge, laissa un marc qui ressemblait à celui de la bouillie du quatrième estomac, et contenait également des grains d'épeautre entiers, dont on exprimait un liquide lactescent en les écrasant. La liqueur qui traversait le linge ressemblait également à celle provenant de la bouillie du quatrième estomac, et après avoir été filtrée, elle donna un liquide semblable à celui qui provenait de cette dernière, seulement un peu trouble.

Distillation de la liqueur exprimée du quatrième estomac. — Cette liqueur commença à se coaguler dès au-dessous de 81 degrés C., en formant une écume floconneuse, d'un gris sale. La masse se boursouffla considérablement, bien au-dessous de 100 degrés, et déborda les vases, quoique ceux-ci fussent de capacité suffisante pour contenir quatre fois autant de liqueur. En introduisant le col de la cornue dans un vaisseau contenant de l'eau de chaux, et plaçant du papier imbibé d'acétate de plomb neutre à l'entrée de cette même cornue, on put se convaincre qu'il se dégageait de l'acide carbonique et de l'acide hydro-sulfurique, au commencement de l'action de la chaleur.

Le produit de la distillation était clair et incolore. Il avait une odeur désagréable, semblable à celle de tout ce qui se trouvait renfermé dans le premier estomac, ramenait au blanc la teinture de tournesol rougie, faisait effervescence avec l'acide hydro-chlorique, et donnait un précipité blanc abondant par l'acétate de plomb neutre.

Une partie de ce produit fut sursaturée d'acide hydro-chlorique et ensuite évaporée. Le mélange, en s'échauffant, prit une teinte rosée, et laissa du sel ammoniac coloré en rouge et un peu en jaune. En traitant ce sel par l'alcool, la matière rouge s'y dissolvait de préférence à la jaune. La dissolution alcoolique rouge, décantée de dessus le sel ammoniac décoloré, n'éprouva aucun changement lorsqu'on y versa de l'acide nitrique, du per-chlorure de fer et de l'acétate de cuivre; le chlore lui enleva sa couleur; mêlée à de l'ammoniaque en excès, elle produisit une liqueur jaune, qui reprit la teinte rouge quand on l'eut sursaturée d'acide hydro-chlorique.

Une autre partie du produit de la distillation ayant été saturée d'acide sulfurique, rougit également tandis qu'on l'évapora; mais sa teinte rouge disparut lorsque la concentration devint plus grande. La masse saline blanche qui resta ne communiquait à l'alcool qu'une trace de couleur rouge-jaunâtre.

Afin de découvrir l'acide acétique, on mêla une troisième partie du produit de la distillation avec du carbonate de soude; on évapora ensuite le tout jusqu'à ce qu'il ne restât plus qu'une petite quantité de liquide; on neutralisa alors exactement l'excès de soude, par le moyen de l'acide hydrochlorique, et l'on ajouta du per-chlorure de fer très-étendu d'eau, sans cependant apercevoir, dans ce dernier, la moindre trace d'une coloration plus foncée. On ne reconnut non plus aucun indice d'acide acétique en faisant bouillir la liqueur distillée avec du carbonate de baryte, puis la sursaturant d'eau de baryte, enfin l'évaporant et traitant le résidu par l'eau, qui n'en dissolvit pas la moindre parcelle.

Par conséquent, le liquide exprimé du premier estomac développa, lorsqu'on le soumit à l'action de la chaleur, des gaz acide carbonique et acide hydro-sulfurique, beaucoup de carbonate d'ammoniaque, et une matière organique qui, chauffée avec de l'acide hydro-chlorique, prenait une couleur rouge, et qui, mêlée ensuite à de l'ammoniaque, devenait jaune.

Distillation de la liqueur exprimée du second estomac. — Cette liqueur se coagula également fort au-dessous du degré de l'ébullition, en se couvrant d'une écume d'un vert sale. Elle se boursouffla aussi considérablement.

Le produit de la distillation était incolore et clair, à cela près de quelques flocons blancs qui y nageaient. Il avait une odeur désagréable, excrémentitielle et ammoniacale, rougissait fortement le tournesol, faisait une vive effervescence avec les acides, faisait naître un précipité abondant et blanc dans l'acétate de plomb mêlé de vinaigre, ainsi que dans le per-chlorure de mercure, et n'agissait point sur le chlore.

Ce même produit, sursaturé d'acide hydro-chlorique, ne prit point une teinte rouge à l'évaporation, et laissa beaucoup de sel ammoniac incolore.

Distillation du contenu du troisième intestin. — Cette pâte consistante, introduite dans une cornue, et rendue plus fluide par l'addition d'une certaine quantité d'eau, écuma beaucoup au bain-marie, et se boursouffla de manière à sortir du vase qui la contenait. Ayant eu recours à un vaisseau d'une plus grande capacité, on obtint une liqueur incolore, troublée par des flocons blancs et peu consistans, qui exhalait une odeur herbacée et désagréable, ramenait au bleu la teinture de tournesol rougie, ne faisait effervescence avec l'acide hydro-chlorique qu'à chaud, encore même faiblement, et n'agissait point sur le per-chlorure de fer.

Une partie du produit de la distillation, mêlé à de l'acide hydro-chlorique et évaporé, prit une belle teinte rosée, et laissa du sel ammoniac coloré en rose pâle.

Une autre portion, mise en digestion avec du carbonate de baryte, puis sursaturée un peu avec l'eau de baryte, fut ensuite exposée à l'air, afin que l'excès de baryte s'en séparât ; après quoi on la filtra et on l'évapora. Le faible résidu qu'elle laissa, développa, quand on y versa de l'acide sulfurique étendu d'eau, une matière qui exhalait une odeur aigre et en même temps un peu animale, et produisait des vapeurs à l'approche de l'ammoniaque. La dissolution du sel barytique dans l'eau ne rougissait pas sensiblement le perchlorure de mercure, et se troublait fortement par l'acide sulfurique.

En conséquence le produit de la distillation du contenu du troisième estomac renfermait un peu de carbonate et peut-être aussi un vestige d'acétate d'ammoniaque. Comme la liqueur exprimée de ce contenu rougissait le tournesol, et que cependant elle fournissait du carbonate d'ammoniaque sous l'influence de la chaleur, il est à présumer qu'elle était fortement sursaturée d'acide carbonique.

Distillation du liquide exprimé du quatrième estomac. — Le produit de cette opération était incolore et troublé par des flocons blancs peu cohérens. Son odeur était encore désagréable, mais moins que celle des trois précédens. Il rougissait faiblement le tournesol, et ne troublait pas le nitrate d'argent.

Une partie de ce produit fut sursaturée d'acide hydrochlorique et évaporée. Il en résulta une coloration en rouge, plus faible que dans les produits de la distillation du contenu des premier et troisième estomacs, et il resta un très-léger résidu brun-rougeâtre, qui dégagea de l'ammoniaque en abondance par la potasse.

Une autre partie fut bouillie avec du carbonate de baryte, puis filtrée et évaporée. Il resta une pellicule gommeuse, translucide, d'un jaune pâle, qui sentait déjà l'acide butyrique par elle-même, mais qui, lorsqu'on versa dessus de l'acide sulfurique étendu d'eau, répandit une forte odeur d'acides acétique et butyrique réunis. La dissolution de cette pellicule dans l'eau colorait fortement le per-chlorure de fer en rouge, donnait un précipité abondant par l'acide sulfurique, et n'agissait pas sur le nitrate d'argent.

Il résulte de là que le produit de la distillation du contenu du quatrième estomac renfermait de l'acide acétique et de l'acide butyrique (sans acide hydro-chlorique ; on n'alla point à la recherche de l'acide sulfo-cyanique), que ces acides s'étaient combinés en partie avec l'ammoniaque, et qu'il y avait en outre une certaine quantité de la matière organique qui rougit par l'action de l'acide hydro-chlorique.

Action des liqueurs filtrées des quatre estomacs et du duodénum sur la bile. — Ces liqueurs furent mêlées à froid avec la bile des mêmes bœufs, dans la proportion à-peu-près d'une partie de bile sur quatre de liqueur.

Les liqueurs du quatrième estomac et du duodénum furent les seules dans lesquelles il se manifesta un léger trouble. On plaça ensuite les mélanges dans un vase contenant de l'eau à la température de 36 degrés, et l'on chercha à entretenir constamment cette température. Le lendemain on vit que le trouble avait augmenté un peu, phénomène qui d'ailleurs se serait peut-être opéré de lui-même dans les liqueurs filtrées. Il ne se fit pas de précipitation proprement dite.

(TABLE I.)

RÉACTIONS DES LIQUEURS FILTRÉES DES ESTOMACS ET DU DUODÉNUM.

RÉACTIFS.	1er ESTOMAC.	2e ESTOMAC.	3e ESTOMAC.	4e ESTOMAC.	DUODÉNUM.
Ébullition...	o	o	o	Tr.-gr. quant. de très-gr. flocons brunâtres.	Tr.-gr. quant de très-gr. flocons brunâtres.
Chlore......	Léger troub.	Léger troub.	o	Quant. méd. de gr. floc. blancs, peu consistans.	Quant. méd. de gr. floc. blancs, peu consistans.
Acide hydrochlorique ou acide nitrique....	Quantité médiocre de petits floc. brunâtres.	Quant. méd. de pet. floc. brunâtres.	Léger troub.	Pet. quant. de très-petits floc. d'un blanc brunâtre.	Pet. quant. de très-petits floc. d'un blanc brunâtre.
Potasse.....	Dégagement considérab. d'ammoniaque.	Dégagement considérab. d'ammoniaque.	Dégagement considérab. d'ammoniaque.	Dégagement considérab. d'ammoniaque.	Dégagement considérab. d'ammoniaque.
Alun......	Tr.-gr. quant. de gr. floc. d'un brun grisâtre; liqueur décolorée.	Tr.-gr. quant. de gr. floc. d'un brun grisâtre; liqueur décolorée.	Quant. méd. de gr. floc. bruns; liq. jaune.	Léger troub., d'un blanc brunâtre.	Trouble considérable, d'un blanc brunâtre.
Chlorure d'étain.......	Coagulum brunâtre.	Coagulum brunâtre.	Coagulum brunâtre.	Tr.-gr. quant. de très-gr. floc. brunâtres.	Coagulum brunâtre.
Acét. de plomb neutre ou sous-acét. de plomb..	Id.	Id.	Id.	Coagulum blanc jaunâtre.	Coagulum blanc brunâtre.
Sulfate de fer ou per-chlorure de fer.	Coagulum gris et brun; liqueur décolorée.	Coagulum gris et brun; liqueur décolorée.	Gr. quant. de gr. flocons bruns et gris.	Gr. quant. de floc. méd., d'un blanc brunâtre.	Gr. quant. de floc. méd., d'un blanc brunâtre.
Sulfate de cuivre....	Coagulum blanc brunâtre.	Coagulum blanc brunâtre.	Coagulum blanc brunâtre.	Gr. quant. de pet. flocons blanchâtres.	Gr. quant. de pet. flocons blanchâtres.
Proto-nitrate de mercure.	Coagulum brunâtre et grisâtre.	Coagulum brunâtre et grisâtre.	Coagulum brunâtre et grisâtre.	Coagulum blanc.	Coagulum blanc.
Per-chlorure de mercure.	Tr.-gr. quant. de très-gr. flocons d'un blanc brunâtre.	Tr.-gr. quant. de très-gr. floc. d'un blanc brunâtre.	Pet. quant. de très-petits floc. d'un brun clair.	Léger trouble d'un blanc brunâtre.	Léger trouble d'un blanc brunâtre.
Nitrate d'argent.....	Tr.-gr. quant. de pet. floc. bruns; liqueur cramoisie.	Tr.-gr. quant. de floc. médiocres, brunâtres; liqueur d'un rouge saie.	Trouble considérable, d'un blanc brunâtre.	Trouble considérable, d'un blanc brunâtre.	Trouble considérable, d'un blanc brunâtre.
Alcool......	Petite quant. de flocons peu consistans.	Quant. méd. de floc. peu consistans.	o	Id.	Id.
Teinture de noix de galle....	Petite quant. de pet. floc. bruns.	Quant. méd. de pet. flocons bruns.	o	Gr. quant. de pet. flocons d'un blanc brunâtre.	Gr. quant. de pet. flocons d'un blanc brunâtre.
Teinture de tournesol..	o	o	Très-légère coloration en rouge.	Forte coloration en rouge.	Forte coloration en rouge.

(TABLE II.)

INCINÉRATION DES LIQUEURS FILTRÉES DES ESTOMACS ET DU DUODÉNUM.

RÉACTIFS.	1ᵉʳ ESTOMAC.	2ᵉ ESTOMAC.	3ᵉ ESTOMAC.	4ᵉ ESTOMAC.	DUODÉNUM.
Réactions de la portion de la cendre soluble dans l'eau.					
Teinture de tourne-sol rougie.	Très-forte coloration en bleu.	Très-forte coloration en bleu.	Forte coloration en bleu.	Forte coloration en bleu.	Forte coloration en bleu.
Acide hydro-chlorique.	Très-forte efferves-cence.	Forte effervescence.	Effervescence mé-diocre.	Effervescence mé-diocre.	Effervescence mé-diocre.
Chlorure de calcium, acide hydro-chlorique, ammoniaque.	Très-grande quanti-té de flocons.	Très-grande quan-tité de flocons.	Très-grande quantité de flocons.	Très-grande quantité de flocons.	Très-grande quantité de flocons.
Chlorure acide de barium	Trouble médiocre.	Très-léger trouble.	Très-léger trouble.	o	Trouble considérab.
Nitrate acide d'argent	Quantité médiocre de flocons.	Quantité médiocre de flocons.	Quantité médiocre de flocons.	Quantité médiocre de flocons.	Quantité médiocre de flocons.
Réactions de la portion de la cendre insoluble dans l'eau, après sa dissolution dans l'acide hydro-chlorique.					
Ammoniaque	Grande quantité de flocons.	Grande quantité de flocons.	Très-léger trouble.	....	Grande quantité de flocons.
Oxalate de potasse ensuite	Précipité considé-rable.	Précipité considé-rable.	Précipité considé-rable.	....	Précipité très-faible.

La portion soluble de la cendre provenant du premier estomac produisit un précipité médiocre par le chlorure de platine, et donna des cristaux de sulfate de soude, après avoir été calcinée avec l'acide sulfurique. La portion de la cendre insoluble dans l'eau était abondante dans le résidu de la liqueur duodénale, en très-petite quantité dans celui des liqueurs provenant des deux premiers estomacs, et réduite seulement à une faible trace dans celui des liqueurs que contenaient les deux estomacs suivans.

Exp. xxxix*. *Sur une brebis.* — Voulant d'abord examiner les sucs digestifs chez un animal à jeun, nous enfermâmes pendant quarante-huit heures un bélier, qui avait mangé de l'herbe auparavant. Durant ce laps de temps, il rumina, et but quelquefois de l'eau, sans recevoir la moindre nourriture. On le mit à mort en coupant les artères carotides, et l'on ouvrit de suite la cavité abdominale. Les quatre estomacs furent séparés par des ligatures, afin qu'aucun liquide ne pût couler de l'un dans l'autre. On procéda de la même manière à l'égard des diverses portions du canal intestinal.

A. Le premier estomac contenait deux kilogrammes et demi d'une bouillie jaune-verdâtre, qui exhalait sensiblement l'odeur de l'acide hydro-sulfurique. En couvrant le vase avec une plaque de verre à laquelle adhérait un papier trempé dans une dissolution d'acétate de plomb neutre, ce dernier brunit faiblement, quoique d'une manière bien prononcée, dans l'espace d'une heure. La bouillie était un mélange de beaucoup de fibres vertes et tendres, et d'une petite quantité de liquide. On recueillit ce dernier par expression ; il était jaune-verdâtre et très-trouble. Une partie en fut distillée, et l'autre filtrée. La liqueur passa d'abord trouble, puis claire ; elle avait une teinte jaune-brunâtre foncée.

B. On retira du second estomac 62 grammes d'une bouillie semblable à la précédente ; seulement elle était tout-à-fait fluide ; les fibres y étaient plus déliées, et elle exhalait une odeur plus faible. La liqueur filtrée était claire et d'un jaune-brunâtre pâle, tirant un peu sur le rougeâtre.

C. Il y avait dans le troisième estomac 250 grammes d'une pâte ferme, homogène, à grain très-fin, et d'un jaune verdâtre foncé, qui était disposée en minces lamelles entre les feuillets du viscère. Son odeur était plus faible que celle du contenu du premier estomac. On la délaya dans de l'eau, puis on l'exprima. Des fibres d'un jaune verdâtre restèrent dans le linge. La liqueur qui passa était d'un jaune verdâtre et fort trouble ; après avoir été filtrée, elle devint claire et d'un brun jaune-rougeâtre pâle.

D. Le contenu du quatrième estomac consistait en 375

grammes d'une bouillie jaune-brunâtre , plus liquide que
celle du premier et du troisième estomacs, mais moins que
celle du second. Soumise à l'expression , cette bouillie laissa
un résidu jaune-brunâtre pâle, composé de fibres floconneuses
très-courtes , et une liqueur jaune et trouble , qui , **ayant**
été filtrée , donna un liquide d'un jaune très-pâle **et légè-**
rement trouble.

E. Le premier tiers de l'intestin grêle contenait 16 grammes d'un liquide épais , trouble , jaune-brunâtre foncé, et
renfermant des petits flocons muqueux , translucides. Comme
ce liquide était trop épais pour passer aisément à travers le
filtre , on l'étendit d'abord avec un peu d'eau. La liqueur
filtrée était claire , et ressemblait à celle qui provenait du second estomac.

F. Le contenu du second tiers de l'intestin grêle se convertit en 125 grammes d'un sédiment grisâtre, composé
de fibres très-déliées , et en 125 grammes d'un liquide
trouble , vert-brunâtre. Ce dernier donna , par la filtration,
une liqueur claire , d'un brun très-foncé.

G. Il y avait dans le dernier tiers de l'intestin grêle 47
grammes d'une bouillie épaisse , muqueuse , jaune-brunâtre , qui fut délayée avec de l'eau et passée à travers le
filtre. La liqueur filtrée ressemblait à la précédente.

H. La bouillie contenue dans le cœcum pesait 5oo gr. ,
et se composait de fibres déliées. Elle était brune et plus
épaisse que celle du dernier tiers de l'intestin grêle. On la
délaya dans de l'eau , puis on l'exprima , et l'on filtra la liqueur, qui, après avoir traversé le filtre , ressemblait à celle
du premier estomac.

I. Le contenu de la première moitié du colon , pesant
aussi 5oo grammes , jouissait des mêmes propriétés que celui
du cœcum : seulement il était un peu plus ferme. La liqueur
filtrée qu'on en obtint , après l'avoir délayé dans de l'eau ,
était semblable aussi.

K. On trouva , dans la seconde moitié du colon , 3-5 gr.
de crotins plus mous , plus gros et plus alongés dans la partie supérieure de l'intestin , plus fermes , plus petits et plus
arrondis dans l'inférieure. Des flocons de mucus très-con-

sistant y adhéraient de distance en distance. On broya ces crotins dans de l'eau ; la liqueur filtrée ressemblait également à celle du premier estomac, si ce n'est seulement qu'elle était d'un brun un peu plus foncé.

L. Le chyle qui s'écoula par une ouverture faite au canal thoracïque, préalablement lié, était incolore. Il se coagula très-imparfaitement. Le caillot surnageant était d'abord blanc, très-peu trouble et presque transparent ; ce ne fut qu'après s'être resserré beaucoup sur lui-même, qu'il parut d'un blanc rougeâtre et moins transparent. Le sérum était de même incolore et presque parfaitement clair.

On mit ce chyle dans un entonnoir, et, au bout d'un quart-d'heure, on détermina la proportion du caillot et du sérum, puis on dessécha l'un et l'autre au bain-marie.

	dans 2,42 gr.	dans 100.		dans 2,42 gr.	dans 100.
Caillot frais·	0,115	4,75	Caillot sec·	0,02	0,82
Sérum frais..	2,305	95,25	Sérum sec·	0,12	4,96
			Eau.......	2,28	94,22
	2,420	100,00		2,42	100,00

Rapport du caillot sec au sérum sec. $= 14,3 : 85,7$
Rapport du caillot sec au caillot frais. $= 17,4 : 100.$
Rapport du sérum sec au sérum frais. $= 5,1 : 100.$

Le caillot sec était d'un jaune pâle et transparent. Le sérum sec représentait une pellicule d'un blanc jaunâtre et translucide.

Ce dernier donna 0,03 grammes de cendre ($= 25$ pour cent du sérum frais). La portion de cette cendre soluble dans l'eau contenait beaucoup de chlorure, moins de carbonate et de phosphate, et un peu de sulfate alcalin. La portion insoluble dans l'eau était blanche ; sa petite quantité ne permit pas d'en rechercher la composition.

Distillation des liqueurs du canal intestinal. — On soumit à la distillation les liqueurs exprimées du premier, du troisième et du quatrième estomacs, quatre heures après la mort de l'animal, et celles du dernier tiers de l'intestin grêle, du cœcum et des deux moitiés du colon, un jour après cette même mort.

La liqueur du premier estomac se boursouffla beaucoup.
Dès au - dessous du point de l'ébullition , elle sortit de la
cornue, quoique cette dernière fût si grande qu'elle aurait
pu contenir une quantité quatre fois plus considérable de
liquide. Il fallut donc recourir à un vase distillatoire d'une
capacité encore plus vaste. Les vapeurs qui se dégagèrent
dans le principe troublaient fortement l'eau de chaux.

La liqueur du troisième estomac se boursouffla aussi, mais
moins.

Celle du quatrième estomac ne se boursouffla pas du tout.

Tous les produits avaient une odeur désagréable. Ceux
qui contenaient du carbonate d'ammoniaque , en exhalaient
une très-fétide, et presque putride , quoiqu'on fût obligé
d'écarter toute idée de putréfaction. La plupart étaient
troublés par quelques flocons blanchâtres. Ceux de la liqueur
provenant des deux moitiés du colon , l'étaient en outre par
une matière oléo - résineuse d'un brun jaunâtre tirant
sur le vert (bile?) , qui surnageait sous la forme de minces
pellicules.

De ces produits, le premier ramena fortement au bleu le
tournesol rougi , le second le colora faiblement en bleu , le
troisième médiocrement , le quatrième avec force , le cinquième médiocrement , le sixième faiblement ; le septième
n'exerça aucune action sur lui. Aucun d'eux n'agit sur le
nitrate acide d'argent , excepté le troisième, qui y fit naître
un trouble considérable.

Une partie de tous ces produits fut sursaturée d'acide hydro-
chlorique et évaporée à siccité. Il n'y eut que ceux provenant
des liqueurs du premier estomac et du cœcum qui rougirent.
Tous les autres laissèrent du sel ammoniaque , mais en quantité différente , et dans la proportion suivante (en désignant
la quantité la plus considérable par 5 et la plus faible par
1) : 1er estomac 5 ; 5e estomac 3 ; 4e estomac 1 ; 3e tiers de
l'intestin grêle 3 ; cœcum 2 ; 1re moitié du colon 4 ; 2e moitié du colon 2.

Cependant cette proportion n'est pas rigoureuse , parce
qu'on n'employa pas partout la même quantité de produit.
Le sel ammoniac provenant de la seconde moitié du colon ,

était mêlé d'une résine brune-verdâtre, qui tirait sans doute son origine de la matière oléo-résineuse dont il a été parlé plus haut.

Une partie du produit de la distillation de la liqueur du quatrième estomac fut mise en digestion avec du carbonate de baryte, puis filtrée et évaporée à siccité. Il resta un résidu jaunâtre, qui répandit, lorsqu'on l'arrosa d'acide sulfurique, une odeur acide, médiocrement prononcée, et accompagnée d'une odeur animale, mais non de celle de l'acide butyrique. La dissolution de ce résidu dans l'eau précipitait abondamment le nitrate d'argent, et rougissait avec force le perchlorure de fer.

En conséquence, les produits de la distillation des liqueurs du premier estomac, du troisième, du dernier tiers de l'intestin grêle, du cœcum et de la première moitié du colon, contenaient du carbonate d'ammoniaque ; celui de la liqueur du quatrième estomac, de l'acide hydro-chlorique et de l'acide acétique, combinés avec un peu d'ammoniaque seulement ; enfin celui de la seconde moitié du colon, un sel ammoniacal neutre, peut-être de l'acétate.

RÉACTIONS DES LIQUEURS FILTRÉES DU CANAL INTESTINAL (1).

RÉACTIFS.	ESTOMACS.				INTESTIN GRÊLE.			CŒCUM.	COLON.	
	premier.	second.	troisième.	quatrième.	premier tiers.	second tiers.	dernier tiers.		première moitié.	seconde moitié.
Ébullition.....	o	o	o	Léger trouble.	Épais magma caséeux.	o	o	o	o	o
Chlore........	o	Très-léger troub.; liqueur décolorée.	Très-léger troub.; liqueur décolorée.	Très-léger troub.; liqueur décolorée.	Gr. quantité de gr. flocons.	Trouble considérable.	Léger trouble.	Troub. très-léger.	Troub. très-léger.	Léger trouble.
Acide hydro-chlorique ou acide nitrique à froid.....	Léger trouble.	Léger trouble.	o	o	Épais magma caséeux.	Troub. très-considérable.	o	o	o	Id.
Acide hydro-chlorique à chaud......	Effervescence très-consid.	Effervescence considérable.	Légère effervescence.	o	o	Effervescence considérable.	Effervescence considérable.	Effervescence médiocre.	Légère effervescence.	Très-légère effervescence.
Potasse (2)...	Dégagement considérable d'ammoniaque.	Dégagement considérable d'ammoniaque.	Dégagement considérable d'ammoniaque.	Dégagement considérable d'ammoniaque.	Dégagement considérable d'ammoniaque.	Dégagement très-cons. d'ammoniaque.	Dégagement très-cons. d'ammoniaque.	Dégagement très-cons. d'ammoniaque.	Dégagement très-cons. d'ammoniaque.	Dégagement très-cons. d'ammoniaque.
Alun........	Très-grande quant. de tr.-grands floc. d'un blanc brunâtre.	Gr. quantité de gr. floc. d'un blanc brunâtre.	o	o	Gr. quantité de très-gr. flocons blancs.	Très-grande quant. de très-gr. floc. d'un jaune brunâtre.	Très-petite quant. de floc. médiocres.	Très-petite quant. de floc. médiocres.	Gr. quantité de gr. floc. d'un brun rougeâtre.	o
Chlorure d'é-tain........	Id.	Très-grande quant. de tr.-gr. floc. d'un blanc brunâtre.	Pet. quant. de tr.-pet. floc. d'un blanc brunâtre.	Gr. quantité de gr. floc. blancs.	Épais magma caséeux.	Id.	Gr. quantité de gr. floc. d'un jaune brunâtre.	Gr. quantité de gr. floc. couleur de chair.	Gr. quantité de gr. floc. couleur de chair.	Quant. méd. de gr. floc couleur de chair.
Acétate de plomb neutre.	Id.	Id.	Gr. quantité de gr. floc. d'un blanc brunâtre.	Id.	Id.	Id.	Gr. quantité de gr. floc. d'un brun rougeâtre.	Id.	Id.	Gr. quantité de gr. floc. couleur de chair.
Per-chlorure de fer.........	Gr. quantité de flocons médiocres bruns.	Pet. quant. de flocons médiocres bruns.	o	o	Épais magma jaune.	Très-grande quant. de très-gr. floc. d'un gris brunâtre.	Très-petite quant. de très-petits flocons.	Très-petite quant. de pet. floc.	Très-petite quant. de pet. floc.	Très-léger trouble.
Sulfate de cui-vre.........	Très-grande quant. de très-gr. floc. d'un blanc brunâtre.	Gr. quantité de gr. floc. d'un blanc brunâtre.	Pet. quant. de flocons médiocres d'un blanc brunâtre.	o	Épais magma blanc bleuâtre.	Gr. quantité de grands floc. d'un jaune brunâtre.	Gr. quantité de grands floc. d'un jaune brunâtre.	Gr. quantité de grands floc. d'un jaune brunâtre.	Gr. quantité de gr. floc. d'un jaune brunâtre.	Quant. méd. de petits floc. d'un jaune brunâtre.
Proto-nitrate de mercure.....	Id.	Très-grande quant. de gr. flocons d'un blanc brunâtre.	Gr. quantité de gr. flocons d'un blanc brunâtre.	Gr. quantité de gr. floc. blancs.	Épais magma gris brunâtre.	Gr. quantité de grands floc. d'un gris brunâtre.	Gr. quantité de grands floc. couleur de chair.	Gr. quantité de grands floc. couleur de chair.	Gr. quantité de gr. floc. couleur de chair.	Gr. quantité de flocons méd. couleur de chair.
Per-chlorure de mercure.....	Id.	Léger trouble brunâtre.	Léger trouble brunâtre.	o	Magma peu épais, blanc.	Pet. quant. de flocons brunâtres.	Très-léger trouble.	Gr. quantité de très-gr. floc. couleur de chair.	Gr. quant. de très-gr. floc. couleur de chair.	Trouble médiocre, rouge de sang.
Teinture de noix de galle.	Trouble considérable, brun.	Trouble considérable, brun.	o	Pet. quantité de pet. flocons brunâtres.	Épais magma d'un blanc jaunâtre.	Léger trouble d'un jaune brunâtre.	Léger trouble d'un jaune brunâtre.	Très-grande quant. de grands flocons d'un brun jaunâtre.	Très-grande quant. de grands flocons d'un brun jaunâtre.	Très-léger trouble.
Teinture de tour-nesol (3)....	....	....	....	Légère coloration en rouge.	....	....	....	....	....	....

(1) Les liqueurs des quatre estomacs et du premier tiers de l'intestin grêle furent examinées six heures après la mort de l'animal ; les autres le furent seulement au bout de vingt heures.

(2) La liqueur du quatrième estomac donna un précipité blanc tant avec la potasse qu'avec l'ammoniaque, mais toutes les autres restèrent limpides lorsqu'on y versa ces deux alcalis.

(3) La couleur foncée de la plupart des liqueurs ne permit pas de reconnaître leur action sur la teinture de tournesol, soit bleue, soit rougie.

INCINÉRATION DES LIQUEURS FILTRÉES DU CANAL INTESTINAL (1).

RÉACTIFS.	ESTOMACS.				INTESTIN GRÊLE.			COECUM.	COLON.	
	premier.	second.	troisième.	quatrième.	premier tiers.	second tiers.	dernier tiers.		première moitié.	seconde moitié.
Réactions de la portion de la cendre soluble dans l'eau.										
Teinture de tournesol rougie…	Forte coloration en bleu.	Forte coloration en bleu.	Forte coloration en bleu.	o	o	Forte coloration en bleu.	Forte coloration en bleu.	Forte coloration en bleu.	Forte coloration en bleu.	Forte coloration en bleu.
Chlor. de calcium, acide hydrochlorique, ammoniaque…	Très-grande quant. de flocons.	Très-grande quant. de flocons.	Très-grande quant. de flocons.	Très-petite quant. de flocons.	Très-petite quant. de flocons.	Quant. médiocre de flocons.	Quant. médiocre de flocons.	Quant. médiocre de flocons.	Quant. médiocre de flocons.	Quant. médiocre de flocons.
Chlorure acide de barium…	Trouble considérable.	Trouble médiocre.	Léger trouble.	Léger trouble.	Très-léger trouble.	Trouble médiocre.	Trouble médiocre.	Trouble médiocre.	Trouble médiocre.	Trouble médiocre.
Nitrate acide d'argent…	Très-grande quant. de flocons.	Très-grande quant. de flocons.	Très-grande quant. de flocons.	Très-grande quant. de flocons.	Très-grande quant. de flocons.	Très-grande quant. de flocons.	Très-grande quant. de flocons.	Très-grande quant. de flocons.	Très-grande quant. de flocons.	Très-grande quant. de flocons.
Réactions de la portion de la cendre non soluble dans l'eau, après sa dissolution dans l'acide hydro–chlorique.										
Ammoniaque…	Gr. quantité de flocons.	Gr. quantité de floc.	Gr. quantité de flocons.	Gr. quantité de flocons.	Quant. méd. de flocons.	Pet. quantité de flocons.	Pet. quantité de flocons.	Pet. quantité de flocons.	Pet. quantité de flocons.	Pet. quantité de flocons.
Oxalate de potasse ensuite…	Trouble médiocre.	Trouble médiocre.	Trouble médiocre.	Trouble médiocre.	Trouble considérable.	Précip. fort abondant.	Précip. fort abondant.	Précip. fort abondant.	Précip. fort abondant.	Précip. fort abondant.

(1) La cendre était fondue et blanche.

Exp. xle. — *Avec une brebis, sur la digestion de la paille.* — Un bélier qui avait été nourri la veille et le matin avec de la paille, et qui avait mangé en outre de la sciure de bois, contenue par hasard dans l'étable, fut tué vers midi.

A. Le premier estomac contenait environ 2 kilogrammes d'une masse demi-fluide. Cette masse ayant été exprimée, elle se partagea en 1 kilogramme de marc composé de paille et de fibres ligneuses, et 1 kilogramme de liqueur. Celle-ci donna un dépôt, faisant à peu près le tiers du tout, qui se composait de fibres ligneuses et de paille très-fine : le liquide surnageant était d'un brun jaunâtre et trouble ; il donna, par le filtre, un produit clair et de la même couleur, qui se couvrit pendant la nuit d'une pellicule irisée.

B. Le second estomac contenait 250 grammes d'un liquide brun, qui ressemblait à celui qu'on avait exprimé de la bouillie renfermée dans le premier estomac. Ayant été filtré, ce liquide donna une liqueur claire, plus pâle que celle provenant du premier estomac, et qui ne se couvrit pas d'une pellicule pendant la nuit.

C. Le troisième estomac contenait 250 grammes d'une pâte solide, peu humide, d'un brun clair, composée de fibres ligneuses et de paille fine. Cette pâte était disposée par couches minces et consistantes entre les feuillets du viscère. Ayant été délayée dans de l'eau et filtrée, elle donna une liqueur claire et citrine, qui, laissée long-temps en repos, ne se couvrit point d'une pellicule.

D. On trouva dans le quatrième estomac 190 grammes d'une liqueur épaisse, qui, par le repos, se partagea en deux portions : l'une, faisant les deux tiers du tout, se composait de fibres ligneuses très-déliées ; l'autre consistait en un liquide laiteux, d'un blanc brunâtre. Ce dernier donna, par la filtration, une liqueur semblable à celle qui provenait du troisième intestin.

E. Il y avait dans le duodénum 16 grammes de liqueur et de dépôt, semblables à ceux que contenait le quatrième estomac, avec cette seule différence que le dépôt était plus muqueux et par conséquent plus cohérent. La liqueur obtenue par la filtration était d'un jaune très-pâle et claire ; elle ne se couvrit pas d'une pellicule.

F. Le premier tiers du reste de l'intestin grêle contenait 190 grammes d'un liquide trouble, brun-verdâtre, mêlé de mucus, avec un léger dépôt de fibres ligneuses. La liqueur filtrée était d'un brun-jaunâtre, comme celle du second estomac, et claire ; elle ne se couvrit pas d'une pellicule.

G. Il se trouva dans le second tiers du reste de l'intestin grêle 190 grammes d'un liquide semblable à celui du tiers précédent, et muni aussi d'un léger dépôt. La liqueur filtrée était brune, avec une nuance de verdâtre, et claire ; durant la nuit, elle se couvrit d'une pellicule irisée.

H. Le dernier tiers du reste de l'intestin grêle était rempli de 190 grammes d'un liquide semblable à celui qui existait dans les deux autres tiers, plus jaune, plus consistant, plus muqueux, et muni d'un précipité plus abondant de fibres ligneuses. La liqueur qu'on obtint, en le filtrant, avait la teinte brune-jaunâtre de celle provenant du premier estomac ; elle était claire, et elle se couvrit d'une pellicule pendant la nuit.

I. Le cœcum contenait 500 grammes d'une bouillie épaisse, d'un brun foncé, très-fétide, composée de fibres ligneuses et de liquide. Délayée dans de l'eau et filtrée, cette bouillie donna une liqueur claire, d'un brun jaunâtre un peu plus foncé que celle provenant du premier estomac, et qui se couvrit, dans la nuit, d'une épaisse pellicule irisée.

K. Le colon contenait, 1°. 95 grammes d'une masse épaisse, longue, en forme de boudin, située principalement à la partie supérieure de l'intestin, et composée d'une pâte assez molle, mêlée de mucus ; 2°. 190 grammes d'excrémens, ayant la forme ordinaire de pilules oblongues et exhalant une odeur désagréable, qui acquéraient davantage de solidité dans la partie inférieure du colon et dans le rectum. Ces deux substances ayant été broyées avec de l'eau et filtrées, elles donnèrent une liqueur semblable à celle du cœcum.

L. Le chyle retiré du canal thoracique était presque parfaitement clair, et seulement troublé faiblement en blanc bleuâtre (les lymphatiques de l'intestin grêle en contenaient un semblable). Il ne se coagulait pas avec beaucoup de force, de sorte qu'au bout de peu de temps le caillot nageait en toute liberté dans la liqueur. Ce caillot était d'un blanc rougeâtre et translucide ; le sérum incolore et faiblement laiteux.

On mit le chyle dans un entonnoir, et une heure après on détermina la quantité de caillot et de sérum à l'état frais, puis on les fit évaporer au bain-marie, et l'on calcula également leur poids à l'état sec.

	dans 3,535 gr.,	dans 100 ;		dans 3,535 gr.,	dans 100 ;
Caillot frais.	0,100	2,83	Caillot sec…	0,015	0,42
Sérum frais.	3,350	94,77	Sérum sec…	0,180	5,09
Perte par l'é-			Eau……	8,340	94,49
vaporation.	0,085	2,40		3,535	100,00
	3,535	100,00			

Rapport du caillot sec au sérum sec. $=$ 7,7 : 92,3 ,
Rapport du caillot sec au caillot frais. $=$ 15 : 100
Rapport du sérum sec au sérum frais. $=$ 5,4 : 100

Le caillot sec formait une pellicule translucide et d'un blanc jaunâtre tirant sur le rougeâtre. Le sérum sec était brun foncé à sa partie inférieure, et blanc à la supérieure.

Le sérum donna, ayant été incinéré, 0,01 gr. de cendre ($=$5,55 pour cent du sérum sec), dont la partie soluble dans l'eau contenait beaucoup de chlorure, moins de phosphate et de sulfate et point de carbonate alcalins : la partie insoluble dans l'eau consistait en phosphate de chaux.

M. La bile était d'un vert olive fort pâle, d'une grande fluidité, très-muqueuse.

Distillation des liqueurs stomacales filtrées. — Une partie des liqueurs filtrées du premier, du second, du troisième et du quatrième estomacs fut distillée au bain-marie. Le produit de la première était un peu troublé par des flocons blancs ; celui des deux suivantes l'était fort peu ; celui de la quatrième ne l'était pas du tout. Ces produits réagirent de la manière suivante :

Le premier ramenait légèrement au bleu la teinture de tournesol rougie, tandis que les trois autres rougissaient faiblement cette teinture bleue. Aucun d'eux n'exerçait d'action sur le per-chlorure de fer. Le proto-nitrate de mercure produisit, dans le premier, une médiocre quantité de flocons blancs, solubles dans l'acide nitrique, et n'agit point sur les trois autres. L'eau de baryte fit naître une grande quantité de flocons blancs dans le premier, un trouble léger dans le second, et un trouble très-léger dans le troisième; elle demeura sans action sur le quatrième.

Chacun de ces produits fut divisé en deux parties, dont on fit évaporer l'une avec de l'acide hydro-chlorique (opération pendant laquelle la liqueur se colora en rouge), tandis que l'autre fut mise en digestion avec du carbonate de baryte, puis mêlée avec de l'eau de baryte, filtrée et évaporée.

Traités par l'acide hydro-chlorique, les quatre produits laissèrent un résidu blanc, composé de sel ammoniac. Le premier produit fut celui qui en donna le plus, et le second celui qui en fournit le moins.

Quant au traitement par la baryte :

Le premier laissa une croûte brunâtre, gommeuse, qui, par l'acide sulfurique, exhalait une odeur faiblement acide, composée à la fois de celle d'empyreume et de celle d'acide butyrique; la dissolution de cette croûte dans l'eau n'agissait ni sur le nitrate d'argent, ni sur le per-chlorure de fer.

Le second laissa un anneau blanc, peu prononcé, qui, arrosé d'acide sulfurique, répandit une odeur d'acide faible et d'empyreume (sans rien d'analogue à celle de l'acide butyrique), et dont la dissolution aqueuse donna une trace de coloration rougeâtre par le per-chlorure de fer, et une trace aussi de trouble par le nitrate d'argent.

Le troisième donna un résidu aussi peu considérable que le précédent, qui se comportait de même avec l'acide sulfurique, et dont la dissolution aqueuse rougissait faiblement le per-chlorure de fer, et troublait un peu le nitrate d'argent.

Le quatrième laissa une quantité un peu plus considérable

d'une pellicule blanche, qui se comporta avec l'acide sulfurique de la même manière que les résidus des deux produits
précédens, et dont la dissolution aqueuse ne rougissait pas le
per — chlorure de fer, mais troublait fortement le nitrate
d'argent.

D'après ces expériences, les produits de la distillation contenaient, savoir : le premier, du carbonate d'ammoniaque,
avec très-peu d'acétate et de butyrate d'ammoniaque; les
trois derniers, très-peu d'ammoniaque, avec des acides acétique, hydro-chlorique et carbonique en excès.

*Examen de quelques parties insolubles dans l'eau des
contenus du canal intestinal.* — Le résidu de la filtration des
liquides du duodénum, des deux derniers tiers de l'intestin grêle et du cœcum fut bouilli avec de l'alcool. On filtra
ensuite, et on évapora à siccité la liqueur jaune ainsi obtenue. Le résidu fut traité par l'eau, et on recueillit sur
un filtre la portion de l'extrait alcoolique qu'elle n'avait
pas voulu dissoudre. Voici en quoi consistait cette portion :

Pour le duodénum, c'était une résine onctueuse, d'un brun
verdâtre. Cette résine entrait en fusion à la chaleur, répandait d'abord une odeur aromatique de graisse, puis une
odeur de graisse brûlée, se boursoufflait, et brûlait avec une
flamme vive. Sa dissolution dans l'alcool était d'un brun
jaunâtre, et devenait laiteuse quand on y versait de l'eau.

Pour le second tiers du reste de l'intestin grêle, on obtint, sur le filtre, un léger enduit d'un brun clair, qui, lorsqu'on le faisait chauffer, répandait une odeur désagréable
de graisse brûlée.

Pour le dernier tiers, c'était une masse pulvérulente,
d'un brun foncé, qui, lorsqu'on la chauffait, s'agglutinait
sans se fondre, puis répandait des vapeurs désagréables,
exhalant l'odeur de graisse brûlée. La plus petite partie seulement de cette masse se dissolvait dans l'alcool; la liqueur
était jaune, et devenait légèrement laiteuse par l'addition
de l'eau.

Enfin, pour le cœcum, c'était une résine onctueuse, d'un
brun verdâtre, qui ressemblait à celle du duodénum, mais

qui seulement n'entrait pas en fusion d'une manière aussi complète.

Examen de la matière colorable en rouge par le chlore. — Les liqueurs filtrées des matières contenues dans le commencement de l'intestin grêle ayant souvent la propriété de produire, avec le chlore, une coloration en fleur de pêcher, qui eut lieu également d'une manière très-vive dans la liqueur du premier tiers de l'intestin grêle de la brebis consacrée à cette expérience, nous fîmes encore quelques recherches à ce sujet.

Si l'on versait peu de chlore dans la liqueur, il paraissait des flocons blancs, qui se coloraient promptement en rouge; mais si l'on ajoutait encore du chlore, ces flocons redevenaient parfaitement blancs, sans doute par la destruction de la matière colorante.

Les flocons précipités en rouge par le chlore, se coloraient, lorsqu'on versait dessus de l'acide nitrique, d'abord en bleuâtre sale, puis en blanc grisâtre.

L'acide sulfurique en excès détruisait également la couleur des flocons rouges produits par le chlore, sans que cette couleur se rétablît lorsqu'on étendait ensuite la liqueur avec de l'eau.

L'acide hydro-chlorique concentré affaiblissait la couleur rouge. L'acide hydro-sulfurique ne l'altérait pas, dans l'espace même de quelques heures.

Les flocons rouges se dissolvaient totalement dans la potasse ou l'ammoniaque, en donnant une liqueur rosée.

(TABLE I.)

RÉACTIONS DES LIQUEURS FILTRÉES DU CANAL INTESTINAL.

RÉACTIFS.	ESTOMACS.				DUODÉNUM.	INTESTIN GRÊLE.			CŒCUM.	COLON.
	premier.	second.	troisième.	quatrième.		premier tiers.	second tiers.	dernier tiers.		
Ebullition..	o	o	o	o	Très - léger trouble.	Très-grande quant. de floc. méd. d'un jaune brunâtre.	Très - léger trouble.	Très - léger trouble.	Trouble médiocre.	o
Chlore....	Léger troub. blanc.	Léger troub. blanc.	o	Léger troub. blanc.	Trouble considérable blanc.	Très - grande quant. de gr. flocons fleur de pêcher.	Léger troub. blanc.	Léger troub. d'un blanc rougeâtre.	Léger troub. blanc; liqueur décolorée.	Léger troub blanc, liqueur décolorée.
Acide hydrochlorique, ou acide nitrique.	Id.	Id.	o	o	o	Trouble très-considérable, d'un blanc jaunâtre.	Trouble très-considér-, d'un blanc jaunâtre.	Léger troub. blanc.	Liqueur claire, rougeâtre.	Liqueur claire, rougeâtre.
Potasse....	Dégagement médiocre d'ammoniaque.	Dégagement médiocre d'ammoniaque.	Dégagement médiocre d'ammoniaque.	Dégagement médiocre d'ammoniaque.	Dégagement médiocre d'ammoniaque.	Dégagement très - considérable d'ammoniaque.	Dégagement très - considérable d'ammoniaque.	Dégagement très - considérable d'ammoniaque.	Dégagement très - considérable d'ammoniaque.	Dégagement très - considérable d'ammoniaque.
Alun......	Petite quantité de tr.-gr. flocons blancs.	Petite quantité de tr.-gr. flocons blancs.	o	o	o	Petite quantité de gr. floc. d'un blanc jaunâtre.	Quantité médiocre de gr. flocons d'un gris clair.	Très - léger trouble.	Petite quantité de très-gr. flocons blancs; liqueur rougeâtre.	Petite quantité de très-gr. flocons blancs; liqueur rougeâtre.
Chlorure d'étain......	Très-grande quant. de très - gr. floc. d'un blanc bru-	Très-grande quant. de très - gr. floc. d'un blanc bru-	Très-grande quant. de très - gr. floc. d'un blanc bru-	Très-grande quant. de très - gr. floc. d'un blanc bru-	Très. grande quant. de très - gr. floc. d'un blanc bru-	Gr. quantité de gr. floc. d'un blanc jaune rougeâtre.	Gr. quantité de gr. floc. d'un blanc jaune rougeâtre.	Gr. quantité de gr. floc. d'un blanc jaune rougeâtre.	Gr. quantité de très-gr. flocons gélatineux.	Gr. quantité de très-gr flocons gélatineux.
Acétate de plomb neutre....	Coagulum blanc.	Coagulum blanc.	Coagulum blanc.	Coagulum blanc.	Coagulum blanc.	Id.	Id.	Id.	Gr. quantité de très-gr. floc. d'un rouge brun pâle.	Gr. quantité de très-gr. floc. d'un roug. brun pâle.
Perchlorure de fer....	o	o	o	o	o	Gr. quantité de très-gr. floc. d'un gris jaunâtre.	Gr. quantité de très-gr. floc. d'un gris jaunâtre.	Gr. quantité de très-gr. floc. d'un gris brun.	Gr. quantité de très-gr. floc. rougeâtres.	Gr. quantité de très-gr. floc. rougeâtres.
Sulfate de cuivre....	Très-grande quant. de très - gr. floc. d'un vert clair.	Très-grande quant. de très - gr. floc. d'un vert clair.	Très-grande quant. de très - gr. floc. d'un vert clair.	Léger trouble.	o	Gr. quantité de gr. floc. verts.	Gr. quantité de gr. floc. verts.	Gr. quantité de gr. floc. verts.	Gr. quantité de gr. floc. bruns.	Gr. quantité de gr. floc. bruns.
Proto-nitrate de mercure....	Coagulum d'un blanc brunâtre.	Coagulum d'un blanc brunâtre.	Coagulum d'un blanc brunâtre.	Coagulum d'un blanc brunâtre.	Coagulum blanc.	Coagulum d'un blanc jaune-gris.	Coagulum d'un blanc jaune gris.	Coagulum d'un blanc jaune gris.	Coagulum blanc-rougeâtre.	Coagulum blanc-rougeâtre.
Perchlorure de mercure....	Gr. quantité de gr. floc. d'un blanc brunâtre.	Petite quantité de pet. floc. d'un blanc brunâtre.	Gr. quantité de petits floc. d'un blanc brunâtre	Troub. méd. blanc.	Troub. méd. blanc.	Très-grande quant. de gr. flocons d'un blanc jaunâtre.	Très-grande quant. de gr. flocons d'un blanc jaunâtre.	Trouble considérable, d'un blanc jaunâtre.	Trouble très-considérable, d'un blanc rougeâtre.	Trouble très-considérable, d'un blanc rougeâtre.
Teinture de noix de galle (1).	o	o	o	Quant. méd. de gr. floc. d'un blanc rougeâtre.	Gr. quantité de gr. floc. d'un blanc brunâtre.	Très-grande quant. de gr. flocons d'un brun clair.	Très-grande quant. de gr. flocons d'un brun clair.	Très-grande quant. de gr. flocons d'un brun clair.	Petite quantité de floc médiocres d'un brun clair.	Petite quantité de floc. médiocres d'un brun clair.
Teinture de noix de galle....	Très - légère coloration en rouge (?).	Très - légère coloration en rouge (?).	Légère coloration en rouge.	Très - forte coloration en rouge.	Légère coloration en rouge.	Neutre.	Très - légère coloration en bleu (?).	Très - légère coloration en bleu (?).	Très - légère coloration en rouge (?).	Coloration médiocre en rouge.
Bile de la même brebis.	o	o	o	Troub. consid. blanc.						

(1) Les liqueurs du premier estomac, du dernier tiers de l'intestin grêle et du cœcum se colorèrent en vert olive foncé au bout de quelques heures.

INCINÉRATION DES LIQUEURS FILTRÉES DU CANAL INTESTINAL.

RÉACTIFS.	ESTOMACS.				DUODÉNUM.	INTESTIN GRÊLE.			CŒCUM.	COLON.
	premier.	second.	troisième.	quatrième.		premier tiers.	second tiers.	dernier tiers.		
Réactions de la portion des cendres soluble dans l'eau.										
Teinture de tournesol rougie…	Très-forte coloration en bleu.	Forte coloration en bleu.	Coloration médiocre en bleu.	o	Très-légère coloration en bleu.	Coloration médiocre en bleu.	Forte coloration en bleu.	Forte coloration en bleu.	Forte coloration en bleu.	o
Chlorure de chaux, aci-de-hydro-chlor., am-moniaque.	Gr. quantité de flocons.	Gr. quantité de flocons.	Gr. quantité de flocons.	Quantité médiocre de flocons.	Gr. quantité de flocons.	Très-grande quant. de flocons.	Très-grande quant. de flocons.	Très-grande quant. de flocons.	Très-grande quant. de flocons.	Quantité médiocre de flocons.
Chlorure acide de barium…	Léger trouble.	Trouble médiocre.	Trouble médiocre.	Trouble médiocre.	Trouble médiocre.	Léger troub.	Trouble médiocre.	Trouble médiocre.	Trouble médiocre.	Très-léger trouble.
Nitrate acide d'arg…	Gr. quantité de flocons.	Gr. quantité de flocons.	Gr. quantité de flocons.	Gr. quantité de flocons.	Gr. quantité de flocons.	Gr. quantité de flocons.	Gr. quantité de flocons.	Gr. quantité de flocons.	Gr. quantité de flocons.	Gr. quantité de flocons.
Réactions de la portion non soluble dans l'eau, après sa dissolution dans l'acide-hydrochlorique.										
Sulfo-cya-nure de po-tassium…	………	………	………	………	Légère coloration en rouge.	Coloration médiocre en rouge.	Forte coloration en rouge.	Forte coloration en rouge.	Forte coloration en rouge.	Très-forte coloration en rouge.
Ammonia-que…	Gr. quantité de flocons.	Gr. quantité de flocons.	Gr. quantité de flocons	Gr. quantité de flocons.	Gr. quantité de flocons.	Gr. quantité de flocons.	Gr. quantité de flocons.	Gr. quantité de flocons.	Gr. quantité de flocons.	Gr. quantité de flocous.
Oxalate de potasse en-suite…	o	Léger troub.	Léger troub.	Trouble médiocre.	Précip. très-abondant.	o	Précipité médiocre.	Précipité médiocre.	Précipité médiocre.	Précipité médiocre.

Exp. XLIe. — *Sur la digestion de l'avoine chez la brebis.*
— Une brebis, nourrie auparavant d'herbe fraîche, le fut
d'avoine pendant quatre jours, durant lesquels elle rendit,
sous la forme de bouillie liquide, ses excrémens, qui, sous
l'influence du régime antérieur, formaient de petites masses
dures et pelotonnées. Cet animal fut tué six heures après son
dernier repas.

A. On trouva dans le premier estomac 1250 grammes
d'une bouillie épaisse, jaunâtre, renfermant beaucoup de
bulles de gaz, et répandant une odeur aigre désagréable.
Au bout de deux heures de repos dans un verre, cette
bouillie se partagea en un liquide, formant le tiers du tout,
et en une masse solide, composée de farine et de balles d'a-
voine, laquelle vint nager en grande partie à la surface, à
cause du gaz qui s'y développait. Le liquide qu'on obtint de
la bouillie entière, soumise à la pression, était jaunâtre et
trouble ; après avoir été filtré, il donna une liqueur presqu'incolore et faiblement trouble.

B. Le second estomac contenait 150 grammes d'une bouillie semblable, moins écumeuse cependant. La liqueur qu'on
en obtint par l'expression, était de même, après avoir été
filtrée, presqu'incolore et faiblement troublée en blanc.

C. Il y avait dans le troisième estomac une pâte sèche,
ferme, d'un brun grisâtre, composée de balles d'avoine et
d'autres fibres, et répandant peu d'odeur. Cette pâte était
disposée par couches entre les feuillets de l'organe. Après
l'avoir délayée dans de l'eau, on en obtint, par la filtration,
une liqueur qui ressemblait à celle des deux estomacs précédens.

D. Le quatrième estomac fournit 376 grammes d'une
bouillie assez fluide, exhalant une odeur aigre désagréable.
Cette bouillie se partagea, par le repos, en 188 grammes
d'un sédiment pulvérulent et fibreux, et 188 grammes d'un
lait blanc jaunâtre. Mise sur le filtre, elle donna une liqueur
jaune pâle, faiblement trouble.

E. On trouva dans la première moitié de l'intestin grêle
250 grammes d'un liquide trouble, brun jaunâtre, ne contenant rien de solide. Ce liquide laissa sur le filtre quel-

ques flocons muqueux d'un blanc brunâtre, et donna une liqueur claire, d'un jaune brunâtre.

F. Il y avait, dans la seconde moitié de l'intestin grêle, 250 grammes d'un liquide trouble, brun jaunâtre, mêlé de mucus, avec un dépôt pulvérulent. Ce liquide exhalait une odeur putride. Il donna, par la filtration, une liqueur claire d'un jaune brunâtre, qui se couvrit, à l'air, d'une pellicule irisée.

G. Le contenu du cœcum se composait de 376 grammes d'une bouillie peu épaisse, qui se partagea, par le repos, en un liquide jaune brunâtre, faisant le sixième du tout, et en un dépôt pulvérulent et fibreux. Cette bouillie avait une odeur putride encore plus prononcée que celle de la précédente. Elle contenait de l'acide hydro-sulfurique, et colorait en noir le papier imbibé d'acétate de plomb neutre. La liqueur filtrée était jaune-brunâtre et un peu trouble; exposée à l'air, elle s'y couvrit d'une pellicule.

H. La première moitié du colon contenait 63 grammes d'une bouillie très-peu consistante, d'un brun clair, contenant des fibres déliées, avec de la poudre, et répandant l'odeur d'excrément. On l'étendit d'eau, et on la filtra; la liqueur qui passa était brune et un peu trouble; elle se couvrit d'une pellicule.

I. On trouva dans la seconde moitié du colon, 31 grammes d'une bouillie, encore liquide à la vérité, mais un peu plus épaisse et d'un brun plus foncé que la précédente, répandant du reste la même odeur qu'elle. Ayant été étendue d'eau et filtrée, elle donna une liqueur brune, un peu trouble, qui se couvrit d'une pellicule.

K. Les vaisseaux lymphatiques de l'intestin grêle contenaient un liquide blanc bleuâtre, clair, opalin.

L. Le chyle du canal thoracique avait les mêmes qualités. Il n'était ni acide, ni alcalin. On le recueillit en deux portions. Dans la première, le caillot était mou, translucide et blanc, sans aucun mélange de rougeur; le sérum incolore et très-faiblement trouble. La seconde portion se coagula plus parfaitement, et son sérum était plus laiteux, mais elle n'avait non plus aucune trace de teinte rouge.

Voici quels étaient les rapports du caillot au sérum dans l'état frais et dans l'état sec.

	PREMIÈRE PORTION.		SECONDE PORTION.	
	dans 6,01 gram.,	dans 100 ;	dans 7,985 gram.,	dans 100 ;
Caillot frais..	0,155	2,58	0,345	4,32
Sérum frais..	5,855	97,42	7,640	95,68
	6,010	100,00	7,985	100,00
Caillot sec··	0,015	0,24	0,025	0,31
Sérum sec...	0,141	2,35	0,245	3,07
Eau........	5,854	97,41	7,717	96,62
	6,010	100,00	7,985	100,00

	PREMIÈRE PORTION.	SECONDE PORTION.
Rapport du caillot sec au sérum sec. =	9,6 : 90,4	9,26 : 90,74
Rapport du caillot sec au caillot frais =	9,7 : 100	7,1 : 100
Rapport du sérum sec au sérum frais =	2,4 : 100	3,1 : 100

Le caillot desséché avait la forme d'une pellicule cornée, jaune brunâtre, trouble. Le sérum sec était d'un jaune très-pâle et translucide. On traita ce dernier par l'alcool, pour voir s'il contenait un sulfo-cyanure ; mais la liqueur alcoolique, évaporée jusqu'à un très-faible résidu, exaltait si faiblement la couleur jaune du per-chlorure de fer, qu'on peut tout au plus couclure de là qu'il y existait un peu d'acétate.

Distillation des liqueurs filtrées du premier et du quatrième estomacs, de la seconde moitié de l'intestin grêle et du cœcum. — Le produit de la distillation au bain-marie des trois premières liqueurs était troublé par des flocons blancs, et celui de la quatrième presque parfaitement clair. Voici quels furent les réactions de ces quatre produits. Les deux premiers rougirent fortement la teinture de tournesol. Le troisième la colora faiblement en bleu, et le dernier davantage. Les deux premiers furent sans action sur le nitrate d'argent et l'acétate de plomb neutre, tandis que les deux autres y firent naître un précipité blanc fort abondant et soluble dans l'acide nitrique. Le per-chlorure de fer fut très-légèrement teint en rouge par les deux premiers.

Une partie de ces produits fut sursaturée d'acide hydro-chlorique, opération pendant laquelle le quatrième fit un peu effervescence. On les évapora ensuite. Le dernier seul prit une teinte rouge. Ce fut lui aussi qui donna le plus de sel ammoniac ; le troisième en fournit moins, et le premier encore moins ; quant au second, il ne donna qu'une trace de résidu, qui cependant dégageait encore sensiblement de l'ammoniaque par la potasse.

Une autre partie des deux premiers produits fut mise en digestion avec du carbonate de baryte, filtrée et évaporée.

Le premier laissa un résidu gommeux, d'un jaune pâle, qui, arrosé d'eau chaude, exhalait l'odeur de la colle forte, et qui, lorsqu'on versait dessus de l'acide sulfurique, répandait celle de l'acide acétique, de l'acide butyrique et de la colle forte. Sa dissolution aqueuse rougissait très-faiblement le per-chlorure de mercure, et donnait, par le nitrate d'argent, un trouble rougeâtre, qui disparaissait, lui et sa couleur, au moyen de l'acide nitrique.

Le sel barytique du second produit, représentant une pellicule fort mince, ne dégageait aucune odeur quand on l'arrosait d'eau chaude, et se comportait avec ce liquide à la manière des corps gras. En versant dessus de l'acide sulfurique, il exhalait une très-faible odeur, dans laquelle on reconnaissait principalement celle de l'acide acétique, mais aussi un peu celle de l'acide butyrique et de la colle forte. Ce résidu ne se dissolvait qu'imparfaitement dans l'eau ; la liqueur n'agissait pas sur le per-chlorure de fer ; traitée par le nitrate d'argent elle ne donnait qu'une trace imperceptible de trouble ; cependant l'acide sulfurique la précipitait bien manifestement.

En conséquence, le premier produit contenait de l'acide acétique, de l'acide butyrique, en partie saturés par l'ammoniaque, et une matière ayant l'odeur de la colle forte.

Le second renfermait les mêmes substances, seulement moins d'ammoniaque.

Les deux derniers contenaient du carbonate d'ammoniaque, abondant surtout dans le quatrième, avec la matière que l'acide hydro-chlorique colore en rouge.

Action de la bile sur la liqueur filtrée du quatrième es-tomac. — On filtra la bile de la même brebis, qui était d'un vert-pré vif, très-liquide, et parsemée de quelques flocons muqueux. On en mêla ensuite une partie avec la liqueur fil-trée du quatrième estomac.

Sur-le-champ, il se forma, à froid, un trouble considé-rable, jaune verdâtre, et une poudre fine, qui ne se déposa néanmoins pas entièrement. On chercha à séparer le préci-pité par le moyen du filtre, mais la liqueur passa trouble. Une chaleur modérée n'apporta non plus aucun change-ment à cet égard. Il resta sur le filtre un enduit vert peu consistant.

Pour contr'épreuve on mêla une autre portion de bile filtrée avec de l'eau à laquelle on avait ajouté quelques gouttes d'acide hydro-chlorique. Il en résulta de même un trouble considérable, d'un blanc-jaune verdâtre. Durant la nuit il se déposa une matière verte, sous la forme de flocons très-peu consistans, que surnageait un liquide clair et presqu'incolore.

D'après cela la bile agit sur le fluide du quatrième esto-mac à-peu-près de même qu'elle le ferait sur tout autre li-quide faiblement acide ; ce qui se sépare alors n'a point de rapport avec le chyle, mais se compose bien plutôt du mu-cus, du principe colorant, de la résine et d'autres prin-cipes constituans de la bile.

RÉACTIONS DES LIQUEURS FILTRÉES DU CANAL INTESTINAL (1).

RÉACTIFS.	ESTOMACS. premier	ESTOMACS. second	ESTOMACS. troisième	ESTOMACS. quatrième	INTESTIN GRÊLE. première moitié	INTESTIN GRÊLE. seconde moitié	COECUM.	COLON. première moitié	COLON. seconde moitié
Ebullition...	Effervescence et trouble médiocres.	Trouble médiocre.	Très-léger trouble.	Trouble médiocre.	Petits flocons.	Troubl. cons.; liqueur d'un jaune verdâtre.	Troubl. cons.; liqueur d'un brun verdâtre.	Troubl. cons.; liqueur d'un brun verdâtre.	Très-léger trouble.
Iode...	o	o	o	o	o	o	o	o	o
Chlore...	Tr.-lég. trouble blanc.	Tr.-lég. trouble blanc.	Tr.-lég. trouble blanc.	Tr.-lég. trouble blanc.	Tr.-gr. quantité de gr. floc. rouges (2).	Troubl. cons., blanc.	Léger trouble blanc.	Gr. quant. de gr. flocons blancs.	Gr. quant. de très-petits floc. blancs.
Acide hydrochloriq. ou acide nitrique...	Trouble médiocre.	Trouble médiocre.	Trouble médiocre.	Très-léger trouble.	Tr.-gr. quantité de floc. médiocres, jaunes.	Gr. quant. de floc. méd. blancs.	Troubl. cons. blanc-rougeâtre.	Troubl. cons. blanc-rougeâtre.	Léger trouble blanc-rougeâtre.
Hydrate de chaux...	Dégagement cons. d'ammoniaque.	Dégagement cons. d'ammoniaque.	Dégagement cons. d'ammoniaque.	Dégagement cons. d'ammoniaque.	Dégagement cons. d'ammoniaque.	Dégagement très-consid. d'ammoniaque.	Dégagement très-consid. d'ammoniaque.	Dégagement très-consid. d'ammoniaque.	Dégagement très-consid. d'ammoniaque.
Alun...	Gr. quantité de gr. floc. blancs.	o	o	o	Gr. quantité de gr. floc. jaunes.	Tr.-gr. quant. de très-gr. floc. d'un blanc jaunâtre.	Liqueur claire rougeâtre.	Pet. quant. de très-gr. floc. d'un brun clair.	Très-léger trouble.
Chlorure d'étain...	Tr.-gr. quantité de gr. floc. blancs.	Tr.-gr. quantité de gr. floc. blancs.	Tr.-gr. quantité de gr. floc. blancs.	Tr.-gr. quantité de gr. floc. blancs.	Tr.-gr. quantité de très-gr. flocons jaunes.	Tr.-gr. quant. de flocons méd. d'un blanc brunâtre.	Quantité médiocre de gr. flocons d'un blanc brun; liqueur rougeâtre.	Quantité médiocre de floc. méd. d'un blanc brunâtre.	Quantité médiocre de floc. méd. d'un blanc brunâtre.
Acétate de plomb neutre...	Tr.-gr. quantité de très-gr. flocons caséeux blancs.	Tr.-gr. quantité de très-gr. flocons caséeux blancs.	Tr.-gr. quantité de très-gr. flocons caséeux blancs.	Tr.-gr. quantité de très-gr. flocons caséeux blancs.	Magma peu épais, d'un jaune pâle.	Tr.-gr. quant. de très-gr. floc. d'un blanc brunâtre.	Très-gr. quantité de très-gr. flocons d'un blanc rougeâtre.	Très-gr. quantité de gr. floc. d'un blanc brunâtre.	Gr. quantité de gr. floc. blancs.
Per-chlorure de fer...	Gr. quant. de tr.-gr. floc. d'un blanc brunâtre.	Très-léger trouble.	o	Gr. quantité de gr. floc. blanchâtr.	Tr.-pet. quantité de floc. jaunes.	Tr.-gr. quantité de pet. floc. jaunes.	Léger trouble d'un brun clair.	Très-léger troubl. d'un brun clair.	Très-léger trouble d'un brun clair.
Sulfate de cuivre...	Tr.-gr. quantité de très-gr. flocons d'un vert bleuâtre.	Tr.-gr. quantité de très-gr. flocons d'un vert bleuâtre.	Gr. quantité de gr. floc. d'un vert bleuâtre.	o	Gr. quantité de flocons d'un vert bleuâtre.	Tr.-gr. quantité de gr. floc. d'un vert bleuâtre.	Tr.-gr. quantité de gr. flocons d'un blanc brunâtre.	Quant. méd. de pet. floc. d'un blanc brunâtre.	Quant. méd. de pet. floc. d'un blanc brunâtre.
Proto-nitrate de mercure.	Tr.-gr. quantité de floc. médiocres caséeux, d'un blanc brunâtre.	Tr.-gr. quantité de floc. médiocres caséeux, d'un blanc brunâtre.	Tr.-gr. quant. de flocons médiocres caséeux, blancs.	Tr.-gr. quant. de très-gr. floc. caséeux blancs.	Magma peu épais, gris et blanc jaunâtre.	Coagulum gris et blanc brunâtre.	Coagulum blanc-rougeâtre.	Coagulum blanc-brunâtre.	Coagulum blanc.
Per-chlorure de mercure.	Léger troubl. blanc.	Léger troubl. blanc.	Trouble méd. blanc.	Trouble considérable blanc.	Tr.-gr. quantité de gr. floc. d'un jaune pâle.	Tr.-gr. quantité de très-gr. flocons blancs.	Tr.-gr. quantité de très-gr. flocons roses.	Quant. méd. de flocons méd. d'un blanc brun rougeâtre.	Très-petite quantité de tr.-pet. flocons d'un blanc brun.
Nitrate d'argent...	Précipité médiocre blanc.	Précipité médiocre blanc.	Trouble méd. blanc.	Gr. quantité de pet. floc. blancs.	Pet. précipité d'un brun clair.	Léger trouble blanc.	Troubl. méd. blanc.	Tr.-gr. quant. de flocons méd. d'un blanc brun rougeâtre.	Très-grande quantité de floc. méd. blancs.
Teinture de noix de galle...	Très-léger trouble.	Léger troubl.	Très-léger trouble.	Tr.-gr. quantité de floc. médiocres bruns.	Tr.-gr. quantité de très-gr. flocons d'un brun clair.	Magma peu épais d'un brun clair.	Quant. méd. de gr. floc. d'un brun rougeâtre.	Quant. méd. de flocons méd. d'un brun rougeâtre.	Très-petite quantité de petits floc. d'un brun clair.
Teinture de tournesol...	Coloration tr.-forte en rouge.	Forte coloration en rouge.	Colorat. médiocre en rouge.	Très-forte coloration en rouge.	Très-légère colorat. en rouge.	Légère coloration en bleu.	Très-légère colorat. en en bleu.	Neutre.	Neutre (3).

(1) L'examen de ces liqueurs a été fait six heures après la mort de l'animal.

(2) Ces flocons parurent d'abord blancs, et devinrent ensuite d'une couleur vive de fleurs de pêcher; l'addition d'une plus grande quantité de chlore les décolora.

(3) La liqueur du premier estomac, chauffée et mêlée avec de l'acide hydro-chlorique concentré, ne fit pas effervescence. Celles de la seconde moitié de l'intestin grêle, du cœcum et des deux moitiés du colon produisirent des vapeurs blanches à l'approche d'un bouchon imbibé d'acide hydro-chlorique; elles contenaient par conséquent du carbonate et peut-être aussi de l'acétate d'ammoniaque.

(TABLE II.)

INCINÉRATION DES LIQUEURS FILTRÉES DU CANAL INTESTINAL.

(Cette opération fut plus facile à exécuter pour les cinq premières que pour les quatre dernières. La cendre de toutes les liqueurs était blanche et fondue.

RÉACTIFS.	ESTOMACS.				INTESTIN GRÊLE.		CŒCUM.	COLON.	
	premier.	second.	troisième.	quatrième.	première moitié.	seconde moitié.		première moitié.	seconde moitié.

Réactions de la portion soluble dans l'eau.

RÉACTIFS.	premier	second	troisième	quatrième	intestin 1re moitié	intestin 2e moitié	CŒCUM	colon 1re moitié	colon 2e moitié
Teinture de tournesol rougie	Colorat. en bleu.	Colorat. en bleu.	Colorat. en bleu.	Colorat. en bleu.	Colorat. en bleu.	Colorat. en bleu.	Colorat. en bleu.	Colorat. en bleu.	Colorat. en bleu.
Acide hydro-chlorique concentré froid	o	o	o	o	o	Effervescence médiocre.	Effervescence considérable.	Légère effervescence.	o
Chlor. de calcium, acide hydro-chlorique, ammon..	Très-grande quant. de flocons.	Très-grande quant. de flocons.	Très-grande quant. de flocons.	Très-grande quant. de flocons.	Très-grande quant. de flocons.	Quant. méd. de flocons.	Quantité médiocre de flocons.	Petite quant. de flocons.	Très-petite quant. de floc. (?)
Chlorure acide de barium	Léger trouble.	Léger trouble.	Léger trouble.	Léger trouble.	Léger trouble.	Trouble considérable.	Trouble considérable.	Trouble considérable.	Trouble considérable.
Nitrate acide d'argent	Très-grande quant. de flocons.	Très-grande quant. de flocons.	Très-grande quant. de flocons.	Très-grande quant. de flocons.	Très-grande quant. de flocons.	Très-grande quant. de flocons.	Très-grande quant. de flocons.	Très-grande quant. de flocons.	Très-grande quant. de flocons.

Réactions de la portion insoluble dans l'eau, après sa dissolution dans l'acide hydro-chlorique.

RÉACTIFS.	premier	second	troisième	quatrième	intestin 1re moitié	intestin 2e moitié	CŒCUM	colon 1re moitié	colon 2e moitié
Ammoniaque	Gr. quant. de flocons.	Gr. quantité de flocons.	Gr. quantité de flocons.	Gr. quantité de flocons.	Quant. méd. de flocons.	Quant. méd. de flocons.	Quant. méd. de flocons.	Quant. méd. de flocons.	Quant. méd. de flocons.
Oxalate de potasse ensuite	Trouble médiocre.	Trouble médiocre.	Trouble considérable.	Très-léger trouble.	Léger trouble.	Troub. très-considér.	Troub. très-considér.	Troub. très-considér.	Trouble considérable.

La portion de la cendre soluble dans l'eau précipitait médiocrement le chlorure de platine : rougie au feu avec l'acide sulfurique, elle ne donnait presque que des cristaux de sulfate de soude.

Tous les précipités obtenus par l'ammoniaque se coloraient en bleu lorsqu'on les humectait avec un mélange de cyanure de fer et potassium et de vinaigre.

Exp. XLIIe. — *Sur une brebis, nourrie avec de l'avoine, qui mourut après la ligature du canal pancréatique.* — Cette brebis avait mangé de l'avoine avant l'opération, mais on ne lui en donna plus après.

A. Le premier estomac contenait un kilogramme de lait jaunâtre, avec des grains d'avoine, exhalant une odeur animale. Ce lait, qui n'était ni acide, ni alcalin, donna, par la filtration, une liqueur d'un jaune pâle, très-peu trouble.

B. Il y avait dans le quatrième estomac, 190 grammes d'un lait jaune brunâtre, avec un sédiment floconneux. Ce lait ne rougissait pas le tournesol (1). La liqueur qu'on en obtint par la filtration était d'un jaune brunâtre et claire.

C. On trouva dans la première moitié de l'intestin grêle 64 grammes d'une substance mucilagineuse blanche, composée de flocons très-déliés et d'une matière pulvérulente. Cette substance, étendue d'eau et filtrée, donna une liqueur jaune pâle et trouble.

D. La seconde moitié de l'intestin grêle fournit 64 gr. d'une matière semblable à celle que contenait la première moitié, et qui, étendue d'eau, donna également par la filtration une liqueur trouble, d'un jaune pâle.

Distillation des liqueurs du premier et du quatrième estomacs. — Une grande partie de ces liqueurs fut distillée au bain-marie. Les deux produits étaient incolores et clairs. Celui de la première liqueur colorait légèrement en bleu le tournesol rougi, ne faisait point effervescence avec l'acide hydro-chlorique, et donnait, par l'acétate de plomb neutre, une grande quantité de flocons blancs. Celui de la seconde ramenait très-vivement au bleu la couleur du tournesol rougi, faisait médiocrement effervescence avec l'acide hydro-chlorique, et donnait lieu, avec l'acétate de plomb neutre, à une très-grande quantité de flocons blancs.

On fit évaporer les deux liqueurs avec de l'acide hydro-chlorique. Elles se colorèrent en rouge. Celle du quatrième

---

(1) Cet état de neutralité paraît dépendre de l'affection des nerfs, qui avait donné lieu à la sécrétion d'un suc gastrique alcalin au lieu d'être acide, car l'avoine seule devient acide dans l'eau.

estomac prit cette teinte d'une manière plus rapide et avec plus d'intensité que l'autre. Chacun des deux produits laissa environ 0,05 grammes de sel ammoniaque cristallin, dont la couleur était le blanc-rougeâtre.

Par conséquent ces produits de la distillation contenaient principalement du carbonate d'ammoniaque, abondant surtout dans celui du quatrième estomac, tandis que, dans l'état de santé, ce dernier renferme un acide libre. Il faut qu'un excès d'acide carbonique ait empêché le contenu du premier estomac de réagir à la manière des alcalis.

RÉACTIFS.	PREMIER ESTOMAC.	QUATRIÈME ESTOMAC.	INTESTIN GRÊLE.	
			première moitié.	seconde moitié.
Ebullition············	Trouble médiocre blanc.	Quant. méd. de gr. floc. d'un blanc brunâtre.	Trouble très-considérable blanc.	Magma fort épais, blanc.
Chlore··············	Très - léger trouble blanc.	Trouble considérable blanc.	*Id.*	Très-grande quantité de grands flocons blancs, peu consistans.
Acide hydro-chlorique·	Trouble médiocre blanc.	*Id.*	*Id.*	Trouble consid. blanc.
Acide nitrique········	*Id.*	Très-gr. quant. de floc. médiocres, d'un blanc jaunâtre.	Trouble très - considérable blanc.	Magma peu consistant, d'un blanc jaunâtre.
Chlorure d'étain······	Grande quantité de gr. flocons blancs.	Très-grande quantité de très - grands flocons blancs.	Très-grande quantité de grands flocons blancs, peu consistans.	Très-grande quantité de grands flocons blancs, peu consistans.
Sulfate de fer········	Petite quantité de très-grands flocons d'un blanc brunâtre.	Petite quantité de très-grands flocons d'un brun clair.	Petite quant. de très-gr. floc. blancs peu consistans.	Magma peu épais, d'un blanc brunâtre.
Sulfate de cuivre······	Grande quantité de gr. flocons d'un blanc bleuâtre.	Très-grande quantité de très-grands floc. d'un blanc bleuâtre.	Très-grande quantité de floc. méd., peu consistans, d'un blanc bleuâtre.	*Id.*
Per - chlorure de mercure··············	Très-grande quantité de floc. médioc. blancs.	Très-grande quantité de floc. médioc. blancs.	Très-grande quantité de floc. médioc. blancs.	Très-grande quantité de très - grands flocons blancs.
Vinaigre distillé·····	Trouble médiocre.	Trouble médiocre.	Très-grande quantité de petits flocons blancs.	Très-grande quantité de petits flocons blancs.
Teinture de noix de galle·············	Grande quantité de très-petits flocons d'un blanc brunâtre.	Grande quantité de très-grands flocons d'un blanc brunâtre.	Quantité médioc. de gr. floc. blancs.	Grande quantité de très-grands flocons d'un blanc brunâtre.
Teinture de tournesol·	o	Coloration médiocre en bleu.	Coloration légère en bleu.	Coloration légère en bleu.

Conclusions qui découlent des expériences précédentes, et considérations sur la digestion des mammifères.

Action de la mastication. — L'extension que les joues et les lèvres prennent pendant l'abaissement de la mâchoire inférieure, rend la cavité orale des mammifères susceptible de s'agrandir beaucoup. Les alimens qui y sont introduits, et que le sphincter des lèvres retient, venant à agir sur les nerfs de la langue et sur la membrane muqueuse de la bouche, subissent des changemens qui tiennent d'une part à l'action des organes masticateurs, de l'autre à leur mélange avec la salive. S'ils sont mous, la pression de la langue les écrase contre la voûte du palais, après quoi l'animal les avale ; mais s'ils sont secs, durs, cohérens, s'ils forment des masses d'un certain volume, les organes masticateurs les divisent en particules plus ou moins déliées.

L'anatomie comparée nous apprend que la conformation et la disposition des organes masticateurs, des mâchoires, des dents et des muscles de la mastification offrent, dans les divers ordres, familles et genres de mammifères, des différences qui sont en rapport avec la nature des alimens, ainsi qu'avec le genre de vie des animaux, et qu'il n'entre pas dans nos vues de rapporter ici. Nous ferons observer seulement que, dans les chiens et les chats, les dents ont des couronnes pointues ou fortement tranchantes, et que l'articulation temporo-maxillaire est disposée de telle sorte que les mouvemens de la mâchoire inférieure s'exécutent presque uniquement de haut en bas et de bas en haut. Aussi, chez ces animaux, les alimens sont-ils plutôt déchirés et comme coupés par les deux branches d'une paire de ciseaux, que véritablement écrasés. Dans les chevaux et les ruminans, au contraire, peu de dents ont une couronne tranchante, aucune ne l'a pointue, et les molaires sont aplaties et sillonnées ; la disposition de l'articulation temporo-maxillaire permet de plus à la mâchoire inférieure de se mouvoir non-seulement de haut en bas, mais encore d'un côté à l'autre. Ces animaux brisent, écrasent et broyent leurs alimens en les mâchant.

Quelles que puissent être la structure et la disposition de l'appareil masticateur, la mastication est toujours d'une grande importance pour la digestion.

1°. Elle détruit jusqu'à un certain point la cohésion des alimens, leur trame organique, et les réduit en masses plus petites, plus propres à être avalées.

2°. Elle les rend plus pénétrables par la salive, qui les humecte, les ramollit, et même dissout quelques-uns de leurs principes constituans.

3°. Elle favorise leur dissolution par le suc gastrique. Plus les alimens ont été atténués par elle, et convertis en une masse pultacée, plus le suc gastrique les pénètre de toutes parts avec promptitude et facilité, et mieux il exerce sur eux son action dissolvante.

Action de la salive. — Pendant la digestion, la salive se mêle aux alimens. La sécrétion de ce liquide est accrue, tant par l'excitation que les alimens exercent sur les glandes salivaires, que par les mouvemens des organes masticateurs. Voici ce qu'on peut établir relativement au rôle qu'il joue dans la digestion.

1°. La salive agit d'une manière mécanique sur les alimens; elle les humecte, et en forme une masse visqueuse, facile à avaler.

2°. Avec le concours de la chaleur de la bouche, elle contribue à la dissolution des alimens, tant par la grande quantité d'eau qu'elle contient, que par ses autres principes dissolvans. Plusieurs alimens simples, tels que le sucre, la gélatine animale et le mucus végétal, sont déjà liquéfiés, dans la bouche, par l'eau de la salive. Au moyen des carbonates et acétates de potasse et de soude, et des chlorures de potassium et de sodium, qu'elle contient, elle ramollit les alimens, et peut même les dissoudre tant soit peu, quoique d'une manière faible seulement. Ici se rapportent les expériences de Réaumur et de Spallanzani sur les ruminans. Ces animaux , à qui l'on fit avaler des substances alimentaires renfermées dans des tubes , les digérèrent beaucoup plus facilement après qu'elles eurent été humectées de salive , qu'après qu'elles eurent été imbibées d'eau pure. Nous n'osons pas décider si le sulfo-cyanure de potassium concourt pour sa part au ramollissement des alimens ; peut-être sert-il à anéantir en eux la faculté vitale de se contracter.

3°. La salive contribue sans doute aussi à l'assimilation des alimens , et leur communique la propriété de s'animaliser plus facilement. Cette opinion s'appuie sur ce que les animaux herbivores ont les glandes salivaires beaucoup plus grosses que ceux qui vivent de substances animales. L'action assimilatrice de la salive sur les alimens consiste très-probablement dans l'abandon qu'elle leur fait de la matière salivaire , de l'osmazôme, et peut-être aussi de l'albumine. Les alimens sont-ils azotés par-là ? C'est un problème qu'on ne peut résoudre d'une manière satisfaisante , à cause du peu de connaissances que nous avons sur ce qui concerne la composition et les propriétés de la matière salivaire et de l'osmazôme.

4°. Enfin , la salive est, comme l'on sait , le milieu à l'aide duquel les alimens exercent leur influence sur les nerfs de l'organe gustatif , puisque les substances alimentaires ne peuvent faire naître les sensations du goût que quand elles se trouvent dans un certain degré d'humectation et de dissolution.

Les alimens, divisés et imprégnés de salive dans la cavité orale, passent de là dans l'estomac , au moyen des mouvemens que leur impriment les organes de la déglutition.

A. Digestion du chien , du chat et du cheval. — Accumulation des alimens dans l'estomac. — L'estomac qui , dans l'état de vacuité , se trouve retiré tout-à-fait sur lui-même, par la contraction de sa tunique musculeuse, subit des changemens considérables dans sa forme et sa structure , à mesure que les alimens s'y accumulent. Ceux-ci distendent peu-à-peu ses parois , à partir du cardia. A mesure que de nouvelles bouchées arrivent, les alimens déjà descendus sont poussés vers le milieu et la partie pylorique du viscère.

La distension de ce dernier est favorisée par sa situation entre les deux lames du péritoine qui forment les épiploons. A mesure que son volume augmente, ces lames s'écartent l'une de l'autre, elles s'appliquent à la surface de l'estomac, et les épiploons se trouvent ainsi raccourcis. Les diverses tuniques superposées qui forment les parois stomacales, sont distendues par la masse des substances alimentaires. Les plis nombreux et ondulés que l'interne ou muqueuse offre dans l'état de vacuité, s'effacent. La vasculaire, couverte d'un réseau épais de vaisseaux sanguins, s'agrandit, et les ramifications vasculeuses qui forment les mailles du réseau s'écartent les unes des autres, de manière que leurs courbures et leurs ondulations disparaissent. Enfin la musculaire, composée de fibres longitudinales, circulaires et obliques, éprouve aussi de la distension en tous sens.

En même temps que l'estomac se remplit et se dilate, il éprouve une sorte de torsion sur son axe. Effectivement, comme la station horizontale du chien, du chat et du cheval sur leurs quatre membres, ne lui permet pas de se dilater vers le haut, à cause de la résistance que la colonne vertébrale lui oppose de ce côté, il se porte en bas, vers les muscles abdominaux, et de telle sorte que sa grande courbure soit tournée en bas, tandis que la petite regarde en haut.

Les alimens, en général grossièrement divisés, qui ont pénétré dans l'estomac, n'en peuvent sortir dans l'état ordinaire des choses. La valvule pylorique et la contraction des forts faisceaux musculaires qui entourent ce repli en manière de cercle, ne leur permettent pas de passer dans le duodénum. La position du chien, du chat et du cheval sur leurs quatre jambes, qui fait que l'estomac se trouve à-peu-près dans le plan de l'œsophage, pourrait donner à penser que le retour des alimens dans ce dernier canal est facile; mais il ne saurait avoir lieu, à cause du resserrement de la membrane musculeuse de l'œsophage, qui est beaucoup plus épaisse et plus forte que celle de l'estomac. D'ailleurs, ce canal est resserré sur lui-même toutes les fois qu'il se trouve vide, et ce n'est que durant la déglutition des alimens qu'il entre dans un état forcé de distension. Dès qu'il a , par ses contractions , poussé le bol alimentaire dans l'estomac , il revient à son état ordinaire de resserrement et d'occlusion, de manière à ne plus permettre aux alimens de repasser.

Le rétrécissement et l'occlusion des orifices cardiaque et pylorique , produits par la contraction des anneaux musculaires, sont si considérables, que même lorsqu'on enlève l'estomac d'un animal qui vient d'être mis à mort, ces ouvertures ne permettent presque jamais à aucune parcelle d'alimens de s'échapper , comme nous l'avons vu plusieurs fois. Wepfer, Walæus, Schlichting, Haller et autres, ont également observé ce phénomène.

Ev. Home (1) prétend avoir observé, sur des chiens, pendant le travail de la digestion , que l'estomac éprouvait une coarctation à sa partie moyenne, de manière à former en quelque sorte deux cavités , l'une cardiaque , l'autre pylorique. Il ajoute que la première contenait les alimens grossièrement mâchés , ceux qui avaient été avalés en dernier lieu et les boissons , tandis que l'autre était destinée aux alimens plus dissous, liquéfiés et à demi digérés. Nous n'avons jamais vu cette séparation de l'estomac en deux cavités, dans le cours de nos nombreuses expériences sur les chiens , les chats et les chevaux , de sorte que nous n'hésitons pas à la considérer comme une pure hypothèse , qui se fonde sur des observations inexactes.

Mouvement péristaltique de l'estomac. — L'estomac vivant , mis dans un état forcé de distension par la masse d'alimens que la déglutition y a introduite , réagit sur elle par la contraction de sa membrane musculeuse. Les alimens, tant par leur volume et leur poids , que par les propriétés dépendantes de leur composition chimique , exercent sur lui une action stimulante, qui détermine cette membrane à se contracter. Walæus , Wepfer , Peyer , Sproegel , Schlichting , Schulz , Felix , Haller , Spallanzani et autres,

----

(1) *Philosoph. Transact. for the year* 1817. — *Lectures on comparative anatomy*, t. 1, p. 140.

ont aperçu les mouvemens de l'estomac dans des animaux ouverts vivans, tels que chiens, chats, lapins, cochons, etc. Nous les avons presque toujours aussi observés plus ou moins vifs sur les animaux soumis à nos expériences.

Les mouvemens sont en général vermiculaires, très-lents, souvent à peine sensibles, ce qui les a fait révoquer en doute, mais à tort, par quelques physiologistes. La membrane musculeuse ne se contracte pas simultanément dans toute son étendue ; elle ne le fait que partiellement, de telle sorte que tantôt une partie de l'estomac se resserre un peu, tandis qu'une autre se dilate, puis que celle-ci se contracte à son tour et que celle-là se relâche. Les points dans lesquels la contraction s'effectue, deviennent plus épais et ridés. Les contractions et expansions alternatives ne se font pas seulement en travers ; elles ont lieu aussi en long, dans le sens des fibres musculaires.

La plupart du temps les mouvemens, qui sont ondulatoires, se font de l'œsophage vers le pylore, et de celui-ci vers l'œsophage. Cependant nous les avons vus aussi partir en même temps des deux extrémités de l'estomac, et se réunir à la partie moyenne de ce viscère. Les plus forts et les plus vifs que nous ayons observés se passaient dans la portion pylorique, où la membrane musculeuse est plus épaisse que partout ailleurs. Le degré de contraction de cette membrane et la vivacité des mouvemens paraissent dépendre de l'intensité de la stimulation que les alimens exercent sur l'estomac. Les chiens et les chats qui avaient mangé des os, du pain, de la viande, de la fibrine, du blanc d'œuf durci, furent ceux chez lesquels ces mouvemens nous parurent les plus vifs.

Les contractions successives de la membrane musculeuse font que les alimens éprouvent un mouvement lent dans la cavité de l'estomac, et que ceux qui ont été fluidifiés sont poussés vers le pylore. Ils franchissent cette ouverture par petites portions, durant l'expansion de ses fibres circulaires, et passent ainsi dans le duodénum. Le mouvement péristaltique de l'estomac se continue jusqu'à ce que les alimens soient dissous complètement par le suc gastrique, et qu'ils aient passé en entier, quoique peu à peu, dans le duodénum, par le pylore. Alors le viscère reprend l'état de resserrement qui le distingue quand il est vide.

Quelques physiologistes, Pitcarn, Senac, Hecquet et autres, attachant une grande importance aux mouvemens de l'estomac vivant, ont voulu soutenir que les substances alimentaires étaient, par ces mouvemens, broyées et converties en une masse pultacée, opinion contre laquelle Helvétius a cependant déjà élevé des objections d'un grand poids (1). Les expériences faites par Réaumur (2) et par Spallanzani (3), sur divers mammifères, ont complètement réfuté cette théorie erronée. Réaumur dit formellement que la digestion ne se fait pas par trituration dans les chiens, parce que lorsqu'on fait avaler à ces animaux des tubes fragiles ou compressibles, remplis d'alimens, et dont les parois soient percées de petits trous, la forme de ces tubes ne subit pas la moindre altération dans l'estomac, quoique les substances qu'ils renferment se dissolvent. Spallanzani a fait des expériences semblables sur des chiens et des chats, avec de petits tubes facilement compressibles et remplis de matières alimentaires. Le résultat fut le même; les tubes n'éprouvèrent aucun changement, quoique les substances qu'ils renfermaient fussent dissoutes et disparussent. C'est pourquoi il rejette, et avec raison, la part qu'on attribuait au mouvement péristaltique de l'estomac, et au frottement qui en résulte, dans la digestion de ces animaux.

Sécrétion augmentée du suc gastrique. — Arrivés dans l'estomac, et mis en contact avec sa membrane muqueuse, les alimens produisent sur elle une impression excitante, par leur masse et par leurs propriétés chimiques. Il résulte de là que le sang artériel afflue en plus grande quantité que chez

----

(1) Observations anatomiques sur l'estomac de l'homme; avec des réflexions sur le système nouveau qui regarde la trituration dans l'estomac comme la cause de la digestion des animaux; dans les *Mémoires de l'Acad. des Sciences*, 1719, p. 336.

(2) *Mémoires de l'Acad. des Sciences*, 1752, p. 461.

(3) *Expériences sur la digestion.* — Les tatous (*manis*), qui ont, comme les oiseaux, un estomac très-musculeux, sont peut-être les seuls mammifères chez lesquels la trituration contribue à la digestion.

l'animal à jeun, dans les lacis vasculaires de cette membrane, qui en devient plus rouge. En même temps le suc gastrique se trouve sécrété avec plus d'abondance, et paraît sous l'aspect d'un liquide gris-blanchâtre, un peu trouble, mêlé de flocons muqueux. Lorsque, dans l'état de vacuité, aucune excitation n'agit sur l'estomac, ses parois sont à peine humectées ; mais dès qu'il vient à être stimulé d'une manière mécanique ou chimique, la sécrétion du suc gastrique a lieu copieusement. C'est ce que démontrent nos expériences sur les animaux à jeun. La quantité de suc gastrique qui se sécrète pendant la digestion, paraît dépendre du degré d'excitation produite par les alimens. Nous avons trouvé beaucoup de ce suc dans nos expériences sur des chiens et des chats qui avaient mangé des os, des cartilages, de la fibrine, du fromage, du beurre, du blanc d'œuf durci, du gluten, de la viande et du pain. Il y en avait moins, au contraire, chez les chiens nourris avec des substances douces et faciles à digérer, telles que la gélatine, la gomme, l'amidon et autres semblables. Sa quantité est donc proportionnelle à la digestibilité et à la dissolubilité des substances alimentaires, de sorte qu'il s'en forme davantage après l'usage d'alimens difficiles à dissoudre et à digérer, qu'après celui de substances plus douces et plus faciles, tant à dissoudre qu'à digérer. Les premières paraissent donc exercer une excitation plus forte et plus prolongée que celles-ci.

Acidité du suc gastrique. — Les alimens pénétrés de suc gastrique, de quelque nature qu'ils puissent être, sont toujours acides, et rougissent la teinture de tournesol. C'est ce que nous avons reconnu dans toutes nos expériences sur les chiens, les chats et les chevaux. Mais la force avec laquelle ils rougissent le tournesol n'est pas la même pour tous. La coloration la plus forte nous a été offerte par les chiens et les chats nourris avec le blanc d'œuf cuit (*exp.* x^e), la fibrine (*exp.* xie), le beurre (*exp.* xiiie), le fromage (*exp.* xive), le gluten (*exp.* xviii), le lait (*exp.* xixe, xxe), le bœuf cru et cuit (*exp.* xxie, xxiie, xxviiie), les os et les cartilages, (*exp.* xxive), le pain d'épeautre (*exp.* xxve) et le pain d'orge (*exp.* xxviie). Elle était plus faible chez les chiens qui avaient mangé de l'amidon (*exp.* xve, xvie, xviie), du riz et des pommes de terre (*exp.* x^e, xvie), et de la gélatine (*exp.* xiie). La plus faible de toutes, à peine sensible, eut lieu chez les chiens à qui l'on avait donné du blanc d'œuf liquide (*exp.* ixe); cette substance contient un peu de carbonate alcalin, qui avait probablement saturé en partie l'acide de l'estomac. La coloration en rouge fut plus forte chez les chevaux qui avaient mangé de l'avoine (*exp.* xxxiie, xxxiiie), que chez celui qui avait été nourri avec de l'amidon cuit (*exp.* xxxie).

Il est évident d'après cela que le degré d'acidité du suc gastrique correspond exactement au plus ou moins de consistance et de facilité à se dissoudre des alimens, ou, ce qui revient au même, à leur plus ou moins de digestibilité. Les os, les cartilages, la fibrine, l'albumine cuite, la matière caséeuse, la viande, le gluten, l'avoine et le pain sont plus difficiles à digérer que l'amidon, les pommes de terre, le riz, la gélatine et l'albumine liquide. Le degré d'acidité du suc gastrique paraît donc dépendre du plus ou moins d'excitation que les substances alimentaires font éprouver à l'estomac.

L'acidité que les alimens contractent en séjournant dans l'estomac, et que nous avions observée autrefois dans d'autres expériences sur des chiens et des chevaux (1), l'avait également été déjà par Viridet, Carminati, Brugnatelli, Werner, Prout et autres.

Quant à ce qui concerne les acides qui existent dans le suc gastrique pendant la digestion, ce sont les mêmes que ceux que nous avons rencontrés dans celui des animaux à jeun dont l'estomac était excité par des stimulans mécaniques. Nous avons trouvé de l'acide hydro-chlorique et de l'acide acétique chez le chien nourri avec des os et chez celui qui l'avait été avec du blanc d'œuf durci. Le suc gastrique du chien auquel on avait fait manger de la fibrine contenait beaucoup d'acide acétique. Nous avons constaté l'existence de ce

---

(1) *Voyez Recherches sur la route que prennent diverses substances pour passer de l'estomac et du canal intestinal dans le sang.* Heidelberg, 1820; trad. en français par Heller, Paris, 1821, in-8°.

dernier acide et du butyrique dans le liquide exprimé de l'estomac des chevaux nourris aveç de l'avoine.

Action dissolvante du suc gastrique sur les alimens. — Mélé aux alimens, le suc gastrique les ramollit et les dissout. S'ils sont mous, pultacés et très-divisés par la mastication, ce suc les pénètre et les fluidifie rapidement. Si, au contraire, ils ont une certaine consistance, et s'ils ont été avalés en masses plus volumineuses, leur ramollissement et leur dissolution se font avec lenteur, et couche par couche, de dehors en dedans. Souvent alors il arrive que leur surface est déjà réduite en bouillie, tandis qu'à l'intérieur ils conservent encore leur cohérence et n'ont éprouvé presqu'aucun changement.

Les portions d'alimens qui avoisinent les parois de l'estomac, et qui sont par conséquent le plus exposées à l'action dissolvante du suc gastrique, sont ramollies et digérées les premières. La substance dissoute est poussée peu à peu vers le pylore, par la pression que l'estomac exerce sur la masse alimentaire, en se contractant. Au contraire, les portions qui occupent le centre du viscère, n'étant pas aussi rapidement pénétrées et ramollies par le suc gastrique, ont subi des changemens moins marqués; mais, de même que les précédentes, elles se dissolvent peu à peu et couche par couche, comme l'ont démontré Walaeus (1), Viridet, Spallanzani, A. Cooper (2), Wilson Philip (3), Macdonald (4), Prout et autres.

Au reste, le temps que les substances alimentaires exigent pour être dissoutes ou digérées, varie beaucoup, en raison de leur composition chimique et de leur solubilité dans le suc gastrique.

---

(1) *Epistolæ duæ de motu chyli et sanguinis,* in *Thomæ Bartholini anatome*; Leyde, 1641, 8.

(2) *An experimental inquiry into in laws of the vital fonctions*; Londres, 1818.

(3) *Experimenta quædam de ciborum concoctione complectens*; Edimbourg, 1818, 8.

(4) Dans *Sculamore, On gout, rhumatisme and gravelle*; Londres, 1817, p. 569.

A l'appui des corollaires qui précèdent nous allons tracer un aperçu rapide des changemens que les alimens simples et composés ont, dans nos expériences, éprouvés durant leur séjour dans l'estomac.

Altérations des alimens simples dans l'estomac des chiens et des chevaux.—1°. *Albumine liquide.*—Après trois heures de séjour dans l'estomac d'un chien (*exp.* ixe), on la trouva tout-à-fait fluidifiée, et formant avec le suc gastrique une liqueur jaunâtre, muqueuse. Celle-ci se coagula complètement par l'ébullition. L'albumine n'est donc point détruite dans l'estomac, ainsi que l'admet Prout. Comme le viscère ne contenait que deux drachmes de liquide, quoique l'animal eût avalé le blanc de huit œufs, il résulte de là qu'elle abandonne très-rapidement l'estomac, dès qu'elle est dissoute, ou qu'elle y est absorbée en partie.

2°. *Albumine coagulée.* — Quatre heures encore après le repas, nous trouvâmes, chez un chien (*exp.* x^e), beaucoup de morceaux d'albumine, grossièrement écrasés et ramollis à l'extérieur. En les râclant, on enlevait de leur surface une substance molle et pultacée, tandis que, dans l'intérieur, ils étaient encore durs et n'avaient subi aucun changement. Un liquide blanc-grisâtre, qui rougissait fortement le tournesol, les baignait. Ce liquide était surtout abondant aux environs du pylore. Il contenait beaucoup d'albumine dissoute.

3°. *Fibrine.*—Au bout de quatre heures, sur un chien (*exp.* xie), cette substance se présenta gonflée, ramollie et translucide. Elle avait perdu sa texture fibreuse, et subi la même altération que si on l'avait fait digérer dans du vinaigre. On trouva, en outre, un liquide rougeâtre, un peu trouble, qui rougissait fortement la teinture de tournesol. Ce liquide contenait en dissolution beaucoup de matière albumineuse, qui était précipitable, après l'ébullition, par le cyanure de fer et de potassium. Il paraît donc qu'une partie de la fibrine s'était convertie en albumine, car, chez les animaux à jeun, le suc gastrique ne contient aucun vestige de cette dernière substance.

4°. *Gélatine.* — On trouva dans l'estomac d'un chien

(*exp.* xiie), une heure après le repas, un liquide légèrement trouble, d'un brun clair, et mêlé de quelques flocons brunâtres, dont l'odeur n'était plus celle de la gélatine. Ce liquide rougissait faiblement la teinture de tournesol. La gélatine qu'il contenait avait perdu sa propriété de se prendre en gelée, et elle n'était plus précipitée en filamens par le chlore. Elle ne paraissait pas s'être transformée précisément en albumine, car le liquide stomacal se troubla peu lorsqu'on le fit bouillir, et l'acide nitrique n'y produisit aucun changement, non plus que le chlorure d'étain.

5°. *Beurre.* — Chez un chien (*exp.* xiiie) le beurre était fondu par la chaleur de l'estomac. Au bout de trois heures, on n'en trouva plus qu'une once, quoique l'animal en eût mangé plusieurs. Cette substance était donc déjà en grande partie passée dans le canal intestinal, ou absorbée.

6°. *Fromage blanc.* — Sur 190 grammes de fromage blanc qui furent donnés à un chien (*exp.* xive), on n'en retrouva plus que 120 dans l'estomac, au bout de trois heures et demie. Cette substance formait de petites masses opaques, ramollies à la surface et encore compactes dans l'intérieur. On trouva en outre 7 grammes d'un liquide blanc-sale et trouble, qui rougissait le tournesol. Le fromage avait été fluidifié dans l'estomac par l'acide qui y existe en grande quantité, mais sans se convertir en albumine; car le liquide stomacal ne se troublait pas par l'ébullition, et l'acide nitrique n'y faisait naître qu'un faible précipité. Cependant les précipités fort abondans produits par le chlorure d'étain, le per-chlorure de mercure et la teinture de noix de galle, prouvent que le suc gastrique avait dissous la matière caséeuse sous une autre forme que la sienne. Elle n'avait point été convertie en gélatine; car alors le chlore aurait donné lieu à un précipité beaucoup plus considérable.

7°. *Amidon.* — Dans l'estomac d'un chien (*exp.* xve) qui avait mangé un quarteron d'amidon cuit, on trouva, au bout de quatre heures moins un quart, une petite quantité de liquide blanc-grisâtre, rougissant faiblement le tournesol, et contenant de l'amidon, que l'iode colorait en bleu. Chez un autre chien, également nourri d'amidon cuit,

(*exp.* xvie), mais à qui l'on en avait donné moins , et qui
ne fut tué que cinq heures après son dernier repas , l'estomac n'offrait plus aucune trace d'amidon pur. Son contenu
ne se colorait plus en bleu par l'iode , mais était chargé
de sucre , avec une sorte de gomme d'amidon. Il en fut de
même du contenu de l'estomac d'un troisième chien **nourri**
d'amidon (*exp.* xviie), qu'on ouvrit trois heures après le
repas ; seulement ici on retrouva encore quelques grumeaux
d'amidon inaltéré. Ce qu'il y a surtout de remarquable ,
c'est qu'aussitôt que l'amidon avait été fluidifié par le suc
gastrique , il perdait la propriété d'être teint en bleu par
l'iode.

L'estomac du cheval , nourri avec de l'amidon cuit
(*exp.* xxxie) , qui fut mis à mort quatre heures et demie
après son dernier repas , contenait un liquide jaunâtre ,
clair , un peu muqueux , et mêlé de quelques grumeaux
d'amidon non encore dissous , que l'iode colorait en bleu.
Passé au filtre , ce liquide rougissait le tournesol , n'agissait
pas sur l'iode , et ne contenait pas de sucre , mais paraissait
être composé en grande partie de gomme d'amidon.

8°. *Gluten.* — Le gluten fut trouvé très – peu altéré
encore dans l'estomac d'un chien (*exp.* xviiie) cinq heures
après son dernier repas. Il était d'un blanc–grisâtre , tirant
sur le rouge , et un peu gélatineux , comme celui sur lequel
on a fait agir de l'acide acétique. Il rougissait fortement
le tournesol. Une partie de cette substance était dissoute aux
environs du pylore. On sait que le gluten est soluble dans
les acides acétique et hydro–chlorique. Peut–être la dissolution qu'il avait éprouvée l'avait – elle rendue semblable
à l'amidon ; du moins le liquide stomacal se troubla–t–il
fortement par l'ébullition. Cependant il y avait une différence , sous ce point de vue que le précipité produit
par la chaleur ne se redissolvait pas dans l'acide acétique.

Altérations des alimens composés dans l'estomac des
chiens , des chats et des chevaux. — 1°. *Lait.* — On le
trouva parfaitement caillé, au bout de quatre heures , dans
l'estomac du chien (*exp.* xixe). De deux tiers de chopine

que cet animal avait bus, il ne restait plus que 3o grammes de fromage en grumeaux, et 15 grammes d'un liquide muqueux et blanc, qui rougissait le tournesol avec force : le fromage était ramolli à l'extérieur. La coagulation du lait avait dû nécessairement être produite par l'acide du suc gastrique. Veratti (1) l'a observée aussi chez les chiens et les chats. Le lait paraît ne pas être, plus que le fromage, converti en albumine par la digestion ; car la liqueur obtenue par la filtration des matières que contenait l'estomac, ne se troubla pas, ou du moins se troubla extrêmement peu, lorsqu'on la fit bouillir et qu'on y versa ensuite du cyanure de fer et de potassium, de même que quand on y ajouta de l'acide nitrique et du per-chlorure de mercure. Cependant la teinture de noix de galle y indiqua la présence d'une grande quantité de matière animale.

2°. *Bœuf cru.* — Les morceaux de bœuf cru avalés par le chien (*exp.* xxıᵉ), étaient, quatre heures après, colorés en brun foncé à leur surface, et ils avaient perdu leur couleur rouge, surtout dans les points qui s'étaient trouvés en contact avec les parois de l'estomac. On en détachait, en les râclant, une bouillie brune, qui ressemblait presque à de la gélatine. A l'intérieur, ils n'avaient encore subi aucun changement, et les fibres musculaires s'y montraient d'une manière bien évidente, avec leur couleur rouge. La viande et le liquide brunâtre qui existait en très-très-petite quantité aux environs du pylore, rougissaient tous deux la teinture de tournesol.

3°. *Bœuf cuit.*—Cette substance, tant chez les chiens (*exp.* xxııᵉ, xxıııᵉ) que chez les chats (*exp.* xxvıııᵉ), était ramollie extérieurement, au bout de quelques heures, de manière qu'on pouvait en détacher une masse d'un gris brun, tandis qu'elle avait éprouvé peu d'altération à l'intérienr, où l'on distinguait encore les fibres musculaires. Il y avait, près du pylore, un liquide blanc-grisâtre, tirant sur le brun, et épais comme de la bouillie, qui rougissait fortement le tournesol. On trouva

---

(1) *De mutationibus, quas lac subit in ventriculo atque intestinis*, dans *Commentar. Bonon*, t. vı, *opusc.*, p. 269.

de l'albumine dans le produit de la filtration du contenu de l'estomac.

4°. *Os* et *cartilages*. — Dans les chiens (*exp.* XXIVᵉ), on les trouva, au bout de deux et de quatre heures, un peu ramollis, tant à la surface qu'aux angles et sur les bords. Il y avait, en outre, une assez grande quantité de liquide trouble, blanc-grisâtre, rougissant le tournesol avec force, et à la surface duquel nageait une matière grasse, semblable à de la crême, qui provenait vraisemblablement de la moëlle liquéfiée par la chaleur. A la distillation, on obtint de l'acide acétique et de l'acide hydro-chlorique. Ce dernier est sans doute moins nécessaire pour la dissolution de la matière animale que pour celle du phosphate et du carbonate calcaires, qui rend la matière animale plus dissoluble, en l'isolant. C'est pourquoi le liquide recueilli dans l'estomac donnait un précipité abondant lorsqu'on y versait de l'ammoniaque. Ce même liquide, après avoir été filtré, contenait un peu d'albumine. On sait depuis long-temps que les chiens digèrent les os. Spallanzani a même reconnu que l'émail de deux dents incisives de brebis, qui avaient séjourné pendant quelque temps dans l'estomac d'un chien, était attaqué.

5°. *Pain d'épeautre et blanc d'œuf liquide.* —Au bout de deux heures et demie, on trouva, chez un chien (*exp.* XXVᵉ), le pain presqu'entièrement ramolli et dissous. L'albumine avait disparu, à l'exception de quelques flocons faiblement coagulés. La portion pylorique de l'estomac contenait un liquide blanc-grisâtre, doué d'une grande consistance et rougissant le tournesol avec force.

6°. *Pain de seigle et lait.* — Dans un chat mis à mort quatre heures après qu'il eut mangé (*exp.* XXVIIᵉ), on ne trouva plus que des grumeaux blanchâtres de lait caillé. Le pain était ramolli à la surface, mais il n'avait éprouvé encore presque aucune altération dans son intérieur. Les alimens étaient plus altérés dans la portion pylorique que dans le cul-de-sac de l'estomac. Le chyme formait une bouillie d'un blanc-grisâtre, qui rougissait fortement le tournesol.

7°. *Riz cuit et pommes de terre.* — L'estomac d'un chien (*exp.* XXVIᵉ) contenait, au bout de cinq heures, du riz en partie ramolli et en partie liquéfié. Les morceaux de pommes de terre étaient ramollis à la surface , mais n'avaient subi presque aucune altération dans leur intérieur. Il y avait dans la portion pylorique du viscère une bouillie d'un blanc-grisâtre , légèrement jaunâtre , qui rougissait la teinture de tournesol.

8°. *Avoine*. — L'estomac des chevaux nourris avec de l'avoine (*exp.* xxxiie et xxxiiie) contenait un mélange de parties farineuses ramollies et de balles d'avoine avec un liquide clair , qui rougissait le tournesol avec beaucoup de force. L'acide abondant que contenait ce liquide , et qui était vraisemblablement de l'acide acétique , ne provenait sans doute pas uniquement du suc gastrique , mais tirait aussi sa source de la décomposition de l'avoine. Le liquide farineux que l'on obtint par expression , contenait beaucoup d'amidon , et se colorait en bleu par l'iode. A la distillation , on reconnut la présence de l'acide butyrique. Le résidu sec de la liqueur filtrée contenait en outre de la résine, une matière analogue à l'osmazôme, soluble dans l'eau et l'alcool , une matière analogue à la salivaire, soluble dans l'eau seule , et probablement mêlée à de la gomme d'amidon , de l'albumine , du chlorure de sodium et du sulfate de soude.

On ne saurait méconnaître que les alimens , simples et composés, sont dissous et convertis en chyme par le suc gastrique. Que le suc gastrique soit l'agent dissolvant des substances alimentaires, c'est ce qu'attestent déjà les expériences imaginées par Réaumur et tant de fois répétées par Spallanzani, qui consistent à faire avaler aux animaux des tubes de bois et de métal dont les parois soient percées de trous , afin de permettre que le suc gastrique vienne baigner les matières qui s'y trouvent renfermées. Spallanzani introduisit dans l'estomac d'un chat un de ces tubes rempli de viande , et tua l'animal au bout de neuf heures ; il trouva la viande dissoute et digérée. Un autre chat fut contraint à avaler un tube rempli de pain, et on le mit à mort cinq heures après. Le pain était en partie ramolli , en partie dissous. On fit aussi avaler à des chiens des tubes semblables contenant du pain , de la viande , du sang cuit , des cartilages et des os ; toutes ces substances furent ramollies, dissoutes ou complètement digérées dans un laps de temps plus ou moins long. De la viande et des tendons, renfermés dans un petit sac de laine, furent également digérés. Stevens a fait des expériences semblables sur des chiens, et obtenu les mêmes résultats.

Une question se présente maintenant. Cet agent peut-il aussi opérer la dissolution des alimens hors de l'estomac?

Afin d'arriver à la solution de cet important problême, Spallanzani a fait des expériences sur le suc gastrique du chien. Après s'être procuré ce suc à l'aide d'éponges introduites dans l'estomac de l'animal, il le versa sur de la viande crue et sur de la viande cuite, exposa les vases à une température égale à celle de l'estomac des chiens, et renouvela plusieurs fois le suc gastrique sur les alimens. Au bout de quelque temps, il trouva que les substances étaient ramollies et en partie dissoutes.

Cette expérience a été faite avec le même succès par Stevens. Nous l'avons répétée aussi (*exp.* XXIXe et XXXe), et nos recherches ont pleinement confirmé l'assertion de Spallanzani, que le suc gastrique dissout les alimens, hors même de l'estomac, à une chaleur qui se rapproche de celle de l'animal. Le bœuf, tant cru que cuit, le blanc d'œuf durci et le pain furent trouvés, au bout de quelque temps, ramollis à la surface; en les râclant, on en détachait une matière pultacée, semblable à celle dont étaient couvertes les substances qui avaient séjourné dans l'estomac.

Substances qu'on trouve généralement dans la portion liquide du contenu de l'estomac. — Ces substances sont, d'après les expériences que nous avons rapportées :

1°. Divers acides libres, savoir l'acétique et l'hydro-chlorique dans les chiens, l'acétique et le butyrique dans les chevaux.

2°. De l'albumine. Nous l'avons reconnue principalement au précipité qui se formait lorsqu'on faisait bouillir le contenu filtré de l'estomac, ou du moins quand on ajoutait ensuite du cyanure de potassium et de fer. L'albumine était assez abondante chez les chiens qui avaient mangé du blanc d'œuf durci, de la fibrine, de la viande, du pain et du gluten. Il y en avait fort peu chez ceux qu'on avait nourris avec du blanc d'œuf liquide , du fromage , de la colle et des os. Il y en avait davantage dans le contenu de l'estomac du cheval nourri avec de l'avoine , que dans celui du cheval auquel on avait donné de l'amidon cuit.

3°. Une matière analogue à la caséeuse. Cette matière fut trouvée fréquemment dans le canal intestinal ; mais le contenu de l'estomac n'en offrit de petites quantités que chez quelques chiens, ceux principalement qui avaient été nourris avec du blanc d'œuf liquide et de la fibrine.

4°. Une matière animale non précipitable par l'ébullition, ni par les acides , mais précipitable par le chlorure d'étain , les sels de plomb , le per-chlorure de mercure et la teinture de noix de galle , et dont on parvenait surtout à constater la présence lorsque l'ébullition et les acides n'opéraient pas de précipitation , ou ne faisaient naître qu'un faible précipité. Nous l'avons trouvée dans le contenu de l'estomac de plusieurs animaux , surtout des chiens abondamment nourris avec du gluten, du fromage ou du lait, et des chevaux qui avaient mangé de l'amidon et de l'avoine.

C'était probablement un mélange d'osmazôme et de matière salivaire, ou de matières voisines de celles-là , dont l'une est soluble seulement dans l'eau , tandis que l'autre l'est aussi dans l'alcool , ainsi qu'on peut s'en convaincre par l'analyse du liquide stomacal des chevaux.

5°. L'incinération du contenu filtré de l'estomac nous a procuré , chez les chiens et les chevaux , en sels solubles dans l'eau , du chlorure alcalin , avec une petite quantité de sulfate , mais point de carbonate ni de phosphate. La portion insoluble dans l'eau était , chez un cheval nourri avec de l'avoine , un mélange de carbonate et de phosphate calcaires.

B. Digestion des ruminans. — Disposition des estomacs. — Les animaux ruminans, qui se nourrissent des matières les plus difficiles à digérer, d'herbes fraîches ou sèches, de feuilles et de chaumes , sont, comme il est suffisamment connu , ceux de tous les mammifères qui ont les organes digestifs les plus compliqués. Ils possèdent quatre estomacs , dont les parois sont formées , comme chez les autres animaux , de quatre couches appliquées l'une sur l'autre ; une externe ou séreuse , une musculeuse , une celluleuse , vasculaire ou nerveuse , et une interne ou muqueuse. Ce sont principalement la tunique vasculaire et la membrane muqueuse qui présentent les différences les plus considérables sous le rapport de leur disposition.

Le premier estomac , le plus vaste de tous , est la *panse* ou l'*herbier*. Il représente un réservoir très-spacieux , partagé en plusieurs compartimens. Sa face interne offre un grand nombre de grosses papilles aplaties , et elle est couverte d'un épiderme fort épais.

Le second estomac , ou le *bonnet* , est le plus petit des quatre. Il a une forme globuleuse. Une large ouverture le fait communiquer avec la panse , tandis qu'un rétrécissement très-sensible le sépare du troisième estomac. Sur sa face interne sont dessinées de grandes cellules ou mailles polygones , dont les aires et les bords sont hérissés de petites papilles. Cette face est également tapissée d'un épidermé.

Le troisième estomac, ou le *feuillet*, est plus grand que le précédent. Il se distingue par les feuillets falciformes qui font saillie à sa surface , et dont le nombre s'élève à cent environ. Ces feuillets sont les uns grands , les autres petits , et disposés de telle sorte qu'un grand alterne avec un petit: ils doivent naissance à des plis de la tunique celluleuse et de la membrane muqueuse. De très-petites papilles sont parsemées à leur surface , et un épiderme épais les recouvre. Le feuillet communique avec le quatrième estomac par une ouverture considérable.

Ce dernier , appelé *caillette*, est assez ample. Il a une forme allongée et un peu globuleuse. Le pylore le sépare du duodénum. Sa face interne est tapissée par une membrane muqueuse très-développée , qui n'a pas d'épiderme. Cette membrane forme beaucoup de plis saillans et longitudinaux. Elle reçoit un grand nombre de vaisseaux sanguins. En outre , elle est pourvue de glandes nombreuses. La caillette ressemble , sous le rapport de sa structure , à l'estomac simple des animaux carnassiers et omnivores.

La membrane musculeuse des estomacs est formée de fibres

longitudinales et de fibres circulaires. Elle a plus d'épaisseur
et de force dans les deux premiers que dans les deux autres.
L'œsophage, qui est fort large et très-dilatable, communique à la fois avec les trois premiers estomacs. Sa commu-
nication avec la panse et le bonnet se fait par une longue
fente, susceptible de s'agrandir beaucoup. Les deux bords
de cette fente sont renflés ; ils se composent de replis de la
membrane muqueuse et de forts faisceaux musculeux ayant
une direction longitudinale. Lorsqu'ils sont rapprochés l'un de
l'autre, ils forment un canal qui conduit directement dans
le troisième estomac. Mais quand de grosses pelottes d'alimens grossièrement mâchés les écartent l'un de l'autre,
alors s'ouvre la fente qui conduit dans le premier et le second estomacs, tandis que l'entrée du troisième se rétrécit,
par la contraction des fibres musculaires dont ses bords
sont garnis. Il résulte de là que les alimens mâchés d'une
manière grossière tombent dans les deux premiers estomacs,
d'où ils sont ramenés dans l'œsophage pendant l'acte de la
rumination.

L'œsophage se distingue encore par deux couches de
fibres musculaires, contournées en spirale, qui marchent
en sens contraire l'une de l'autre et s'entrecroisent.

Préhension des alimens. — Tant que les jeunes ruminans,
les veaux et les agneaux, se nourrissent seulement du lait
de leurs mères, ce liquide passe directement dans le troisième et le quatrième estomacs, par le canal de l'œsophage :
mais il ne séjourne pas dans le troisième, ne pénètre pas
non plus entre les feuillets de ce viscère, et arrive de suite
dans la caillette. Les deux premiers estomacs sont donc,
à cette époque, tout-à-fait vides et resserrés sur eux-
mêmes. Dès que les jeunes animaux commencent à manger
de l'herbe et du foin, sans toutefois cesser encore de
téter, ces nouveaux alimens sont portés dans la panse et le
bonnet. C'est ce qui arrive aussi chez les ruminans adultes.
Ces derniers, lorsqu'ils paissent ou qu'on leur présente du
fourrage, se contentent de mâcher l'aliment d'une manière
grossière, et ne l'imprègnent que de la quantité de salive
nécessaire pour que la déglutition puisse s'opérer. Cet ali-

ment, qui forme des masses très consistantes, descend par le jeu des fibres spirales de l'œsophage, écarte les bords de la fente qui conduit dans le premier et le second estomacs, et arrive dans ces deux viscères, sans pouvoir pénétrer dans le feuillet, son volume ne lui permettant pas de suivre l'étroit canal qui y mène.

Lorsque les ruminans boivent beaucoup, l'eau pénètre dans tous les estomacs. Du moins, lorsqu'on leur fait avaler de l'eau colorée, et qu'on les tue immédiatement après, trouve-t-on les quatre viscères plus ou moins pleins de liquide.

Altérations que les alimens subissent dans la panse et le bonnet. — L'aliment, qui s'accumule peu à peu dans la panse, la distend et en stimule les parois. Par suite de cette stimulation, la membrane musculaire se contracte et se relâche alternativement sur plusieurs points, en suivant la direction de ses fibres, ce qui donne lieu à un mouvement péristaltique lent. En même temps il se sécrète fort abondamment un liquide jaunâtre, peu épais, et d'une saveur légèrement salée, qui se mêle avec les substances alimentaires. Nous en avons du moins trouvé un de cette nature dans les bœufs et les brebis.

La panse des veaux qui ont servi à nos expériences, contenait un peu de paille, des feuilles et du foin. Celle des bœufs était remplie de foin, de paille hachée et de grains d'épeautre. Nous avons trouvé, dans celle des brebis, une grande quantité des alimens qu'elles avaient mangés, comme paille, herbe et avoine. Toujours ces substances n'étaient que grossièrement broyées et un peu ramollies.

Nous avons rencontré, dans le bonnet de ces animaux, les mêmes matières, offrant les mêmes qualités.

Les alimens contenus dans la panse et le bonnet, et le liquide abondant qui s'y trouvait mêlé, étaient fortement alcalins, et faisaient effervescence avec les acides. C'est ce qui arriva surtout dans les bœufs, ainsi que dans les brebis nourries de paille et d'herbe.

L'alcalescence du liquide de la panse a été observée par plusieurs physiologistes.

Vieussens (1) avait déjà remarqué que la teinture de mauve se colorait en vert dans le premier estomac d'une chèvre, et Rast (2) a vu le sirop de violettes verdir quand on y versait le liquide de la panse d'une brebis. Carminati a trouvé que le suc du premier estomac des brebis offrait une couleur verte, qu'il répandait une odeur désagréable, qu'il avait une saveur un peu amère et salée, qu'il verdissait le sirop de violettes, et qu'il faisait fortement effervescence avec les acides (3). Brugnatelli a reconnu également que le suc du premier estomac colore le sirop de violettes en vert.

Le contenu de la panse et du bonnet des veaux que nous avons ouverts, rougissait un peu la teinture de tournesol. Ce phénomène dépendait-il de ce que les deux organes dont il s'agit sécrétaient un suc gastrique acide? ou bien tenait-il à ce qu'en retirant les estomacs de la cavité abdominale, un peu du liquide contenu dans la caillette avait passé dans les autres poches? C'est ce que nous n'osons pas décider, quoique le second cas nous paraisse fort probable. Peut-être aussi l'acide provenait-il d'une altération subie par le lait. Le liquide de la panse et du bonnet rougissait également la teinture de tournesol chez une brebis nourrie avec de l'avoine ; cette acidité provenait vraisemblablement de la décomposition de l'avoine.

L'analyse chimique du liquide de la panse et du bonnet nous y a fait découvrir les matériaux suivans :

1°. *Acide carbonique libre.* — Il se dégagea, au commencement de la distillation du liquide de la panse des bœufs et de la brebis nourrie avec de l'herbe, comme aussi de celle du liquide contenu dans le bonnet des brebis qui avaient mangé de la paille.

2°. *Acide hydro-sulfurique.* — On en rencontra dans les bœufs et dans la brebis nourrie avec de l'herbe.

---

(1) Traité des liqueurs, p. 276.
(2) Dans *Haller, Elem. Physiol.*, t. vi, p. 143.
(3) Prevost et Le Royer viennent aussi tout récemment de constater l'alcalescence du liquide de la panse et du bonnet (*Bibliothèque universelle* ; novembre, 1824).

3°. *Acide acétique libre.* — On en trouva dans la panse de la brebis nourrie avec de l'avoine et dans celle d'un veau, de même que dans le bonnet de la brebis qui avait vécu de paille, et dans celui de la brebis à laquelle on avait donné de l'avoine. Cet acide peut provenir de la décomposition des substances alimentaires, puisqu'il suffit de mêler ensemble de l'avoine et de l'eau pour qu'il se forme un liquide acide.

On ne peut admettre d'acide hydro-chlorique libre dans aucun des liquides des trois premiers estomacs, puisque tous donnèrent du carbonate alcalin à l'incinération.

4°. *Acide butyrique libre.* — On le reconnut chez la brebis nourrie avec de l'avoine. Il était très-abondant aussi chez un veau ; mais sans doute qu'ici il n'avait pas été tout entier sécrété, et qu'il provenait en partie de la matière butyreuse du lait.

5°. *Carbonate d'ammoniaque.* — On l'a trouvé dans la panse et le bonnet des bœufs, comme aussi dans la panse de la brebis nourrie avec de l'herbe, dans celle du mouton nourri avec de la paille, et dans celle de la brebis qui creva après qu'on eut recueilli sur elle le suc pancréatique. L'ammoniaque était sursaturée d'acide carbonique. Cette circonstance peut bien dépendre de ce que le bi-carbonate de soude contenu dans la salive, et avalé par conséquent avec les alimens, avait décomposé un sel ammoniacal qui existe probablement dans le liquide sécrété par le premier estomac ; mais elle tenait aussi en partie à la décomposition des alimens eux-mêmes.

6°. *Acétate d'ammoniaque.* — Nous avons obtenu ce sel en distillant le liquide de la panse de la brebis nourrie avec de la paille, de celle qui l'avait été avec de l'avoine, et d'un veau. Il s'est rencontré aussi dans le bonnet de ce dernier animal, et dans celui de la brebis qui avait mangé de la paille.

7°. *Butyrate d'ammoniaque.* — On l'a trouvé en très-petite quantité dans la panse de la brebis nourrie avec de la paille, et dans celle de la brebis à laquelle on avait donné de l'avoine.

8°. *Albumine.* — Il y en avait une petite quantité dans le

premier estomac de la brebis nourrie avec de l'avoine. De l'albumine existait aussi chez les veaux, à moins que la coagulation produite par l'ébullition ne provînt uniquement de la matière caséeuse du lait.

9°. *Matière précipitable par les acides.* — Elle fut rencontrée en petite quantité dans le liquide de la panse et du bonnet des bœufs et de la brebis nourrie avec de l'herbe. Il est très-douteux que le précipité qui se forma fût de la matière caséeuse, car la liqueur alcaline pouvait bien contenir en dissolution quelque substance précipitable par les acides.

10°. *Matière précipitable par le chlorure d'étain.* — On en a trouvé une grande quantité dans les liquides de la panse et du bonnet des bœufs et de toutes les brebis.

Comme le chlorure d'étain est précipité aussi par le phosphate et le carbonate alcalins, et que ces sels, le dernier surtout, sont très-abondans dans les liquides, il est difficile de décider si les précipités fort considérables que l'on obtint ici dépendaient précisément d'une matière animale, telles que la matière salivaire et l'osmazôme.

11°. *Matière qui se colore en rouge par l'acide hydrochlorique, et qui passe à la distillation.* — Elle s'est montrée chez les bœufs, chez la brebis nourrie avec de l'herbe, et chez la brebis qui creva après l'ouverture du canal pancréatique.

12°. *Sels fixes au feu.* — En incinérant les liqueurs filtrées de la panse, nous obtînmes les sels suivans, dont nous allons représenter les quantités relatives par des chiffres.

	Carbonate alcalin.	Phosphate alcalin.	Sulfate alcalin.	Chlorure alcalin.	Carbonate de chaux.	Phosphate de chaux.
Bœuf..............	5	5	1	3	3	4
Brebis nourrie avec de l'herbe.......	5	5	3	5	1	4
Brebis nourrie avec de la paille.......	5	4	1	4	0	5
Brebis nourrie avec de l'avoine.......	2	5	1	5	1	4

L'alcali était de la soude, avec peu de potasse, dans les

bœufs et les brebis, par conséquent aussi sans doute dans les veaux, chez lesquels on démontra au moins la présence de la potasse. Il se peut que le carbonate alcalin qu'on obtint existât en partie tout formé dans quelques-unes de ces liqueurs; mais il n'est pas douteux qu'une autre partie de ce sel a été produite par la décomposition de l'acétate alcalin.

La cendre obtenue des liqueurs filtrées du bonnet avait presqu'exactement la même composition.

L'action que les deux premiers estomacs, la panse surtout, exercent sur les alimens, consiste à les ramollir, au moyen de la liqueur alcaline que leurs parois sécrètent et qui se mêle avec ces substances. Les alimens semblent éprouver en même temps une sorte de décomposition, qui est accompagnée d'un dégagement d'ammoniaque. Peut-être le carbonate de soude de la salive agit-il alors de la même manière que la potasse, sur les matières organiques azotées, c'est-à-dire en opérant une dissolution, à laquelle se joint souvent un dégagement de gaz ammoniaque. La présence de l'acide hydro-sulfurique dans la panse vient à l'appui de cette conjecture. Il se dégage presque toujours du gaz acide hydro-sulfurique pendant le ramollissement et la macération des herbes fraîches ou sèches. Nous avons rencontré une quantité considérable de ce gaz dans la panse des bœufs et dans celle de la brebis nourrie avec de l'herbe. Suivant Lemeyron et Fremy (1), il est très-abondant, ainsi que l'hydrogène carboné et l'acide carbonique, dans les estomacs des ruminans qui ont mangé beaucoup de trèfle. Il est possible que la décomposition du gluten, de l'albumine, ou d'une autre matière semblable, contenue dans le trèfle, comme dans toutes les herbes vertes, soit la cause du développement de ces gaz.

Les alimens se ramollissent avec beaucoup de lenteur dans la panse, qui ne s'en vide complètement non plus que d'une

---

(1) *Bulletin de Pharmacie*, 1809, n° 8, p. 358. — Cent parties du fluide élastique qui s'était développé dans l'estomac des herbivores, après l'usage immodéré du trèfle, consistait en 80,0 d'acide hydro-sulfurique, 15,0 d'hydrogène carboné, et 5,0 d'acide carbonique.

manière fort lente. Carminati n'a jamais trouvé cette poche parfaitement vide chez des brebis qu'il avait laissées deux, quatre, six et même huit jours sans leur donner rien à manger ; toujours il y rencontrait encore les restes les plus consistans des substances alimentaires que ces animaux avaient mangées auparavant. Brugnone (1) a fait la même observation. Nous l'avons également répétée nous-mêmes ; voulant examiner les sucs digestifs de la brebis dans l'état de vacuité des viscères, nous laissâmes deux brebis pendant plus de deux jours sans leur donner aucune nourriture ; cependant nous trouvâmes la panse de l'une encore remplie en grande partie de paille, et celle de l'autre pleine d'herbe.

Les alimens contenus dans la panse et mêlés avec le liquide sécrété par ses parois, paraissent passer peu à peu dans le bonnet. Il est vraisemblable que les contractions des parois musculaires de cette dernière poche poussent la portion déjà fluidifiée des alimens dans le feuillet, à travers l'ouverture étroite qui communique avec celui-ci, tandis que la portion plus consistante se rassemble en une masse globuleuse. Cette masse doit être ramenée dans la bouche, pour y subir une mastication complète et une nouvelle imbibition de salive. C'est là ce qui constitue la rumination.

Rumination. — Après que les alimens ont séjourné pendant quelque temps dans la panse, et qu'ils ont été ramollis par le liquide alcalin de cette poche, la rumination commence. Les jeunes animaux qui ne font encore que téter ne ruminent pas ; mais ils commencent à exécuter cet acte dès qu'ils mangent des alimens solides, des herbes fraîches, du foin, de la paille ou des céréales. Galien en avait déjà fait la remarque.

Durant l'acte de la rumination, les animaux se tiennent en repos ; ils se couchent ordinairement sur le ventre, et s'appuient le plus souvent sur le côté gauche. Ils ne ruminent ni en marchant, ni en courant. Une profonde inspiration précède la rumination. La pression que le diaphragme, et pro-

----

(1) *Mém. de l'Acad. de Turin* pour les années 1809 et 1810, t. 1, p. 309.

23

bablement aussi les muscles abdominaux, exercent sur la panse et le bonnet, jointe à la contraction des parois fortement musculeuses de cette poche, en font sortir une masse globuleuse, qui passe par la fente dont nous avons parlé ci-dessus, et arrive dans la partie inférieure de l'œsophage. Alors l'animal expire, et la masse, à laquelle la contraction des faisceaux musculaires spiraux de l'œsophage fait franchir l'ouverture œsophagienne du diaphragme, relâchée et dilatée pendant l'expiration, remonte dans la bouche, au moyen du mouvement anti-péristaltique du canal. Nous ne pouvons pas dire si ce mouvement est tout-à-fait involontaire, comme le pense Brugnone, ni si les animaux peuvent à volonté faire passer les alimens du bonnet dans l'œsophage, à l'aide des mouvemens inspiratoires. Cette dernière opinion semble néanmoins trouver un appui sur ce que l'animal suspend tout d'un coup la rumination à l'aspect d'un objet extraordinaire, ou lorsqu'il vient à être frappé d'un grand bruit, et ne la reprend qu'au bout d'un certain laps de temps.

Les alimens moux et farineux, le pain, les pommes de terre cuites, les carottes, les choux-raves et autres semblables, qui sont réduits en une masse pultacée pendant leur séjour dans la panse, ne remontent ordinairement pas à la bouche, mais ne tardent point à passer de la panse et du bonnet dans le feuillet, ainsi que Duverney, Haller, Bourgelat, Pozzi et Brugnone l'ont démontré. Les herbes fraîches et molles sont ruminées en partie; mais c'est principalement sur les substances alimentaires dures et très-cohérentes, comme la paille, le foin et les feuilles sèches, que s'exerce la rumination.

Les alimens ramenés dans la bouche sont réduits, par les mouvemens latéraux que la mâchoire inférieure exerce, à l'aide de ses puissans muscles ptérygoïdiens, en une bouillie homogène et abondamment imbibée de salive. S'ils ne sont pas très-durs, trente à quarante mouvemens latéraux de la mâchoire suffisent pour les broyer; mais s'ils ont une grande consistance, cinquante et jusqu'à quatre-vingt de ces mouvemens deviennent nécessaires.

Mâchés et avalés pour la seconde fois, les alimens ne rentrent ni dans la panse, comme l'admettait Peyer, ni dans le bonnet, comme le prétendaient Duverney, Glisson et Brugnone. Ils forment une bouillie à demi-fluide, qui passe directement dans le feuillet, par la gouttière de l'œsophage.

Altérations que les alimens subissent dans le feuillet. — Les alimens qui arrivent dans cet estomac après avoir subi une seconde mastication, et ceux qui y passent directement de la panse et du bonnet, après s'être ramollis assez dans ces deux poches, se répandent entre les nombreuses lames qui garnissent sa face interne.

· Nous n'avons trouvé, dans le feuillet des veaux, qu'un peu de la partie caséeuse du lait caillé. Chez les bœufs, il y avait une bouillie homogène, d'un gris foncé, composée de fibres de paille et de foin très-divisées et ramollies, et disposées elles-mêmes par couches minces entre les feuillets. Le troisième estomac de la brebis nourrie avec de l'herbe contenait une masse pâteuse, homogène et d'un brun foncé. Il y avait dans celui de la brebis nourrie avec de la paille, une masse brunâtre, composée de paille et de fibres ligneuses, qui était rangée par couches entre les feuillets. Enfin celui de la brebis à laquelle on avait fait manger de l'avoine, était rempli d'une pâte sèche, consistante, et d'un brun grisâtre, composée de balles d'avoine et de parties farineuses.

Le contenu de cet estomac rougissait le tournesol chez les veaux, les bœufs et toutes les brebis, à l'exception de celle qui avait crevé. En le soumettant à l'analyse chimique, on y trouva les substances suivantes :

1°. *Acide carbonique libre.* Il fut rencontré chez les bœufs et chez la brebis nourrie avec de la paille.

2°. *Acide acétique libre.* On le trouva chez la brebis nourrie avec de l'avoine, chez celle qui l'avait été avec de la paille et chez les veaux.

3°. *Carbonate d'ammoniaque.* Il y en avait dans le produit de la distillation du contenu du feuillet chez les bœufs et chez la brebis nourrie avec de l'herbe.

4°. *Acétate d'ammoniaque.* Il s'offrit dans les bœufs, dans la brebis nourrie avec de la paille et dans un veau.

5°. *Albumine.* On ne la rencontra que chez les veaux

(à moins que la matière qu'on observa chez ces animaux ne fût plutôt de la matière caséeuse), et chez la brebis nourrie avec de l'avoine.

6°. *Matière précipitable par le chlorure d'étain.* Elle était abondante dans le feuillet des bœufs et des brebis.

7°. *Matière qui rougit par l'acide hydro-chlorique.* Il y en avait dans le produit de la distillation du contenu du feuillet des bœufs.

8°. *Sels fixes au feu.* Le contenu filtré du feuillet donna les sels suivans, après qu'on l'eut incinéré. (Les nombres 1 et 5 désignent, le premier la plus faible, et le second la plus forte proportion qu'en contenaient les cendres.)

	Carbonate alcalin.	Phosphate alcalin.	Sulfate alcalin.	Chlorure alcalin.	Carbonate de chaux.	Phosphate de chaux.
Bœuf...............	3	5	1	3	3	1
Brebis nourrie avec de l'herbe......	3	5	1	5	1	4
Brebis nourrie avec de la paille......	3	4	2	4	1	4
Brebis nourrie avec de l'avoine......	2	5	1	5	1	4

La part que le feuillet prend à la digestion paraît consister en ce que les alimens, broyés par la seconde mastication et une nouvelle fois imbibés de salive, se répandent entre ses nombreux feuillets, où ils éprouvent, pendant la contraction de sa membrane musculeuse, une pression qui en fait sortir la partie la plus liquide, et la pousse dans la caillette. Ce qui vient à l'appui de cette conjecture, c'est que les couches d'alimens interposées entre les feuillets du viscère sont presque sèches. Il se pourrait aussi, jusqu'à un certain point, que les nombreuses et petites papilles dures dont ces feuillets sont parsemés, contribuassent à diviser encore davantage les alimens ramollis. Il n'est pas non plus invraisemblable que les portions des substances alimentaires qui ont été dissoutes dans le liquide alcalin des deux premiers estomacs, sont absorbées dans celui-ci. Enfin les parois de cet organe semblent sécréter déjà un liquide jouissant des propriétés acides.

Altérations que les alimens subissent dans la caillette.

— On trouve toujours, dans cet estomac, les alimens convertis en une bouillie plus ou moins liquide, ainsi que l'ont bien remarqué les anciens observateurs.

La caillette des veaux que nous avons ouverts était entièrement remplie de lait coagulé, exhalant une odeur aigre. Il s'y trouvait aussi un liquide jaune-pâle, avec des masses ramollies de fromage. Nous rencontrâmes dans celle des bœufs une bouillie molle, peu fluide, d'un brun jaunâtre, contenant quelques brins de paille et des grains d'épeautre. Ces grains étaient totalement ramollis, et en les pressant, on en exprimait une liqueur laiteuse blanche.

Dans la brebis nourrie avec de l'herbe, l'estomac était rempli d'une matière liquide, d'un brun jaunâtre, dans laquelle nageaient des fibres floconneuses très-déliées. Celui de la brebis nourrie avec de la paille contenait une matière épaisse, composée de fibres déliées et d'un liquide laiteux blanc-brunâtre. Celui de la brebis nourrie avec de l'avoine était plein d'une bouillie assez liquide, répandant une odeur aigre et désagréable. Cette bouillie se composait d'un sédiment farineux pulvérulent, de quelques balles d'avoine, et d'une liqueur d'un blanc jaunâtre, ayant la consistance du lait. La caillette de la brebis qui avait mangé de l'avoine, et qui périt après qu'on eut recueilli sur elle le suc pancréatique, renfermait un liquide jaune-brunâtre, de la consistance du lait, qui déposait un sédiment floconneux.

Les substances que l'on trouva dans la caillette contenaient un acide libre, chez tous les animaux que nous avons examinés, et rougissaient très-fortement la teinture de tournesol. Elles ne se montrèrent alcalines que chez la brebis qui succomba d'elle-même, ce que nous attribuons à ce que l'opération douloureuse subie par l'animal avait diminué l'influence du système nerveux sur la sécrétion du suc gastrique. L'acidité du liquide de la caillette a été observée par la plupart des expérimentateurs. Bourdelin (1) et Duverney (2) avaient déjà remarqué depuis long-temps que la teinture de

—————————

(1) *Histoire de l'Acad. des Sciences* de 1666 à 1699, t. II, p. 9.
(2) *Ibid.*, p. 24.

tournesol était rougie par ce liquide. On reconnut même que la caillette avait la propriété de donner lieu à ce phénomène après avoir été lavée. Viridet, Floyer, Duhamel, Réaumur, Carminati et Werner ont observé également la qualité acide du suc contenu dans le quatrième estomac.

Il paraît que si les chimistes ont trouvé le suc gastrique des ruminans tantôt acide et tantôt alcalin, c'est parce qu'ils n'ont pas apporté le soin convenable en recueillant les liquides contenus dans les divers estomacs, et parce qu'ils n'ont pas songé que ces liquides pouvaient présenter des différences dans les différentes poches qui les renferment.

L'acidité du suc de la caillette ressort aussi de ce qu'il n'y a que lui qui fasse coaguler le lait, ainsi que Bourdelin et Duverney l'ont démontré les premiers, et que l'ont constaté depuis les expériences de Hunter et de Home (1).

Les matières trouvées dans la caillette des ruminans que nous avons ouverts sont :

1°. *Acide acétique.* Il existait en grande quantité dans le liquide exprimé et filtré de la caillette des veaux, des bœufs et des trois brebis nourries avec de l'herbe, de la paille et de l'avoine.

2°. *Acide hydro-chlorique.* Nous en trouvâmes une petite quantité chez les brebis nourries avec de l'herbe et de la paille. Comme le liquide du quatrième estomac des veaux et des bœufs donna du carbonate alcalin par l'incinération, il n'est pas possible qu'il contînt de l'acide hydro-chlorique libre.

3°. *Acide butyrique.* On le rencontra dans les veaux, les bœufs et la brebis nourrie avec de l'avoine.

4°. *Carbonate d'ammoniaque.* Il ne fut trouvé que dans la caillette de la brebis qui creva ; mais il y existait en très-grande quantité.

5°. *Acétate d'ammoniaque.* Il y en avait des traces chez les veaux, les bœufs et les trois autres brebis.

L'hydro-chlorate d'ammoniaque peut aussi exister en

____

(1) *Philosoph. Transact. for the year* 1813; P. 1. p. 96.

grande quantité dans le liquide de la caillette ; car le carbonate d'ammoniaque qu'on rencontre dans le premier estomac devrait être décomposé, dans le quatrième, par les acides hydro-chlorique et acétique qui y sont sécrétés. Si surtout il s'était formé de l'acétate d'ammoniaque, ce sel aurait dû passer à la distillation en beaucoup plus grande quantité.

6°. *Albumine*. Elle était fort abondante dans les liqueurs filtrées de la caillette des veaux et des bœufs, en supposant toutefois que ce ne fût pas plutôt de la matière caséeuse chez les premiers de ces animaux. Dans la brebis qui creva, il y en avait une quantité médiocre ; les brebis nourries avec de l'avoine et de l'herbe en contenaient peu, et celle qui avait mangé de la paille n'en donna aucune trace. Cette substance paraît avoir été extraite des alimens ramollis. On pourrait aussi attribuer à une sécrétion morbide celle que l'on rencontra chez la brebis qui mourut après l'extraction du suc pancréatique.

7°. *Matière colorable en rouge par l'acide hydro-chlorique.* Elle fut obtenue en distillant le liquide de la caillette des bœufs et de la brebis qui avait succombé à l'opération.

8°. *Matières précipitables par le chlorure d'étain* — On en trouva une très-grande quantité dans le sac de la caillette de toutes les brebis.

9°. L'incinération des liqueurs filtrées procura les *sels* suivans :

	Carbonate alcalin.	Phosphate alcalin.	Sulfate alcalin.	Chlorure alcalin.	Carbonate de chaux.	Phosphate de chaux
Bœuf	3	5	1	3	3	1
Veau	2	3	0	4	1	5
Brebis nourrie avec de l'herbe	0	1	1	5	1	4
Brebis nourrie avec de la paille	0	3	2	4	2	3
Brebis nourrie avec de l'avoine	2	5	1	5	1	4

Comme la caillette contient des acides libres, ainsi que

nous en avons trouvé dans l'estomac des chiens, des chats et des chevaux, nous sommes en droit d'admettre que les alimens y sont digérés, ou dissous, et convertis en chyme. Les trois premiers estomacs ne font que les préparer à la digestion proprement dite, en exerçant sur eux l'action que nous avons fait connaître plus haut (1).

Cette assertion s'accorde avec les expériences que Réaumur et Spallanzani ont tentées sur la digestion des substances

---

(1) Le Mémoire de Prevost et Le Royer, sur le contenu de l'estomac dans les brebis (*Bibliothèque universelle*, t. XXVII, p. 229), qui a paru depuis l'envoi du nôtre à l'Institut, confirme nos observations dans presque tous les points. Ces deux savans ont trouvé aussi que le liquide est alcalin dans le premier estomac et acide dans le quatrième. Ils ont également obtenu de l'acide hydro-chlorique en distillant le contenu de ce dernier. Les points suivans sont les seuls à l'égard desquels nous ne puissions pas nous ranger à leur opinion; 1° ils attribuent l'alcalescence du liquide contenu dans le premier estomac à la soude seule, sans y faire contribuer l'ammoniaque; 2° nous regardons l'existence d'une grande quantité d'albumine et de gélatine dans ce liquide comme une chose qui n'est pas prouvée. L'albumine fut obtenue en faisant évaporer les liqueurs à siccité, et traitant le résidu d'abord par l'eau chaude, puis par l'eau acidulée, au moyen de laquelle on se proposait d'enlever aussi le mucus. Mais il résulte de nos expériences que l'albumine est précisément plus soluble encore que le mucus dans l'eau acidulée, de sorte que nous sommes forcés de considérer la prétendue albumine comme du mucus auquel la vaporisation du carbonate d'ammoniaque avait fait perdre son dissolvant. La gélatine est caractérisée principalement par le précipité particulier qu'elle donne avec le chlore. Les liqueurs du premier estomac de la brebis que nous avons examinées, ne précipitaient point par le chlore, ce qui fait que nous ne pouvons pas y admettre l'existence de la gélatine. Il y a beaucoup de matières animales qui forment une gelée en présence d'un alcali, et l'on sait en particulier que l'albumine liquide prend cet aspect quand on y ajoute de la potasse, comme Thomson l'avait déjà fait connaître. Peut-être la matière salivaire et l'osmazôme sont-elles dans le même cas. Mais il faudrait des preuves plus solides pour faire admettre que ces gelées contiennent aussi de la gélatine. 3° Prevost et Le Royer regardent le précipité muqueux qui se forme dans la caillette, lorsque le liquide passe de l'état alcalin à l'état acide, comme du chyme, qui se comporte presqu'à la manière de l'albumine pure. Mais ils l'ont trouvé insoluble dans l'eau et les acides, et soluble dans les alcalis. Ce n'était, sans aucun doute, que du simple mucus, précipité de la dissolution alcaline par l'acide.

alimentaires renfermées dans des tubes métalliques qu'on fait avaler à des ruminans.

Réaumur (1) fit les expériences suivantes, afin de découvrir si les brebis digèrent par le moyen de sucs dissolvans. Il fit avaler à un de ces animaux quatre tubes de laiton, dont deux étaient remplis d'herbe fraîche, et deux de foin haché menu. Quatorze heures après, l'animal fut tué. On rencontra les quatre tubes dans le premier estomac. Les alimens qu'ils renfermaient n'étaient point digérés, mais seulement un peu ramollis et macérés. Réaumur, soupçonnant que la digestion se serait mieux faite si les substances alimentaires avaient séjourné plus long-temps dans l'estomac, prépara huit autres tubes, dont quatre furent remplis d'herbe fraîche, et quatre d'herbe sèche. Avant de les introduire dans l'estomac des brebis, il en imprégna deux de chaque série avec de la salive humaine, puis les fit avaler tous les huit à l'animal. Au bout de trente heures, on tua l'animal, qu'on avait soigneusement empêché jusque-là de manger. La plupart des tubes étaient sortis par l'anus, et quelques uns seulement étaient demeurés dans le premier estomac. L'herbe fraîche et le foin contenus dans les premiers n'avaient point été digérés. Il en était de même à l'égard des substances renfermées dans les tubes qui furent trouvés dans le premier estomac. Réaumur conclut de là que la digestion, chez les ruminans, ne se fait pas au moyen de sucs dissolvans, à moins que l'action de ces liquides ne soit aidée par la trituration. Cependant il avouait l'insuffisance de ses expériences pour répandre une lumière suffisante sur cet important sujet.

Spallanzani répéta les expériences de Réaumur (2); il fit avaler à un mouton six tubes, dont trois contenaient des herbes fraîches, du trèfle et de la salade, tandis que les autres étaient remplis d'herbes sèches. L'animal fut tué au bout de dix-sept heures, laps de temps durant tout lequel on ne lui donna point à manger. Malgré ce long jeûne,

---

(1) *Mémoires de l'Acad. des Sciences*, 1752, p. 69.
(2) *Expériences sur la Digestion*, Mém. 3, § 137, 138.

la panse contenait beaucoup de foin broyé, que l'animal avait mangé quelque temps avant l'expérience. Cinq des tubes furent trouvés dans le premier estomac ; le sixième avait passé dans le bonnet. Les herbes qu'ils contenaient n'étaient point digérées, et n'avaient subi aucune altération, si ce n'est seulement que les fraîches avaient perdu leur couleur verte.

Dans une autre expérience du même genre, faite sur une brebis qui fut tuée au bout de trente-sept heures, Spallanzani trouva les tubes dans le quatrième estomac. Les herbes qu'ils contenaient n'étaient pas sensiblement altérées, et paraissaient seulement un peu ramollies. Spallanzani croit avec raison que cette circonstance tenait à ce que la rumination n'avait point eu lieu. C'est pourquoi il fit de nouvelles expériences. Une brebis fut forcée d'avaler douze tubes, dont six contenaient des herbes fraîches et sèches mâchées et imprégnées de salive, tandis que les six autres en renfermaient d'entières. L'animal rendit trois de ces tubes par la bouche, au bout de quatorze heures, et cinq sortirent par l'anus dans l'espace de trente-trois heures. Ceux qui avaient été vomis, étaient plus ou moins aplatis. Parmi les cinq que l'animal avait rendus par l'anus, deux étaient remplis d'herbes non digérées. Celles-ci n'avaient rien perdu, ni de leur poids, ni de leur consistance, tandis que les herbes mâchées, que contenaient les trois autres tubes, se trouvaient presqu'entièrement dissoutes. Ce qui restait dans leur intérieur consistait en pédoncules et côtes de feuilles, tellement ramollis néanmoins, qu'ils se brisaient en les touchant. Dans deux tubes qui furent trouvés dans le quatrième estomac, les herbes n'étaient qu'un peu ramollies ; mais elles n'avaient point été mâchées avant d'y être introduites. Deux tubes, que l'on rencontra dans le duodénum, et qui avaient été garnis d'herbes mâchées, étaient à moitié vides, et les résidus qu'ils contenaient encore, ramollis.

De ces expériences, Spallanzani conclut que le suc gastrique des brebis ne peut pas dissoudre les herbes, lorsqu'elles n'ont point été préalablement soumises à la mastication, mais qu'il ramollit, dissout et digère celles qui ont subi l'action

des organes masticateurs. Il ajoute qu'on ne peut point admettre une trituration opérée par la tunique musculeuse de
l'estomac, puisque ni les tubes trouvés dans ce viscère, ni
ceux qui étaient sortis par l'anus n'avaient souffert la moindre
altération.

Enfin Spallanzani (1) fit aussi avaler à des brebis des
tubes pleins de graines, de farine et de pain. Il remplit
trois tubes de grains de seigle secs, et trois autres de grains
de seigle mâchés et imbibés de salive, puis les fit avaler
tous à un agneau, qui fut tué trente heures après. On trouva les tubes dans le troisième et le quatrième estomacs. Le
seigle non mâché était bien pénétré de suc gastrique, mais
il n'était pas dissous. Au contraire, celui qui avait été
mâché et réduit en une masse pultacée, était presqu'entièrement dissous, à tel point qu'on n'en retrouva plus dans
les tubes que les balles, avec un peu de substance farineuse.
Cette dernière avait une odeur et une saveur légèrement
aigres. Spallanzani obtint le même résultat d'expériences
semblables qu'il fit sur des bœufs. Il en conclut que la digestion des ruminans consiste en ce que les alimens triturés
par les organes masticateurs sont dissous au moyen du suc
gastrique.

Théorie de la digestion. — Il résulte évidemment de nos
expériences que la digestion des alimens dans l'estomac
consiste en leur dissolution par le suc gastrique. Les alimens
simples, tels que l'albumine, la fibrine, le fromage, la gélatine, le mucus végétal, le sucre, l'amidon, le gluten, et
les alimens composés de ces divers principes constituans,
sont dissous par ce suc (2). Walaeus, Brunner, Viridet,
Réaumur, Stevens, Spallanzani, Hunter et autres physio-

---

(1) *Loc. cit.*, § 141, 143.

(2) Asclepiade conjecturait déjà que la digestion consiste en une dissolution des alimens. Van Helmont, Harvey, de la Chambre, Cockburne
et beaucoup d'autres médecins ont soutenu cette opinion ; mais ils ne se
sont pas appuyés d'expériences faites sur les animaux vivans, de sorte
que leur théorie fut rejetée, principalement par les médecins de l'école
iatro-mathématique.

logistes, avaient déjà tiré cette conclusion de leurs observations (1).

---

(1) Les expériences de Spallanzani, de Stevens et de Gosse démontrent que, chez l'homme aussi, le suc gastrique exerce une action dissolvante sur les alimens ingérés dans l'estomac.

Spallanzani (*Exp. sur la Digestion*, Diss. cinquième, p. 214) a fait, sur lui-même, une série d'expériences relatives à la digestion de diverses substances. Il enferma des alimens dans des sacs de toile et dans des tubes de bois, qu'il avala, et qu'il examina ensuite après les avoir vomis ou rendus par l'anus. Un matin, à jeun (§ 204), il avala un petit sac de toile, contenant 52 grains de pain mâché. Vingt-trois heures après le sac sortit entier par l'anus, mais il n'y avait plus de pain dans son intérieur. L'expérience fut répétée avec deux sacs semblables, tous deux remplis de pain mâché, mais avec cette différence, que la toile de l'un était ployée en double, et celle de l'autre en trois. Les deux sacs furent évacués au bout de vingt-sept heures ; le pain de celui qui était double avait été complètement digéré ; l'autre en contenait encore un peu, qui n'était pas digéré. Spallanzani a fait aussi des expériences sur la digestion de la viande. Il enferma dans un sac soixante grains de viande de pigeon cuite et mâchée (§ 205). Ce sac séjourna pendant dix-huit heures et trois quarts dans son canal alimentaire, et fut rendu vide, car la viande était digérée ou dissoute. Il avala ensuite quatre-vingt grains de veau cuit et mâché dans un sac, qui, à sa sortie, n'en contenait plus que onze grains. Voulant s'assurer également si la viande non mâchée pouvait être dissoute (§ 206), il avala un sac contenant quatre-vingts grains de blanc de chapon cuit ; le sac fut évacué au bout de trente-sept heures ; la viande avait perdu cinquante-six grains de son poids. Enfin, pour reconnaître si la viande crue serait digérée, il avala le matin, à jeun, deux petits morceaux de veau et de bœuf crus, pesant chacun cinquante grains, et renfermés dans deux sacs, qu'il vomit le lendemain, vers midi ; le veau ne pesait plus que quartorze grains, et le bœuf vingt-trois. Dans l'intention de découvrir (§ 208) si, chez l'homme, la digestion était due seulement à la propriété dissolvante du suc gastrique, ou si la pression des parois de l'estomac y contribuait aussi, il avala de petits tubes en bois, percés de petits trous, et remplis de substances alimentaires ; ces tubes avaient trois lignes de diamètre, sur cinq de long ; avant de les avaler, ils furent enveloppés dans un sac de toile simple. Spallanzani n'en avala d'abord qu'un seul, contenant trente-six grains de veau cuit et mâché. Le tube fut rendu entier, mais vide, au bout de trente-deux heures ; la viande dissoute avait passé à travers la toile. Il avala ensuite un autre tube qui contenait quarante-cinq grains de viande ; il le garda dix-sept heures dans son corps, et n'y retrouva plus que vingt grains de viande, laquelle était ramollie et en partie dissoute ; son

Mais ils n'ont point cherché quelle est la cause de la propriété dissolvante du suc gastrique, ni à l'aide de quel agent

---

centre seul offrait encore des fibres charnues. La viande crue et cuite de chapon, de mouton, de veau et de bœuf, avalée dans des tubes, éprouva des altérations semblables. Il résulte de là que, dans l'estomac de l'homme, comme dans celui des autres mammifères, les alimens sont digérés uniquement par la propriété dissolvante du suc gastrique, et non par le frottement que les parois du viscère exercent sur eux, en se contractant. Afin d'apprécier l'influence de la mastication sur la digestion, Spallanzani coupa un morceau de blanc de pigeon cuit, et le partagea en deux portions, pesant chacune vingt-cinq grains. Il laissa une de ces portions entière, mâcha l'autre, et les introduisit dans des tubes, qu'il avala. Le tube contenant la viande mâchée demeura vingt-cinq heures dans son corps, et l'autre trente-sept. A leur sortie, tous deux étaient vides. Dans une autre expérience du même genre, les deux tubes furent évacués au bout de dix-neuf heures : il ne restait plus dans l'un que quatre grains de viande mâchée, tandis que l'autre en contenait encore dix-huit de viande non mâchée, sur quarante-cinq qu'on avait introduits dans chacun. Spallanzani répéta plusieurs fois cette expérience sur la viande de chapon et de veau : toujours la viande mâchée fut digérée plus facilement que celle qui ne l'était pas. Enfin il fit des expériences sur la digestion de diverses membranes, de tendons, de cartilages et d'os, renfermés dans des tubes ; ces substances furent également ramollies et dissoutes en partie ; cependant les os solides ou trop compacts ne subirent aucun changement.

Stevens (*De alimentorum concoctione*, Edimbourg 1777) a fait quelques expériences, au sujet de la digestion, sur un vagabond hongrois qui avalait des pierres pour de l'argent. Il fit faire de petites boules creuses, d'argent et d'ivoire, qui étaient percées d'un grand nombre de petits trous, et formées de deux moitiés susceptibles de se visser l'une sur l'autre. Après avoir rempli ces boules de divers alimens, il les fit avaler à l'homme. Dans la première expérience, la boule était remplie de bœuf ; elle sortit vide par l'anus, au bout de trente-six heures ; la viande était tout-à-fait dissoute. Dans la seconde expérience, la boule fut remplie de cochon et de fromage ; l'homme la rendit vide, au bout de quarante-huit heures. On lui fit alors avaler des pommes et des carottes, tant crues que cuites, dans une boule : ces substances furent également dissoutes et digérées. Des grains de blé, d'orge et de seigle, et des pois, avalés dans une boule, ne subirent aucun changement : on les trouva seulement un peu ramollis. Enfin Stevens renferma des os dans une boule, à la sortie de laquelle on ne trouva aucune diminution dans leur poids. Mais des ligamens furent dissous d'une manière complète.

Gosse (dans Spallanzani, *Expériences sur la Dig.*, préface, p. xxii) il opère la dissolution des alimens. Les chimistes même les plus distingués de notre époque ont avoué franchement leur ignorance sur ce point important (1).

Nous avons trouvé acide le suc gastrique des chiens, des chats et des chevaux, comme aussi le liquide contenu dans la caillette des ruminans. Cette acidité était la même, soit que la membrane muqueuse eût été stimulée à jeun par des agens mécaniques ou chimiques, soit qu'elle l'eût été par l'accumulation et l'impression des alimens. Les acides qui se rencontrent dans le suc gastrique sont l'acétique et l'hydro-chlorique, auxquels se joint encore le butyrique chez les chevaux et les ruminans.

C'est une grande question maintenant de savoir à quoi le suc gastrique doit la propriété dissolvante qu'il exerce sur les alimens, et s'il est redevable aux acides qu'il contient de pouvoir dissoudre les principes nutritifs simples. Essayons de résoudre ce problème.

---

a fait sur lui-même des expériences très-nombreuses relativement aux altérations que les alimens subissent dans l'estomac, à leur degré de digestibilité, et au laps de temps dans lequel ils sont dissous, fluidifiés ou digérés. Il se faisait vomir, en avalant de l'air, afin de constater la digestion des substances alimentaires dans l'estomac et les changemens qu'elles avaient éprouvées à des époques différentes. Les alimens vomis une demi-heure après le repas n'avaient subi presque aucune altération : ils conservaient encore leur saveur propre, et étaient peu imbibés de suc gastrique. Vomis une heure après l'ingestion, ils étaient ramollis, et contenaient beaucoup de ce suc. Au bout d'un laps de temps encore plus long, ils étaient ordinairement convertis en une masse pultacée.

(1) Ainsi Fourcroy dit (*Syst. des connaissances chim.*, t. x, p. 7) : « On peut conclure de la réunion de différens ordres de faits, que la nature générale du suc gastrique n'est pas à beaucoup près connue d'après les expériences physiologiques ; que ce suc paraît différer dans les divers animaux, et ne se ressembler dans tous que par sa propriété ramollissante et dissolvante.» Berzelius s'exprime ainsi (*Uebersicht der Fortschritte und des gegenwaertigen Zustandes der thierischen Chemie.* Nuremberg, 1815, § 48) : « Une des propriétés chimiques les plus remarquables du suc gastrique, est celle de dissoudre les alimens des animaux, et de coaguler le lait et les substances albumineuses..... On ne sait pas quelle est la substance qui lui communique ces propriétés extraordinaires. »

L'eau que contient le suc gastrique procure déjà la dissolution de plusieurs alimens simples, qui sont solubles dans ce liquide, tels que l'albumine non coagulée, la gélatine, l'osmazôme, le sucre, la gomme et l'amidon cuit. La dissolution de ces substances dans l'eau est accélérée par le concours de la chaleur. Elle doit donc se faire très rapidement dans l'estomac des mammifères, à une température de 36 et 37 degrés C.

Les acides acétique et hydro-chlorique qui entrent dans la composition du suc gastrique, dissolvent les alimens simples suivans, qui ne sont pas solubles dans l'eau ; l'albumine concrète, la fibrine, la matière caséeuse coagulée, le gluten, et la gliadine, substance analogue au gluten, qu'on trouve dans plusieurs légumes et céréales. Ils opèrent aussi la dissolution du tissu cellulaire, des membranes, des tendons, des cartilages et des os. Comme la dissolution de ces substances, hors du corps animal, est accélérée aussi par la chaleur, le même effet doit avoir lieu dans l'estomac, où elles se trouvent continuellement exposées à une haute température (1).

---

(1) Jaloux de connaître l'action dissolvante des acides et des sels qui se trouvent dans l'estomac sur plusieurs substances organiques insolubles dans l'eau, nous avons réuni ensemble, pendant quelques semaines, les liqueurs et matières suivantes, à la température d'environ 10 degrés *C.*

Les dissolvans étaient l'acide acétique étendu d'eau, l'acide hydro-chlorique très-étendu et une dissolution aqueuse médiocrement concentrée d'acétate de soude.

Les substances que nous nous proposions de dissoudre étaient la fibrine du sang de veau, celle du sang de bœuf, celle du sang de cheval, les parois des gros troncs veineux du cheval, celles des gros troncs artériels du même animal, le blanc d'œuf durci, le mucus de l'intestin grêle du chien, et celui de l'intestin grêle du cheval.

Partout la durée de l'action, la température et les proportions de ces matières, employées toutes à l'état humide, ont été les mêmes.

Acide acétique. La fibrine du sang de veau, celle du sang de bœuf et les parois des veines absorbèrent toutes cet acide, et se gonflèrent ainsi en une masse translucide, qui se dissolvait complètement, lorsqu'on la faisait chauffer avec une nouvelle quantité d'acide. La fibrine du sang de cheval, les parois artérielles et le blanc d'œuf durci ne laissèrent qu'une pe-

A la dissolution qu'opèrent les liquides de l'estomac, paraît se joindre aussi, pour plusieurs substances alimentaires, un genre particulier de décomposition. C'est ce qui est bien prouvé par rapport à l'amidon qui, en devenant fluide, perd la propriété de colorer l'iode en bleu, et se trouve converti en sucre et en gomme. Il se peut que quelque chose d'analogue ait lieu aussi à l'égard de plusieurs autres matières. Peut-être ces modifications ne dépendent-

---

tite quantité d'acide, qui précipitait abondamment par la teinture de noix de galle, ainsi que par le cyanure de fer et de potassium. Le résidu gonflé de la fibrine du sang de bœuf et des parois artérielles, chauffé avec une nouvelle quantité d'acide, devint plus gélatineux encore, et se dissolvit en grande partie. Celui du blanc d'œuf durci était moins gonflé, et il changea moins aussi sous l'influence de la chaleur. Les deux mucus intestinaux n'éprouvèrent presque aucune action de la part de l'acide acétique à froid, de sorte que ce dernier ne se troubla pas par l'addition de la teinture de noix de galle; mais ils se dissolvirent presque en totalité lorsqu'on les fit chauffer avec de nouveau vinaigre.

Acide hydro-chlorique. Si l'on en juge d'après l'action de la teinture de noix de galle, cet acide à froid dissolvit une très-grande quantité des six premières substances, et peu des deux dernières.

Acétate de soude. L'action de la teinture de noix de galle démontra également que ce sel, à froid, dissolvit beaucoup des cinq premières substances et très-peu de la sixième; il n'attaqua nullement les deux dernières.

D'après une observation que vient de faire un de nos anciens élèves, le docteur G. Arnold, la fibrine se dissout aussi très-abondamment dans une dissolution aqueuse d'hydro-chlorate d'ammoniaque, sel qui ne manque probablement jamais dans le suc gastrique.

Il résulte de ces expériences que le mucus intestinal est beaucoup moins soluble dans les liquides acides que ne le sont les substances albumineuses. Ce phénomène tient à sa destination, car autrement les fluides du canal intestinal le dissolveraient, et les parois du conduit se trouveraient dépouillées d'un enduit probablement nécessaire.

La fibrine paraît être de l'albumine dans un état de coagulation moindre que celui auquel l'ébullition fait passer cette dernière, puisqu'elle s'est montrée beaucoup plus facile à dissoudre dans les liquides que nous avons employés. La substance qui constitue les parois des vaisseaux, tient le milieu entre la fibrine et l'albumine durcie, sous le rapport de la solubilité. Cette circonstance donne un haut degré de probabilité à l'opinion des physiologistes qui pensent que les parois des vaisseaux sont formées de fibrine ou d'une matière voisine.

elles pas uniquement des acides libres dans le suc gastrique, mais tiennent–elles encore aux matières analogues à la salivaire et à l'osmazôme que ce liquide contient, car on sait que le gluten exerce une action analogue sur l'amidon.

Les chimistes n'ont point encore fait de recherches relatives à l'action dissolvante que l'acide butyrique exerce sur les alimens simples. Comme on rencontre cet acide dans le suc gastrique du cheval et dans le liquide de la caillette des ruminans, on doit présumer qu'il possède également la propriété de dissoudre les substances alimentaires.

Si le suc gastrique, que l'estomac vivant secrète du sang par suite d'une stimulation exercée sur ses parois, doit à l'eau, à l'acide acétique, à l'acide hydro-chlorique et aux différens sels qu'il contient, la propriété chimique de dissoudre les alimens simples, il est clair qu'il doit exercer la même action sur les alimens composés, dans lesquels la chimie ne nous montre que les matériaux nutritifs simples, diversement combinés les uns avec les autres.

Quant à ce qui concerne la digestibilité des alimens, d'après cette théorie, ils sont d'autant plus faciles à digérer et la digestion s'en fait avec d'autant plus de promptitude, que leur composition particulière les rend plus solubles dans le suc gastrique. Les substances les plus faciles à digérer, et qui exigent le moins de temps pour cette opération, sont celles qui renferment des matières déjà solubles par elles-mêmes dans l'eau chaude, et dans la composition desquelles entrent principalement le sucre, la gomme, l'albumine liquide et la gélatine. Les alimens composés de matières qui ont besoin du concours des acides pour se dissoudre, comme ceux qui contiennent beaucoup de gluten, d'albumine concrète, de fibrine et de caséum, sont d'une digestion difficile. Enfin les substances que le suc gastrique ne peut pas dissoudre, comme les ballés des céréales, les fibres très–dures des plantes ou du bois, les enveloppes de certains légumes, les pepins et les pierres des fruits, les poils, les plumes, etc., sont impossibles à digérer (1).

____

(1) Ces données nous permettent d'expliquer les résultats des expé-

La digestibilité absolue des alimens dépend par conséquent de leurs propriétés et de leur composition. Mais il faut aussi distinguer une digestibilité relative, qui est en rapport avec la composition et l'énergie dissolvante des sucs digestifs des divers animaux. En général, le suc gastrique des carnivores paraît être moins actif que celui des herbivores. C'est ce qui fait que les premiers digèrent bien les substances animales et les substances végétales faciles à dissoudre, mais qu'ils ne sont point en état de digérer les alimens végétaux grossiers, tels que les herbes crues, les graminées et la paille. Au contraire, ces dernières substances

---

riences que Gosse a faites sur lui-même, relativement à la digestibilité des alimens. Les substances qu'il digérait le plus facilement et avec le plus de promptitude, presque toujours dans l'espace d'une ou deux heures, étaient les œufs frais à la coque, le lait de vache, la chair du veau, de l'agneau, du poulet et des autres volailles tendres, le poisson frais cuit, les épinards, les asperges, les artichauts, le celleri, les fruits cuits, pommes et pruneaux, la farine de riz, le gruau, le pain rassis de froment et de seigle, les pommes de terre et le sagou. Tous ces alimens contiennent beaucoup de substances qui sont déjà solubles dans l'eau par elles-mêmes, comme la gélatine, le sucre, la gomme et l'amidon. Il digérait plus difficilement, et seulement au bout de quatre, cinq et six heures, la viande de porc, le sang cuit, les œufs durs, les huîtres, les herbes crues en salade, la laitue, la chicorée, le cresson de fontaine, les choux, les choux-fleurs, les carottes, les oignons, les concombres crus, les radis, le pain de seigle, les galettes, la pâtisserie, etc. Ces alimens contiennent beaucoup de matériaux nutritifs simples qui ne sont pas solubles dans l'eau, et qui ne peuvent être dissous que par l'intermède de l'acide acétique et de l'acide hydro-chlorique, comme l'albumine concrète, la fibrine, le gluten, etc. Les parties tendineuses du bœuf, du cochon et de la volaille, les petits morceaux d'os, la couenne de lard, les champignons, les truffes, les graines huileuses, les noix, les amandes, les pistaches, le cacao, les résines, les écorces d'orange et de citron confites, les enveloppes des haricots, des pois et des lentilles cuits, sont très-difficiles à digérer, et même il ne suffit pas de six et huit heures pour les dissoudre. Enfin les pellicules de raisin, de groseille, de cerise, de prune, d'abricot, de pêche, de pomme, de poire, et les noyaux de ces fruits sont tout-à-fait indigestes. Mais on sait que ces substances sont du nombre de celles qui ne se dissolvent ni dans l'acide acétique, ni dans l'acide hydro-chlorique. Les expériences de Gosse se concilient parfaitement avec la théorie de la digestion que nous établissons.

sont digérées par les animaux herbivores, qui ont pour la plupart un appareil digestif plus compliqué. Les herbivores peuvent aussi digérer des substances animales, et l'on sait assez que les chevaux et les ruminans s'habituent à en faire usage.

Maintenant, quoique le suc gastrique soit, en vertu de sa composition chimique, le dissolvant des alimens simples et composés, et quoique son action sur ces substances soit chimique, la digestion n'en est pas moins une opération vitale, un phénomène qui a pour condition la vie des animaux, et cela en tant que l'estomac sécrète le dissolvant, le suc gastrique, à l'aide des forces vitales dont il est doué. Pour que cette sécrétion ait lieu, il faut que l'estomac soit nourri, et qu'il se trouve dans certaines conditions particulières de forme et de composition organiques, qui seules lui permettent l'exercice de ses fonctions. Il faut, en outre, qu'il possède la faculté d'être affecté ou excité par les irritations qu'exercent les alimens admis dans son intérieur, afin de pouvoir, à la suite de cette stimulation, tirer du sang, qui est alcalin, un suc gastrique acide et dissolvant. Enfin il faut que cet organe ait le pouvoir de faire, au moyen de ses mouvemens propres, passer les alimens dissous et digérés, ou le chyme, dans le canal intestinal, par le pylore, afin que ceux qui ne sont pas encore dissous se trouvent exposés également à l'action dissolvante du suc gastrique.

Les fonctions de l'estomac, relatives tant à la nutrition, à la sécrétion, et à la sensibilité ou réceptivité pour les irritations, qu'aux mouvemens ou aux phénomènes de l'irritabilité, ne lui appartiennent qu'autant qu'il se trouve en connexion et en rapport d'action avec tout le reste de l'organisme vivant. Voilà pourquoi la digestion dépend du sang artériel, de la respiration, de la circulation du sang et de l'influence du système nerveux.

Le sang artériel est le liquide qui sert à la nutrition de l'estomac, et aux dépens duquel se forme le suc gastrique. Toutes les circonstances qui influent sur la formation ou production du sang en général, et sur sa conversion en sang artériel, doivent donc être considérées comme autant de conditions qui servent à la digestion. Le défaut de nourriture , une grande perte de sang , une augmentation dans la sécrétion de divers liquides , affaiblissent la digestion, parce qu'elles diminuent la nutrition de l'estomac et sa faculté sécrétoire , en même temps qu'elles diminuent l'énergie de ses parois musculaires , et restreignent l'influence vitale que le système nerveux exerce sur lui. Tout ce qui trouble la respiration , soit en rendant difficiles ou suspendant les mouvemens respiratoires, soit en introduisant un air impur et altéré, soit en gênant la circulation du sang dans les poumons , soit enfin en portant atteinte à la texture normale des organes pulmonaires eux-mêmes , doit également affaiblir la digestion , parce qu'en pareil cas le sang n'acquiert pas la propriété d'entretenir la nutrition et la vitalité de l'estomac, et de fournir les matériaux d'un suc gastrique abondant et efficace. Le cœur et les artères exercent une influence essentielle sur la digestion , en ce qu'ils conduisent aux parois de l'estomac le sang nécessaire, tant pour sa nutrition et la sécrétion du suc gastrique, que pour la manifestation de ses phénomènes d'irritabilité et de sensibilité. Tout ce qui trouble , précipite ou ralentit outre mesure la circulation du sang , tout ce qui détourne ce liquide de l'estomac, dérange la digestion, comme on l'observe dans les maladies du cœur , les accès de fièvre et les affections inflammatoires. Relativement enfin à l'influence du système nerveux sur la fonction digestive, on ne saurait la révoquer en doute , quoiqu'il soit difficile de dire au juste en quoi elle consiste. On sait que l'estomac reçoit des nerfs très nombreux et fort gros, tant de la paire vague que du grand sympathique. Les premiers forment de grands plexus sur l'œsophage , et envoient une multitude de branches aux tuniques musculeuse et vasculaire de l'organe; les autres entourent de réseaux déliés les artères qui se rendent à l'estomac, et se distribuent avec elles dans toutes les tuniques de ce viscère.

L'influence que les nerfs pneumo-gastriques exercent sur la digestion, est connue, depuis Rufus d'Ephèse, par des expériences sur les animaux vivans, qui avaient appris que la section ou la ligature de ces nerfs arrête la digestion des alimens contenus dans l'estomac. Ces expériences ont été répétées, avec le même résultat, par Baglivi, Valsalva, Petit, Haller et autres. Legallois, Emmert, Dupuy, Blainville, Brodie, Wilson Philip, Blagden, Broughton, Clarke, Abel, Hastings, etc., les ont variées à l'infini dans ces derniers temps. On distingue surtout celles qui ont été faites par Breschet, Vavasseur et Milne Edwards, et qui conduisent aux résultats suivans :

1°. La simple section de la huitième paire, sans excision d'un lambeau, ou sans changement dans la direction respective des deux bouts, n'arrête pas la digestion, et ne fait que la ralentir.

2°. La section du nerf avec perte de substance diminue considérablement la digestion, et beaucoup plus que ne fait la simple section : cependant elle ne l'arrête pas tout-à-fait.

3°. La section ou la destruction d'une portion de la moëlle épinière, ou l'excision d'une partie du cerveau, exerce la même influence sur la digestion.

4°. Les narcotiques, donnés à dose assez forte pour provoquer le narcotisme, affaiblissent également l'action digestive.

5°. Lorsque la digestion est presqu'entièrement suspendue, après la section ou l'excision d'une partie du nerf pneumogastrique, on peut la rétablir au moyen de l'électricité ou du galvanisme, appliqué à l'estomac. Le rétablissement de la digestion à l'aide de l'influence électrique ne tient pas à une action chimique de cette dernière sur les alimens, mais à ce qu'elle provoque le mouvement des parois musculeuses de l'estomac, ce qui les met en contact avec les substances alimentaires contenues dans l'organe.

6°. Le principal rôle que la paire vague joue dans la digestion, consiste en ce qu'elle excite les mouvemens de l'estomac qui contribuent à l'accomplissement de sa fonction et multiplient le contact du suc gastrique avec les alimens.

7°. Le ralentissement de la digestion après la section des nerfs pneumo-gastriques tient à la paralysie de la tunique musculeuse de l'estomac.

Quoique les mouvemens de l'estomac paraissent dépendre principalement de l'influence de la paire vague, quoique les irritans mécaniques et chimiques qui agissent sur ce nerf déterminent aussi la contraction de la membrane musculeuse, ainsi que nous l'avons observé plusieurs fois dans le cours de nos expériences, il nous paraît cependant très-probable que la sécrétion du suc gastrique et sa nature acide sont, du moins en partie, sous la dépendance des nerfs pneumo-gastriques, et que le trouble de la digestion qui succède à la section de ces nerfs, provient du défaut de suc gastrique acide.

Comme le sang est alcalin, l'estomac vivant paraît n'en sécréter un suc gastrique acide que quand la puissance nerveuse agit avec l'intensité convenable sur celui qui pénètre dans les réseaux vasculaires. Peut-être cette influence procure-t-elle la décomposition des sels contenus dans le sang, du chlorure de potassium, du chlorure de sodium et de l'acétate de soude, et les acides, débarrassés de leurs bases, sont-ils versés dans la cavité de l'estomac, pour y devenir parties constituantes du suc gastrique. L'expérience suivante semble venir à l'appui de cette hypothèse.

Nous mîmes à découvert, sur un chien qui jeûnait depuis vingt-quatre heures, les deux nerfs pneumo-gastriques et la portion du grand sympathique comprise dans la même gaîne qu'eux. L'opération fut faite à la partie inférieure du cou. Nous enlevâmes aux deux nerfs un lambeau long de quatre lignes. Immédiatement après cette excision, les mouvemens du cœur devinrent très-précipités, et la respiration fut irrégulière pendant quelques minutes. Dix minutes après l'opération, l'animal eut des envies de vomir, mais ne vomit cependant pas. Vingt minutes après, nous lui présentâmes du blanc d'œuf cuit, dont il avala plusieurs morceaux avec avidité. Au bout de quelques minutes, il les vomit, avec un mucus écumeux et blanchâtre, qui ne rougissait pas la teinture de tournesol. Une heure et demie plus tard, il vomit un liquide écumeux et filant, qui ne rougissait pas non plus le tournesol. Il refusa l'albumine qu'on lui présenta, mais but un peu de lait, qu'il ne tarda pas à vomir; ce lait n'était pas coagulé, et ne rougissait point le tournesol. Dix heures après l'opération il but encore du lait, qu'il vomit, également, et qui ne rougissait pas non plus la teinture de tournesol. En examinant son estomac, on le trouva vide; aux parois de ce viscère adhéraient quelques flocons muqueux, qui ne rougissaient point le tournesol.

L'opinion que la sécrétion d'un suc gastrique acide est sous l'influence du système nerveux, paraît aussi trouver un nouvel appui dans le phénomène qu'offrit la brebis qui succomba plusieurs heures après qu'on eut recueilli sur elle le suc pancréatique. Quoique cet animal eût mangé une grande quantité d'avoine avant l'opération, le liquide que la caillette contenait, avec le grain, n'était point acide, mais alcalin, et faisait fortement effervescence avec les acides. Ici donc l'action nerveuse paraît avoir été affaiblie assez, par une opération douloureuse, pour que la sécrétion d'un suc gastrique acide ne pût plus s'exécuter.

Au reste, il est possible que les ramifications du grand sympathique qui pénètrent avec les artères dans les parois de l'estomac aient la plus grande part à la sécrétion d'un suc gastrique acide, après l'ingestion des alimens. Cependant il est très-difficile, pour ne pas dire même impossible, de couper, sur un animal vivant, tous les nerfs qui accompagnent les artères de l'estomac, et de reconnaître l'influence que cette section exercerait tant sur la sécrétion que sur la nature du suc gastrique.

Altérations que les alimens subissent dans l'intestin grêle. — Les alimens, dissous par le suc gastrique acide, arrivent dans le duodénum, peu à peu, en petite quantité à-la-fois, à mesure qu'ils sont digérés et transformés en chyme. Dans toutes nos expériences, ce chyme rougissait la teinture de tournesol. L'irritation qu'il exerce sur les parois du duodénum détermine un écoulement abondant de bile, provenant de la vésicule et des canaux biliaires. Dans tous les animaux pourvus d'une vésicule du fiel, que nous avons examinés, chiens, chats et brebis, nous avons vu ce réservoir presque vide pendant la digestion, tandis qu'il était très-plein lorsque l'animal se trouvait à jeun. Il est vraisemblable que le suc pancréatique afflue aussi en plus grande quantité dans le canal intestinal durant la digestion que quand l'animal est à jeun.

Le chyle et la bile qui se versent dans le duodénum exercent, sur sa membrane muqueuse, une irritation qui augmente la sécrétion des liquides intestinaux, du mucus proprement dit, et du fluide aqueux, moins épais. Le mucus s'est présenté sous la forme de grands flocons blanchâtres ou d'un blanc grisâtre, qui étaient incontestablement le produit de la sécrétion des glandes de Brunner et de Peyer.

Pendant la digestion, le mouvement péristaltique du canal intestinal se fait avec vivacité. Nous avons vu une portion d'intestin se resserrer et se raccourcir, tandis qu'une autre se distendait et s'allongeait; une portion du canal s'élevait pendant qu'une autre s'abaissait. Ces mouvemens sont produits par les contractions de la membrane musculeuse de l'intestin grêle, à la suite de l'irritation qu'exercent sur ce dernier le chyme et la bile épanchée dans le canal. Ils poussent peu à peu de haut en bas le contenu de l'intestin.

A. Nature des matières contenues dans l'intestin grêle, chez les chiens et les chats. — I. *Après l'ingestion d'alimens simples.* — 1. *Albumine.* — Le duodénum du chien nourri avec de l'albumine liquide (*exp.* IXe) contenait du mucus jaune. On trouva, dans la portion suivante de l'intestin grêle, une masse écumeuse, muqueuse, et d'un jaune brunâtre. Il y avait peu d'albumine dans le duodénum, mais il y en avait une grande quantité dans le reste de l'intestin grêle.

Le duodénum du chien nourri avec de l'albumine cuite (*exp.* X^e) offrit un mélange de chyme et de bile. Il y avait, en outre, de grosses masses muqueuses, blanches et consistantes. On trouva, dans le reste de l'intestin grêle, une masse muqueuse, qui devenait plus consistante vers l'extrémité de l'organe, prenait une couleur jaune-foncée, et finissait par représenter une bouillie excrémentitielle.

2. *Fibrine.* — La première moitié de l'intestin grêle du chien nourri avec de la fibrine (*exp.* XIe) contenait un mucus brun-jaunâtre, en partie translucide. Il y avait, dans la se-

conde moitié, une masse liquide, brune rougeâtre, qui consistait en une petite quantité de flocons muqueux bruns et en une liqueur trouble.

3. *Gélatine.* — On trouva dans le duodénum du chien qui avait mangé de la gélatine (*exp.* xiie), un mélange de mucus blanc et jaune, et d'un liquide visqueux, jaune et transparent. Le reste de l'intestin grêle contenait une matière mucilagineuse, visqueuse et d'un blanc jaunâtre. On reconnaissait encore la gélatine à ses propriétés caractéristiques, celle de se prendre en gelée et celle de donner un précipité filant par le chlore. Il fut impossible de démontrer sa conversion en albumine ou en matière caséeuse.

4. *Beurre.* — La première moitié de l'intestin grêle du chien nourri avec du beurre (*exp.* xiiie) offrit une masse pultacée à chaud, solide à froid, qui était formée de graisse d'un blanc jaunâtre sale, et d'un peu de mucus. On trouva, dans la seconde moitié, une graisse semblable, avec une plus grande quantité de mucus et un liquide brun.

5. *Caséum.* — L'intestin grêle du chien à qui l'on avait fait manger du fromage blanc (*exp.* xiv) contenait un mucus blanc-jaunâtre et translucide, avec un liquide aqueux et jaune-brunâtre. Le caséum ne paraissait point être converti en albumine, car la liqueur filtrée ne se troubla point par l'ébullition. Il n'avait point été changé non plus en gélatine. Mais ce qui prouve qu'il était dissous dans le liquide intestinal, sous une autre forme quelconque, c'est que l'on obtint des précipités fort abondans par le chlorure d'étain, le per-chlorure de mercure et la teinture de noix de galle.

6°. *Amidon.* — La première moitié de l'intestin grêle d'un chien qui avait mangé beaucoup d'amidon cuit dans l'eau (*exp.* xve), contenait une bouillie liquide, mêlée d'une grande quantité de bile, et contenant de l'amidon, qui se colorait en bleu par l'addition de l'iode. L'acide nitrique versé dans le contenu de cet organe, préalablement étendu d'eau, détermina un précipité abondant d'amidon. La quantité de la bouillie liquide diminuait dans la seconde moitié de l'intestin grêle. Elle y était composée d'amidon liquide et altéré, de bile et de mucus intestinal; l'acide nitrique en précipita moins d'albumine.

L'intestin grêle du chien nourri avec la fécule de pomme-de-terre (*exp.* xvie) contenait une substance muqueuse d'un jaune-brunâtre. La liqueur filtrée ne se colorait pas en bleu par l'iode. Cette coloration par l'iode paraît donc n'avoir lieu que quand il se trouve de l'amidon non dissous dans l'intestin grêle, comme chez le chien précédent. L'iode ne colora pas non plus en bleu le liquide qui fut trouvé dans l'intestin grêle d'un autre chien nourri avec de l'amidon cuit (*exp.* xviie).

L'amidon dissous dans le suc gastrique se trouve probablement converti en gomme d'amidon et en sucre. La présence de la gomme est surtout démontrée par cette circonstance, que la portion du contenu de l'estomac qui était soluble dans l'eau sans l'être dans l'alcool, donnait, par la teinture de noix de galle, un précipité que la chaleur de l'ébullition faisait disparaître. C'est de cette manière, en effet, que se comporte la gomme obtenue par une légère torréfaction de l'amidon. Quant au sucre, les résultats de la fermentation mirent hors de doute qu'il y en avait une grande quantité dans le contenu de l'intestin grêle, qu'il existait même dans le chyle, le sang et l'urine.

7°. *Gluten.* — On trouva dans le duodénum du chien nourri avec du gluten (exp. xviiie) un mucus homogène, blanc, transparent, gélatineux, consistant, avec une liqueur épaisse et jaune. La portion suivante de l'intestin grêle contenait une grande quantité de masses muqueuses, brunâtres et blanches, consistantes et transparentes, avec un liquide jaune. Enfin le contenu de la dernière moitié de cet intestin consistait en un mélange d'un mucus semblable avec des flocons excrémentitiels d'un brun jaunâtre. Le gluten ne se retrouva plus à l'état solide, dans l'intestin grêle; on ne saurait décider s'il y existait à l'état liquide, ou converti en albumine, puisque les liquides intestinaux contiennent d'ailleurs de l'albumine.

II. *Après l'ingestion d'alimens composés.* — 1°. *Lait.* — Il y avait, dans la première moitié de l'intestin grêle du chien nourri avec du lait (*exp.* xixe), des masses mu-

queuses, transparentes, d'un blanc rougeâtre, et des pe—
tits grumeaux blancs, opaques, de fromage, avec une
faible quantité de liqueur jaune. La seconde moitié de l'organe contenait des masses muqueuses jaunes et translucides.

2°. *Bœuf cru.* — Le duodénum du chien qui avait mangé du
bœuf cru (*exp.* xxie), offrit un liquide très-consistant, d'un
brun-pâle et mêlé de bile. Le liquide de la portion suivante
de l'intestin grêle contenait des petits flocons d'un gris brunâtre. En avançant vers l'extrémité du tube, ces flocons devenaient peu-à-peu plus volumineux, plus consistans, plus
muqueux, et prenaient une teinte verte-noirâtre, due à
la matière colorante altérée des muscles. Joints au principe colorant, à la résine et à la graisse de la bile, ils représentaient, de toute évidence, le commencement des excrémens.

3e. *Bœuf cuit.* — Le duodénum du chien à qui nous avions
donné du bœuf cuit (*exp.* xxiie), contenait un liquide blanc-
jaunâtre, avec des flocons muqueux blancs. Ces flocons
devenaient plus rares vers la fin de l'intestin grêle, où se
présentait une substance muqueuse, d'un brun jaunâtre,
ayant l'odeur d'excrémens.

On trouva, dans le duodénum du chat nourri avec du
bœuf cuit (*exp.* xxviiie), un liquide gris-blanchâtre, et mêlé
de bile, dans lequel nageaient des flocons muqueux blancs.
L'extrémité de l'intestin grêle offrit une masse muqueuse
jaune, avec des excrémens d'un brun verdâtre et de petits
fragmens d'os.

4°. *Bœuf cuit et pain blanc.* — Le duodénum du chien
nourri avec du bœuf cuit et du pain blanc (*exp.* xviiie), contenait du chyme mêlé de bile, et des flocons muqueux blancs.
Ceux-ci disparaissaient peu-à-peu le long de l'intestin grêle,
dans lequel on voyait paraître les premières traces d'excrémens liquides, d'un brun jaunâtre.

5°. *Os.* — Il y avait dans la première moitié de l'intestin
grêle d'un chien nourri avec des os (*exp.* xxive), une bouillie
d'un blanc jaunâtre, avec des masses muqueuses et de
petits fragmens d'os. La seconde moitié de cet organe contenait un mélange de matière terreuse avec des masses

muqueuses consistantes, d'un jaune brunâtre et d'un blanc rougeâtre sale. Beaucoup de phosphate et peu de carbonate calcaires furent extraits, par l'acide hydro-chlorique, de la masse qui resta sur le filtre.

6°. *Blanc d'œuf liquide et pain d'épeautre.* —Le duodénum du chien nourri avec ces substances (*exp.* xxve) offrait une bouillie d'un blanc grisâtre, muqueuse et mêlée de bile. La portion suivante de l'intestin grêle contenait des flocons muqueux blanchâtres, dans une masse demi-fluide d'un brun jaunâtre. Cette matière acquérait plus de consistance et devenait plus brune à l'extrémité du tube.

7°. *Riz et pommes de terre.* —La première moitié de l'intestin grêle d'un chien qui avait été nourri avec du riz et des pommes de terre cuites (*exp.* xxvie), contenait une masse muqueuse blanchâtre, mêlée de bile, dans laquelle on trouva de petits morceaux de pommes de terre ramollies. Le contenu de la seconde moitié était plus consistant et plus jaune. On y apercevait également encore quelques petits fragmens de pommes de terre.

8°. *Pain de seigle et lait.* — Le duodénum d'un chat nourri avec ces substances se trouva rempli d'un chyme mêlé avec de la bile. La portion suivante de l'intestin grêle offrait de petits flocons blanchâtres, qui devenaient plus consistans et teints en jaune dans la dernière portion de cet organe.

B. Nature des matières contenues dans l'intestin grêle des chevaux. — 1°. *Amidon.* — Le duodénum du cheval nourri avec de l'amidon cuit (*exp.* xxxiie), ne contenait qu'une petite quantité de liquide, avec de grandes masses muqueuses molles et teintes en jaune, et quelques morceaux d'empois. A mesure qu'il s'avançait dans l'intestin grêle, ce liquide devenait peu-à-peu plus consistant et d'un jaune brunâtre. L'amidon, complètement dissous dans le liquide intestinal, avait perdu la propriété de bleuir par l'iode. Il paraissait avoir été transformé non pas en sucre, mais en gomme d'amidon.

2°. *Avoine.* — (*Exp.* xxxiiie et xxxive). On trouva dans le duodénum une bouillie d'un gris jaunâtre, tirant sur le brun, et d'une odeur fort aigre, qu'accompagnait un liquide blanc-jaunâtre, semblable à une émulsion, et composé de balles d'avoine et de particules farineuses. Plus bas, dans l'intestin grêle, se présentèrent des flocons muqueux, d'un blanc jaunâtre, puis d'un jaune verdâtre pâle, avec des balles d'avoine. Le résidu exprimé de la partie supérieure de l'intestin grêle donna de l'empois lorsqu'on le fit bouillir dans de l'eau, et fut coloré en bleu par l'iode ; par conséquent il contenait encore de l'amidon inaltéré. La propriété de produire de l'empois et de se teindre en bleu par l'iode allait en diminuant peu-à-peu dans les parties moyenne et inférieure de l'intestin. L'amidon avait été probablement converti en gomme d'amidon, car l'analyse chimique démontra l'existence d'une matière gommeuse.

C. Nature des matières contenues dans l'intestin grêle des ruminans. — 1°. *Lait.* — Chez le veau qui têtait encore (*exp.* xxxve), le premier tiers de l'intestin grêle contenait une bouillie liquide, assez homogène, laiteuse et jaune, qui devenait plus consistante et plus foncée en couleur dans la portion suivante de l'intestin. Elle était un peu écumeuse et mêlée de flocons muqueux. Vers la fin de l'organe, on trouva une masse peu diffluente, muqueuse et orangée.

2°. *Avoine.* — La partie supérieure de l'intestin grêle de la brebis nourrie avec de l'avoine (*exp.* xle), contenait un liquide trouble et jaune-brunâtre, avec des flocons muqueux. Vers l'extrémité de l'organe, ce liquide devenait plus consistant, plus muqueux, et prenait une teinte plus foncée.

3°. *Herbe.* Dans la brebis nourrie d'herbe (*exp.* xxxviiie), le duodénum et la portion suivante de l'intestin grêle contenaient un liquide assez consistant, trouble et d'un jaune brunâtre foncé, avec de petits flocons muqueux, transparens. La consistance de ce liquide allait toujours en augmentant à mesure qu'on se rapprochait de la dernière portion de l'intestin grêle ; la masse prenait une teinte brune-verdâtre, et il finissait par se montrer une bouillie muqueuse, d'un brun verdâtre foncé, avec des fibres végétales, par conséquent des excrémens liquides.

4°. *Paille.* — Il y avait un liquide muqueux, jaunâtre,

et très-consistant dans le duodénum de la brebis (*exp.* XXXIX). Dans la portion suivante de l'intestin grêle, ce liquide prenait une teinte brune-verdâtre, et contenait des fibres ligneuses. On trouva dans la dernière portion de cet intestin une bouillie muqueuse, consistante, et d'un brun verdâtre, avec de la paille et des fibres muqueuses, par conséquent une bouillie excrémentitielle.

Résultats des recherches chimiques sur le contenu de l'intestin grêle. — 1. *Acide.* — *A. Chiens et chats.* — Le contenu du duodénum et celui de la première moitié de l'intestin grêle étaient tous acides, mais pour la plupart moins que celui de l'estomac. L'acide diminuait peu à peu dans la seconde moitié, et ordinairement il disparaissait tout-à-fait à l'extrémité de l'organe. En général, il était d'autant plus abondant, que les alimens donnés à l'animal étaient plus difficiles à digérer. C'est ce que prouve le tableau suivant, dans lequel nous avons indiqué par les nombres 4, 3, 2 et 1 le degré d'action sur la teinture de tournesol.

	INTESTIN GRÊLE.		
	1re PORTION.	2e PORTION.	3e PORTION.
Chien nourri avec du beurre......	4	4	4
Chien nourri avec du fromage.....	3	»	2
Chien nourri avec des os.........	1	0	0 (1)
Chien nourri avec des os.........	3	3	1
Chien nourri avec du bœuf cru....	2	1	0
Chien nourri avec du bœuf cuit....	2	1	0
Chien nourri avec du bœuf cuit et du pain blanc...............	2	»	»

(1) Dans un chien nourri avec des os, l'acide libre disparut promptement dans le duodénum. L'acide libre de l'estomac avait dissous du phosphate et du carbonate calcaires des os ; à mesure que la partie non dissoute de ces derniers se trouvait en contact plus prolongé avec le liquide, dans son trajet à travers l'intestin grêle, le carbonate calcaire encore intact précipitait le posphate calcaire dissous et neutralisait complètement l'acide. Voilà pourquoi l'ammoniaque produisait un plus abondant précipité de phosphate calcaire dans le liquide stomacal que dans celui du duodénum, et pourquoi il n'en faisait naître aucun dans celui de la portion inférieure de l'intestin grêle.

INTESTIN GRÊLE.

	Ire PORTION.	2e PORTION.	3e PORTION.
Chat nourri avec du bœuf·······	2	1	0
Chat nourri avec du pain de seigle et du lait ··················	2	1	0
Chien nourri avec du blanc d'œuf cuit. ····················	2	1	0
Chien nourri avec du blanc d'œuf liquide. ···················	2	1	1
Chien nourri avec du gluten ······	2	1	0
Chien nourri avec du lait·········	2	2	0
Chien nourri avec du blanc d'œuf et du pain blanc.················	1	1	1
Chien nourri avec de la colle.······	1	1	1
Chien nourri avec de la fibrine·····	1	1	0
Chien nourri avec de l'amidon ····	1	1	0
Chien nourri avec du riz cuit et des pommes de terre.·············	1	0	0

Veratti avait déjà remarqué que le contenu de l'intestin grêle des chiens et des chats faisait coaguler le lait, savoir, celui de la partie supérieure avec rapidité, et celui de l'inférieure d'une manière très-lente, souvent à peine sensible. Prout a observé la même chose sur des chiens nourris de pain.

B. Chevaux. — Chez le cheval nourri avec de l'amidon bouilli, la teinture de tournesol ne rougit un peu que dans la première moitié de l'intestin grêle, tandis que, chez celui qu'on avait nourri d'avoine, elle prit une teinte rouge dans toute l'étendue de l'organe. Vraisemblablement cet acide provenait en partie de la décomposition de l'avoine. Dans les trois cas, la partie inférieure de l'intestin grêle ne contenait pas de carbonate de soude, comme nous en avions trouvé chez les chevaux tués à jeun.

C. Ruminans. — Le contenu de l'intestin grêle du veau nourri avec du lait, était médiocrement acide dans les deux premiers tiers de l'organe, et l'était faiblement dans le dernier. Chez les bœufs, la teinture de tournesol fut rougie avec force par le contenu du duodénum. Chez les brebis nourries avec de l'avoine et de la paille, cette teinture ne fut faiblement rougie que dans le duodénum et un peu dans la portion suivante d'intestin. Au contraire, la teinture de tournesol rougie fut teinte en bleu dans tout le reste de l'intestin grêle. Ici, par conséquent, le contenu était alcalin, et même il faisait effervescence avec les acides. Il est digne de remarque encore que le contenu de tout l'intestin grêle, chez la brebis nourrie d'avoine qui succomba d'elle-même, était alcalin, et faisait effervescence avec les acides, dans toute l'étendue de l'intestin grêle.

L'acide libre qui se rencontre dans l'intestin grêle, est principalement de l'acide acétique. Il est possible qu'un peu d'acide butyrique libre se trouve parfois mêlé avec ce dernier. Il paraît qu'on rencontre rarement de l'acide hydrochlorique libre dans l'intestin grêle, car ordinairement les liqueurs filtrées de cet organe donnaient, par l'incinération, du carbonate alcalin, sel qui n'aurait pas pu se former si l'acide hydro-chlorique avait existé en quantité notable.

Il s'agit maintenant de savoir pourquoi l'acide libre qu'on rencontre, chez tous les animaux, dans la portion supérieure de l'intestin grêle, et qui provient sans doute principalement du suc gastrique, disparaît peu-à-peu dans cet organe.

Boerhaave supposait déjà que la bile alcaline neutralise l'acide du chyme. Cette opinion a été soutenue, dans les temps modernes, par Werner, Prout et autres. Werner a même prétendu que, par suite de cette neutralisation, le chyle se précipite du chyme, sous la forme d'un liquide blanc. Une portion de l'acide contenu dans le chyme se trouve sans doute neutralisée par le carbonate alcalin qui existe dans la plupart des biles; mais il résulte de nos recherches que la bile du chien ne contient pas une quantité notable de ce dernier sel. La même chose a peut-être lieu chez quelques autres animaux. Une bile de cette nature peut tout au plus adoucir un peu l'acidité du chyme, en raison de ce que l'acide hydro-chlorique libre décompose l'acétate de soude qu'elle contient, se combine avec l'alcali, et met en liberté l'acide acétique, qui est plus faible. Il résulte de là que le chyme ne peut pas précipiter l'albumine du suc pancréatique, ce qui arriverait si beaucoup d'acide hydro-chlorique y demeurait à l'état libre. La plupart du temps aussi nous avons trouvé très-acide encore le mélange de chyme et de bile contenu dans le duodénum.

Comme nous avons rencontré des liquides alcalins dans la partie inférieure de l'intestin grêle, chez les chevaux et les brebis qui avaient été long-temps sans manger, il serait possible que le fluide sécrété par la membrane muqueuse de ce dernier fût aussi alcalin, et qu'il contribuât, avec la bile, à la neutralisation de l'acide, du moins chez les animaux herbivores, dont les alimens contiennent beaucoup d'alcali uni à un acide végétal, sel qui, lorsque l'acide végétal vient à être détruit, peut donner naissance à une grande quantité de carbonate alcalin dans le sang.

En outre, il ne serait pas impossible que les matières alimentaires et les liqueurs intestinales faisant un plus long séjour dans le canal alimentaire, elles laissassent dégager, par une sorte de putréfaction commençante, de l'ammoniaque, qui neutralise peu à peu l'acide libre. Il se pourrait encore que, par le même acte de décomposition, l'acétate alcalin contenu dans le liquide intestinal se trouvât converti en carbonate, de la même manière que nous voyons une dissolution étendue de cet acétate dans l'eau éprouver cette transformation au bout de quelque temps.

Mais une autre cause de la disparition graduelle de l'acide libre dans l'intestin grêle tient sans contredit à ce qu'il est absorbé par les vaisseaux lymphatiques, avec les substances alimentaires qu'il tient en dissolution. On pourrait objecter, à la vérité, que, dans cette hypothèse, le chyle du canal thoracique devrait être acide, tandis qu'il est alcalin. La difficulté disparaît si l'on considère que le fluide nourricier absorbé dans le canal intestinal par les vaisseaux lymphatiques, se trouve mêlé sur-le-champ avec diverses matières qui sont alcalines. Dans ce nombre on doit compter assurément le liquide qui, sécrété du sang artériel, se mêle avec le chyle, lors de son passage à travers les glandes mésentériques, car le chyle prend peu à peu une couleur rougeâtre en traversant ces glandes. Il faut y comprendre égalementment la lymphe coagulable sécrétée dans la rate, que les lymphatiques absorbent, et qu'ils versent dans le canal thoracique, comme aussi celle qui afflue de toutes les autres parties du corps dans ce canal.

Il n'est pas douteux que le sang fournisse non-seulement de la fibrine et du cruor, mais encore de l'alcali. Peut-être le mélange du suc nourricier acide avec le produit sécrétoire alcalin du sang s'opère-t-il dans les glandes mésentériques elles-mêmes. Il devrait résulter de là une précipitation des alimens dissous dans le liquide acide ; mais soit que le précipité ainsi formé se trouve redissous au moyen de l'alcali en excès, comme aussi de l'hydro-chlorate et de l'acétate alcalins, soit que la précipitation n'ait pas lieu, peut-être parce que les parties constituantes du sang font éprouver aux substances alimentaires un changement tel qu'il n'est plus désormais besoin d'un acide libre pour les dissoudre, l'expérience nous dit au moins que la dissolution reste parfaite, et il ne nous est pas possible de déterminer avec précision quelle influence particulière les matériaux sécrétés du sang exercent sur les matières nutritives absorbées.

Ce qui vient à l'appui de notre opinion, c'est que le chyle est toujours moins alcalin que ne l'est le sang ; nous le trouvâmes même neutre chez un chien qui avait été nourri avec de la fibrine, et dont le chyme était fort acide.

Nous regrettons que les idées dont nous venons de donner le précis ne se fussent pas encore présentées à notre esprit, dans tout leur développement, lorsque, sur un cheval qui avait été nourri avec de l'avoine, nous recueillîmes le chyle contenu dans les vaisseaux lactés avant leur passage à travers les glandes mésentériques, car alors nous n'aurions pas manqué d'examiner sa manière de se comporter avec la teinture de tournesol. Nous trouvâmes cependant que ce chyle, ayant été évaporé, laissa un extrait alcoolique qui ne rougissait ni ne verdissait le tournesol, et qui, incinéré, donna, indépendamment d'autres sels, beaucoup de carbonate alcalin, lequel y existait, suivant toutes les apparences, à l'état d'acétate. Cette expérience démontre au moins que ce chyle était neutre et non alcalin, puisque, dans le cas contraire, l'alcool aurait dissous un peu d'alcali. Une certaine quantité d'alcali provenant du sang se serait-elle déjà mêlée avec lui, et lui aurait-elle fait perdre son acidité primitive ?

2. *Albumine.* — Nous avons obtenu de l'albumine des liqueurs filtrées de l'intestin grêle chez les animaux tués pendant le travail de la digestion, en la précipitant par l'ébullition, le chlore, l'acide hydro-chlorique, l'acide nitrique, plusieurs sels métalliques et la teinture de noix de galle. Elle se trouva, pour l'ordinaire, en plus grande quantité que partout ailleurs dans le duodénum; il y en avait moins dans la portion suivante de l'intestin grêle, et moins encore dans la dernière moitié de cet organe. Comme les liquides intestinaux, principalement le suc pancréatique, contiennent de l'albumine, il est impossible de déterminer si l'un des alimens donnés à l'animal (le blanc d'œuf liquide excepté) avait part à celle qu'on rencontra dans l'intestin grêle.

A. Chiens. — On trouva beaucoup d'albumine dans tout l'intestin grêle; particulièrement dans la première portion de cet organe, chez les chiens nourris avec du blanc d'œuf liquide, de la viande, de la colle et du pain d'épeautre. Il y en avait beaucoup dans la première portion de l'intestin grêle des chiens nourris avec des os. Chez ceux qui avaient mangé de la fibrine, du blanc d'œuf cuit, du gluten, du lait et du fromage, nous en trouvâmes fort peu, ou même nous n'en rencontrâmes pas du tout, circonstance qui se rattache peut-être à la difficulté avec laquelle ces substances sont digérées.

B. Chevaux. — Les chevaux nourris avec de l'avoine présentèrent une grande quantité d'albumine. Il y eu avait beaucoup moins chez le cheval auquel on avait donné de l'amidon cuit. Le duodénum et la première moitié de l'intestin grêle en contenaient plus que la seconde moitié de celui-ci.

C. Ruminans. — Le duodénum et la première moitié de l'intestin grêle de tous les ruminans examinés par nous contenaient une très-grande quantité d'albumine. Il y en avait surtout beaucoup chez les veaux et les bœufs. Elle diminuait considérablement dans la seconde moitié de l'intestin grêle.

Prout (1) a également trouvé de l'albumine, en grande quantité, dans le duodénum et la première moitié de l'intestin grêle d'un lapin nourri avec de l'avoine et du son. Il en a rencontré aussi dans un chien nourri de viande. Comme il prétend n'en avoir jamais, dans ses expériences, observé aucune trace dans les alimens dissous par le suc gastrique, ou dans le chyme, il prétend qu'elle commence seulement, dans le duodénum et la première portion de l'intestin grêle, à se former aux dépens du chyme, par suite du mélange de la bile et du suc pancréatique avec ce produit de la digestion.

Mais il résulte évidemment de nos expériences faites sur des chiens, des chevaux et des ruminans, que quand la nourriture consiste en blanc d'œuf liquide, ou quand les alimens contiennent de l'albumine, cette substance se trouve dissoute par le suc gastrique, et versée dans le duodénum, avec le chyme, sans éprouver aucun changement. Nous ne pouvons donc pas admettre, avec Prout, que l'albumine se forme, dans le duodénum seulement, aux dépens des alimens qui ont été dissous dans l'estomac, et par l'effet de leur mélange tant avec la bile qu'avec le suc pancréatique. S'il s'en trouve beaucoup plus dans le contenu de l'intestin grêle que dans celui de l'estomac, cette circonstance dépend du mélange de la masse chymeuse avec le suc pancréatique, dont Prout ne connaissait pas la composition, et dans lequel nous avons trouvé une grande quantité d'albumine chez le chien, comme chez la brebis et le cheval. L'albumine qui provient des alimens et celle qui tire son origine du suc pancréatique sont absorbées par les vaisseaux lymphatiques de l'intestin grêle, durant le trajet que le mouvement péristaltique de cet organe imprime aux matières qu'il renferme. De là vient qu'elle diminue dans sa dernière moitié. Cette albumine absorbée fait la base du chyle.

5. *Caséum.* — Nous avons presque toujours trouvé, dans

____

(1) *Annals of Philosophy*, 1819, janv. et avril.

les liqueurs filtrées de l'intestin grêle, une matière inséparable par la chaleur, mais précipitable par le vinaigre distillé et les autres acides, et qui se rapproche vraisemblablement du caséum.

A. Chiens. — Nous l'avons observée chez les chiens nourris de fibrine, d'albumine liquide, de gélatine, de gluten et de fromage mou. Généralement parlant, le premier tiers de l'intestin grêle en contenait davantage que les autres portions de ce canal, dans lequel elle allait ensuite en diminuant peu à peu.

B. Chevaux. — Elle s'est offerte à nous dans l'intestin grêle entier du cheval nourri avec de l'amidon, et de celui qui l'avait été avec de l'avoine, mais en plus grande quantité chez le premier.

C. Ruminans. — On la trouva dans l'intestin grêle du veau nourri avec du lait et de la brebis nourrie avec de l'avoine et de l'herbe.

Cette matière, que l'on rencontre aussi dans l'estomac et l'intestin grêle des animaux à jeun, paraît être en partie un produit de la sécrétion du canal alimentaire. Mais elle provient sans doute aussi en partie du suc pancréatique, dans lequel nous avons trouvé une matière analogue. Comme elle est moins abondante vers la fin de l'intestin grêle qu'à son origine, et qu'ordinairement aussi on n'en trouve aucune trace dans le gros intestin, elle paraît être absorbée avec les alimens dissous. Il est très-probable qu'elle joue un rôle important dans l'assimilation des substances alimentaires, dont peut-être détermine-t-elle, par sa jonction avec elles, la conversion en matière animale. De l'analyse du caséum et de l'albumine qu'ont faite Gay-Lussac et Thenard, il résulte que le premier contient plus d'azote, mais moins de carbone, d'hydrogène et d'oxigène, que l'albumine Si nous admettons un atôme d'azote dans les deux substances, il se trouve combiné, dans l'albumine, avec huit atômes de carbone, sept d'hydrogène et trois d'oxigène, tandis que, dans le caséum, il l'est avec sept de carbone, cinq d'hydrogène et un d'oxigène. Si maintenant la matière analogue au caséum qui se trouve contenue dans le canal intestinal entre en contact avec des alimens dépourvus d'azote, il n'est pas impossible qu'elle se combine avec tout ou partie de leurs élémens, et qu'elle se convertisse par là en albumine, tandis que le reste de ces alimens non azotés, qui ne concourt point à la formation de l'albumine, se change peut-être en partie en acide acétique, ou en diverses matières excrémentitielles. Du moins, n'avons-nous trouvé aucune trace de cette matière caséeuse dans les oies nourries de substances non azotées, sur lesquelles nous reviendrons plus loin, tandis que le canal intestinal de ces oiseaux renfermait beaucoup d'acide libre dans toute son étendue et jusqu'à son extrémité. Nous avons observé également que l'amidon disparaissait aussitôt qu'il venait à être dissous par les liquides intestinaux, et qu'alors il ne colorait plus l'iode en bleu. Il se trouvait, dans ce cas, transformé en partie en gomme d'amidon et en sucre ; mais cette transformation était peut-être liée à celle du caséum en albumine, c'est-à-dire que l'amidon cédait peut-être quelques atomes de carbone, d'hydrogène et d'oxigène au caséum, comme il arrive probablement lorsque de l'amidon et du gluten donnent naissance à du sucre.

Ces idées, quelque hasardées qu'elles puissent être, acquièrent de la vraisemblance par les intéressantes observations d'Edwards, qui a constaté que de l'azote est fréquemment absorbé dans l'acte de la respiration. Il est possible qu'une partie de l'albumine contenue dans le sang se transforme toujours en caséum, par la respiration, et qu'elle serve ensuite à l'assimilation des alimens non azotés.

4. *Matière précipitable par le chlorure d'étain.* — Une matière qui n'est précipitable ni par l'ébullition, ni par les acides, mais qui l'est par le chlorure d'étain, le per-chlorure de mercure, les sels de plomb et la teinture de noix de galle, a été trouvée dans les liqueurs filtrées de l'intestin grêle de plusieurs animaux. Cette matière, comme le prouve l'analyse du contenu de l'intestin grêle du cheval nourri avec de l'avoine, est principalement composée de matière salivaire et d'osmazôme, ou de substances analogues. Du reste, plusieurs précipités ont pu être dus aussi à des carbonates et phosphates alcalins.

A. Chiens. — Cette matière s'est rencontrée chez les chiens nourris avec de la fibrine, du fromage mou, du gluten, de la viande et du pain.

B. Chevaux. — On ne put pas, chez eux, constater sa présence par précipitation, attendu qu'il y avait trop d'albumine et de matière caséeuse.

C. Ruminans. — Elle existait dans l'intestin grêle d'un veau, et dans celui de la brebis qui avait été nourrie avec de la paille et de l'herbe.

Cette matière, que nous avons trouvée aussi chez les animaux qui avaient jeûné pendant long-temps, est ordinairement plus abondante que partout ailleurs dans l'estomac et la partie supérieure de l'intestin grêle, d'où elle va en diminuant peu à peu jusqu'à l'extrémité du gros intestin. Aussi n'est-il pas improbable qu'elle se trouve absorbée, dans le canal intestinal, en même temps que les alimens dissous. Peut-être aussi contribue-t-elle à l'assimilation de ces derniers.

5. *Matière qui rougit par le chlore.* — On trouva presque toujours dans l'intestin grêle une matière qui se colore en rose ou en fleur de pêcher par le chlore; ne prend cette teinte ni par les acides, ni par les sels, et la reçoit rarement du per-chlorure de mercure. Lorsqu'il y avait en même temps qu'elle de l'albumine, ou une matière analogue, précipitable par le chlore, elle se réunissait aux flocons développés dans la liqueur. Un excès de chlore détruisait la couleur qu'elle avait acquise. Il n'est pas certain que cette matière soit la même que celle qui passe dans le récipient quand on distille le contenu des divers estomacs et des autres parties du canal alimentaire, chez les ruminans, et qui, lorsqu'on l'évapore avec de l'acide hydro-chlorique, annonce sa présence par la coloration de la liqueur en rouge; cependant l'identité n'est point vraisemblable, car les mêmes liquides stomacaux qui donnaient à la distillation un produit colorable en rouge par l'acide hydro-chlorique, ne rougissaient pas par le chlore.

A. Chiens. — Nous avons trouvé cette matière dans le duodénum et le reste de l'intestin grêle de presque tous les

chiens. En général, elle était plus abondante à la partie supérieure du canal qu'à l'inférieure.

B. Chevaux. — Elle s'est offerte dans l'intestin grêle
du cheval nourri avec de l'amidon. L'épreuve par le chlore
ne fut point faite chez le cheval nourri d'avoine.

C. Ruminans. — Nous l'observâmes chez la brebis nourrie
de paille et d'avoine.

Cette matière, que nous n'avons jamais rencontrée dans
l'estomac des mammifères, provient très-probablement du
suc pancréatique, dans lequel on la trouve également.
Comme elle se présenta aussi chez plusieurs chiens dont on
avait lié les conduits biliaires, elle ne peut pas provenir de la
bile, et comme elle n'est point expulsée avec les excrémens,
il faut qu'elle soit absorbée avec les alimens fluidifiés. On
peut présumer, en outre, qu'elle contribue jusqu'à un certain point à l'assimilation des substances alimentaires, mais
nous ne saurions dire comment.

6°. *Matières solubles dans l'alcool et non dans l'eau.* —
On parvint à extraire du contenu de l'intestin grêle, au
moyen de l'alcool, de la graisse, de la stéarine, le principe colorant et la résine de la bile.

A. Chiens. — Une matière graisseuse s'offrit à nous chez
le chien nourri de viande et de pain.

B. Chevaux. — Un cheval nourri d'avoine nous donna
une matière résineuse.

C. Ruminans. — La portion insoluble dans l'eau du
contenu de l'intestin grêle, chez la brebis nourrie avec de
la paille, ayant été traitée par l'eau, donna, dans la première moitié de cet organe, une résine visqueuse, contenant de la graisse, et dans la seconde moitié, une résine
plus consistante, d'un brun foncé. Chez le veau, on obtint
une très-grande quantité de stéarine et d'élaïne, qui provenaient indubitablement du beurre, et auxquelles de la
choléstérine se trouvait jointe dans la partie inférieure de
l'intestin grêle.

On n'alla point, chez les autres animaux, à la recherche de
ces diverses matières provenant de la bile ; mais il n'est guère
douteux qu'on ne les eût également rencontrées chez eux.

7°. *Carbonate d'ammoniaque.* — Il y en avait dans le produit de la distillation du contenu de l'intestin grêle, chez la brebis nourrie d'herbe et d'avoine. On ne rechercha point si ce sel était accompagné de carbonate de soude.

8°. *Sels* obtenus par l'incinération du contenu filtré de l'intestin grêle. Voici quelle était à peu près leur quantité proportionnelle (1 désigne la plus petite et 5 la plus grande quantité) :

	Carbonate alcalin.	Phosphate alcalin.	Sulfate alcalin.	Chlorure alcalin.	Carbonate de chaux.	Phosphate de chaux.
Chien nourri avec de la fibrine····	o	o	4	2	On ne les cher-	
Chien nourri avec du fromage.·····	3	4	2	4	cha pas.	
Cheval nourri avec de l'avoine······	5	5	1	3	2	5
Veau nourri avec du lait.·········	2	4	2	4	1	3
Bœuf·············	3	5	2	3	1	4
Brebis nourrie avec de l'herbe·······	0-4 (1)	1-3	2	5	1-4	2
Brebis nourrie avec de la paille······	1-4	5	2	4	2	4
Brebis nourrie avec de l'avoine······	2-3	5-3	1-3	5	1-3	4-3

L'incinération des liquides stomacaux ne donna du carbonate alcalin que dans un petit nombre de cas, parce que ces liquides contenaient la plupart du temps de l'acide hydro-chlorique libre, et qu'en conséquence il ne s'y trouvait pas d'acétate alcalin. Au contraire les liquides de l'intestin grêle donnèrent presque généralement du carbonate alcalin à l'incinération, parce qu'après le mélange avec le suc pancréatique, le suc intestinal et la bile, non-seulement tout l'acide hydro-chlorique se trouvait entré en combinaison, mais encore une portion de l'acétate alcalin contenu dans ces liquides demeurait indécomposée, et se convertis-

---

(1) Lorsque nous indiquons deux nombres à la fois, le premier se rapporte à la quantité du sel dans la partie supérieure de l'intestin grêle, et l'autre à celle de ce même sel dans l'inférieure.

sait en carbonate par l'action du feu. Le phosphate alcalin ne s'offrit pas non plus dans la cendre des liqueurs stomacales ; on doit donc l'attribuer aux liquides qui s'épanchent dans l'intestin grêle, et qui viennent d'être nommés.

Théorie des fonctions de l'intestin grêle. — Après avoir donné les résultats des observations et des recherches chimiques que nous avons faites sur les changemens qu'éprouvent les alimens dans l'intestin grêle, nous allons exposer ce que nous pensons au sujet de la fonction que cet organe remplit, comme aussi à l'égard du rôle que le suc intestinal, le mucus intestinal, le suc pancréatique et la bile jouent dans les modifications que les substances alimentaires y éprouvent.

Le chyme acide qui passe dans l'intestin grêle, se mêle avec la bile, le suc pancréatique et les liquides sécrétés tant par la membrane muqueuse que par les glandes de l'organe. La bile, sur les fonctions de laquelle nous reviendrons plus loin, paraît, en vertu de l'irritation qu'elle exerce sur l'intestin grêle, d'un côté, augmenter la sécrétion des liquides intestinaux, et de l'autre accélérer le mouvement péristaltique. En se mêlant avec les alimens dissous, elle leur imprime une couleur jaune, qui, vers l'extrémité inférieure de l'intestin, devient peu à peu d'un brun verdâtre et d'un brun foncé. De plus, elle donne lieu aux changemens suivans dans le chyme.

1°. L'acide hydro-chlorique de ce dernier, qui provient du suc gastrique, s'unit avec la soude contenue dans la bile, où cet alcali était jusque-là combiné avec les acides carbonique et acétique. L'acide carbonique dégagé, dont, à la vérité, la quantité doit être peu considérable, est probablement une des causes qui font qu'on trouve presque toujours de petites bulles de gaz dans l'intestin grêle. Il est cependant possible qu'une partie de ces bulles provienne aussi de la décomposition des alimens, ce qui peut bien avoir lieu chez les animaux nourris d'avoine. Si le chyme contient peu ou même point d'acide hydro-chlorique libre, mais seulement de l'acide acétique, ce dernier transforme également le carbonate de soude de la bile en acétate. A la vérité, le mélange du chyle et de la bile contiendra toujours de l'acide libre, mais la plupart du temps ce sera uniquement de l'acide acétique, sans acide hydro-chlorique, parce que ce dernier précipiterait l'albumine du suc pancréatique.

2°. L'acide libre du chyme précipite le mucus de la bile, à l'état de coagulum. Ce dernier entraîne une grande partie du principe colorant de la bile, car le mucus précipité a une couleur brune. En outre, il se précipite de la cholé-stérine, puisque nous avons souvent obtenu une certaine quantité de cette substance en traitant par l'alcool la por-tion insoluble dans l'eau du contenu de l'intestin grêle. L'acide margarique que nous avons trouvé dans le canal intestinal provenait également de la bile, suivant toutes les probabilités, et il avait été séparé du carbonate de soude de cette humeur par l'acide hydro-chlorique. Comme on parvenait ordinairement à extraire, de la portion du contenu insoluble dans l'eau, une résine qui se comportait de même que la résine biliaire, nous n'hésitons pas à la considérer comme telle, et à penser que cette dernière contribue à former les excrémens. On la trouvait à l'état de dissolution lorsque le liquide de la partie inférieure de l'intestin grêle était alcalin, comme dans le cheval à jeun, et les acides en opéraient alors la précipitation. Par conséquent elle est rejetée en totalité ou en grande partie avec les excrémens, et elle paraît être une matière dont le corps cherche à se débarrasser.

Le principe colorant de la bile n'est pas précipité tout entier, comme le prouve la couleur jaune ou brune qu'ont ordinairement les liqueurs obtenues par la filtration du contenu de l'intestin grêle. Mais il ne paraît point être ab-sorbé dans cet état de dissolution, car la couleur des liquides filtrés devient plus foncée à mesure que les matières des-cendent dans le canal. Il est donc, de même que la résine, expulsé tout entier avec les excrémens, en partie combiné avec le mucus intestinal, et en partie sous la forme fluide.

Les physiologistes admettent assez généralement que le mélange du chyme acide avec la bile détermine la sé-paration du chyle et sa précipitation sous la forme de flocons. Mais cette hypothèse est très-certainement fausse. La circonstance seule de l'absorption du chyle, qui exige qu'il soit fluide, rend tout-à-fait improbable qu'il soit séparé en flocons, c'est-à-dire sous un autre forme que celle de liquide, dans l'endroit même où sa résorption a lieu. En outre, les expériences que nous avons faites sur le mélange du contenu fluide de l'estomac des animaux avec la bile, tant à froid qu'à une chaleur modérée, et dans lesquelles nous avons vu seulement se former des précipités semblables à ceux qui ont lieu lorsqu'on verse un acide dans la bile, combattent cette opinion de la manière la plus formelle. Les prétendus flocons de chyle qu'on rencontre dans l'intestin grêle, ne sont, d'après nos observations, que des flocons de mucus qui, lorsque l'animal a pris de la nourriture, se trouvent réduits en un fluide blanc par suite de l'absorption d'un liquide chyleux. Le canal intestinal ne peut pas contenir de chyle dans l'état normal ; le chyle est la portion du contenu liquide de l'intestin grêle qu'absorbent les vaisseaux lymphatiques.

Le suc pancréatique, contenant une très-grande quantité d'albumine, une matière analogue à la caséeuse, et une autre qui a la propriété de rougir par le chlore, contribue très-probablement à l'assimilation du chyme dans l'intestin grêle, en ce que ses principes constituans, qui renferment beaucoup d'azote, se mêlent avec ce chyme, et sont absorbés avec la portion qui vient à être complètement fluidifiée. En outre, nous avons vu précédemment que le contenu de l'intestin grêle présente de moins en moins d'albumine, de matière analogue à la caséeuse et de matière susceptible de rougir par le chlore, à mesure qu'il chemine dans le canal. C'est une preuve évidente que ces matières sont absorbées avec la portion fluidifiée des alimens. On peut encore alléguer, comme circonstance favorable à l'opinion suivant laquelle le suc pancréatique concourt à l'assimilation des substances alimentaires, que le pancréas est beaucoup plus gros chez les animaux qui vivent de végétaux que chez ceux qui se nourrissent de substances animales : si l'on en juge d'après son volume, il doit sécréter beaucoup plus de suc pancréatique chez les premiers que chez les seconds. Daubenton a fait (1), sur les différences de grosseur du pancréas chez le chat sauvage et chez le chat apprivoisé , une remarque qui mérite d'être prise en considération ; il a trouvé que, chez ce dernier, qui mange aussi des substances végétales dans l'état de domesticité , la glande est bien plus grosse qu'elle ne l'est chez le chat sauvage , qui ne vit que de viande ; cependant le chat sauvage qu'il avait disséqué surpassait de beaucoup l'autre pour la taille.

Quant à la liqueur sécrétée par la membrane muqueuse de l'intestin grêle et par ses glandes , liqueur qui se compose d'un mucus floconneux et filant, avec un liquide aqueux, et dont la sécrétion est si abondante pendant l'épanchement du chyme , nous pouvons lui attribuer les usages suivans :

1°. Elle facilite le glissement de la bouillie alimentaire dans l'intestin grêle pendant le mouvement péristaltique, parce qu'elle rend le chyme plus liquide , qu'elle humecte et lubréfie la face interne de l'intestin ; elle aide ainsi à la progression des alimens dissous.

2°. Le mucus intestinal, qui a la propriété d'absorber l'eau et d'autres liquides , semble servir par-là d'intermédiaire entre les alimens dissous , le suc pancréatique et la bile. C'est pourquoi il se montre plus fluide et plus gonflé pendant la digestion que chez les animaux à jeun, dans lesquels il jouit d'une plus grande consistance.

3°. Comme ce mucus couvre les villosités intestinales, il est probablement aussi l'intermède au moyen duquel l'absorption se fait dans l'intestin grêle.

4°. La portion liquide du fluide intestinal paraît exercer une action dissolvante sur plusieurs restes d'alimens qui ont passé dans l'intestin grêle avec le chyle , et que l'estomac n'avait pas complètement dissous. Aussi remarque-t-on que ces restes diminuent peu à peu de volume, qu'ils se ramollissent en parcourant le canal , et qu'ils finissent même par disparaître.

---

(1) BUFFON , *Hist. nat.*, t. VI, p. 29.

5°. Enfin les parties aqueuses du liquide intestinal, principalement les matières animales qu'il contient, sont absorbées, avec les portions dissoutes des alimens, par la membrane muqueuse de l'intestin grêle et ses vaisseaux lymphatiques. De là vient que le mucus acquiert davantage de consistance à mesure qu'il s'avance vers le cœcum. La combinaison du liquide intestinal avec les alimens dissous détermine l'assimilation de ces derniers. On peut alléguer à l'appui de l'action assimilatrice de ce liquide, que la longueur du canal intestinal et le nombre des glandes éparses dans ses parois sont en rapport parfait, dans les diverses familles des mammifères, avec la nature des alimens dont ces animaux se nourrissent. L'intestin grêle est très-court chez les carnivores; il est plus long chez ceux qui vivent de fruits, de racines sucrées et farineuses, de graines oléagineuses et d'herbes tendres; il l'est encore davantage chez ceux qui se nourrissent de graminées et de feuilles dures.

Le mélange de chyme, de suc intestinal, de mucus intestinal, de bile et de suc pancréatique, acquiert peu à peu davantage de consistance à mesure qu'il s'avance dans l'intestin grêle par suite des contractions de la membrane musculaire. Les parties fluides et exprimées de ce mélange sont attirées par la membrane muqueuse, qui s'en imbibe, en quelque sorte comme une éponge, et dont les nombreux vaisseaux lymphatiques opèrent leur absorption. Le mucus intestinal devenu plus consistant, et associé, tant aux restes d'alimens non dissous, particulièrement ceux qui ne sont pas solubles dans les liquides digestifs, comme les balles d'avoine, les fibres dures des plantes et des bois, les poils et les plumes, qu'avec la graisse, la résine, le principe colorant et le mucus de la bile, constitue le commencement de la bouillie excrémentitielle. Cette dernière ne commence à être bien prononcée que dans le dernier tiers de l'intestin grêle (1).

---

(1) Berzelius dit avec beaucoup de justesse (*Gehlen's neues allgemeines Journal für Chemie* , t. IV, p. 121) : le canal intestinal est évidemment un crible qui sépare les alimens dissous des portions non dissoutes, et dans lequel le précipité ou résidu, par lequel sont formés

Du reste il va sans dire que l'intestin grêle ne peut exercer ses fonctions, c'est-à-dire exécuter son mouvement péristaltique et accomplir sa sécrétion, qu'autant qu'il jouit de la vie et qu'il a des connexions avec tout le reste du corps. On comprend bien aussi que les fonctions de ce viscère sont, comme celles de l'estomac, sous l'influence de la respiration, de la circulation et de l'innervation.

Nature des restes d'alimens dans le cœcum. — Les restes d'alimens combinés avec le mucus de l'intestin grêle, devenu plus consistant, et avec les diverses parties constituantes de la bile dont l'énumération a été faite plus haut, parviennent peu à peu dans le cœcum, et séjournent pendant quelque temps dans ce réservoir, qu'on peut comparer jusqu'à un certain point à l'estomac. Nous allons faire connaître quelles sont les qualités qu'ils y présentent, et quels sont les résultats des analyses chimiques.

Nature des substances contenues dans le cœcum. — *A. Dans les chiens et les chats.* — *I. Après l'ingestion d'alimens simples.* — 1°. Le cœcum du chien nourri avec du blanc d'œuf liquide(*exp.* ixe) contenait une masse muqueuse, d'un jaune brunâtre, qui était très-riche en albumine. On trouva, dans celui du chien nourri avec du blanc d'œuf durci (*exp.* x^e), une bouillie brune et de mauvaise odeur.

2°. Le cœcum du chien nourri avec de la gélatine (*exp.* xiie) contenait un mucus jaune-brunâtre.

3e. Il y avait dans celui du chien qui avait mangé du beurre (*exp.* xiiie), une pâte d'un gris brunâtre, dont on parvint à extraire, par l'alcool, une graisse d'un blanc jaunâtre, semblable au beurre.

4°. Celui du chien nourri avec du fromage blanc offrit une masse brunâtre, presqu'entièrement formée par le papier joseph qui avait servi à contenir le fromage, et dont l'animal avait avalé quelques lambeaux.

5°. Celui d'un chien auquel on avait donné de l'amidon

---

les excrémens, est en quelque sorte exprimé du chyle et des matières dissoutes dans ce liquide, par le suc intestinal, qui continuellement se trouve sécrété et réabsorbé.

cuit en abondance (*exp.* xve), était rempli d'une bouillie jaune exhalant l'odeur du gaz acide hydro-sulfurique. Cette masse contenait de l'amidon, puisqu'elle se colora en bleu quand on y versa de la teinture d'iode. L'acide nitrique qu'on y versa, après l'avoir délayée dans de l'eau, indiqua la présence d'une petite quantité d'albumine. Le cœcum d'un autre chien nourri avec de l'amidon cuit (*exp.* xvii), offrit une bouillie d'un brun verdâtre, que la teinture d'iode ne colora point en bleu.

6°. Le cœcum du chien nourri avec du gluten (*exp.* xviiie) contenait une bouillie brune et excrémentitielle assez uniforme.

II. Après l'ingestion d'alimens composés. — 1°. Il y avait dans le cœcum du chien alimenté avec du lait (*exp.* xixe), une petite quantité d'une masse de couleur orangée, composée de petits flocons coagulés, et à laquelle se trouvait mêlé un peu de mucus jaune.

2°. Le cœcum du chien nourri avec du bœuf cru (*exp.* xxie) contenait une substance d'un vert noirâtre, qui exhalait une odeur désagréable.

3°. Celui du chien nourri avec du bœuf cuit (*exp.* xxiie) présenta des excrémens liquides d'un brun jaunâtre. Le cœcum du chat auquel on avait donné du bœuf (*exp.* xxviiie) contenait une bouillie liquide de mauvaise odeur.

4°. Celui du chien nourri avec du bœuf cuit et du pain blanc (*exp.* xxiiie) offrit des excrémens liquides d'un brun jaunâtre.

5°. Celui du chien nourri avec des os (*exp.* xxive) présenta une pâte d'un blanc brunâtre, composée de mucus, de bile et de la matière terreuse des os.

6°. Nous trouvâmes dans celui du chien nourri avec du pain d'épeautre et du blanc d'œuf liquide (*exp.* xxve), une bouillie excrémentitielle brune et fétide.

7°. Celui du chien nourri avec du riz cuit et des pommes de terre (*exp.* xxvie) présenta une bouillie peu consistante et d'un jaune brunâtre, qui ne répandait pas d'odeur fétide. On y trouva aussi des traces de fragmens de pommes de terre ramollies.

8°. Le cœcum du chat nourri avec du pain de seigle et du lait (*exp.* xxviie) contenait une bouillie liquide, d'un brun jaunâtre, exhalant une odeur désagréable et un peu acide.

B. Dans les chevaux. — 1°. *Amidon.* — On trouva dans le cœcum du cheval nourri avec de l'amidon cuit (*exp.* xxxie), un liquide trouble, d'un jaune brunâtre pâle, mêlé de mucus et de balles d'avoine, quoique l'animal n'eût mangé que de l'amidon depuis quatre jours. Cette circonstance prouve par conséquent que les restes des alimens séjournent plus long-temps dans le cœcum. La liqueur filtrée ne se colora point en bleu quand on y versa de la teinture d'iode.

2°. *Avoine.* — Le cœcum du cheval nourri avec de l'avoine (*exp.* xxxiie), contenait une masse brune, d'odeur excrémentitielle, composée de liquide, d'un grand nombre de balles d'avoine et de mucus. Le résidu exprimé ne se colorait plus en bleu par l'iode, ce qui prouva que tout l'amidon avait été dissous.

C. Dans les ruminans. — 1°. Veau nourri avec du *lait* (*exp.* xxxvie). Le cœcum était rempli d'une masse muqueuse, peu coulante et d'un jaune orangé foncé.

2°. Brebis nourrie d'*herbe* (*exp.* xxxvie). On trouva une bouillie épaisse et brune, formée de liquide, de fibres déliées et d'un peu de mucus.

3°. Brebis nourrie de *paille* (*exp.* xxxixe). Le cœcum contenait une bouillie consistante, fétide et d'un brun foncé, composée de fibres ligneuses et d'un liquide brun.

4°. Brebis nourrie avec de l'*avoine* (*exp.* xle). Le cœcum était rempli d'une bouillie liquide, fétide et d'un jaune brun, composée d'un sédiment pulvérulent, fibreux, et d'un liquide jaune-brun. On reconnut en même temps la présence de l'acide hydro-sulfurique.

Résultats des expériences chimiques faites sur les contenus du cœcum. — 1°. *Acide libre.* — Il est remarquable que la plupart des contenus du cœcum renfermaient plus d'acide libre que celui de la portion inférieure de l'intestin grêle. Viridet avait déjà observé (1), sur des lapins et des

____

(1) *Tractatus de primâ coctione*, p. 270.

lièvres, que le contenu du cœcum rougissait le tournesol.

A. Chiens et chats. — Nous avons vu le contenu du cœcum rougir la teinture de tournesol chez les animaux suivans : chez les chiens qui avaient été nourris avec du blanc d'œuf durci, du fromage, du blanc d'œuf et du pain blanc, du bœuf cru, du bœuf cuit et du pain blanc, des os, de l'amidon cuit, enfin du riz et des pommes de terre ; chez le chat nourri avec du bœuf cru, et chez celui à qui nous avions donné du pain de seigle et du lait.

La teinture de tournesol ne fut pas sensiblement rougie chez les chiens nourris avec du blanc d'œuf liquide, de la gélatine, du gluten et du lait, non plus que chez un chien à qui l'on avait fait manger des os. Il paraît donc que c'est principalement lorsque les animaux ont vécu de substances difficiles à digérer, qu'on rencontre un acide libre dans le cœcum.

B. Chevaux. — Nous avons observé que le contenu du cœcum des chevaux nourris avec de l'amidon et de l'avoine, renfermait également un acide libre. La teinture de tournesol fut surtout fortement rougie chez les chevaux nourris d'avoine.

C. Ruminans. — La liqueur filtrée du cœcum ne rougit la teinture de tournesol que chez le veau nourri avec du lait. Au contraire, chez la brebis qui avait mangé de l'herbe, le contenu de cet intestin faisait effervescence avec les acides, et celui de la brebis nourrie d'avoine ramenait au bleu la couleur du tournesol rougi. On trouva du carbonate d'ammoniaque dans les deux produits de la distillation. Mais comme l'alcalinité était moins prononcée dans le cœcum qu'à l'extrémité de l'intestin grêle, et comme le contenu du cœcum de la brebis nourrie d'herbe se montra faiblement acide, tandis que celui de la portion inférieure de l'intestin grêle était alcalin, il est vraisemblable que le cœcum des brebis sécrète également un acide, qui neutralise en partie les alcalis.

Nous ne pouvons rien dire de positif sur la nature de l'acide libre qui se rencontre dans le cœcum. Cependant il paraît que c'est de l'acide acétique, en supposant toutefois qu'un peu d'acide hydro-chlorique ne s'y trouve pas aussi.

2°. *Albumine.* — Cette substance dont nous n'avions trouvé aucune trace, ou du moins fort peu, dans l'estomac, dont il y avait une certaine quantité dans le duodénum, et qui diminuait ensuite notablement le long de l'intestin grêle, reparut fréquemment en abondance dans le cœcum et le colon. On en obtint une quantité considérable des liqueurs filtrées du cœcum chez le chien nourri de blanc-d'œuf liquide et chez celui qui avait mangé de la colle. On en rencontra aussi un peu dans le cœcum des chiens auxquels on avait donné du fromage et du gluten. Il ne s'en montra point chez les chiens nourris avec du lait et des os. Prout a trouvé également des traces d'albumine dans le contenu du cœcum d'un chien nourri avec de la viande. Nous en avons observé beaucoup aussi dans le cœcum du cheval nourri avec de l'avoine ; mais il y en avait peu chez celui auquel l'amidon cuit avait servi d'aliment. Elle existait en quantité considérable chez le veau qui avait tété. Il n'y en avait qu'un peu chez les brebis nourries avec de la paille et de l'avoine. On n'en rencontra pas du tout chez celle qui avait mangé de l'herbe.

3°. *Matière précipitable par le chlorure d'étain.* — Nous avons trouvé une matière semblable dans les liqueurs obtenues par la filtration du contenu du cœcum, chez le chien nourri avec du fromage, le cheval qui avait mangé de l'amidon cuit, et les brebis nourries avec de l'herbe, de la paille et de l'avoine. L'analyse du contenu du cœcum chez le chien nourri d'avoine témoigna que c'était principalement une matière analogue à l'osmazôme et à la matière salivaire.

4°. *Matière qui rougit par le chlore, l'acide hydro-chlorique, l'acide nitrique, le chlorure d'étain, le perchlorure de mercure, l'acétate de plomb neutre et le nitrate de mercure.* — Nous trouvâmes souvent cette matière dans les liqueurs filtrées du cœcum. Elle se distinguait de la matière susceptible d'être rougie par le chlore, qui existait dans l'intestin grêle, en ce qu'elle prenait aussi une teinte rouge

par l'acide nitrique et l'acide hydro-chlorique, de même
que par les sels métalliques, ce qui n'avait pas lieu pour
cette dernière. Peut-être constitue-t-elle une sécrétion particulière du cœcum. Nous l'avons rencontrée dans les chiens
nourris de gluten, d'albumine liquide et d'os, dans le cheval nourri d'amidon cuit, dans le veau et dans les brebis.

5°. *Graisse, principe colorant et résine de la bile.* —
En traitant par l'alcool la portion insoluble dans l'eau des
liqueurs filtrées, on obtint une graisse, chez le chien nourri
avec du beurre et chez celui qui avait mangé du bœuf et
du pain. Une résine d'un brun verdâtre s'offrit à nous chez
le cheval auquel on avait donné de l'avoine. Cette résine
entrait en fusion quand on la chauffait, et répandait une
odeur analogue à celle de la bile, mais en même temps
excrémentitielle. On trouva une résine onctueuse et d'un
vert brunâtre chez la brebis nourrie avec de la paille. Dans
le veau, il y avait de la choléstérine, et probablement aussi
de la résine biliaire et du principe colorant de la bile.

6°. *Sels.* — L'incinération des liqueurs filtrées du cœcum nous procura les sels suivans, dont nous allons indiquer les quantités relatives par des nombres.

	Carbonate de soude.	Phosphate de soude.	Sulfate de soude.	Chlorure de sodium.	Carbonate de chaux.	Phosphate de chaux.
Dans le veau	2	0	2	4	2	2
Dans la brebis nourrie d'herbe	4	3	2	5	4	2
Dans la brebis nourrie de paille	4	5	2	4	2	4
Dans la brebis nourrie d'avoine	4	3	3	5	3	3

Ici également, le carbonate de soude que l'on obtint
s'était formé en grande partie aux dépens de l'acétate de
soude.

Théorie de la fonction du cœcum. — Le cœcum est sans
contredit un réservoir semblable à l'estomac, dans lequel
s'accomplit le dernier période de la digestion. Sa ressem-
blance avec l'estomac est surtout prononcée dans les animaux
qui se nourrissent de substances végétales grossières, les

ruminans, les chevaux, les rongeurs et les pachydermes, chez lesquels il rappelle ce viscère, non pas seulement par sa grandeur et sa capacité, mais même encore par sa forme, tandis qu'il est petit chez les animaux carnassiers, comme les chiens et les chats, ou qu'il manque entièrement chez ceux qui vivent de viandes, de fruits, de racines sucrées et féculentes, tels que les ours, le blaireau et les martes. On peut donc à bon droit le considérer comme une sorte d'estomac, ainsi que l'avait déjà fait Viridet (1). Il se sécrète même, dans cet intestin et dans ses grosses et nombreuses glandes, un liquide acide et dissolvant, qui se mêle aux restes d'alimens difficiles à digérer, lesquels séjournent pendant quelque temps dans le cœcum. Ce liquide paraît contenir aussi un peu d'albumine, que nous avons trouvée chez les chiens, mais surtout en abondance chez les animaux qui se nourrissent de substances végétales. L'addition de cette albumine contribue peut-être à consommer l'assimilation des alimens dissous par le liquide.

De cette manière, la nature fait un dernier effort dans le cœcum pour tirer des alimens ce qu'ils peuvent contenir encore de dissoluble. C'est enfin dans cet organe que le véritable excrément intestinal se produit, sous la forme d'une bouillie molle, brune ou jaune-brunâtre, avec son odeur fécale particulière, provenant d'une huile volatile, qui, suivant toutes les apparences, est sécrétée principalement par le cœcum. La plupart du temps aussi il s'opère, dans ce viscère, une décomposition provoquée par la chaleur, et qu'accompagne un dégagement de gaz acide hydro-sulfurique.

Nature du contenu du reste du gros intestin et du rectum. — Les restes d'alimens, après avoir séjourné pendant

---

(1) De primâ Coctione, p. 270. *Sed de intestino cœco quidquam dicere præstat, cum in quibusdam animantibus sit summe necessarium, nempè quibus est amplissimum, forsanque vicem alterius ventriculi gerit; nam glandulis crassioribus donatur, quorum succus solutione heliotropii rubescit, et solutione sublimati albescit, suisque salibus acidis et volatilibus præditum est.*

quelque temps dans le cœcum, et s'y être mêlés avec le liquide acide qu'il sécrète, sont poussés peu à peu dans le rectum par la contraction vermiculaire de la tunique musculeuse de cet intestin et du colon. Ils s'y accumulent insensiblement, parce que les sphincters de l'anus s'opposent à leur sortie.

A mesure qu'ils avancent dans le gros intestin, et qu'ils se rapprochent du rectum, leur consistance augmente, ainsi que leur sécheresse, leur couleur brune et leur odeur excrémentitielle. Les portions des restes d'alimens qui ont été dissoutes par le liquide acide du cœcum, sont absorbées complètement. Durant leur passage, il s'y mêle un peu de mucus sécrété par les glandes du gros intestin. Enfin, les résidus non dissous des alimens restent, avec le mucus intestinal, qui est très-consistant, la graisse, la résine, le principe colorant et le mucus de la bile, pour constituer les excrémens proprement dits. Au reste, la quantité, la consistance et la couleur de ces derniers varient beaucoup suivant la nature des alimens. Ils finissent par être expulsés de temps en temps du rectum.

Tels sont, en peu de mots, les changemens que les substances subissent dans le gros intestin, et qui vont être démontrés par ce qui nous reste à dire sur la nature du contenu des diverses portions de ce dernier.

A. Chiens et chats. — Chez ces animaux, le gros intestin est très-court, et ne forme pas de colon, car le cœcum se continue immédiatement avec le rectum, qui descend dans la cavité pelvienne.

I. *Après l'ingestion d'alimens simples.* — 1°. Le rectum du chien nourri avec de l'albumine liquide (*exp.* ixe) contenait une petite quantité d'excrémens bruns. Le chien qui avait mangé de l'albumine concrète nous offrit aussi peu d'excrémens, qui présentaient plus de consistance, et qui étaient moulés vers la fin du rectum.

2°. *Gélatine* (*exp.* xiie). On trouva dans le rectum des excrémens liquides, d'un jaune brunâtre et très-fétides.

3°. Chez le chien nourri avec du beurre (*exp.* xiiie), il y avait plus d'une once d'excrémens solides, d'un jaune brunâtre et blanchâtre, dont on parvint à extraire, au moyen de l'alcool, une graisse d'un brun jaunâtre, avec un peu de matière animale. Il résulte de là, que quand l'animal mange beaucoup de graisse, une partie de cette substance s'échappe par l'anus.

4°. Le gros intestin d'un chien abondamment nourri d'amidon cuit (*exp.* xve) était entièrement rempli d'une matière très-consistante, sèche et brune. Cette matière était composée d'amidon non dissous, de bile et de mucus intestinal. Chez un autre chien qui avait également mangé de l'amidon cuit (*exp.* xviie), nous trouvâmes dans le rectum des excrémens secs, moulés et d'un jaune brunâtre, qui ne coloraient pas la teinture d'iode en bleu.

5°. Le gros intestin du chien nourri avec du gluten (*exp.* xviiie) contenait des excrémens bruns et très-solides.

II. *Après l'ingestion d'alimens composés.* — 1°. Le rectum du chien nourri avec du lait (*exp.* xixe) contenait une petite quantité d'excrémens d'un jaune orangé, composés de petits flocons coagulés et de mucus.

2°. Celui du chien nourri avec du bœuf cru (*exp.* xxie) était rempli d'une masse consistante, moulée, et d'un brun noirâtre.

3°. Nous trouvâmes dans celui du chien nourri avec du bœuf cuit (*exp.* xxiie), des excrémens consistans, secs et d'un brun foncé. Chez le chien qui avait mangé du bœuf cuit (*exp.* xxiiie), les excrémens, très-fétides, étaient secs et moulés.

4°. Il y avait, dans le rectum du chien nourri avec des os (*exp.* xxive), une pâte consistante, d'un blanc grisâtre, tirant sur le noirâtre, dans laquelle on trouva une très-grande quantité de phosphate et de carbonate calcaires.

5°. *Albumine liquide et pain d'épeautre.* — Le rectum du chien nourri avec ces substances (*exp.* xxve) contenait des excrémens assez liquides et d'un brun foncé.

6°. Celui du chien auquel on avait donné du riz et des pommes de terre (*exp.* xxvie) offrit une masse consistante, moulée, d'un jaune brun et non fétide.

7°. *Pain de seigle et lait.* — Le rectum du chat nourri avec ces substances (*exp.* xxviie) contenait des excrémens fétides et assez consistans.

B. Chevaux. — Chez les chevaux nourris d'avoine (*exp.* xxxiie, xxxiiie), les excrémens devenaient graduellement plus consistans et plus moulés depuis le cœcum jusqu'au rectum, à mesure qu'ils traversaient les courbures du colon.

Ils contenaient, outre le mucus intestinal consistant et les parties constituantes de la bile, une très-grande quantité de balles d'avoine, dans lesquelles l'iode n'indiqua pas la présence de l'amidon.

C. Ruminans. — Le gros intestin du veau nourri avec du lait renfermait une bouillie jaune-brunâtre, dans laquelle on apercevait des flocons de mucus. Chez la brebis nourrie avec de l'herbe (*exp.* xxxviiie), la portion du long colon qui succédait au cœcum contenait une bouillie épaisse et brune, un peu plus consistante que celle du cœcum; dans la seconde moitié du colon, cette substance constituait une masse plus solide, qui peu à peu prenait la forme de petits crottins globuleux. De pareils crottins solides furent trouvés dans le rectum. Ils étaient composés de fibres végétales, de flocons muqueux, de plusieurs des principes constituans de la bile, et probablement encore d'autres substances.

Chez la brebis nourrie avec de la paille (*exp.* xxxixe), la première portion du colon offrit une masse brune moulée, en boudin et mêlée de mucus, dont la consistance et la sécheresse allaient toujours en augmentant dans la seconde portion du colon, et qui, dans le rectum, prenait la forme de petites pilules dures.

La première portion du colon de la brebis nourrie avec de l'avoine (*exp.* xle) présentait une bouillie brune, contenait beaucoup de fibres végétales, et exhalait une odeur excrémentitielle. Cette masse devenait plus consistante et d'un brun plus foncé en se rapprochant du rectum, dans lequel elle était cependant encore molle.

Résultats des expériences chimiques. — 1°. *Acidité et alcalinité.* — Le contenu du gros intestin était fortement acide chez le chien nourri d'albumine liquide. Il l'était peu chez celui qui avait mangé de la gélatine. Chez les autres chiens, il se montra neutre. Il rougissait aussi le tournesol chez les chevaux nourris d'avoine. Le même phénomène eut lieu chez la brebis à laquelle on avait donné de la paille. Chez celle qui avait mangé de l'avoine et de l'herbe, le contenu était neutre, et renfermait de l'ammoniaque, neutralisée par de l'acide carbonique en excès.

2°. *Albumine.* —On trouva une très-grande quantité d'albumine chez le chien nourri avec du blanc d'œuf liquide. Il y en avait un peu moins chez ceux qui avaient mangé de la colle et du gluten. Il n'y en avait pas du tout chez ceux dont le lait et les os avaient formé la nourriture. Beaucoup d'albumine fut trouvée dans le colon d'un cheval nourri d'avoine. On en rencontra fort peu dans celui du veau et dans celui de la brebis nourrie d'avoine. Il n'y en avait pas chez la brebis nourrie d'herbe et de paille.

3°. *Matière précipitable par le chlorure d'étain.* — On l'observa dans le colon de la brebis qui avait mangé de l'herbe et de la paille. En analysant le contenu du colon du cheval nourri d'avoine, on constata d'une manière positive la présence d'une matière voisine de l'osmazôme et d'une autre qui se rapproche de la salivaire.

4°. *Matière qui se colore·en rouge par le chlore, l'acide hydro-chlorique, l'acide nitrique, le per-chlorure de mercure, l'acétate de plomb neutre et les sels métalliques.* — Nous trouvâmes cette matière dans les liqueurs filtrées du rectum des chiens nourris avec le blanc d'œuf liquide, la gélatine, les os et le gluten. Elle ne se rencontra pas chez le cheval nourri d'avoine ; mais elle existait chez les brebis nourries avec de l'herbe, de la paille et de l'avoine.

5°. *Matières extraites par l'alcool.* — Dans le cheval qui avait mangé de l'avoine, l'alcool se chargea d'une substance résineuse, d'un brun verdâtre, exhalant une odeur excrémentitielle. Dans le veau, on trouva des matières analogues à la graisse, à la résine et au principe colorant de la bile.

6°. *Acétate d'ammoniaque.* —Il y en avait dans la liqueur filtrée du rectum de la brebis nourrie avec de l'herbe.

7°. *Sels fixes.* —On les obtint en incinérant les liqueurs filtrées. Nous allons exprimer par des nombres les quantités proportionnelles de ceux que nous nous procurâmes ainsi.

	Carbonate (1) de soude.	Phosphate de soude.	Sulfate de soude.	Chlorure de sodium.	Carbonate de chaux.	Phosphate de Chaux.
Cheval nourri d'avoine···	5	5	1	3	2	5
Brebis nourrie d'herbe····	4	3	2	5	4	2
Brebis nourrie de paille···	0	3	1	4	2	4
Brebis nourrie d'avoine···	2	1	3	5	3	3

Enfin l'analyse des liquides intestinaux du cheval nourri avec de l'avoine nous a appris encore qu'à partir de l'estomac la quantité de matière organique dissoute dans le fluide va toujours en diminuant, et que celle des parties salines va, au contraire, en augmentant toujours. Cet accroissement de la quantité des sels sert probablement à préserver les substances organiques de la putréfaction proprement dite, durant le long séjour qu'elles font dans le canal intestinal. Pour l'expliquer, nous sommes obligés d'admettre, ou que les vaisseaux lymphatiques ont la faculté d'absorber, dans les liquides intestinaux, les substances organiques préférablement aux sels, et de laisser ces derniers, ou que le liquide intestinal qui se sécrète vers la fin du canal est plus chargé de sels et moins riche en matière organique, de sorte qu'il ajoute de plus en plus des particules salines à la portion non encore absorbée des substances alimentaires.

---

(1) Provenant de l'acétate de soude.

FIN DE LA PREMIÈRE PARTIE.

TABLE

DE LA PREMIÈRE PARTIE.

FIN DE LA TABLE DE LA PREMIÈRE PARTIE.